电气工程、自动化专业规划教材

传感器及工程应用
Sensor and Engineering Application

主　编　宋德杰
副主编　刘国柱　宿元斌
参　编　姜　李　宋美春　王　玮

电子工业出版社
Publishing House of Electronics Industry
北京·BEIJING

内 容 简 介

本书介绍了工程检测中使用的各种传感器的原理、结构、特性及工程应用案例。全书共15章：第1章介绍测量及数据处理技术；第2章介绍传感器的基本特性及工程应用等有关内容；第3~14章分别介绍温度传感器、压力传感器、流量传感器、光敏传感器、位移传感器、速度传感器、加速度传感器、测振传感器、界位传感器、气敏传感器、湿敏传感器及数字式传感器的工作原理、基本结构及工程应用案例等；第15章介绍传感器新技术及传感器的综合应用案例。本书内容全面，具有较强的工程实用性，是我国高等教育工程应用型人才培养的案例化教材。

本书可作为电子信息、电气工程、电子科学与技术、应用电子、机电工程、机械自动化、化工自动化、自动化及计算机应用等专业的工程应用型人才培养教材或本科生及工程硕士的教材，也可供相关领域的工程技术人员参考。

未经许可，不得以任何方式复制或抄袭本书之部分或全部内容。
版权所有，侵权必究。

图书在版编目（CIP）数据

传感器及工程应用 /宋德杰主编. — 北京：电子工业出版社，2016.7
电气工程、自动化专业规划教材
ISBN 978-7-121-29144-9

Ⅰ.①传… Ⅱ.①宋… Ⅲ.①传感器－高等学校－教材 Ⅳ.①TP212

中国版本图书馆 CIP 数据核字(2016)第 140330 号

策划编辑：凌　毅　　责任编辑：凌　毅
印　　刷：涿州市京南印刷厂
装　　订：涿州市京南印刷厂
出版发行：电子工业出版社
　　　　　北京市海淀区万寿路 173 信箱　邮编 100036
开　　本：787×1 092　1/16　印张：18.25　字数：490 千字
版　　次：2016 年 7 月第 1 版
印　　次：2016 年 7 月第 1 次印刷
定　　价：39.80 元

凡所购买电子工业出版社图书有缺损问题，请向购买书店调换。若书店售缺，请与本社发行部联系。联系及邮购电话：(010)88254888，88258888。

质量投诉请发邮件至 zlts@phei.com.cn，盗版侵权举报请发邮件至 dbqq@phei.com.cn。

本书咨询联系方式：(010)88254528，lingyi@phei.com.cn。

前 言

  随着我国高等教育事业的蓬勃发展,高等院校星罗棋布,但高等教育的培养目标和我国的经济发展却不大适应。为此,教育部于 2010 年制定了《国家中长期教育改革和发展规划纲要(2010—2020 年)》和《国家中长期人才发展规划纲要(2010－2020 年)》,为我国普通高校今后的培养目标指明了方向,对我国高等教育持续、健康发展具有重大指导意义。

  这两个纲要明确指出了今后我国高等教育的主要任务是提高教学质量,为社会培养急需的工程应用型人才,以适应我国现在和将来发展的需要。为适应社会需求,教育部也提出了今后一段时期要大力发展专业硕士研究生教育的号召。许多院校举办了卓越工程师班、校企联合班、CDIO 班及创新试验班等。但这些教育所用教材大多都是直接选用以前的教材,难以体现工程应用型人才的培养特点,无法有效地满足工程应用型人才培养的实际教学需求。针对目前我国高等教育应用型人才培养中存在的问题,结合本人多年的实践教学经验,特为专业硕士研究生和本科生编写了《传感器及工程应用》教材。

  本书具有以下特色:

  1. 在编写指导思想上,以应用型人才培养为主要授课对象,以培养工程应用型人才为基本目标。既注重基本理论的讲述,又注意与工程应用的结合,体现了学以致用的指导思想。同时,结合实际应用案例系统,把实际应用案例精简版搬进了教材,力争实现理论与实践相结合。

  2. 在教材的编写上,采用按工程参数分类方法进行章节编排,使工程应用线条更加清晰,贴近实际。在内容上既有基本概念、基本原理和基本结构的阐述,又有各种各样传感器在工程中具体应用的案例,从而做到重点突出、由浅入深、由易到难、循序渐进、逐步提高。

  3. 在理论教学与实验教学的处理上,本教材采用三位一体的创新教学模式——将理论教学与实验教学融为一体、理论教学与工程应用案例融为一体、实验教学与工程应用案例融为一体,实现了传感器理论教学、实验教学及工程应用教学同步完成。

  4. 本教材的主要目的是克服过去那种重理论、轻应用的传统教学模式,把传感器理论和工程应用、工程设计及工程测量控制开发等内容通过典型案例贯穿于教学过程中。教学直观,典型应用案例真实可见,让读者在书本上就能学到、看到传感器的工程应用案例,与工程应用实现零接触。

  5. 本教材叙述简洁,易教易学,各章自成体系,**建议 48～56 学时**。各专业可根据教学计划对教材内容适当取舍。

  本书作者多年从事传感器、电子技术及自动控制系统等教学科研工作,不但具有丰富的教学科研经验,而且还具有传感器及自动控制系统在工程应用中的开发经历,了解社会对工程应用型人才的需求情况和传感器的工程应用案例。在内容编排和论述上作了较大改进,既注重了理论阐述,又强调了工程实际应用和动手能力的培养,以适应目前高等教育应用型人才的培养特点。

  全书共 15 章,分为 3 部分:第 1 部分为第 1～2 章,介绍了测量及数据处理技术、传感器的基本概念和基本特性等有关内容;第 2 部分为第 3～14 章,分别介绍了温度传感器、压力传感器、流量传感器、光敏传感器、位移传感器、速度传感器、加速度传感器、测振传感器、界位传感器、气敏传感器、湿敏传感器及数字式传感器的工作原理、基本结构及工程应用案例等;第 3 部分为第 15 章,介绍了目前传感器发展的新技术及其综合应用案例,各章将传感器与工程监测和控制有机地结合起来,使学生在掌握传感器原理的基础上,学会将这些知识应用到工程监测和控制系统中,以解决工程监测、控制中的具体问题。

本书可作为电子信息、电气工程、电子科学与技术、应用电子、机电工程、机械自动化、化工自动化、自动化及计算机应用等专业的工程应用型人才培养教材或本科生及工程硕士的教材,也可供相关领域的工程技术人员参考。

为了方便教师使用和读者学习,**本书提供免费电子课件**,请登录华信教育资源网 www.hxedu.com.cn 注册下载。

本书由山东理工大学宋德杰教授任主编,刘国柱、宿元斌任副主编,姜李、宋美春、王玮参编,最后由宋德杰教授统稿定稿。在编写过程中,得到了淄博耐思电子科技有限公司和杭州赛特传感器技术公司的大力支持和帮助,一些同行专家们提出了许多宝贵意见,同时还参阅了许多书籍和文献,在此向这些单位、书籍和文献的作者们表示致谢。

传感技术涉及的知识面非常广泛,而且技术发展迅速,在编写过程中,由于作者的水平和知识有限,难免有疏漏和不妥之处,恳请广大读者不吝赐教。

作者
2016 年 6 月

目　　录

第1章　测量及数据处理技术 ………… 1
1.1　测量概论 ………………………… 1
1.1.1　测量值的表示方法 …………… 1
1.1.2　测量方法及分类 ……………… 1
1.1.3　测量误差 ……………………… 3
1.2　测量数据的估计与处理 …………… 4
1.2.1　随机误差的估计与处理 ……… 5
1.2.2　系统误差的处理方法 ………… 8
1.2.3　粗大误差的辨别与处理 ……… 10
1.2.4　测量不确定度 ………………… 12
1.2.5　间接测量中的数据处理 ……… 13
1.2.6　组合测量中的数据处理 ……… 14
1.2.7　实验数据中的数据处理 ……… 15
1.3　动态测量数字滤波技术 …………… 16
1.3.1　中值滤波 ……………………… 16
1.3.2　平均滤波 ……………………… 17
1.3.3　低通数字滤波 ………………… 17
1.3.4　高通数字滤波 ………………… 18
思考题及习题1 …………………………… 18

第2章　传感器及工程应用概述 ……… 20
2.1　传感器概述 ………………………… 20
2.1.1　传感器的定义 ………………… 20
2.1.2　传感器的组成 ………………… 20
2.1.3　传感器的分类 ………………… 20
2.2　传感器的特性 ……………………… 21
2.2.1　传感器的静态特性 …………… 21
2.2.2　传感器的动态特性 …………… 23
2.3　传感器的标定 ……………………… 29
2.3.1　传感器的静态特性标定 ……… 29
2.3.2　传感器的动态特性标定 ……… 29
2.4　传感器及工程应用的发展方向 …… 30
2.4.1　传感器的发展方向 …………… 30
2.4.2　传感器工程应用的发展方向 … 31
2.5　传感器工程应用系统
　　　典型结构 ………………………… 31
2.5.1　测量显示系统的结构 ………… 31
2.5.2　监测控制系统的结构 ………… 32
思考题及习题2 …………………………… 33

第3章　温度传感器及工程应用 ……… 34
3.1　温度测量概述 ……………………… 34
3.1.1　温度与温标 …………………… 34
3.1.2　温度测量方法和分类 ………… 34
3.2　热电阻传感器 ……………………… 35
3.2.1　热电阻的测温原理 …………… 36
3.2.2　常用热电阻 …………………… 36
3.2.3　常用热电阻的结构 …………… 37
3.2.4　热电阻测温转换电路 ………… 38
3.2.5　热电阻使用注意事项 ………… 40
3.3　热敏电阻传感器 …………………… 41
3.3.1　热敏电阻的测温原理 ………… 41
3.3.2　热敏电阻的分类及特性 ……… 41
3.3.3　热敏电阻的结构及符号 ……… 42
3.3.4　热敏电阻的主要参数 ………… 43
3.3.5　热敏电阻的线性化网络 ……… 44
3.3.6　热敏电阻的温度补偿 ………… 44
3.3.7　热敏电阻使用注意事项 ……… 44
3.4　热电偶传感器 ……………………… 45
3.4.1　热电偶的测温原理 …………… 45
3.4.2　热电偶的基本定律及符号 …… 47
3.4.3　热电偶的常用类型及特点 …… 48
3.4.4　热电偶传感器的结构形式 …… 52
3.4.5　热电偶的冷端处理方法 ……… 53
3.4.6　热电偶测温线路 ……………… 55
3.5　集成温度传感器 …………………… 56
3.5.1　测温原理及电路结构 ………… 56
3.5.2　常见集成温度传感器及应用 … 57
3.6　辐射式温度传感器 ………………… 60
3.6.1　热辐射基本定律 ……………… 60
3.6.2　辐射式温度传感器的应用 …… 61
3.7　温度传感器工程应用案例 ………… 63

3.7.1 温度测量显示系统案例 ……… 63
3.7.2 温度监测控制系统案例 ……… 65
思考题及习题 3 ……………………… 66

第4章 压力传感器及工程应用 ……… 68

4.1 压力测量概述 …………………… 68
4.2 应变式压力传感器 ……………… 68
    4.2.1 金属电阻应变片 …………… 69
    4.2.2 电阻应变片测量转换电路 … 73
    4.2.3 常见应变式(压)力
         传感器及应用 ……………… 77
4.3 压阻式压力传感器 ……………… 80
    4.3.1 半导体电阻应变片 ………… 80
    4.3.2 常见扩散硅压力
         传感器及应用 ……………… 82
4.4 压电式压力传感器 ……………… 84
    4.4.1 压电效应 …………………… 84
    4.4.2 压电元件的等效电路 ……… 87
    4.4.3 压电式传感器的组成 ……… 87
    4.4.4 压电式传感器的测量电路 … 88
    4.4.5 常见压电式压力传感器
         及其应用 …………………… 89
4.5 电容式压力传感器 ……………… 89
    4.5.1 单电容压力传感器 ………… 89
    4.5.2 差动电容压力传感器 ……… 90
    4.5.3 电容压力传感器测量电路 … 91
    4.5.4 常见电容式压力传感器
         及应用 ……………………… 94
4.6 电感式压力传感器 ……………… 95
    4.6.1 单电感压力传感器 ………… 95
    4.6.2 差动电感压力传感器 ……… 97
    4.6.3 电感式传感器测量电路 …… 97
    4.6.4 常见电感式压力传感器
         及应用 ……………………… 99
4.7 压力传感器工程应用案例 …… 100
    4.7.1 压力传感器的使用
         注意事项 ………………… 100
    4.7.2 压力测量显示系统案例 … 101
    4.7.3 压力监测控制系统案例 … 103
思考题及习题 4 …………………… 105

第5章 流量传感器及工程应用 …… 106

5.1 流量测量概述 ………………… 106
    5.1.1 流量测量的基本概念 …… 106
    5.1.2 流量检测方法及分类 …… 106
5.2 差压流量传感器 ……………… 107
    5.2.1 节流式差压流量传感器
         测量原理 ………………… 107
    5.2.2 常见差压流量传感器的
         结构 ……………………… 109
5.3 电磁流量传感器 ……………… 110
    5.3.1 电磁流量传感器的
         工作原理 ………………… 110
    5.3.2 电磁流量传感器的种类 … 110
5.4 涡轮流量传感器 ……………… 111
    5.4.1 涡轮流量传感器的结构 … 111
    5.4.2 涡轮流量传感器的
         工作原理 ………………… 111
5.5 漩涡流量传感器 ……………… 112
    5.5.1 涡街流量传感器的
         工作原理 ………………… 112
    5.5.2 涡街流量传感器的结构 … 113
5.6 质量流量传感器 ……………… 114
    5.6.1 单一式质量流量传感器 … 114
    5.6.2 组合式质量流量传感器 … 115
5.7 流量传感器工程应用案例 …… 115
    5.7.1 流量传感器的选用原则 … 116
    5.7.2 流量测量显示系统案例 … 116
    5.7.3 液体流量监控系统案例 … 116
    5.7.4 气体流量监控系统案例 … 117
思考题及习题 5 …………………… 119

第6章 光敏传感器及工程应用 …… 120

6.1 光的基本知识 ………………… 120
    6.1.1 光的基本特性 …………… 120
    6.1.2 光电效应 ………………… 120
6.2 常见光电元件 ………………… 121
    6.2.1 光电管 …………………… 121
    6.2.2 光电倍增管 ……………… 121
    6.2.3 光敏电阻 ………………… 122
    6.2.4 光敏二极管和光敏三极管 … 124

6.2.5 光电池 …………………… 126
6.2.6 电荷耦合器 ………………… 128
6.3 光电传感器 …………………… 131
　6.3.1 光电传感器结构及
　　　　工作原理 ………………… 132
　6.3.2 光电耦合器 ……………… 132
　6.3.3 光电开关 ………………… 132
6.4 光纤传感器 …………………… 133
　6.4.1 光纤的结构及传光原理 … 134
　6.4.2 光纤的主要参数 ………… 135
　6.4.3 光纤的分类 ……………… 136
　6.4.4 光纤传感器结构及
　　　　工作原理 ………………… 137
　6.4.5 光纤传感器的分类 ……… 137
　6.4.6 常见光纤传感器 ………… 138
6.5 光敏传感器工程应用案例 …… 139
　6.5.1 火灾监测报警系统案例 … 139
　6.5.2 物体尺寸测量系统案例 … 139
思考题及习题 6 …………………… 140

第7章 位移传感器及工程应用 …… 141

7.1 电位器式位移传感器 ………… 141
　7.1.1 线性电位器 ……………… 141
　7.1.2 非线性电位器 …………… 142
　7.1.3 绕线式电位器的材料 …… 143
　7.1.4 线绕电位器的应用 ……… 144
7.2 电感式位移传感器 …………… 144
　7.2.1 自感式位移传感器 ……… 144
　7.2.2 互感式位移传感器 ……… 149
　7.2.3 涡流式位移传感器 ……… 151
　7.2.4 常见电感式位移传感器
　　　　及应用 …………………… 155
7.3 电容式位移传感器 …………… 156
　7.3.1 单电容式位移传感器 …… 156
　7.3.2 差动电容式位移传感器 … 158
　7.3.3 电容式位移传感器
　　　　测量电路 ………………… 159
　7.3.4 常见电容式位移传感器
　　　　及应用 …………………… 162
7.4 霍尔式位移传感器 …………… 162
　7.4.1 霍尔效应 ………………… 162

7.4.2 霍尔元件 ………………… 163
7.4.3 霍尔集成电路 …………… 166
7.4.4 常见霍尔式位移传感器
　　　及应用 …………………… 167
7.5 位移传感器工程应用案例 …… 169
　7.5.1 金属板厚度监测系统案例 … 169
　7.5.2 生产线自动计数系统案例 … 169
思考题及习题 7 …………………… 170

第8章 速度传感器及工程应用 …… 172

8.1 磁电式速度传感器 …………… 172
　8.1.1 恒磁通式磁电速度传感器 … 172
　8.1.2 变磁通式磁电转速传感器 … 173
　8.1.3 测速发电机 ……………… 173
　8.1.4 常见磁电式速度
　　　　传感器及应用 …………… 176
8.2 霍尔式转速传感器 …………… 178
　8.2.1 常见结构 ………………… 178
　8.2.2 测速原理 ………………… 178
　8.2.3 霍尔式转速传感器的应用 … 178
8.3 涡流式转速传感器 …………… 179
　8.3.1 基本结构 ………………… 179
　8.3.2 测速原理 ………………… 179
　8.3.3 涡流式转速传感器的应用 … 179
8.4 超声波流速传感器 …………… 180
　8.4.1 超声波的基本特性 ……… 180
　8.4.2 超声波传感器 …………… 181
　8.4.3 超声波流速传感器 ……… 185
　8.4.4 超声波流速传感器的应用 … 186
8.5 光电式转速传感器 …………… 186
　8.5.1 基本结构 ………………… 186
　8.5.2 测速原理 ………………… 187
　8.5.3 光电式转速传感器的应用 … 187
8.6 转速传感器工程应用案例 …… 188
　8.6.1 转速测量显示系统案例 … 188
　8.6.2 转速监测控制系统案例 … 189
思考题及习题 8 …………………… 190

第9章 加速度传感器及工程应用 … 191

9.1 应变式加速度传感器 ………… 191
　9.1.1 基本结构 ………………… 191

9.1.2 测量原理 191
9.2 压电式加速度传感器 192
9.2.1 基本结构 192
9.2.2 测量原理 192
9.3 电容式加速度传感器 192
9.3.1 基本结构 192
9.3.2 测量原理 193
9.4 差动变压器式加速度传感器 193
9.4.1 基本结构 193
9.4.2 测量原理 193
9.5 光纤加速度传感器 194
9.5.1 基本结构 194
9.5.2 测量原理 194
思考题及习题 9 194

第 10 章 测振传感器及工程应用 195

10.1 振动测量概述 195
10.1.1 振动的基本参数 195
10.1.2 振动测量的内容及测量方法 196
10.2 测振传感器 197
10.2.1 测振传感器的分类 197
10.2.2 测振传感器介绍 197
10.2.3 测振传感器的选择原则 202
10.3 激振器 202
10.3.1 激振方式 202
10.3.2 常用激振器介绍 203
10.4 振动参数的测量与估计 205
10.4.1 自由振动法 205
10.4.2 共振法 206
10.5 测振传感器工程应用案例 207
思考题及习题 10 208

第 11 章 界位传感器及工程应用 209

11.1 界位测量概述 209
11.2 液位传感器及工程应用 209
11.2.1 浮力式液位传感器 209
11.2.2 静压式液位传感器 211
11.2.3 应变式液位传感器 212
11.2.4 电容式液位传感器 213
11.3 料位传感器及工程应用 214
11.3.1 电容式料位传感器 214
11.3.2 超声波料位传感器 215
11.4 物位传感器及其应用 216
11.4.1 超声波物位传感器 216
11.4.2 超声波探头的使用注意事项 216
11.5 界位传感器工程应用案例 217
11.5.1 液位测量显示系统案例 217
11.5.2 物位测量显示系统案例 218
思考题及习题 11 221

第 12 章 气敏传感器及工程应用 222

12.1 热传导式气敏传感器 222
12.1.1 热传导检测原理 222
12.1.2 热传导检测器 223
12.1.3 测量电路 223
12.2 接触燃烧式气敏传感器 224
12.2.1 接触燃烧传感器结构 224
12.2.2 接触燃烧检测原理 225
12.2.3 测量电路 225
12.2.4 接触燃烧传感器的特点 226
12.3 氧化锆氧气传感器 226
12.3.1 氧化锆检测原理 226
12.3.2 氧化锆氧气传感器结构 227
12.4 恒电位电解式气敏传感器 227
12.4.1 恒电位电解检测原理 228
12.4.2 恒电位电解传感器结构 228
12.5 伽伐尼电池式气敏传感器 228
12.5.1 伽伐尼电池检测原理 228
12.5.2 伽伐尼电池传感器结构 229
12.6 半导体气敏传感器 229
12.6.1 电阻型半导体气敏传感器 230
12.6.2 非电阻型半导体气敏传感器 232
12.6.3 半导体气敏传感器的应用范围 233
12.7 气敏传感器工程应用案例 233
12.7.1 酒精含量检测显示系统案例 233
12.7.2 有害气体监测控制系统案例 234

思考题及习题 12 ……………………… 235

第13章 湿敏传感器及工程应用 ……… 236
13.1 湿度检测概述 …………………… 236
13.1.1 湿度的描述方法 …………… 236
13.1.2 湿度的测量方法 …………… 236
13.1.3 湿敏传感器及分类 ………… 236
13.2 电阻式湿敏传感器 ……………… 237
13.2.1 氯化锂湿敏电阻 …………… 237
13.2.2 陶瓷湿敏电阻 ……………… 237
13.2.3 结露传感器 ………………… 239
13.3 电容式湿敏传感器 ……………… 240
13.3.1 陶瓷湿敏电容 ……………… 240
13.3.2 高分子湿敏电容 …………… 241
13.4 集成湿敏传感器 ………………… 241
13.4.1 IH3605 集成湿敏传感器 … 242
13.4.2 IH3605 使用注意事项 …… 242
13.5 湿敏传感器工程应用案例 ……… 243
13.5.1 湿度检测显示系统案例 …… 243
13.5.2 湿度监测控制系统案例 …… 244
思考题及习题 13 ……………………… 244

第14章 数字式传感器及工程应用 …… 245
14.1 数字式传感器概述 ……………… 245
14.2 编码器 …………………………… 245
14.2.1 增量编码器 ………………… 245
14.2.2 码盘式编码器 ……………… 247
14.3 数字式温度传感器 ……………… 249
14.3.1 DS18B20 的内部结构 …… 249
14.3.2 DS18B20 芯片指令介绍 … 251
14.3.3 DS18B20 与微控制器的连接电路 ……………… 253
14.3.4 DS18B20 的读/写时间隙 … 253
14.3.5 单片机控制 DS18B20 的操作流程 ……………… 254
14.3.6 DS18B20 使用注意事项 … 255
14.4 光栅传感器 ……………………… 255
14.4.1 光栅的结构及测量原理 …… 255
14.4.2 光栅传感器的结构 ………… 256
14.4.3 光栅传感器的精度 ………… 258
14.5 数字式传感器工程应用案例 …… 258
14.5.1 数字式线位移监测系统案例 ……………… 258
14.5.2 数字式转速测量系统案例 ……………… 259
思考题及习题 14 ……………………… 259

第15章 传感器新技术及工程应用 …… 261
15.1 智能传感器 ……………………… 261
15.1.1 智能传感器的典型结构 …… 261
15.1.2 智能传感器的主要功能 …… 262
15.1.3 智能传感器的主要特点 …… 262
15.2 模糊传感器 ……………………… 262
15.2.1 模糊传感器概念及特点 …… 262
15.2.2 模糊传感器的基本功能 …… 263
15.2.3 模糊传感器的结构 ………… 263
15.3 网络传感器 ……………………… 265
15.3.1 网络传感器的概念 ………… 265
15.3.2 网络传感器的类型 ………… 266
15.3.3 基于 IEEE 1451 标准的网络传感器 …………… 266
15.3.4 网络传感器所在网络的体系结构 ……………… 270
15.4 多传感器数据融合 ……………… 271
15.4.1 多传感器数据融合的概念 … 271
15.4.2 多传感器数据融合技术 …… 271
15.4.3 多传感器数据融合技术的应用 ……………… 272
15.5 虚拟仪器 ………………………… 272
15.5.1 虚拟仪器概述 ……………… 272
15.5.2 虚拟仪器的组成 …………… 273
15.5.3 虚拟仪器的特点 …………… 274
15.5.4 软件开发工具 LabVIEW 简介 ……………… 274
15.6 物联网 …………………………… 276
15.6.1 物联网的基本概念 ………… 276
15.6.2 物联网的关键技术 ………… 276
15.6.3 物联网的应用模式 ………… 277
15.6.4 物联网的应用案例 ………… 277
思考题及习题 15 ……………………… 277

参考文献 ……………………………… 279

第1章　测量及数据处理技术

1.1　测　量　概　论

众所周知,一切科学实验和生产过程中的信息,特别是在自动监测控制系统中获取的原始信息,都要通过传感器转换为容易传输与处理的电信号。但能否正确及时地获得这些信息,除了正确使用传感器之外,还必须有正确的数据测量方法和数据处理技术。为了更好地掌握测量方法和处理技术,需要对测量的基本概念、测量误差及数据处理技术等方面的理论及工程应用方法进行研究。只有了解和掌握了这些理论和应用方法,才能正确及时地获得被测数据,才能高效地完成测量任务。

1.1.1　测量值的表示方法

测量值是将被测量与同种性质的标准量进行比较的结果,其数值等于被测量与标准量的比值。它通常用下式表示为

$$x = nu \tag{1-1}$$

式中,x 为测量值;u 为标准量,即测量单位;n 为比值。

由式(1-1)可知,测量结果包括比值和测量单位两个量,缺一不可。

1.1.2　测量方法及分类

实现被测量与标准量比较得出比值的方法,称为测量方法。测量方法有多种,若按获取测量值的方法分类,可分为直接测量、间接测量和组合测量三种;若按测量方式分类,可分为偏差式测量、零位式测量和微差式测量三种;若按测量条件分类,可分为等精度测量与不等精度测量两种;若根据被测量变化快慢分类,可分为静态测量与动态测量两种;若按测量敏感元件是否与被测介质接触分类,可分为接触式测量与非接触式测量两类。下面简要介绍这几种测量方法。

1. 直接测量、间接测量和组合测量

1) 直接测量

在使用仪表或传感器进行测量时,人们通常把被测量的测量值直接作为测量结果的方法称为直接测量。被测量 y 与测量值 x 之间的关系可用下式表示为

$$y = x \tag{1-2}$$

例如,用磁电式电流表测量电路的某一支路电流、用弹簧管压力表测量压力等,都属于直接测量。直接测量的优点是测量过程简单而又迅速,缺点是测量精度不很高。

2) 间接测量

在使用仪表或传感器进行测量时,若被测量不能直接测量,而只能通过对与被测量有确定函数关系的一个量或几个量进行直接测量,然后将直接测量值代入函数关系式。经过计算得到被测量的结果,这种测量方法称为间接测量。间接测量与直接测量的不同是被测量 y 与一个测量值 x 或几个测量值 $x_1, x_2, \cdots, x_n$ 有函数关系,即

$$y = f(x) \tag{1-3}$$

或

$$y = f(x_1, x_2, \cdots, x_n) \tag{1-4}$$

并且被测量 y 不能直接测量,必须通过测量值 x 或 $x_i (i=1,2,\cdots,n)$ 及其函数关系求出。比如:要测量某电器的功率 P,但没有功率表,我们可用万用表直接测量该用电器的电流 I 和电阻 R,根据 $P = I^2 R$ 计算出功率 P,这就是间接测量的实例。这种测量方法与直接测量相比,手续较多,花费时间较长,而且还需要一定的计算才能获得测量结果。但它可以对不能直接测量的被测量实现测量。

3) 组合测量

若不能直接测量的被测量不止一个,就必须通过求解联立方程组,才能获得测量结果,这种测量方法称为组合测量。组合测量的关键是列出包含不能直接测量的被测量 $y_1, y_2, \cdots, y_m$ 的联立方程组。在进行组合测量时,一般需要通过改变测量条件来获得这个联立方程组。比如,已知铂热电阻的电阻值在 0~850℃ 范围内与温度 t 的关系为

$$R(t) = R_0 (1 + At + Bt^2) \tag{1-5}$$

式中,$R(t)$、R_0 为铂热电阻分别在 t℃ 和 0℃ 时的电阻值;A、B 为铂热电阻的温度系数。

要确定它的温度系数 A、B 及 R_0 的数值,显然不能直接测量。我们可以在 0~850℃ 范围内任意取 3 个不同温度点 t_1、t_2 和 t_3,测量出 $R(t_1)$、$R(t_2)$ 和 $R(t_3)$,得到 3 个方程,把这 3 个方程联立求解,就可求出温度系数 A、B 及 R_0 的值。这就是组合测量。组合测量是一种特殊的测量方法,操作手续复杂,花费时间长,多适应于科学实验或特殊场合。

2. 偏差式测量、零位式测量和微差式测量

1) 偏差式测量

用仪表指针的位移(即偏差)决定被测量的数值,这种测量方法称为偏差式测量。应用这种方法测量时,仪表刻度事先用标准器具分度好。测量时,按照仪表指针在标尺上的示值,决定被测量的数值。偏差式测量的测量过程简单、迅速,但测量结果的精度较低。

2) 零位式测量

用指零仪表的零位反映测量系统的平衡状态,在测量系统平衡时,用已知的标准量决定被测量的数值,这种测量方法称为零位式测量。在零位式测量时,标准量直接与被测量相比较,当指零仪表指零时,被测量就与已知标准量相等。例如,天平测量物体的质量、电位差计测量电压等都属于零位式测量。零位式测量的优点是可以获得比较高的测量精度,但测量过程比较复杂,费时较长,不适用于测量变化迅速的信号。

3) 微差式测量

微差式测量是综合了偏差式测量与零位式测量的优点而提出的一种测量方法。它将被测量与已知的标准量相比较,取得差值后,再用偏差法测得此差值。应用这种方法测量时,不需要调整标准量,而只需测量两者的差值。假设:N 为标准量,x 为被测量,Δ 为二者之差,则 $x = N + \Delta$。由于 N 是标准量,其误差很小,且 $\Delta \ll N$,因此可选用高灵敏度的偏差式仪表测量 Δ,即使测量 Δ 的精度不高,但因 $\Delta \ll x$,故总的测量精度仍很高。微差式测量的优点是反应快,而且测量精度高,特别适用于在线控制参数的测量。

3. 等精度测量和非等精度测量

1) 等精度测量

在多次重复测量的过程中,若影响和决定误差大小的全部因素始终保持不变,即多次重复测量中的每一个测量值,都是在相同的测量条件下获得的,这样的测量就称作等精度测量。比如由同一个测量者,用同一台仪器,用同样的方法,在同样的环境条件下,对同一被测量进行多次重复测量,就可以看作是等精度测量。

2) 非等精度测量

若测量条件部分或全部改变,则各测得值的精度或可信度就不一样,这种测量就称作非等精度测量。比如在科学研究或高精度测量中,往往要在不同的测量条件下,用不同精度的仪表,不同的测量方法,不同的测量次数以及不同的测量者进行测量结果的对比,这就是非等精度测量。

严格地讲,所有的测量都是非等精度测量。但是,当影响和决定误差大小的测量条件差别不大时,实际中都可把它当作等精度测量对待。

4. 静态测量与动态测量

1) 静态测量

被测量在测量过程中是固定不变的,对这种被测量进行的测量称为静态测量。静态测量不需要考虑时间因素对测量的影响。

2) 动态测量

被测量在测量过程中是随时间不断变化的,对这种被测量进行的测量称为动态测量。

1.1.3 测量误差

一般情况下被测量的真值是未知的,测量的目的是希望获取被测量的真值。但由于种种原因,例如,传感器本身性能不十分优良、测量仪器不够精确、测量方法不十分完善、外界干扰影响等,造成被测量的测量值与真值不一致,这个偏差就是测量误差。为了描述测量误差的大小和测量值的精确程度,需要对测量误差进行严格的数学定义。

1. 测量误差的表示方法

测量误差的表示方法很多,常用的主要有以下几种。

1) 绝对误差

被测量的测量值与其真值之间的差称作绝对误差,其数学表达式为

$$\Delta = x - X \tag{1-6}$$

式中,Δ 为绝对误差;x 为测量值;X 为真值(未知)。

绝对误差说明了测量值偏离真值的大小,它可正可负,并且和被测量有相同的量纲。为了叙述方便,通常人们又把它简称为误差。

在实际测量中,有时要用到修正值,修正值 c 是与绝对误差大小相等、符号相反的值,即

$$c = -\Delta \tag{1-7}$$

通常修正值 c 是用高一等级的测量标准或标准仪器获得的。利用修正值可对测量值进行修正,从而得到比较准确的测量值,修正后的实际测量值 x' 为

$$x' = x + c = x - \Delta \tag{1-8}$$

修正值给出的方式,可以是具体的数值,也可以是一条曲线或一个公式。

2) 相对误差

采用绝对误差表示测量误差时,人们发现它不能很好地反映测量质量的好坏。例如,在温度测量时,绝对误差 $\Delta = 1°C$,对体温测量来说这个误差太大,但对钢水温度测量来说则是极好的测量结果。为了能客观地反映测量的准确性,又引入了相对误差的概念。相对误差定义为绝对误差与被测量真值的比值,常用百分数表示,即

$$\delta = \frac{\Delta}{X} \times 100\% \tag{1-9}$$

式中,δ 为相对误差;Δ 为绝对误差;X 为真值。

一般来说,被测量的真值 X 是未知的。为了计算绝对误差和相对误差的数值,在工程上常用精度高一级的标准器示值或等精度多次测量的算术平均值来代替真值 X。

3) 引用误差

相对误差虽然能说明测量的准确度，但不能反映测量仪表的准确度。为此引入引用相对误差的概念，引用相对误差简称为引用误差，它是仪表中通用的一种相对误差表示方法。其定义是绝对误差与仪表满量程的百分比，即

$$\gamma = \frac{\Delta}{X_{FS}} \times 100\% \tag{1-10}$$

式中，γ 为引用误差；Δ 为绝对误差；X_{FS} 为仪表的满量程（＝测量范围上限－测量范围下限）。

在规定的条件下，仪表全量程范围内最大绝对误差 Δ_{max} 与满量程 X_{FS} 的百分比称作仪表的最大引用误差 γ_{max}。即

$$\gamma_{max} = \frac{\Delta_{max}}{X_{FS}} \times 100\% \tag{1-11}$$

为了描述仪表的测量精度，引入了仪表精度等级的概念，它是根据最大引用误差来定义的。国家标准规定仪表的最大引用误差不得超过该仪表精度等级的百分数。我国的电工仪表精度等级共分为 0.1、0.2、0.5、1.0、1.5、2.5 及 5.0 七个等级。例如，0.5 级表的最大引用误差值不超过 $\pm 0.5\%$；1.0 级表的最大引用误差值不超过 $\pm 1\%$。

2. 测量误差的分类

根据测量数据中的误差所呈现的规律及产生的原因，可将它分为随机误差、系统误差和粗大误差 3 类。

1) 随机误差

在同一测量条件下，对同一被测量进行多次测量时，其误差的大小和符号以不可预测的方式变化，这种误差称为随机误差。

由于引起随机误差的因素非常复杂，所以随机误差不可预测，也不可避免。但当测量次数足够多时，随机误差服从一定的统计规律，通过对测量数据的统计处理可以计算随机误差出现的可能性大小。

2) 系统误差

在同一测量条件下，对同一被测量进行多次测量时，如果误差的大小和符号保持不变，或在测量条件改变时，误差按一定规律（如线性、多项式、周期性等函数规律）变化，这种误差称为系统误差。前者称为恒值系统误差，后者称为变值系统误差。

引起系统误差的原因很多，主要有材料、零部件及工艺的缺陷，环境温度、湿度、压力的变化，测量方法不完善、零点未调整、采用近似的计算公式及测量者的经验不足等。

3) 粗大误差

在测量过程中，如果误差超出规定条件下预期的结果，这个误差称为粗大误差，又称疏忽误差。

产生粗大误差的原因主要是由于测量者疏忽大意，测错、读错或环境条件的突然变化等引起的。

1.2 测量数据的估计与处理

从工程测量实践中可知，测量数据中含有随机误差和系统误差，有时还含有粗大误差。它们的性质不同，对测量结果的影响及处理方法也不同。对于不同情况的测量数据，首先要加以分析研究、判断情况、分别处理，再经综合整理，得出合乎科学性的测量结果。

1.2.1 随机误差的估计与处理

大量的实验数据表明,单次测量的随机误差无规律可寻,但对多次重复测量的大量的测量数据进行统计发现,随机误差 $\Delta=x-X$ 具有如下特征。

① 对称性,即在多次的重复测量中,绝对值相等的正、负误差出现的次数大致相等。

② 有界性,即在一定测量条件下,随机误差的绝对值不会超过一定的界限。

③ 单峰性,即绝对值小的误差出现的次数比绝对值大的误差出现的次数多。

④ 抵偿性,即对同一被测量进行多次重复测量时,其随机误差的算数平均值随着测量次数的增加趋向于零。抵偿性是随机误差的一个重要特征,凡是具有抵偿性的,原则上都可以按随机误差来处理。

这些特征表明,随机误差服从正态分布,因而测量值 x 也服从正态分布,所以正态分布理论就成为研究测量数据及随机误差的基础。下面首先介绍正态分布的有关知识。

1. 正态分布

由概率统计知识可知,正态分布概率密度函数为

$$y=f(x)=\frac{1}{\sigma\sqrt{2\pi}}e^{-\frac{(x-X)^2}{2\sigma^2}} \tag{1-12}$$

式中,x 为随机变量(即测量值);X 为随机变量的数学期望(即真值);σ 为随机变量的标准差。

由式(1-12)可知,正态分布由它的数学期望 X 和标准差 σ 唯一确定。概率密度函数 $f(x)$ 的图像如图 1-1 所示,它具有如下特性:

① $f(x)$ 是一条钟形的曲线,关于均值 $x=X$ 对称;

② 当 $x=X$ 时,$f(x)$ 达到最大值,并且 x 离 X 越远,$f(x)$ 的值就越小;

③ $f(x)$ 的曲线在 $x=X\pm\sigma$ 处有拐点,并且以 x 轴为水平渐近线;

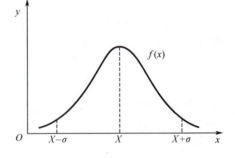

图 1-1 正态分布密度函数图像

④ 若固定 σ,改变 X 值,则 $f(x)$ 曲线沿 x 轴平行移动,但不改变其形状,见图 1-2(a);若固定 X,改变 σ,则曲线形状如图 1-2(b)所示。由图 1-2(b)可知,σ 值愈大,曲线愈平坦,即随机变量 x 的分散性愈大;反之,σ 愈小,曲线愈尖锐,说明随机变量的分散性愈小,也就是说随机变量落在 X 附近的概率就越大,故常用 σ 来评价测量值的可靠程度。

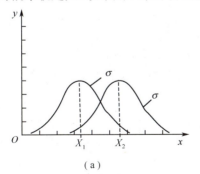
(a)

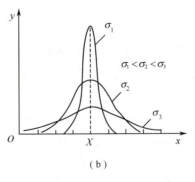
(b)

图 1-2 不同 X 及 σ 时的概率密度曲线

2. 正态随机变量的概率计算

由概率统计知识可知,正态随机变量 x 落在区间 $(X-k\sigma, X+k\sigma)$ 的概率为

$$P = P\{X-k\sigma < x < X+k\sigma\} = \frac{1}{\sigma\sqrt{2\pi}} \int_{X-k\sigma}^{X+k\sigma} e^{-\frac{(x-X)^2}{2\sigma^2}} dx \qquad (1-13)$$

式中,k 为置信系数;P 为置信概率或置信度。

由式(1-13)计算可知,当 $k=1$ 时,$P=0.6827$;$k=2$ 时,$P=0.9545$;$k=3$ 时,$P=0.9973$。此结果说明:测量值出现在 $(X-\sigma, X+\sigma)$ 范围内的置信概率为 68.27%;出现在 $(X-2\sigma, X+2\sigma)$ 范围内的置信概率为 95.45%,出现在 $(X-3\sigma, X+3\sigma)$ 范围内的置信概率为 99.73%。因此,可以认为单次测量的误差绝对值大于 3σ 的情况是不可能出现的,通常把这个误差称为极限误差 $\Delta_{\lim}$,即单次测量的极限误差 $\Delta_{\lim} = 3\sigma$。

3. 随机变量数字特征的估计

1) 被测量的真值 X 的估计

对于正态分布来说,通常 X 是未知的。为了获得 X 的具体数值,一般都是通过测量来实现的。由于测量过程中不可避免地存在随机误差,所以我们无法通过一次测量精确地获得被测量的真值 X。若对被测量进行等精度的 n 次测量,得到 n 个测量值 $x_1, x_2, \cdots, x_n$,则这 n 次测量值的算术平均值 $\bar{x}$ 为

$$\bar{x} = \frac{1}{n}(x_1 + x_2 + \cdots + x_n) = \frac{1}{n}\sum_{i=1}^{n} x_i \qquad (1-14)$$

由概率统计理论可以证明:对真值 X 来说,算术平均值是真值 X 的一个最佳估计,或者说算术平均值是诸测量值中最可信赖的。即

$$X \approx \bar{x} = \frac{1}{n}(x_1 + x_2 + \cdots + x_n) = \frac{1}{n}\sum_{i=1}^{n} x_i \qquad (1-15)$$

2) 被测量的标准差 σ 的估计

标准差又称均方根误差。它是评价随机变量分散程度的一个指标。为了估算该指标,人们引入了样本标准差 σ_s

$$\sigma_s = \sqrt{\frac{1}{n-1}\sum_{i=1}^{n}(x_i - \bar{x})^2} = \sqrt{\frac{1}{n-1}\sum_{i=1}^{n} v_i^2} \qquad (1-16)$$

式中,x_i 为第 i 次测量值;$\bar{x}$ 为 n 次测量值的算术平均值;v_i 为残余误差,即 $v_i = x_i - \bar{x}$。

由于残余误差 v_i 很小,残余误差的平方 v_i^2 就更小,容易产生计算误差。为此将式(1-16)变形得

$$\sigma_s = \sqrt{\frac{1}{n-1}\left[\sum_{i=1}^{n} x_i^2 - \frac{1}{n}\left(\sum_{i=1}^{n} x_i\right)^2\right]} \qquad (1-17)$$

式(1-17)称作贝塞尔公式。它是计算样本标准差 σ_s 的常用公式。

由概率统计理论可以证明:样本标准差 σ_s 是总体标准差 σ 的无偏估计。即

$$\sigma \approx \sigma_s = \sqrt{\frac{1}{n-1}\sum_{i=1}^{n}(x_i - \bar{x})^2} = \sqrt{\frac{1}{n-1}\left[\sum_{i=1}^{n} x_i^2 - \frac{1}{n}\left(\sum_{i=1}^{n} x_i\right)^2\right]} \qquad (1-18)$$

并且它们与测量值 x_i 具有相同的量纲。

3) 算术平均值的标准差 $\sigma_{\bar{x}}$ 的计算

对被测量 x 进行 n 次等精度测量,若这些测得值里,只含有随机误差,则它们的算术平均值 $\bar{x}$ 也是正态随机变量,并且比测量值更接近于期望值。算术平均值 $\bar{x}$ 的可靠性指标可用算术平均值的标准差 $\sigma_{\bar{x}}$ 来评定。由概率统计知识可知,它与标准差 σ 的关系为

$$\sigma_{\bar{x}} = \frac{\sigma}{\sqrt{n}} \tag{1-19}$$

由式(1-19)可见,在测量条件一定的情况下,算术平均值的标准差 $\sigma_{\bar{x}}$ 随着测量次数 n 的增加而减小。即当测量次数 n 越大时,算术平均值 $\bar{x}$ 越接近期望值 X,也就是测量精度越高。图 1-3 为 $\sigma_{\bar{x}}/\sigma$ 与 n 的关系曲线。从图中可以看出,当测量次数 n 增加到一定数值(例如 10)以后,$\sigma_{\bar{x}}$ 的减小就变得缓慢,所以不能单靠无限制地增加测量次数来提高测量精度。实际上测量次数愈多,愈难保证测量条件的稳定,从而带来新的误差。

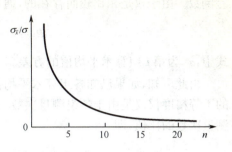

图 1-3 $\sigma_{\bar{x}}/\sigma$ 与 n 的关系曲线

所以在一般精密测量中,重复测量的次数 n 一般少于 10,若要进一步提高测量精度,应采取其他措施(如提高仪器精度,改进测量方法,改善环境条件等)来解决。

4. 非等精度测量的数据处理

前面讲述的内容都是在等精度测量条件下得出的。但在科学研究或高精度测量中,为了获得足够的信息,有时会有意改变测量条件,比如用不同精度的仪表,或是用不同的测量方法等进行测量,这样的测量属于非等精度测量。

对于非等精度的测量,测量数据的分析和综合不能套用前面等精度测量的数据处理公式,而需推导出新的计算公式。

1) "权"的概念

在等精度测量中,多次重复测量得到的各个测量值都具有相同的精度。或者说各个测得值都具有相同的可信程度,并用所有测量值的算术平均值作为测量结果。在非等精度测量时,对同一被测量进行 m 组的测量,得到 m 组的测量结果及其误差。由于各组测量条件不同,各组测量结果的可靠程度也不一样,因而不能简单地取各测量结果的算术平均值作为最后的测量结果。一般来说,应该让可靠程度大的测量结果在最后结果中占的比重大一些,可靠程度小的占比重小一些。各测量结果的可靠程度可用一个数值来表示,这个数值就称作该测量结果的"权",记为 p。

"权"可理解为该测量结果和其他测量结果比较时对它的可信赖程度。一般来说,测量次数多,测量方法完善,测量仪表精度高,测量的环境条件好,测量人员的水平高,测量误差小,其测量结果的可靠性就大,其权值也应该大。

2) 加权平均值 $\bar{x}_p$ 的计算

在等精度测量时,测量结果的最佳估计值用算术平均值表示;而在不等精度测量时,测量结果的最佳估计值要用加权平均值表示。一般来说,若对同一被测量进行 m 组不等精度测量,得到 m 组测量值的算术平均值为 $\bar{x}_1, \bar{x}_2, \cdots, \bar{x}_m$,相应各组的权分别为 $p_1, p_2, \cdots, p_m$,则各组的加权平均值定义为

$$\bar{x}_p = \frac{\bar{x}_1 p_1 + \bar{x}_2 p_2 + \cdots + \bar{x}_m p_m}{p_1 + p_2 + \cdots + p_m} = \frac{\sum_{i=1}^{m} \bar{x}_i p_i}{\sum_{i=1}^{m} p_i} \tag{1-20}$$

由式(1-20)可知,如果 $p_1 = p_2 = \cdots = p_m$,则各组的加权平均值就变成了各组的算术平均值了。从式(1-20)可以看出,计算加权平均值的关键是确定各组的权,它是衡量加权平均值可靠程度的重要指标。理论可以证明,当各组的权值取各组算术平均值的方差倒数时,加权平均值的

方差最小,也就是说它的可靠程度最高。因此,不等精度测量的权通常取作各组算术平均值的方差倒数。由于权是相比较而存在的,通常用它们的比值来表示,即

$$p_1:p_2:\cdots:p_m = \frac{1}{\sigma_{\bar{x}_1}^2}:\frac{1}{\sigma_{\bar{x}_2}^2}:\cdots:\frac{1}{\sigma_{\bar{x}_m}^2} \qquad (1-21)$$

式中,$\sigma_{\bar{x}_i}^2$ 为第 i 组算术平均值的方差。

由此可知,如果已知各组算术平均值的方差,即可确定相应权值的大小。特别是当各组测量的不等精度仅仅是由于各组测量次数不等引起的时,理论可以证明,这时各组权的比值就变成了测量次数的比值,即

$$p_1:p_2:\cdots:p_m = \frac{1}{\sigma_{\bar{x}_1}^2}:\frac{1}{\sigma_{\bar{x}_2}^2}:\cdots:\frac{1}{\sigma_{\bar{x}_m}^2} = n_1:n_2:\cdots:n_m \qquad (1-22)$$

式中,n_i 为第 i 组的测量次数。

为了计算方便,在确定各组权时,一般令最小的权值为 1,然后再确定其他各组的权。

3) 加权平均值 $\bar{x}_p$ 的标准差 $\sigma_{\bar{x}_p}$ 的计算

用加权算术平均值作为不等精度测量结果的最佳估计值时,其可靠程度可用加权平均值的标准差来表示。对同一个被测量进行 m 组不等精度测量,得到 m 个测量结果 $\bar{x}_1, \bar{x}_2, \cdots, \bar{x}_m$,理论可以证明,加权平均值 $\bar{x}_p$ 的标准差可用下式计算

$$\sigma_{\bar{x}_p} = \sqrt{\frac{\sum_{i=1}^{m} p_i \bar{v}_i^2}{(m-1)\sum_{i=1}^{m} p_i}} = \sqrt{\frac{\sum_{i=1}^{m} p_i (\bar{x}_i - \bar{x}_p)^2}{(m-1)\sum_{i=1}^{m} p_i}} \qquad (1-23)$$

式中,$\bar{v}_i$ 为第 i 组的算术平均值 $\bar{x}_i$ 与加权平均值 $\bar{x}_p$ 之差。

【例 1-1】 现用三种不同的方法测量某电感量 L,三种方法测得算术平均值分别为 $\bar{L}_1 = 1.25\text{mH}, \bar{L}_2 = 1.24\text{mH}, \bar{L}_3 = 1.22\text{mH}$,其算术平均值的标准差分别为 $\sigma_{\bar{L}_1} = 0.040\text{mH}, \sigma_{\bar{L}_2} = 0.030\text{mH}, \sigma_{\bar{L}_3} = 0.050\text{mH}$。试求该电感的加权平均值及其加权平均值的标准差。

解 令 $p_3 = 1$,则

$$p_1:p_2:p_3 = \frac{\sigma_{\bar{L}_3}^2}{\sigma_{\bar{L}_1}^2}:\frac{\sigma_{\bar{L}_3}^2}{\sigma_{\bar{L}_2}^2}:\frac{\sigma_{\bar{L}_3}^2}{\sigma_{\bar{L}_3}^2} = \left[\frac{0.050}{0.040}\right]^2:\left[\frac{0.050}{0.030}\right]^2:\left[\frac{0.050}{0.050}\right]^2 = 1.563:2.778:1$$

加权平均值为

$$\bar{L}_p = \frac{\sum_{i=1}^{3} \bar{L}_i p_i}{\sum_{i=1}^{3} p_i} = \frac{1.25 \times 1.563 + 1.24 \times 2.778 + 1.22 \times 1}{1.563 + 2.778 + 1} = 1.239(\text{mH})$$

加权平均值的标准差为

$$\sigma_{\bar{L}_p} = \sqrt{\frac{\sum_{i=1}^{3} p_i \bar{v}_i^2}{(3-1)\sum_{i=1}^{3} p_i}}$$

$$= \sqrt{\frac{1.563 \times (1.25-1.239)^2 + 2.778 \times (1.24-1.239)^2 + 1 \times (1.22-1.239)^2}{(3-1) \times (1.563 + 2.778 + 1)}}$$

$$= 0.007(\text{mH})$$

1.2.2 系统误差的处理方法

在测量过程中,不仅有随机误差,往往还存在系统误差。系统误差是指对同一被测量进行多

次重复测量时,测量值中含有固定不变或按一定规律变化的误差,前者称作恒值系统误差,后者称作变值系统误差。系统误差不具有抵偿性,进行重复测量也难以发现,系统误差比随机误差对测量精度的影响更大,在工程测量中应特别注意。

1. 系统误差产生的原因

系统误差产生的原因很多,其主要原因有以下几个方面。

1) 所用传感器、测量仪表或元器件不够准确

比如,传感器或仪表灵敏度不够,仪表刻度不准确,变换器、放大器等性能不太优良等都会引起误差,而且是常见的误差。

2) 测量方法不够完善

比如,用电压表测量电压时,电压表的内阻对测量结果就有影响。

3) 传感器仪表安装、调整或放置不正确

例如,未调好仪表水平位置,安装时仪表指针偏心等都会引起误差。

4) 传感器或仪表工作场所的环境不符合使用条件

例如,环境、温度、湿度、气压等的变化也会引起误差。

5) 测量者操作不正确

例如,读数时视差、视力疲劳等都会引起系统误差。

2. 系统误差的发现

发现系统误差一般比较困难,下面只介绍几种发现系统误差的一般方法。

1) 实验对比法

实验对比法是通过改变产生系统误差的条件,在不同条件下对同一被测量进行测量,来发现系统误差的。这种方法适用于发现固定的系统误差。例如,一台测量仪表本身存在固定的系统误差,即使进行多次测量也不能发现,只有用更高一级精度的测量仪表测量时,才能发现这台测量仪表的系统误差。

2) 残余误差观察法

这种方法是根据测量值的残余误差大小和符号变化规律,直接由误差数据或误差曲线图形来判断有无变化的系统误差。把残余误差按照测量先后顺序作图,如图1-4所示。图(a)中残余误差有规律地递增(或递减),表明存在线性变化的系统误差;图(b)中残余误差大小和符号大体呈周期性变化,可以认为有周期性系统误差;图(c)中残余误差变化规律较复杂,怀疑同时存在线性系统误差和周期性系统误差。

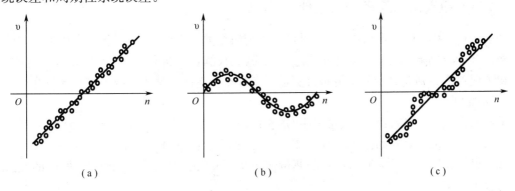

图1-4 残余误差的变化规律

3) 准则检查法

① 马利科夫准则:若对某一被测量进行 n 次等精度测量,按测量先后次序将残余误差前后

各半分为两组,分别求和,然后取其差值 D,即

$$D = \sum_{i=1}^{k} v_i - \sum_{j=m}^{n} v_j \begin{cases} \text{当 } n \text{ 为偶数时}, k = n/2, m = k+1 \\ \text{当 } n \text{ 为奇数时}, k = m = (n+1)/2 \end{cases} \quad (1\text{-}24)$$

若 D 明显不为零,则表明测量系统中含有线性系统误差。

② 阿贝—赫梅特准则:若对某一被测量进行 n 次等精度测量,将测量值按测量先后次序排列为 $x_1, x_2, \cdots, x_n$,并求出它们相应的残余误差 $v_1, v_2, \cdots, v_n$ 和标准差 σ。设

$$A = \left| \sum_{i=1}^{n-1} v_i v_{i+1} \right| \quad (1\text{-}25)$$

若

$$A > \sqrt{n-1}\sigma^2 \quad (1\text{-}26)$$

则可断定测量系统含有周期性系统误差。

3. 系统误差的消除方法

由于系统误差的特殊性,在处理方法上与随机误差完全不同。主要是如何有效地找出系统误差产生的根源,并想办法减小或消除。查找误差根源的关键就是要对测量设备、测量对象和测量系统作全面分析,明确其中有无产生明显系统误差的因素,并采取相应措施予以修正或消除。由于具体条件不同,在分析查找误差根源时,并没有一成不变的方法,这与测量者的经验、水平以及测量技术的发展密切相关。通常,我们可以按照下面步骤进行消除。

首先消除人为因素产生的系统误差,如在测量之前,仔细检查仪表,正确调整和安装;防止外界干扰影响;选好观测位置消除视差;选择环境条件比较稳定时进行读数等。其次是在测量结果中对系统误差进行修正,即对于已知的恒值系统误差,可以用修正值对测量结果进行修正;对于变值系统误差,设法找出误差的变化规律,用修正公式或修正曲线对测量结果进行修正。第三是找出系统误差产生的原因和规律,通过设计补偿电路,使测量过程中的系统误差得到自动补偿。如用热电偶测量温度时,热电偶参考端温度变化会引起系统误差,消除此误差的办法之一是在热电偶回路中加一个冷端补偿器,从而实现自动补偿。第四是采用实时反馈修正法进行修正,例如,当查明某种误差因素的变化对测量结果有明显的复杂影响时,应尽可能找出其影响测量结果的函数关系或近似的函数关系。在测量过程中,用传感器将这些误差因素的变化,转换成某种物理量形式(一般为电量),及时按照其函数关系,通过计算机算出影响测量结果的误差值,并对测量结果作实时的自动修正。

1.2.3 粗大误差的辨别与处理

如前所述,在对重复测量所得一组测量值进行数据处理之前,首先应将具有粗大误差的可疑数据找出来加以剔除。人们绝对不能凭主观意愿对数据任意进行取舍,而是要有一定的根据。判别粗大误差的原则就是看测量值是否满足正态分布。下面就常用的两种准则加以介绍。

1. 3σ 准则

前面已讲到,在有限次的测量数据中,落在 $(X-3\sigma, X+3\sigma)$ 范围内的概率为 99.73%,落在 $(X-3\sigma, X+3\sigma)$ 范围之外的概率只有 0.27%。由此可推出 3σ 准则如下:

在一组等精度独立重复测量所得的测量值 $x_1, x_2, \cdots, x_n$ 中,如果某个测量值 x_i 的残余误差绝对值大于 3σ,即

$$|v_i| = |x_i - \bar{x}| > 3\sigma \quad (1 \leqslant i \leqslant n) \quad (1\text{-}27)$$

则认为该残余误差 v_i 为粗大误差,与其对应的测量值 x_i 为坏值,应剔除。

3σ 准则又称作拉伊达准则。它适合于测量次数较多的场合(一般为 20 次以上);数学上已

经证明,当测量次数小于10次时,拉伊达准则失效。为了解决这个问题,格拉布斯又研究出了更精确的判别方法——格拉布斯准则。

2. 格拉布斯准则

在一组等精度独立重复测量所得的测量值 $x_1, x_2, \cdots, x_n$ 中,如果某个测量值 x_i 的残余误差绝对值满足

$$|v_i| = |x_i - \bar{x}| > G\sigma \qquad (1 \leq i \leq n) \qquad (1\text{-}28)$$

则认为该残余误差 v_i 为粗大误差,与其对应的测量值 x_i 为坏值,应剔除。

式(1-28)中,G 为格拉布斯判别系数,它的数值大小与重复测量次数 n 和置信概率 P 有关,其具体数值见表1-1。

表1-1 格拉布斯判别系数 G 的数值

测量次数 n	G(置信概率 P)		测量次数 n	G(置信概率 P)	
	$G(P=0.99)$	$G(P=0.95)$		$G(P=0.99)$	$G(P=0.95)$
3	1.16	1.15	11	2.48	2.23
4	1.49	1.46	12	2.55	2.28
5	1.75	1.67	13	2.61	2.33
6	1.94	1.82	14	2.66	2.37
7	2.10	1.94	15	2.70	2.41
8	2.22	2.03	16	2.74	2.44
9	2.32	2.11	18	2.82	2.50
10	2.41	2.18	20	2.88	2.56

格拉布斯准则理论上较严谨,使用也较方便。它不但给出了较小的 G 值,而且还给出了剔除粗大误差的置信概率,是工程测量中判别粗大误差常用的方法。

以上准则都是以测量数据服从正态分布为前提的,特别是测量次数很少或测量值偏离正态分布时,判断的可靠性就差。因此,对待粗大误差,除用剔除准则外,更重要的是提高工作人员的技术水平和工作责任心。另外,要保证测量条件的稳定,以防止因环境条件剧烈变化而产生的突变影响。

需要特别指出的是:在应用上述准则时,剔除一个坏值后,就要对剩下的测量值重新计算算术平均值和标准差,然后再利用判别准则进行判断是否还存在粗大误差;若存在,再剔除相应的一个坏值后,对剩下的测量值再重新计算判断,直到无粗大误差为止。

【例1-2】 对某一电压 U 进行11次等精度测量,测量值见表1-2,若这些测量值已消除系统误差,试用格拉布斯准则判断有无粗大误差,并写出测量结果。

表1-2 测量数据

测量次序 i	1	2	3	4	5	6	7	8	9	10	11
测得值 U_i/mV	20.42	20.43	20.40	20.39	20.41	20.31	20.42	20.39	20.41	20.40	20.43

解 ① 求测量值的算术平均值及标准差

$$\bar{U}_1 = \frac{1}{11} \sum_{i=1}^{11} U_i = 20.40 \text{ (mV)}$$

$$\sigma_{s_1} = \sqrt{\frac{1}{11-1} \sum_{i=1}^{11} (U_i - \bar{U}_1)^2} = \sqrt{\frac{0.0111}{11-1}} = 0.033 \text{ (mV)}$$

② 判断有无粗大误差

取置信概率 $P=0.95$,查表 1-1 可知,当测量次数 $n=11$ 时,格拉布斯系数 $G=2.23$。因

$$|v_6|=|U_6-\overline{U}_1|=0.09 > G\sigma_{s_1}=2.23\times 0.033=0.074$$

故 U_6 是坏值,应剔除。

③ 剔除 U_6 后重新计算算术平均值和标准差

$$\overline{U}_2=\frac{1}{10}\left(\sum_{i=1}^{5}U_i+\sum_{i=7}^{11}U_i\right)=20.41\,(\mathrm{mV})$$

$$\sigma_{s_2}=\sqrt{\frac{1}{10-1}\left[\sum_{i=1}^{5}(U_i-\overline{U}_2)^2+\sum_{i=7}^{11}(U_i-\overline{U}_2)^2\right]}=0.013\,(\mathrm{mV})$$

④ 再次判断粗大误差

仍取置信概率 $P=0.95$,因为此时测量次数 n 变成 10,查表 1-1 得格拉布斯系数 $G=2.18$。由

$$|U_i-\overline{U}_2| < G\sigma_{s_2}=2.18\times 0.013=0.028 \quad (1\leqslant i\leqslant 11, 且\ i\neq 6)$$

可知剩下的 10 个测量值中均无粗大误差。

⑤ 最后测量结果为

$$U=\overline{U}_2=20.41\,(\mathrm{mV})$$

1.2.4 测量不确定度

测量的目的是确定被测量的数值或获取测量结果。但在实际测量时,由于种种原因都会产生测量误差,尽管经过前面介绍的种种方法对测量数据进行了处理,但最终也只能得到被测量的近似值,由此引出了测量不确定度的概念。测量不确定度反映的是对测量结果的不可信程度。由此可知,测量结果的完整表述应包括估计值、测量单位及测量不确定度三部分内容。

众所周知,没有测量单位的数据不能表征被测量的大小,没有测量不确定度的测量结果不能评定测量的质量,从而失去或削弱了测量的可用性和可比性。不确定度这个术语虽然在测量领域已广泛使用,但表示方法各不相同。为此,早在 1978 年国际计量大会(CIPM)责成国际计量局(BIPM)协同各国的国家计量标准局制定了一个表述不确定度的指导文件。1993 年,以国际标准化组织(ISO)等 7 个国际组织的名义制定了一个指导性的文件,即《测量不确定度表示指南》(GUM)。此后,国际上有了一致的普遍承认的表征测量结果质量的概念。我国于 1999 年也颁布了适合我国国情的《测量不确定度评定与表示》的技术规范(JJF1059—1999),其内容原则上采用了《测量不确定度表示指南》的基本方法,以利于国际间的交流与合作,与国际接轨。

1. 测量不确定度的定义与分类

测量不确定度定义为表征合理赋予被测量之值的分散性,并与测量结果相联系的参数。从词义上理解,测量不确定度意味着对测量结果的可靠性和有效性的怀疑程度或不能肯定的程度。

为了定量地描述测量不确定度,测量不确定度又分为标准不确定度、合成标准不确定度和扩展不确定度三类。用标准差表示的测量不确定度称为标准不确定度,用 u 表示。若测量不确定度包括若干个分量,将这些分量合成后的不确定度称为合成标准不确定度,用 u_c 表示。对合成标准不确定度 u_c 乘上一个因子 k 称作扩展不确定度,用 U 表示,则 $U=ku_c$。

扩展不确定度是最终定量描述测量结果的参数。因此,在测量结果的完整表示中,被测量 x 应含有测量值的估计值 $\hat{x}$ 和测量不确定度 U,即 $x=\hat{x}\pm U$。

在这三类不确定度中,标准不确定度是最基本的,只要弄清了标准不确定度,其他也就明白了。下面就来介绍标准不确定度的评定方法。

2. 标准不确定度的评定方法

在评定测量不确定度时,应先对测量数据进行异常值辨别。一旦发现异常数据,应将其剔除后再进行评定。标准不确定度按其评定方法可分为 A 类评定和 B 类评定两种。

1) A 类评定

A 类评定是用统计方法进行的评定。即对某被测量进行等精度的独立的多次重复测量,得到一系列的测得值。A 类评定通常以算术平均值 $\bar{x}$ 作为被测量的估计值 $\hat{x}$,以 $\bar{x}$ 的标准差 $\sigma_{\bar{x}}$ 作为测量结果的 A 类标准不确定度 u_A。

2) B 类评定

B 类评定用非统计分析方法,它不是由一系列的测得值确定,而是利用影响测得值分布变化的有关信息和资料进行分析,并对测量值进行概率分布估计和分布假设的科学评定,得到 B 类标准不确定度 u_B。B 类评定在不确定度评定中占有重要地位,因为有时不确定度无法用统计方法来评定,或者可用统计法,但不经济可行,所以 B 类评定在实际工作中应用很广。

A、B 类不确定度与随机误差和系统误差的分类不存在对应关系。随机误差和系统误差表示测量误差的两种不同的性质,A、B 类不确定度表示两种不同的评定方法。不确定度的基本含义是分散性,不能把它划分为随机性和系统性。

1.2.5 间接测量中的数据处理

前面主要是针对直接测量中的数据进行处理,在直接测量中,测量误差就是直接测量值的误差。而对于间接测量,是通过直接测量值与被测量之间的函数关系,经过计算得到的,所以间接测量的误差是各个直接测量值误差的函数。

在间接测量中,已知各直接测量值的误差(或局部误差),求总的误差,称作误差的合成(也叫误差的综合);反之,确定了总的误差后,各个环节(或各个部分)具有多大误差才能保证总的误差值不超过规定值,称作误差的分配。在使用传感器和测量系统时,经常用到误差的合成;而在设计传感器和测量系统时,经常用到误差的分配。下面主要介绍误差的合成。

1. 绝对误差的合成

设间接被测量为 y,直接测得量为 $x_1, x_2, \cdots, x_n$,它们之间相互独立,且与被测量 y 之间的函数关系为

$$y = f(x_1, x_2, \cdots, x_n) \tag{1-29}$$

对上式两边进行全微分得

$$dy = \frac{\partial f}{\partial x_1} dx_1 + \frac{\partial f}{\partial x_2} dx_2 + \cdots + \frac{\partial f}{\partial x_n} dx_n \tag{1-30}$$

以各环节的绝对误差 $\Delta x_1, \Delta x_2, \cdots, \Delta x_n$ 来代替上式中的 $dx_1, dx_2, \cdots, dx_n$,得间接被测量 y 的绝对误差 Δy 表达式为

$$\Delta y = \frac{\partial f}{\partial x_1} \Delta x_1 + \frac{\partial f}{\partial x_2} \Delta x_2 + \cdots + \frac{\partial f}{\partial x_n} \Delta x_n = \sum_{i=1}^{n} \frac{\partial f}{\partial x_i} \Delta x_i \tag{1-31}$$

式(1-31)是间接被测量 y 的绝对误差计算式,$\frac{\partial f}{\partial x_i}(i=1,2,\cdots,n)$ 称作误差传递系数。

2. 相对误差的合成

对式(1-31)两边分别除以 y 可得间接被测量 y 的相对误差计算式为

$$\delta_y = \frac{\Delta y}{y} = \frac{1}{y} \sum_{i=1}^{n} \frac{\partial f}{\partial x_i} \Delta x_i = \frac{1}{f} \sum \frac{\partial f}{\partial x_i} \Delta x_i = \sum_{i=1}^{n} \frac{\partial \ln f}{\partial x_i} \Delta x_i \tag{1-32}$$

或

$$\delta_y = \frac{\Delta y}{y} = \frac{1}{y}\sum_{i=1}^{n}\frac{\partial f}{\partial x_i}\Delta x_i = \sum_{i=1}^{n}\frac{\partial f}{\partial x_i}\left(\frac{x_i}{y}\right)\frac{\Delta x_i}{x_i} = \sum_{i=1}^{n}\frac{\partial f}{\partial x_i}\left(\frac{x_i}{y}\right)\delta_{x_i} \tag{1-33}$$

式中，δ_{x_i} 为直接测得量 x_i 的相对误差。

3. 标准差的合成

设间接被测量 y 与直接测得量 $x_1, x_2, \cdots, x_n$ 之间的函数关系为 $y = f(x_1, x_2, \cdots, x_n)$，对各个直接测得量进行了较多同次数的等精度测量，其各测得量的标准差分别为 $\sigma_1, \sigma_2, \cdots, \sigma_n$。当各直接测得量之间相互独立时，间接被测量 y 的标准差为

$$\sigma^2(y) = \left(\frac{\partial y}{\partial x_1}\right)^2\sigma_1^2 + \left(\frac{\partial y}{\partial x_2}\right)^2\sigma_2^2 + \cdots + \left(\frac{\partial y}{\partial x_n}\right)^2\sigma_n^2 = \sum_{i=1}^{n}\left(\frac{\partial y}{\partial x_i}\right)^2\sigma_i^2 \tag{1-34}$$

1.2.6 组合测量中的数据处理

前面已经介绍，在组合测量中，由于被测量 $y_1, y_2, \cdots, y_m (m>1)$ 不能直接测量，常常需要利用可直接测量的值 $x = f(y_1, y_2, \cdots, y_m)$ 的函数关系来计算被测量 $y_1, y_2, \cdots, y_m$ 的数值。理论上讲，求 m 个被测量只需对 x 进行 m 次变条件的测量就可以获得 m 个线性无关的方程，求解该方程组就可以计算出被测量 $y_1, y_2, \cdots, y_m$ 的数值。但由于直接测量存在随机误差，从而导致计算出的数值不够精确。为了减少随机误差的影响，提高组合测量的精确度，通常用最小二乘法来处理组合测量中的数据。

最小二乘法原理：要获得最可信赖的测量结果，应使各测量值的误差平方和最小。即

$$\varphi = \sum_{i=1}^{n}\Delta_i^2 = \min \quad (n > m) \tag{1-35}$$

式中，Δ_i 为第 i 次测量值的绝对误差。

最小二乘法作为一种数据处理手段，在组合测量中获得了广泛应用。下面举例来说明它的具体应用。

【例 1-3】 已知在 0～150℃ 范围内，铜热电阻的电阻值 R 与温度 t 之间的关系式为 $R(t) = R_0(1+\alpha t)$，显然电阻温度系数 α 和电阻 R_0 不能直接测量，我们在 0～150℃ 范围内取 7 个不同温度点，测得铜热电阻的电阻值见表 1-3。

表 1-3 热电阻在不同温度下的电阻测量值

t_i/℃	19.1	25.0	30.1	36.0	40.0	45.1	50.0
$R(t_i)/\Omega$	76.3	77.8	79.75	80.80	82.35	83.90	85.10

由表 1-3 可知，对于温度 t_i，铜热电阻的测量值为 $R(t_i)$，真值为 $R_0(1+\alpha t_i)$，各测量值的误差为

$$\Delta_i = R(t_i) - R_0(1+\alpha t_i) \quad (i=1,2,\cdots,7)$$

令 $A = R_0$，$B = \alpha R_0$，则误差方程可写为

$$\Delta_i = R(t_i) - (A + Bt_i) \quad (i=1,2,\cdots,7)$$

根据最小二乘法原理，要想获得最可信赖的 A、B 值，应使各测量值的误差平方和最小，即

$$\varphi = \sum_{i=1}^{7}\Delta_i^2 = \sum_{i=1}^{7}[R(t_i) - A - Bt_i]^2 = \min$$

根据极值条件可知，在极小值处所有偏导数为零。令

$$\frac{\partial \varphi}{\partial A} = 0 \qquad \frac{\partial \varphi}{\partial B} = 0$$

得

$$7A + B\sum_{i=1}^{7} t_i = \sum_{i=1}^{7} R(t_i)$$
$$A\sum_{i=1}^{7} t_i + B\sum_{i=1}^{7} t_i^2 = \sum_{i=1}^{7} R(t_i)t_i$$

将各测量值代入上式,得

$$7x + 245.3y = 566$$
$$245.3x + 9325.83y = 20044.5$$

解得

$$A = 70.8\Omega$$
$$B = 0.288\Omega/℃$$

即

$$R_0 = 70.8\Omega$$
$$\alpha = \frac{B}{R_0} = \frac{0.288}{70.8} = 4.07 \times 10^{-3}/℃$$

1.2.7 实验数据中的数据处理

在传感器设计和工程应用中,经常需要确定传感器的输入/输出关系,常用的方法就是实验法。即给定传感器一些输入值,通过实验来测量其输出值,然后把它们进一步整理绘制在直角坐标系中,根据经验公式求一条最接近这些数据点的曲线,这一过程称作曲线拟合,也叫回归分析。曲线拟合也是利用最小二乘法来实现的。对实验数据进行回归分析,得出的曲线方程就称作回归方程。

若经验公式用直线 $y = b_0 + bx$ 来拟合,这种拟合就称为直线拟合,也称作线性回归。它在工程测量中的应用价值较高。因为两个变量间的线性关系是最简单也是最理想的函数关系。下面举例来介绍直线拟合过程。

【例 1-4】 假设给某一传感器输入 x_i,测量其输出为 $y_i(i=1,2,\cdots,n)$,将这些测量点在直角坐标系中画出,如图 1-5 所示。若用直线方程 $y = b_0 + bx$ 拟合,实际上就是根据测量数据求出直线方程中的系数 b_0 和 b 的最佳估计值。

由图 1-5 可知,对于给定值 x_i,其测量值为 y_i,真值为 $b_0 + bx_i$,测量误差为

$$\Delta_i = y_i - (b_0 + bx_i) \quad (i = 1, 2, \cdots, n)$$

根据最小二乘法原理,要想获得最可信赖的 b_0 和 b 的值,应使各测量值的误差平方和最小,即

$$\varphi = \sum_{i=1}^{n} \Delta_i^2 = \sum_{i=1}^{n} [y_i - b_0 - bx_i]^2 = \min$$

根据极值条件可知,在极小值处所有偏导数为零。令

$$\frac{\partial \varphi}{\partial b_0} = 0 \qquad \frac{\partial \varphi}{\partial b} = 0$$

得

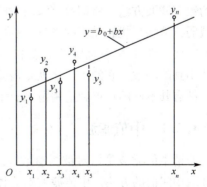

图 1-5 用最小二乘法求拟合直线

$$\left.\begin{array}{l}nb_0+b\sum_{i=1}^{n}x_i=\sum_{i=1}^{n}y_i\\b_0\sum_{i=1}^{n}x_i+b\sum_{i=1}^{n}x_i^2=\sum_{i=1}^{n}x_iy_i\end{array}\right\} \quad (1-36)$$

解得

$$\left.\begin{array}{l}b_0=\dfrac{\sum_{i=1}^{n}y_i\sum_{i=1}^{n}x_i^2-\sum_{i=1}^{n}x_iy_i\sum_{i=1}^{n}x_i}{n\sum_{i=1}^{n}x_i^2-\left(\sum_{i=1}^{n}x_i\right)^2}\\b=\dfrac{n\sum_{i=1}^{n}x_iy_i-\sum_{i=1}^{n}y_i\sum_{i=1}^{n}x_i}{n\sum_{i=1}^{n}x_i^2-\left(\sum_{i=1}^{n}x_i\right)^2}\end{array}\right\} \quad (1-37)$$

由上面分析可以看出，曲线拟合的精度取决于经验公式的选择。为了能找到一条最接近这些数据点的曲线，有时将测量数据(x_i,y_i)绘制在直角坐标纸上（称之为散点图），并把这些测量点用光滑的曲线连接起来。根据曲线的形状、特征及变化趋势，选择更接近测量数据点的数学模型（即经验公式）来进行曲线拟合。当然，拟合的曲线越精准，计算也就越复杂。实际应用中到底用什么曲线拟合，取决于拟合精度的要求。

值得说明的是，只有当被测参数要求比较精确，或者某项误差影响比较严重时，才需要对数据按上述步骤进行处理。在一般情况下，可直接将采样数据作为测量结果使用，或进行一些滤波处理后使用即可，这样有利于提高测量速度。

1.3 动态测量数字滤波技术

前面介绍的数据处理方法是针对静态测量数据进行的，但在实际的工程监测控制过程中，由于被测信号通常是动态的，因此不能直接套用前面的数据处理方法。一般来说，系统误差可以通过正确的安装和调试来消除，但干扰和随机误差是不可避免的。为抑制干扰，人们对传感器施加了多种硬件屏蔽和滤波措施。随着微处理器的广泛应用，目前人们多是采用不增加任何硬件设备的数字滤波方法。所谓数字滤波，即通过一定的计算机程序，对采集的数据进行某种处理，从而减弱或消除干扰和噪声的影响，提高测量的可靠性和精度。数字滤波具有硬件滤波器的功效，却不需要硬件开销，从而降低了成本。不仅如此，由于软件算法的灵活性，还能产生硬件滤波器所达不到的功效。它的不足之处是需要占用较多的计算机工作时间。数字滤波方法很多，每种方法都有其不同的特点和适用范围。下面选择几种常用的方法予以介绍。

1.3.1 中值滤波

所谓中值滤波是指对被测参数连续采样n次（n一般选为奇数），然后将这些采样值进行排序并取中间值的方法。中值滤波对去掉脉冲性质的干扰比较有效，并且采样次数n愈大，滤波效果愈好，但采样次数n太大会影响速度，所以n一般取3或5次。对于变化缓慢的参数，有时也可增加次数，例如9或15次。对于变化较快的参数，此法不宜采用。

中值滤波方法主要由数据排序和取中间值两部分组成。数据排序方法很多，常用的排序方法有冒泡法、沉底法等。取中间值就是把排序后的中间值作为测量结果。

1.3.2 平均滤波

最基本的平均滤波就是算术平均滤波,算术平均滤波公式见式(1-14)。算术平均滤波对滤除混杂在被测信号上的随机干扰非常有效。一般来说,采样次数 n 越大,滤除效果越好,但系统的灵敏度会下降。为了进一步提高平均滤波的效果,适应各种不同场合的需要,在算术平均滤波程序的基础上又出现了许多改进型,例如去极值平均滤波、移动平均滤波、移动加权平均滤波等。下面分别予以讨论。

1) 去极值平均滤波

算术平均滤波对抑制随机干扰效果较好,但对脉冲干扰的抑制能力弱,明显的脉冲干扰会使平均值远离实际值。但中值滤波对脉冲干扰的抑制非常有效,因而可以将两者结合起来形成去极值平均滤波。去极值平均滤波的算法是:连续采样 n 次,去掉一个最大值,去掉一个最小值,再求余下的 $n-2$ 个采样值的算术平均值作为测量结果。根据上述思想可画出去极值平均滤波子程序流程图,如图 1-6 所示。

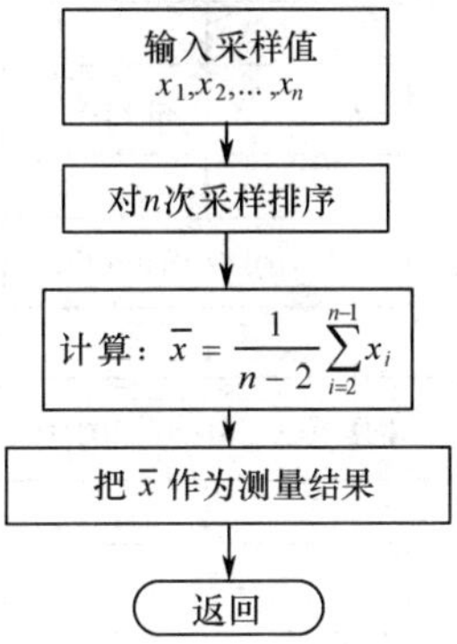

2) 移动平均滤波

算术平均滤波需要连续采样若干次后,才能进行运算而获得一个有效的数据,因而速度较慢。为了克服这一缺点,可采用移动平均滤波。即先在计算机的 RAM 中建立一块数据缓冲区 $X(1),X(2),\cdots,X(n)$,依采样次序存放 n 个采样数据,然后每采样一个新数据,就将最早采集的数据去掉,再将后面的 $n-1$ 个数据依次前移,把新采样数据放入 $X(n)$ 中,最后再求出当前 RAM 缓冲区中 n 个数据的算术平均值。这样,每进行一次采样,就计算出一个新的平均值作为测量结果,大大加快了数据处理的能力。这种滤波的子程序流程图如图 1-7 所示。

图 1-6 去极值平均滤波子程序流程图

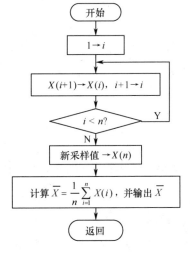

图 1-7 移动平均滤波子程序流程图

3) 移动加权平均滤波

在移动平均滤波中,每次采样数值所占的比重是均等的。但在实际的采样过程中,有些采样值包含的有用信息较多,而有些采样值包含的有用信息较少。为了提高测量结果的精确程度,可以采用移动加权平均滤波方法。所谓移动加权平均滤波,是指参加平均运算的各采样值按不同的比例进行相加后再求平均值。n 次采样的移动加权平均滤波公式为

$$\overline{X} = \sum_{i=1}^{n} C_i X(i) \tag{1-38}$$

式中,$C_1,C_2,\cdots,C_n$ 为常数,称作加权系数,且满足 $C_1+C_2+\cdots+C_n=1$。

在移动加权平均滤波中,滤波效果的优劣主要取决于加权系数的选择。它们的选取方法有多种,但加权系数选择的原则一般是先小后大,以突出后面采样值的作用,从而强化系统对参数变化趋势的辨识能力。

1.3.3 低通数字滤波

将描述普通硬件 RC 低通滤波器特性的微分方程用差分方程来表示,便可以用软件算法来模拟硬件滤波器的功能。一阶 RC 低通滤波器的传递函数为

$$G(s)=\frac{Y(s)}{X(s)}=\frac{1}{\tau s+1} \tag{1-39}$$

式中,τ 为滤波器的时间常数,$\tau=RC$。

将式(1-39)离散后可得其差分方程为

$$Y(i)=(1-\alpha)Y(i-1)+\alpha X(i) \quad (i=1,2,3,\cdots) \tag{1-40}$$

式中,$X(i)$ 为本次采样值;$Y(i)$ 为本次滤波的输出值;$Y(i-1)$ 为上次滤波的输出值;α 为滤波平滑系数,$\alpha=1-e^{-T/\tau}$;T 为采样周期。

采样时间 T 应远小于 τ,因此 α 远小于1。由式(1-40)可以看出,本次滤波的输出值 $Y(i)$ 主要取决于上次滤波的输出值 $Y(i-1)$。本次采样值 $X(i)$ 对滤波的输出贡献比较小,这就是一阶低通数字滤波。它对变化缓慢信号中的干扰有很好的滤除效果。硬件模拟滤波器在处理低频时,电路实现很困难,而数字滤波器不存在这个问题。实现低通数字滤波的流程图如图 1-8 所示。

由式(1-40)可以看出,低通数字滤波与加权平均滤波有一定的相似之处,低通数字滤波算法中只有两个系数 α 和 $1-\alpha$。并且式(1-40)的基本意图是加重上次滤波器输出值的比重,因而在输出过程中,任何快速的脉冲干扰都将被滤掉,仅保留下缓慢的信号变化,故称之为低通数字滤波。

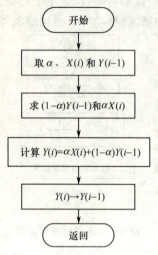

图 1-8 低通数字滤波流程图

1.3.4 高通数字滤波

如将式(1-40)变成

$$Y(i)=\alpha X(i)-(1-\alpha)Y(i-1) \quad (i=1,2,3,\cdots) \tag{1-41}$$

就可实现高通数字滤波。

思考题及习题 1

1-1 什么是测量值的绝对误差、相对误差、引用误差?

1-2 用测量范围为 $-50\sim150$ kPa 的压力传感器测量 140kPa 压力时,传感器测得示值为 142kPa,求它的绝对误差、相对误差和引用误差。

1-3 什么是直接测量、间接测量和组合测量?

1-4 测量误差分哪几类?它们产生的原因是什么?如何减小它们对测量结果的影响?

1-5 对 1m 的米尺进行实际测量,其结果是:第一组 $\bar{x}_1=1000.045$mm,$\sigma_{x_1}=5\mu$m;第二组 $\bar{x}_2=1000.015$mm,$\sigma_{x_2}=20\mu$m;第三组,$\bar{x}_3=1000.060$mm,$\sigma_{x_3}=10\mu$m。求它的加权平均值和加权平均值的标准差。

1-6 什么是粗大误差?如何判断测量数据中是否存在粗大误差?

1-7 对某节流孔板的开孔直径 D 进行了 9 次测量,测量数据见表 1-4。

表 1-4 题 1-7 表

测量顺序 i	1	2	3	4	5	6	7	8	9
测量值 D_i/mm	120.42	120.40	120.42	120.39	120.30	120.40	120.43	120.41	120.39

要判断该测量数据中是否含有粗大误差,用什么准则判断比较合适?试用格拉布斯准则判断上述数据是否含有粗大误差,并写出其测量结果。

1-8 什么是测量不确定度?有哪几种评定方法?如何评定?

1-9 某测量电路如图 1-9 所示。已知线性电位器 R_P 的滑动端位于中间位置时,$I_1=4$mA,$I_2=2$mA;且 R_1

$=5\Omega$, $R_2=10\Omega$, $R_P=10\Omega$, 误差分别为 $\Delta R_1=0.005\Omega$, $\Delta R_2=0.01\Omega$, $\Delta R_P=0.01\Omega$。设上支路电流 I_1 和下支路电流 I_2 的误差忽略不计。试计算消除系统误差后的 E_x 的大小。

1-10 测量某电器的电流 $I=22.5\text{mA}$, 电压 $U=12.6\text{V}$, 标准差分别为 $\sigma_I=0.5\text{mA}$, $\sigma_U=0.1\text{V}$, 求该电器所耗功率 P 及其标准差。

1-11 某交流电路的电抗数值方程为

$$X=\omega L-\frac{1}{\omega C}$$

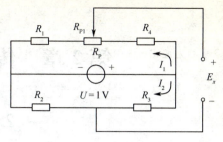

图 1-9 题 1-9 图

经测量, 当角频率 $\omega_1=5\text{Hz}$ 时, 电抗 $X_1=0.8\Omega$; 当 $\omega_2=2\text{Hz}$ 时, $X_2=0.2\Omega$; 当 $\omega_3=1\text{Hz}$, $X_3=-0.3\Omega$。试问用什么方法计算电感 L 和电容 C 的值的误差最小, 并求出最可信赖的电感 L 和电容 C 的值。

1-12 用 X 光机检查镁合金铸件内部缺陷时, 已知透视电压 y 的大小随透视件的厚度 x 而改变, 经实验获得一组测量数据见表 1-5。

表 1-5 题 1-12 表

x/mm	12	13	14	15	16	18	20	22	24	26
y/kV	52.0	55.0	58.0	61.0	65.0	70.0	75.0	80.0	85.0	91.0

假设透视件的厚度 x 无误差, 试求透视电压 y 随着厚度 x 变化的经验公式。

1-13 数字滤波器与硬件滤波器相比, 数字滤波器具有哪些优点?

1-14 常用的数字滤波方法有哪些? 说明各种滤波算法的特点和使用场合。

1-15 平均滤波算法、中值滤波算法和去极值平均滤波算法的基本思想是什么?

1-16 移动平均滤波算法的基本思想是什么?

1-17 移动加权平均滤波算法最显著的特点是什么? 如何实现?

第 2 章 传感器及工程应用概述

2.1 传感器概述

传感器是人类为了从繁重的体力劳动中解救出来,实现工农业生产及国防科技自动化所必须的一类器件或装置。它不但能实现对特定参数的精确测量,还能把测量结果转换成便于远距离传输和处理的信号,是自动监测控制系统中不可缺少的核心部件。

2.1.1 传感器的定义

我国国家标准(GB7665—1987)中指出:凡是能够把规定的被测量(如物理量、化学量、生物量等)按一定规律转换成某种可用信息输出的器件或装置,统称为传感器。但在不同的学科领域它又有不同的称谓,比如有些学科把传感器称作检测器、转换器、敏感元件等等。

由于电量具有便于转换、处理、传输、显示和应用等特点,通常需要把传感器的输出转换成一个电量输出。因此,人们又把传感器狭义地定义为:能把非电量信息转换成电量信息输出的器件或装置。它在我国国民经济和国防建设的各个领域正发挥着巨大的作用。毫不夸张地说,传感器是一切自动化的基石,没有传感器及其技术就不可能实现自动化,也就没有现代科学技术的迅速发展。

2.1.2 传感器的组成

按照传感器的狭义定义,传感器的一般组成如图 2-1 所示,它主要由敏感元件、测量转换电路及壳体构成。其中,敏感元件是指传感器中能直接感受到被测信号的部分;测量转换电路是指传感器中能够将敏感元件感受到的被测信号转换成电量的部分;壳体是指能够把敏感元件和测量转换电路组合固定在一起的部分。但有些敏感元件本身输出就是电量,不需要测量转换电路;而有些传感器工作时还需要外加辅助电源,故这两部分都用虚线框表示。

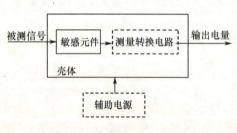

图 2-1 传感器组成方框图

2.1.3 传感器的分类

传感器是一门知识密集型学科,它用途广泛,原理各异,形式多样,其分类方法很多,但目前常见的分类方法有下列两种。

一种是按传感器的工作原理分类,可分为应变式传感器、电容式传感器、电感式传感器、压电式传感器等。

另一种是按被测参数分类,可分为温度传感器、压力传感器、流量传感器、位移传感器、速度传感器等。

生产厂家和用户就是按第二种分类分法进行设计制造和使用的,为了使初学者了解工程应用中各种各样的被测参数,学会合理选择和使用传感器,提高实际应用能力,本书也是按后一种分类方法来叙述传感器及工程应用的。

2.2 传感器的特性

传感器的特性主要是指它的输出与输入之间的关系。这种关系一般分为两种：当被测信号不随时间变化（或随时间变化很缓慢）时，这一关系称作静态特性；当被测信号随时间变化较快时，这一关系就称作动态特性。不同传感器有着不同的内部结构参数，它们的静态特性和动态特性也表现出不同的特点，对测量结果的影响也就各不相同。在工农业生产过程和科学实验中，要对各种各样的参数进行精确测量和控制，就必须了解传感器的静态特性和动态特性。下面就传感器的静态特性和动态特性作以简单介绍。

2.2.1 传感器的静态特性

1. 传感器的静态数学模型

传感器的静态数学模型是描述被测信号不随时间变化时，传感器输出与输入之间的数学表达式。若用 x 表示输入，y 表示输出，则传感器的输入/输出关系通常为一条曲线，一般可用下面的 n 次函数式来表示

$$y = f(x) = a_0 + a_1 x + a_2 x^2 + \cdots + a_n x^n \tag{2-1}$$

式中，a_0 为输入量 x 为零时的输出量；a_1 为线性项系数；$a_2, \cdots, a_n$ 为非线性项系数。

式(2-1)称作传感器的静态数学模型，各项系数的大小决定了静态特性曲线的具体形状。

2. 传感器的静态特性指标

传感器的静态特性指标是指被测信号不随时间变化时，传感器的输出与输入之间关系曲线的特征。传感器的静态特性指标比较多，常用的指标主要有线性度、灵敏度、迟滞和重复性等。

1) 线性度

传感器的线性度是指传感器实测静态特性曲线的线性程度。通常人们期望传感器的输出与输入之间呈线性关系，但实际的传感器输出与输入关系大多为非线性。如果传感器非线性项的方次不高，在输入量变化范围不大的条件下，为了标定和使用的方便，可用它的拟合直线来近似地代表实测静态特性曲线，如图2-2所示，这种方法称作传感器非线性特性的线性化。为了反映线性化直线与实测静态特性曲线的偏离程度，引入了线性度的概念。线性度也称作非线性误差。

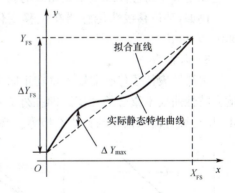

图 2-2 线性度示意图

一般地，传感器的线性度是指实测静态特性曲线与拟合直线之间的最大偏差值 $\Delta Y_{\max}$ 与满量程输出值 ΔY_{FS} 的百分比，用 γ_L 来表示，即

$$\gamma_L = \pm \frac{\Delta Y_{\max}}{\Delta Y_{FS}} \times 100\% \tag{2-2}$$

拟合直线的选取方法很多，图2-3给出了同一个传感器的静态特性曲线，在选取端点连线拟合、过零旋转拟合及最小二乘拟合三种不同的拟合直线时，求出的最大偏差值 $\Delta Y_{\max}$，显然它们是不一样大的。由于非线性误差的大小是以某一拟合直线为基准直线计算出来的，所以说即使是同一个传感器，拟合方法不同，其线性度也不一样。因此，在提到线性度或非线性误差时，必须指明其拟合方法。为了准确描述线性度，以端点连线拟合直线计算出来的线性度称作端基线性度；以过零旋转拟合直线计算出来的线性度称作过零旋转线性度；以最小二乘拟合直线计算出来

的线性度称作最小二乘线性度。在上述几种线性度中,最小二乘线性度最小,过零旋转线性度次之,端点连线线性度最大。但最小二乘线性度的计算也最麻烦。

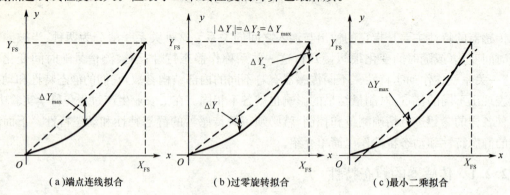

图 2-3 几种不同拟合方法线性度的比较

2) 灵敏度

传感器的灵敏度是指传感器在静态下输出变化量 Δy 与引起该变化量的输入微小变化量 Δx 之比。用 S 表示,即

$$S = \frac{\Delta y}{\Delta x} \tag{2-3}$$

很显然,灵敏度 S 越大,表示传感器对输入信号的反应越灵敏。

由图 2-4 可知,线性传感器的灵敏度 S 就是其静态特性的斜率,即 $S = k$ 是一个常数;而非线性传感器的灵敏度 S 是一个变量,它与输入量 x 的大小有关,可写成 $S = dy/dx = f'(x)$,实际上它就是静态特性曲线上某点切线的斜率。

例如,某位移线性传感器在位移变化 1mm 时,输出电压变化量为 300mV,则其灵敏度为 300mV/mm。

3) 迟滞性

迟滞性表征了传感器输入量在正向行程(由小到大)和反向行程(由大到小)变化期间,输出/输入特性曲线不重合的程度。即在外界条件不变的情况下,对应于同一大小的信号,传感器在正、反行程时输出信号的数值不相等。这种现象称为迟滞性,如图 2-5 所示。

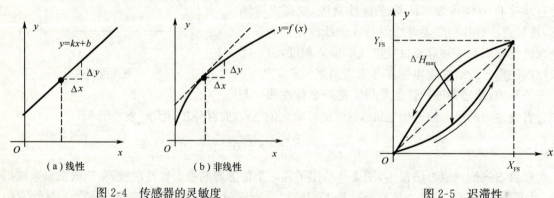

图 2-4 传感器的灵敏度　　图 2-5 迟滞性

迟滞现象的产生,主要是由于传感器内有吸收能量的元件(如弹性元件等)存在着间隙、内摩擦和阻尼效应等,使得加载时进入这些元件的全部能量,在卸载时不能完全恢复所致。迟滞的大小一般由实验确定,其值定义为:在满量程范围内,正、反行程间的最大误差 ΔH_{max} 与满量程输出值 Y_{FS} 的百分比,用 γ_H 表示,即

$$\gamma_H = \frac{\Delta H_{max}}{Y_{FS}} \times 100\% \tag{2-4}$$

4) 重复性

重复性表示传感器在同一工作条件下,输入量按同一方向作全量程连续多次变动时,所得特性曲线不一致的程度,如图 2-6 所示。

重复性误差属于随机误差,常用 3 倍的标准差 3σ 与满量程输出值 Y_{FS} 的百分比表示;也可用正向行程多次重复测量时不重复误差的最大值 ΔR_{1max} 和反向行程多次重复测量时不重复误差的最大值 ΔR_{2max} 中较大者与满量程输出值 Y_{FS} 的百分比来表示,即

$$\gamma_R = \pm \frac{3\sigma}{Y_{FS}} \times 100\% \tag{2-5}$$

或

$$\gamma_R = \pm \frac{\Delta R_{max}}{Y_{FS}} \times 100\% \tag{2-6}$$

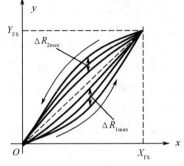

图 2-6 重复性

式中,γ_R 为重复性误差;$\Delta R_{max} = \max[\Delta R_{1max}, \Delta R_{2max}]$。

2.2.2 传感器的动态特性

传感器的动态特性是指当输入量随时间变化时,它的输出量跟随输入量变化的情况。即使静态性能很好的传感器,当被测物理量随时间变化时,如果传感器的输出量不能很好地跟随输入量的变化而变化,也有可能导致较大的误差。因此,在研究、生产和应用传感器时,要特别注意其动态特性。动态特性好的传感器,其输出量能够快速的跟随被测量的变化。否则,输出与输入之间就有差异,这个差异就称作传感器的动态误差。由于传感器的输入/输出情况与它的结构形式有关,要了解传感器的动态特性,必须知道传感器的动态数学模型,下面先来讨论传感器的动态数学模型。

1. 传感器的动态数学模型

传感器的动态数学模型是描述传感器输出与输入之间随时间变化的数学表达式。虽然传感器的种类和结构多种多样,但经过理论推导发现,它们一般都可以用下面的一个 n 阶线性常微分方程来描述

$$a_n \frac{d^n y}{dt^n} + a_{n-1} \frac{d^{n-1} y}{dt^{n-1}} + \cdots + a_1 \frac{dy}{dt} + a_0 y = b_m \frac{d^m x}{dt^m} + b_{m-1} \frac{d^{m-1} x}{dt^{m-1}} + \cdots + b_1 \frac{dx}{dt} + b_0 x \tag{2-7}$$

式中,$x = x(t)$ 为输入信号;$y = y(t)$ 为输出信号;$a_0 \sim a_n, b_0 \sim b_m$ 为由传感器结构特性决定的常数。

通常把式(2-7)称作传感器的动态数学模型。假设传感器的初始状态为零,对式(2-7)两边进行拉氏变换,得

$$[a_n s^n + a_{n-1} s^{n-1} + \cdots + a_1 s + a_0] Y(s) = [b_m s^m + b_{m-1} s^{m-1} + \cdots + b_1 s + b_0] X(s) \tag{2-8}$$

令

$$G(s) = \frac{Y(s)}{X(s)} = \frac{b_m s^m + b_{m-1} s^{m-1} + \cdots + b_1 s + b_0}{a_n s^n + a_{n-1} s^{n-1} + \cdots + a_1 s + a_0} \tag{2-9}$$

则 $G(s)$ 称作传感器的传递函数,它是复变量 s 的函数,表示输出拉氏变换与输入拉氏变换之比。是传感器动态数学模型的另一种表达形式。只要对式(2-7)或式(2-9)求解,即可得到传感器的动态性能指标。下面介绍几种常见传感器的数学模型。

1) 零阶传感器

在传感器的动态数学模型中,若除了 a_0 和 b_0 外,其他系数均为零,则式(2-7)变成

$$y = kx \tag{2-10}$$

传递函数式(2-9)变成

$$G(s) = \frac{Y(s)}{X(s)} = \frac{b_0}{a_0} = k \tag{2-11}$$

式中,$k = b_0/a_0$,为传感器的静态灵敏度或比例系数。

具有该数学模型的传感器称作零阶传感器。因为该传感器不管输入 $x = x(t)$ 如何变化,其输出总是与输入成比例关系,所以人们又把它称作比例传感器。

2) 一阶传感器

如果传感器动态数学模型除了 a_0、a_1 和 b_0 外,其他系数均为零,则式(2-7)变成

$$\tau \frac{dy}{dt} + y = kx \tag{2-12}$$

传递函数式(2-9)变成

$$G(s) = \frac{Y(s)}{X(s)} = \frac{k}{\tau s + 1} \tag{2-13}$$

式中,$\tau = a_1/a_0$,为传感器的时间常数;$k = b_0/a_0$,为传感器的静态灵敏度或放大系数。

具有该数学模型的传感器称作一阶传感器。特别是当 $k=1$ 时称作标准一阶传感器,又称作惯性传感器。

3) 二阶传感器

如果传感器动态数学模型除了 a_0、a_1、a_2 和 b_0 外,其他系数均为零,则式(2-7)变成

$$\frac{1}{\omega_n^2} \frac{d^2 y}{dt^2} + \frac{2\zeta}{\omega_n} \frac{dy}{dt} + y = kx \tag{2-14}$$

传递函数式(2-9)变成

$$G(s) = \frac{k}{s^2/\omega_n^2 + 2\zeta s/\omega_n + 1} \tag{2-15}$$

式中,$k = b_0/a_0$,为传感器的静态灵敏度或放大系数;$\zeta = a_1/(2\sqrt{a_0 a_2})$,为传感器的阻尼比;$\omega_n = \sqrt{a_0/a_2}$,为传感器的固有频率。

具有该数学模型的传感器称作二阶传感器。特别是当 $k=1$ 时称作标准二阶传感器,且当 $\zeta \geqslant 1$ 时称作二阶惯性传感器,当 $0 < \zeta < 1$ 时称作二阶振荡传感器。显然,传感器数学模型的阶次越高,传感器的动态特性越复杂。常见的传感器一般为一阶或二阶。对于三阶以上的传感器,可以把它分解成几个标准一阶、二阶传感器和比例传感器的连乘积。因此,了解并掌握标准一阶、二阶传感器系统的动态特性是关键。为了叙述方便,本教材在没有特别说明的情况下,通常说的一阶、二阶传感器都是指标准一阶、二阶传感器。

2. 传感器的时域特性

一般来说,传感器的输入信号是各种各样的。为了评价传感器性能的优劣,在研究动态特性时通常选择某些典型的输入信号进行分析。一个常用的典型输入信号是单位阶跃信号,它的图像如图 2-7(a)所示,即

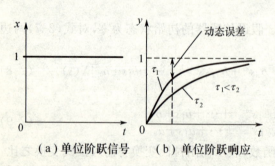

图 2-7 一阶传感器的单位阶跃响应

$$x(t) = \begin{cases} 0 & t < 0 \\ 1 & t \geqslant 0 \end{cases} \tag{2-16}$$

传感器对单位阶跃输入信号的输出称作单位阶跃响应,它通常是一个随时间变化的函数。实践证明,跟踪和复现单位阶跃输入信号是对传感器的较高要求,故通常以单位阶跃响应来衡量传感器的性能优劣,并用它来定义时域特性指标。

1) 标准一阶传感器的单位阶跃响应

在一阶传感器的微分方程式(2-12)中,令$k=1$,则得标准一阶传感器的微分方程式为

$$\tau \frac{dy}{dt} + y = x \qquad (2-17)$$

若输入$x(t)$为单位阶跃信号,假定输入为零时,传感器的输出为零,则求解式(2-17)得标准一阶传感器的单位阶跃响应为

$$y(t) = 1 - e^{-t/\tau} \quad (t \geq 0) \qquad (2-18)$$

画出式(2-18)的图像曲线如图2-7(b)所示。由图可见,输出$y(t)$不能立即复现输入信号,而是从零开始,随着时间的推移,无限接近于输入值1。人们把它的这个特性称作惯性;把这种传感器又称作惯性传感器;把输入信号与输出信号的差值称作动态误差。显然,时间越长,动态误差就越小。经计算可知,当$t=\tau$时,$y=0.632$;当$t=2\tau$时,$y=0.865$;当$t=3\tau$时,$y=0.950$;当$t=4\tau$时,$y=0.982$,此时输出与输入已相差无几。由此可知,系统时间常数τ越小,响应就越快,故时间常数τ是决定响应速度快慢的重要参数。

2) 标准二阶传感器的单位阶跃响应

在二阶传感器的微分方程式(2-14)中,令$k=1$,则得标准二阶传感器的微分方程式为

$$\frac{1}{\omega_n^2} \frac{d^2 y}{dt^2} + \frac{2\zeta}{\omega_n} \frac{dy}{dt} + y = x \qquad (2-19)$$

假定输入为零时,传感器的输出也为零,当输入$x(t)$为单位阶跃信号时,对ζ分4种情况讨论。

① 当$0 < \zeta < 1$时,求解微分方程式(2-19)得

$$y(t) = 1 - \frac{e^{-\zeta \omega_n t}}{\sqrt{1-\zeta^2}} \sin\left[\omega_d t + \arctan \frac{\sqrt{1-\zeta^2}}{\zeta}\right] \quad (t \geq 0) \qquad (2-20)$$

式中,$\omega_d = \omega_n \sqrt{1-\zeta^2}$,为阻尼振荡角频率。

由式(2-20)可知,在$0 < \zeta < 1$的情形下,当单位阶跃信号输入时,传感器的输出从零开始,以振荡衰减的形式迅速地无限接近于输入信号1。且阻尼比ζ越大,阻尼振荡角频率ω_d就越小,衰减也就越快。人们把这种振荡衰减状态称作欠阻尼状态。把这种传感器又称作二阶振荡传感器。

② 当$\zeta = 0$时,求解微分方程式(2-19)得

$$y(t) = 1 - \cos \omega_n t \quad (t \geq 0) \qquad (2-21)$$

显然,它是一个以1为中心的等幅振荡,其振荡角频率就是传感器的固有振荡角频率ω_n。人们把这种等幅振荡状态称作无阻尼状态,也称作自激振荡状态。由于它的输出不能反映输入信号,故不能作为传感器使用。使用中应该避免此种情况发生。

③ 当$\zeta = 1$时,求解微分方程式(2-19)得

$$y(t) = 1 - e^{-\omega_n t}(1 + \omega_n t) \quad (t \geq 0) \qquad (2-22)$$

式(2-22)表明,该传感器输出从零开始,以无超调也无振荡的方式无限接近于输入信号1。人们把这种状态称作临界阻尼状态。

④ 当$\zeta > 1$时,求解微分方程式(2-19)得

$$y(t) = 1 - \frac{\zeta + \sqrt{\zeta^2-1}}{2\sqrt{\zeta^2-1}} e^{-(\zeta-\sqrt{\zeta^2-1})\omega_n t} + \frac{\zeta - \sqrt{\zeta^2-1}}{2\sqrt{\zeta^2-1}} e^{-(\zeta+\sqrt{\zeta^2-1})\omega_n t} \quad (t \geq 0) \qquad (2-23)$$

式(2-23)表明,该传感器等同于两个一阶传感器串联。此时输出也不产生振荡,但比 $\zeta=1$ 时接近输入信号1的速度要慢,并且ζ越大,接近1的速度就越慢。人们把这种情况称作过阻尼状态。

由于 $\zeta \geqslant 1$ 的传感器输出特性都具有惯性特性,故又把它称作二阶惯性传感器。

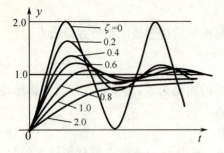

图 2-8 二阶系统的单位阶跃响应曲线

对应不同ζ值的二阶系统单位阶跃响应曲线簇如图2-8所示。由于横坐标是无量纲变量 $\omega_n t$,所以曲线族只与ζ有关。由图2-8可见,ζ值过大或过小都不易快速地到达稳态值1.0;理论分析可知,当 $\zeta=0.707$ 时,传感器接近稳态值的平稳性和快速性最理想,故称 $\zeta=0.707$ 时为最佳阻尼比。为此传感器通常设计成欠阻尼系统,ζ 取值在 0.6~0.8 之间比较适宜。

3) 传感器的时域特性指标

传感器的时域特性指标是在初始条件为零时,用它的单位阶跃响应曲线 $y(t)$ 上的某些特征点来定义的(见图2-9)。表征时域特性的主要指标有以下几个。

① 上升时间 t_r:是指传感器的单位阶跃响应从稳态值的10%上升到90%所需的时间。

② 调节时间 t_s:是指在单位阶跃响应稳态值附近取 $\pm 5\%$ 的误差带,响应曲线进入并不再穿出该误差带所需的最短时间,调节时间也称作过渡时间。

③ 峰值时间 t_p:是指单位阶跃响应曲线超过其稳态值后到达第一个峰值所需的时间。

④ 超调量 σ_p:是指单位阶跃响应超过稳态值的最大偏差值与稳态值的百分比,即

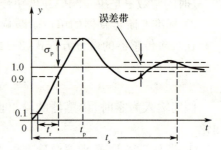

图 2-9 传感器的时域特性指标

$$\sigma_p = \frac{y(t_p) - y(\infty)}{y(\infty)} \times 100\% \tag{2-24}$$

总之,上升时间 t_r 和调节时间 t_s 是表征传感器响应速度性能的参数;超调量 σ_p 是表征传感器稳定性能的参数。通过这几个方面就能完整地描述它的动态特性。

3. 传感器的频域特性

传感器的另一个典型输入信号是正弦输入。它对不同频率的正弦输入信号的输出称作频率响应。实验证明,当给传感器输入正弦信号 $x=\sin\omega t$ 时,经过一定时间后,传感器的稳定输出量 y 与输入量 x 是同频率的正弦信号,但输出与输入的幅值不等,相位也不一样,并且输出的幅值和相位都是频率 ω 的函数,即 $y=A(\omega)\sin(\omega t+\varphi(\omega))$(见图2-10)。其中,幅值 $A(\omega)$ 随 ω 变化的特性称作传感器的幅频特性,相位差 $\varphi(\omega)$ 随 ω 变化的特性称作传感器的相频特性。快速跟踪和复现正弦输入信号是对传感器的基本要求,所以也可以用频率响应来衡量传感器的性能优劣,并用它来定义频域特性指标。

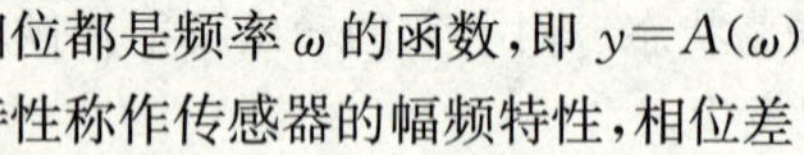

图 2-10 传感器在正弦输入时的输出情况

设传感器的传递函数为 $G(s)$,将 $s=j\omega$ 代入它得复数 $G(j\omega)$。理论推导可以证明:传感器的幅频特性 $A(\omega)$ 就是复数 $G(j\omega)$ 的模,即 $A(\omega)=|G(j\omega)|$;相频特性 $\varphi(\omega)$ 就是复数 $G(j\omega)$ 的辐角,即 $\varphi(\omega)=\angle G(j\omega)$。由此可知,只要知道了传递函数,就可以非常方便地写出它的幅频特性和相频特性。

1) 标准一阶传感器的频率响应

在一阶传感器的传递函数式(2-13)中,令 $k=1$,则得标准一阶传感器的传递函数为

$$G(s)=\frac{Y(s)}{X(s)}=\frac{1}{\tau s+1} \tag{2-25}$$

将 $s=j\omega$ 代入上式得标准一阶传感器的频率特性表达式为

$$G(j\omega)=\frac{1}{j\omega\tau+1} \tag{2-26}$$

其幅频特性和相频特性的表达式分别为

$$A(\omega)=\frac{1}{\sqrt{1+(\omega\tau)^2}} \tag{2-27}$$

$$\varphi(\omega)=-\arctan(\omega\tau) \tag{2-28}$$

为了分析频率特性的方便,常用对数幅频特性 $20\lg A(\omega)$ 代替幅频特性 $A(\omega)$,它的单位是分贝(dB)。标准一阶传感器的对数幅频特性表达式为

$$20\lg A(\omega)=20\lg\frac{1}{\sqrt{1+(\omega\tau)^2}}=-20\lg\sqrt{1+(\omega\tau)^2}(\text{dB}) \tag{2-29}$$

若横坐标 ω 取对数刻度,纵坐标取等分刻度,则标准一阶传感器的对数幅频、相频特性曲线如图 2-11 所示。

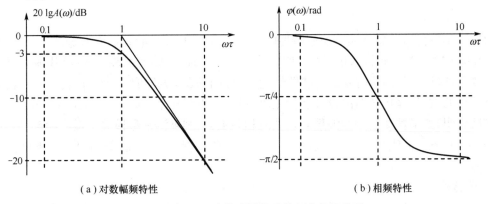

(a) 对数幅频特性   (b) 相频特性

图 2-11 标准一阶传感器的对数频率特性曲线

从式(2-28)、式(2-29)和图 2-11 可以看出,当输入信号的角频率 $\omega<0.4/\tau$ 时,$20\lg A(\omega)\approx 0$,$\varphi(\omega)\approx 0$,它表明传感器的输出 $y(t)$ 与输入 $x(t)$ 近似相等,输出 $y(t)$ 基本能反映输入 $x(t)$ 的变化规律。故在一阶传感器设计和使用时,必须使 $1/\tau>2.5\omega$,通常取 $1/\tau=(3\sim 5)\omega$。

2) 标准二阶传感器的频率响应

在二阶传感器的传递函数式(2-15)中,令 $k=1$,则得标准二阶传感器的传递函数为

$$G(s)=\frac{1}{s^2/\omega_n^2+2\zeta s/\omega_n+1} \tag{2-30}$$

将 $s=j\omega$ 代入上式得标准二阶传感器的频率特性表达式为

$$G(j\omega)=\frac{1}{1-(\omega/\omega_n)^2+j2\zeta(\omega/\omega_n)} \tag{2-31}$$

其幅频特性和相频特性的表达式分别为

$$A(\omega)=\frac{1}{\sqrt{[1-(\omega/\omega_n)^2]^2+4\zeta^2(\omega/\omega_n)^2}} \tag{2-32}$$

$$\varphi(\omega)=-\arctan\left[\frac{2\zeta(\omega/\omega_n)}{1-(\omega/\omega_n)^2}\right] \tag{2-33}$$

对数幅频特性表达式为

$$20\lg A(\omega) = 20\lg \frac{1}{\sqrt{[1-(\omega/\omega_n)^2]^2 + 4\zeta^2(\omega/\omega_n)^2}}$$
$$= -20\lg \sqrt{[1-(\omega/\omega_n)^2]^2 + 4\zeta^2(\omega/\omega_n)^2} \qquad (2-34)$$

给 ζ 不同值,作出标准二阶传感器的对数幅频特性和相频特性曲线簇如图 2-12 所示。

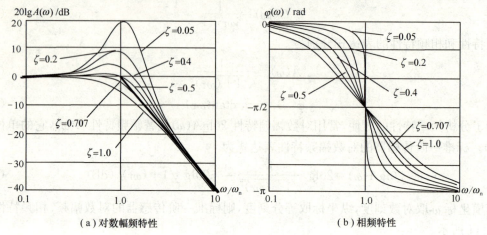

(a) 对数幅频特性　　(b) 相频特性

图 2-12　标准二阶传感器的对数频率特性曲线

由图 2-12 可见,传感器频率响应特性的好坏,主要取决于传感器的固有振荡频率 ω_n 和阻尼比 ζ。当 $0.6 < \zeta < 0.8$,且输入信号的角频率 $\omega < 0.4\omega_n$ 时,传感器的输出 $y(t)$ 基本上再现输入 $x(t)$ 的波形,这正是我们所需要的传感器性能。通过上面的分析可知:为了使传感器能精确地再现被测信号的波形,在传感器的设计和使用时,通常取阻尼比 $\zeta = 0.6 \sim 0.8$,$\omega_n = (3 \sim 5)\omega$。

实践表明,如果被测信号的波形与正弦波相差不大,则被测信号谐波中最高频率 ω_{max} 可以用其基频 ω_1 的 $3 \sim 5$ 倍代替。这样,选用和设计传感器时,保证传感器固有频率 ω_n 不低于被测信号基频 ω_1 的 10 倍即可。

3) 传感器的频域特性指标

传感器的频域特性指标是在初始条件为零时,用它的幅频特性曲线和相频特性曲线上的某些特征点来定义的(见图 2-13)。

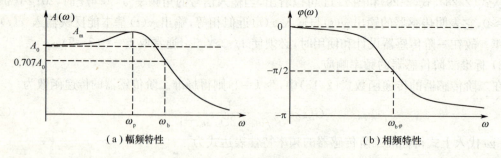

(a) 幅频特性　　(b) 相频特性

图 2-13　传感器的频域特性指标

表征频域特性的主要指标有:

① 零频幅值 A_0——是指传感器的幅频特性在输入信号频率 $\omega = 0$ 时的值,即 $A_0 = A(0)$。对于标准的一阶、二阶传感器来说,则有 $A_0 = 1$。

② 峰值 A_m——是指幅频特性的最大值,即 $A_m = A(\omega_p)$。峰值 A_m 大,表明传感器对某个频

率的正弦输入信号反应强烈,传感器的稳定性差,有共振的倾向。在设计和选用时,一般要求 $A_m < 1.5A_0$ 比较适宜。对于标准一阶传感器来说, $A_m = 0$;对于标准二阶传感器来说,则 $A_m = 1/(2\zeta\sqrt{1-\zeta^2})(0 < \zeta \leq 0.707)$。

③ 频带 ω_b ——是指幅频特性的数值衰减到 $0.707A_0$ 时所对应的角频率。ω_b 越大,则 $A(\omega)$ 曲线由 A_0 到 $0.707A_0$ 所占的频率区间 $(0 \sim \omega_b)$ 就越宽。这表明传感器复现快速变化的信号能力越强,失真也越小。对于标准一阶传感器来说,$\omega_b = 1/\tau$;对于标准二阶传感器来说,当 $\zeta = 0.707$ 时,$\omega_b = \omega_n$。

④ 相频宽 $\omega_{b\varphi}$ ——是指相频特性 $\varphi(\omega)$ 等于 $-\pi/2$ 时对应的角频率。相频特性 $\varphi(\omega)$ 为负值,表明系统的稳态输出在相位上落后于输入。对于标准一阶传感器来说,$\omega_{b\varphi} = \infty$;对于标准二阶传感器来说,$\omega_{b\varphi} = \omega_n$。

⑤ 幅值误差——是指传感器的幅频特性曲线 $A(\omega)$ 与 A_0 之差,通常用百分数表示。

⑥ 相位误差——是指传感器的输出相位与输入相位之差。

2.3 传感器的标定

所谓传感器的标定是指在传感器的工作环境下,利用一定等级的仪器及设备产生已知的标准非电量(如标准压力、加速度、位移等)作为传感器的输入量,通过实验测得其输出量;然后绘制出它的输入/输出特性曲线(称为标定曲线);再通过对曲线的分析处理,得到传感器特性指标的过程。传感器的标定主要分为静态特性标定和动态特性标定两种。

2.3.1 传感器的静态特性标定

传感器的静态特性标定主要是检验、测试传感器的静态特性指标,如灵敏度、非线性、迟滞性、重复性等。静态特性的标定过程必须在标准条件下进行。所谓标准条件,是指没有加速度、振动、冲击(除非这些量本身就是被测物理量),环境温度一般为 (20 ± 5) ℃,相对湿度不大于 85%,大气压力为 (101.3 ± 8) kPa 时的情况。传感器静态标定的步骤如下:

① 将待标定的传感器与标定所需仪器及设备连接好;

② 将传感器全量程(测量范围)分为若干等份,从小到大逐步加载,记录待标定传感器在各输入点的输出稳定值,直到满量程为止;

③ 按上述过程,对传感器进行多次往复循环测试,将得到输入/输出测试数据组,用表格列出或画成曲线;

④ 对数据进行必要的处理,根据处理结果就可以得到传感器的灵敏度、线性度、重复性和迟滞等静态特性指标。

2.3.2 传感器的动态特性标定

传感器的动态特性标定主要是检验、测试传感器的动态响应特性,即传感器的时域特性和频域特性。也就是根据实测的时域响应曲线和频域响应曲线确定其时域指标和频域指标。由上面分析可知,对于一阶、二阶传感器,可以根据其时域指标和频域指标进一步确定出动态参数。

1. 传感器的时域标定步骤

① 将待标定的传感器与标定所需仪器及设备连接好。

② 用标准仪器产生一个单位阶跃信号,加到传感器输入端,用双踪示波器或记录仪记录待标定传感器的输出波形。

③ 对传感器输出波形进行分析处理,得到它的真实输出波形。

④ 根据真实输出波形就可以得到传感器的各个时域指标,如超调量 σ_p、上升时间 t_r、过渡时间 t_s 等,从而计算出一阶传感器的时间常数 τ、二阶传感器的固有频率 ω_n 和阻尼比 ζ。

2. 传感器的频域标定步骤

① 将待标定的传感器与标定所需仪器及设备连接好。

② 用标准仪器产生一个振幅为 1、初始相位为 0 和角频率 ω 可调的正弦信号,加到传感器输入端,用双踪示波器或记录仪记录待标定传感器的输出波形。

③ 保持输入信号的振幅和初相位不变,逐次改变输入信号的角频率 ω,测出传感器一系列输出波形的振幅 $A(\omega)$ 和相位 $\varphi(\omega)$。

④ 根据上面的测量数据,画出传感器的幅频特性曲线和相频特性曲线图,就可以得到传感器的各个频域指标,如峰值 A_m、频带 ω_b、相频宽 $\omega_{b\varphi}$ 等,从而计算出一阶传感器的时间常数 τ、二阶传感器的固有频率 ω_n 和阻尼比 ζ。

2.4 传感器及工程应用的发展方向

传感器是自动监测控制系统的感觉器官,如果把计算机比作自动监测控制系统的"大脑",而传感器就是它的"五官"。自动化的程度要求愈高,系统对传感器的依赖性就愈大,传感器对系统的性能起着决定性的作用。没有传感器,就不可能实现自动化。因此,许多国家都将传感器列为尖端技术。如在美国、日本等发达国家,传感器倍受重视,常有人说:"如果征服了传感器,就等于征服了科学技术"。

2.4.1 传感器的发展方向

1. 发现新现象

利用物理现象、化学反应和生物效应是各种传感器工作的基本原理。所以说发现新现象、新效应是发展传感器的重要工作,是研制新型传感器的重要基础,其意义极为深远。如日本夏普公司利用超导技术研制成功高温超导磁传感器,是传感器技术的重大突破,其灵敏度比霍尔器件高,仅次于超导量子干涉器件,而其制造工艺远比超导量子干涉器件简单,它可用于磁成像技术,具有广泛的推广价值。

2. 开发新材料

传感器材料是传感器技术的重要基础。如半导体氧化物可以制造各种气体传感器,而陶瓷传感器工作温度远高于半导体,光导纤维的应用是传感器材料的重大突破,用它研制的传感器与传统的相比有突出的特点。有机材料做传感器材料的研究,也引起国内外学者的极大兴趣。

3. 研发集成传感器

集成传感器具有体积小、重量轻、价格便宜、便于安装和使用等优点,备受人们青睐。特别是有的一块芯片可以集成几种传感器,实现几个参数的综合测量。如日本丰田研究所开发的同时检测 Na^+、K^+、H^+ 等多离子传感器。传感器芯片面积为 $(2.5 \times 0.5) mm^2$,仅用一滴血液即可同时快速检测出其中 Na^+、K^+、H^+ 的浓度,对医院临床非常适用与方便。

4. 研发数字传感器

智能化传感器是一种带微处理器的传感器,它兼有检测、判断和信息处理功能。其典型产品,如美国霍尼韦尔公司的 ST-3000 智能传感器,其芯片尺寸为 $(3 \times 4 \times 2) mm^3$,采用半导体工艺,在同一芯片上制作 CPU、EPROM 和静压、差压、温度等三种敏感元件。

5. 研发仿生传感器

仿生传感器也是目前研究发展的方向，它是模仿人类感觉器官的传感器，即视觉、听觉、嗅觉、味觉、触觉传感器等。目前只有视觉和触觉传感器解决得比较好。

6. 提高传感器的精度和稳定性

提高现有传感器的精度和稳定性，也是提高自动监测控制系统精度的一种方法，这一直是传感器技术的研究方向。

2.4.2 传感器工程应用的发展方向

1. 智能化

随着微电子技术、计算机技术、传感器技术的不断发展，将多种技术结合在一起，构成新一代智能化的自动监测控制系统，是今后一段时期传感器工程应用发展的一个方向。如智能机器人、无人驾驶战斗机及航天器等。

2. 数字化

将数字式传感器和单片机嵌入式系统组合在一起，构成各种各样的自动测量辨识系统也是今后传感器应用的发展方向。如美国的GPS定位系统、我国研发的北斗定位系统、ATM自动柜员机等。

3. 网络化

将各种各样的传感器与Internet有机地结合在一起，就可以在更大的范围内实现物联，实现远程遥测和遥控，这就是目前正在兴起的物联网。

2.5 传感器工程应用系统典型结构

在工农业生产过程中，为了实现生产的自动化，就需要对各种非电参数（如压力、温度、流量、物位等）进行监测，这就要用到传感器。把传感器与其他装置有机地结合在一起，组成一个系统，就可实现对非电量参数的监测与控制。为了实现监测和控制系统中各种设备间的互连互通，方便更换，国际电工委员会（IEC）推荐各种设备间通信都采用标准电信号。并规定标准电流信号为4～20mA，标准电压信号为1～5V。但一般来说，传感器的输出信号大多数为非标准电信号，通常需要把它变换成标准电信号后再和其他设备连接。这个把非标准信号变换成标准电信号的器件就称作变送器（或变送器模块）。这样，无论是传感器、仪表还是计算机，只要有同样的接口电路，就可以非常方便地互连成一个系统。目前我国执行的是国际电工委员会（IEC）推荐的国际标准。

传感器工程应用系统的典型结构主要有两种，一种是测量显示系统，另一种是监测控制系统。

2.5.1 测量显示系统的结构

测量显示系统是指对被测对象的特征量进行测量、传输、处理及显示的系统。测量显示系统可分为开环测量显示系统和闭环测量显示系统两种。

1. 开环测量显示系统

开环测量显示系统的结构如图2-14所示。它的全部信息走向只沿着一个方向进行，其中$x(t)$为被测信号，也称作输入量，$y(t)$为输出信号，也称作输出量。

在这个系统里，变送器的作用是将传感器输出的微弱信号变换成便于传输、处理和使用的标

图 2-14 开环测量显示系统框图

准电信号。信号处理模块是将变送器输出的信号进行处理和变换,以便用于显示和记录。显示装置是将被测信号变换成人的感官能接受的形式,以达到监视、控制或分析的目的。测量结果可以采用模拟显示,也可采用数字显示或图形显示,还可以由记录装置进行自动记录或由打印机将数据表格打印出来。

开环测量显示系统结构简单,但各个环节特性的变化都会引起测量误差,测量精度相对较低。

2. 闭环测量显示系统

闭环测量显示系统结构如图 2-15 所示。它有两个通道,信号从左向右的通道为正向通道,信号从右向左的通道为反馈通道,其中 $x_1(t)$ 为传感器的输出量,$\Delta x(t)$ 为变送器的输入量,$y(t)$ 既是正向通道的输出量又是反馈通道的输入量,$x_f(t)$ 为反馈通道的输出量,且

$$\Delta x(t) = x_1(t) - x_f(t) \tag{2-35}$$

显然,这时整个系统的输入/输出关系不仅与正向通道有关,也与反馈通道有关。可以证明,这时整个系统的输出 $y(t)$ 与输入 $x(t)$ 的关系主要由反馈环节的特性决定,而变送器、信号处理环节的特性变化对测量结果几乎没有影响。故闭环测量显示系统的测量误差比开环测量显示系统的测量误差要小得多,但它比开环测量显示系统结构要复杂。

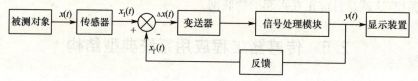

图 2-15 闭环测量显示系统框图

综上所述,开环测量系统与闭环测量系统各有其优缺点。在构建测量系统时,应根据实际测量精度要求,本着既节约、经济又满足测量精度要求的原则合理选择。如有必要,还可以将开环和闭环巧妙地结合起来使用。

2.5.2 监测控制系统的结构

用传感器构建自动监测控制系统是传感器的主要任务,也是现代工农业生产和国防科技向自动化要效益的必然需求。目前监测控制系统可分为开环监测控制系统和闭环监测控制系统两种。

1. 开环监测控制系统

开环监测控制系统的结构如图 2-16 所示。它的特点是被测对象和受控对象不是同一个,并且全部信息走向只沿着一个方向进行。

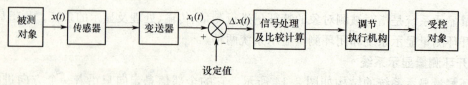

图 2-16 开环监测控制系统框图

该系统中调节执行机构的作用是根据信号处理及比较计算的结果,对受控对象执行必要的控制动作,而其他环节的作用与测量显示系统类同。它结构简单,但控制精度不高,广泛应用于开关控制系统,如自动门控制系统、光控开关控制系统等。

2. 闭环监测控制系统

闭环监测控制系统的结构如图 2-17 所示。它的特点是被测对象和受控对象是同一个,被测参数和受控参数也是同一个,并且信息走向形成了一个封闭的环路,故称作闭环。而控制是根据被控量 $x(t)$ 的测量转换值 $y(t)$ 与设定值的偏差 $\Delta x(t)$ 大小进行调节。

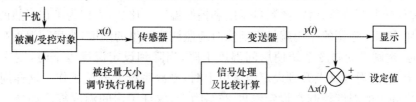

图 2-17 闭环监测控制系统框图

显然,被测/受控对象无论是受到干扰,还是结构参数变化,只要使得偏差 $\Delta x(t)$ 不为零,系统就自动纠正。这种系统提供了实现高精度控制的可能,在工程中得到了广泛应用,如恒温控制系统、恒速控制系统等。

思考题及习题 2

2-1 什么叫传感器?它由哪几部分组成?它们的作用及相互关系如何?

2-2 什么是传感器的静态特性?它有哪些性能指标?分别说明这些性能指标的含义。

2-3 什么是传感器的动态特性?它有哪几种分析方法?它们各有哪些性能指标?

2-4 设被测介质温度为 $x(t)$,温度传感器显示温度为 $y(t)$,当把温度传感器放入被测介质后,温度传感器显示温度 $y(t)$ 与被测介质温度 $x(t)$ 有下列关系

$$\tau \frac{\mathrm{d}y(t)}{\mathrm{d}t} + y(t) = x(t)$$

式中,τ 为温度传感器的时间常数;t 为时间。

试问当 $\tau=120\text{s}$ 时,把该温度传感器从 25℃ 拿到 300℃ 介质中,经过 350s 后的动态误差是多少?

2-5 已知某传感器属于一阶环节,现用于测量 100Hz 的正弦信号,如幅值误差限制在 ±5% 以内,时间常数 τ 应取多少?若用该传感器测量 50Hz 的正弦信号,问此时的幅值误差和相位差各为多少?

2-6 简述传感器应用的发展方向。

2-7 什么叫传感器的标定?为什么要标定?

2-8 何谓传感器的静态标定和动态标定?试述传感器的静态标定过程。

2-9 简述传感器工程应用系统的典型结构。

第 3 章 温度传感器及工程应用

温度是人们日常生活中的常见参数,也是工农业生产和科学实验中非常重要的参数。物质的许多物理现象和化学性质都与温度有关,许多生产过程也都是在一定的温度范围内进行的,为了保证生产过程的顺利进行,就需要测量温度和控制温度。比如,人们为了在炎热的夏天工作环境舒适,就要用空调。空调的作用就是不断实时地监测房间里的温度,当房间温度高于设定温度(比如 26℃)时,空调启动制冷系统使房间温度下降,当降到设定温度以下时,制冷系统停止工作,等待温度上升,当温度又上升到设定温度以上时,制冷系统又开始工作。这样周而复始的不断工作,就把房间里的温度控制在设定温度 26℃附近,保证了房间温度舒适如春。在这个空调系统中,温度传感器起着重要的作用。下面就介绍温度传感器及其工程应用。

3.1 温度测量概述

温度是表征物体冷热程度的物理量。为了便于对物体温度的测量和比较,就需要对温度进行标定。

3.1.1 温度与温标

为了定量地描述温度的高低,必须建立温度标尺(温标),温标就是温度的数值表示。各种温度计和温度传感器的温度数值均由温标确定。温标有多种,比如摄氏温标、华氏温标、热力学温标等。当前世界通用的是国际协议 ITS-90 中规定的国际温标,它是 1990 年制定的标准。该协议中规定了两种温标:一种是开尔文温标,它是以热力学第二定律为基础的一种理论温标,其温度数值为热力学温度(符号为 T_{90}),单位是开尔文(符号为 K);另一种是摄氏温标,它是以冰水混合物为零点的一种温标,其温度数值为摄氏温度(符号为 t_{90}),单位是摄氏度(符号为℃)。T_{90} 和 t_{90} 之间的关系为

$$t_{90}=T_{90}-273.15 \tag{3-1}$$

在实际应用中,一般直接用 T 和 t 代替 T_{90} 和 t_{90}。

3.1.2 温度测量方法和分类

1. 温度测量方法

温度测量通常都是借助于一种器件,利用冷热不同的物体之间热交换原理,以及物体的某些物理性质随着冷热程度不同而变化的特性进行测量的。这种器件就称作温度测量仪表,它通常由现场的温度传感器和控制室的显示仪表两部分组成,如图 3-1 所示。工程上通常又把温度传感器部分称作一次仪表,而把控制室的显示仪表部分称作二次仪表。简单的温度测量仪表往往是把温度传感器和显示器组成一体,这种温度测量仪表一般用于现场测温。

图 3-1 温度测量仪表的组成

2. 温度测量方法的分类

按感温元件与被测介质是否接触,可分为接触式测量和非接触式测量两大类。

1) 接触式测量

接触式测量是使感温元件和被测介质相接触,当达到热平衡时,感温元件与被测介质的温度相等,这时感温元件的温度就是被测温度。这类传感器的优点是结构简单、工作可靠、精度高、稳定性好、价格低廉,目前被广泛应用。它的缺点是测温有滞后现象,测温范围受感温材料熔点的限制。

2) 非接触式测量

非接触式测量是应用物体的热辐射能量随温度变化而变化的原理进行的。众所周知,物体辐射能量的大小与温度有关,并且以电磁波形式向四周辐射。若使用检测装置,便可测得被测对象发出的热辐射能量,通过辐射能量与温度的关系,即可实现温度的测量。理论上讲,非接触式温度传感器不存在测温滞后和测温范围限制。可测高温、腐蚀、有毒、有害、运动物体及固体、液体表面的温度,且不干扰被测温度场,但精度较低,使用不太方便。温度测量方法及其常用温度传感器及其仪表见表 3-1。

表 3-1 温度测量方法及常用温度传感器及其仪表

测量方法	测温原理		温度传感器及其仪表
接触式	体积变化	固体热膨胀	双金属温度计
		液体热膨胀	玻璃管液体温度计
		气体热膨胀	气体温度计、充气式压力温度计
	电阻变化		热电阻温度传感器 热敏电阻温度传感器
	热电效应		由贵重金属组成的热电偶传感器(铂铑$_{10}$-铂、铂铑$_{30}$-铂铑$_6$ 等) 由普通金属组成的热电偶传感器(镍铬-镍硅、镍铬-铜镍等) 由非金属组成的热电偶传感器(石墨-碳化钛、WSi-MoSi$_2$ 等)
	频率变化		石英晶体温度传感器
	光学特性		光纤温度传感器
	声学特性		超声波温度传感器
非接触式	热辐射	亮度法	光学高温计
		全辐射法	全辐射高温计
		比色法	比色高温计
		红外线法	红外温度传感器
	气流变化		射流温度传感器

3.2 热电阻传感器

热电阻传感器是中、低温区(850℃以下)最常用的一种温度传感器。它的主要特点是测量精度高、性能稳定,广泛应用于工业和民用的测温控制中,而且有的还被制成标准温度计,用于对其他测温器件的校准。

3.2.1 热电阻的测温原理

导体或半导体材料的电阻随温度变化而明显变化的现象称作热阻效应。利用金属导体的热阻效应制成的测温元件称作热电阻。利用半导体材料的热阻效应制成的测温元件称作热敏电阻。热电阻传感器的测温原理就是基于金属材料的热阻效应。

虽然各种金属材料的电阻均随温度变化而变化,但作为热电阻的材料,则要求它的电阻随温度变化而变化的要尽可能的大;热容量要尽可能的小;在整个测温范围内,应具有稳定的物理和化学性能;且价格便宜,便于加工。根据上述要求及金属材料的特性,目前使用最广泛的热电阻材料是金属铂、铜和镍等。另外,随着低温和超低温测量技术的发展,已开始采用铟、锰、铑、铁等材料。

3.2.2 常用热电阻

1. 铂热电阻

铂热电阻是由金属铂丝绕制而成的,铂丝的特点是物理、化学性质稳定,测温精度高、性能可靠,是目前制造热电阻的最好材料。但由于铂热电阻价格昂贵,通常用于测温精度要求较高的场合,也可用来制作温度基准。按照IEC标准,铂热电阻的测温范围为$-200\sim850$℃。

在$-200\sim0$℃的温度范围内,铂热电阻值与温度t的关系,即温度特性为

$$R(t)=R_0[1+At+Bt^2+Ct^3(t-100)] \qquad (3-2)$$

在$0\sim850$℃的温度范围内,铂热电阻的温度特性为

$$R(t)=R_0(1+At+Bt^2) \qquad (3-3)$$

式中,$R(t)$和R_0为铂热电阻分别在t℃和0℃时的电阻值(Ω);A、B、C为与铂金纯度有关的常数。

由此可知,铂热电阻的阻值与铂金的提纯程度有关。为描述铂热电阻的纯度常用电阻比$W(100)$来表示,即

$$W(100)=\frac{R_{100}}{R_0} \qquad (3-4)$$

式中,R_{100}为铂热电阻在100℃时的电阻值;R_0为铂热电阻在0℃时的电阻值。

电阻比$W(100)$越大,其铂金的纯度越高。按照IEC标准规定,工业上使用的铂热电阻要求$W(100)\geqslant 1.3850$,使用测温范围是$-200\sim650$℃。目前技术水平可达到$W(100)=1.3930$,其对应铂金纯度为99.9995%。

从式(3-2)和式(3-3)看出,铂热电阻的阻值与温度t呈非线性关系,其阻值大小与R_0和t有关。为方便用户使用,通常把这种关系做成表格——称作分度表。目前我国生产的工业用热电阻型号是WZX,其中W表示温度仪表,Z表示热电阻,X表示感温材料。例如,WZP就表示铂热电阻,它有$R_0=10\Omega$、100Ω和1000Ω等多种,其分度号分别为Pt10、Pt100和Pt1000,其中以Pt100最为常用。铂热电阻不同分度号亦有不同的分度表。对于$W(100)=1.3850$的铂热电阻,有$A=3.9083\times10^{-3}$/℃,$B=-5.775\times10^{-7}$/℃^{2},$C=-4.183\times10^{-12}$/℃^{4}。其Pt100的分度表见表3-2。

只要测得热电阻的电阻值$R(t)$,便可从分度表上查出对应的温度t。当然,铂热电阻在$-200\sim200$℃范围内,由于$|B|$、$|C|\ll A$,可用$R(t)=R_0(1+At)$来近似计算,误差不大。

表 3-2 铂热电阻 Pt100 的分度表

分度号:Pt100   ($R_0=100\Omega$)

温度/℃	0	10	20	30	40	50	60	70	80	90
	电阻/Ω									
−200	18.49									
−100	60.25	56.19	52.11	48.00	43.87	39.71	35.53	31.32	27.08	22.80
0	100.00	96.09	92.16	88.22	84.27	80.31	76.33	72.33	68.33	64.30
0	100.00	103.90	107.79	111.67	115.54	119.40	123.24	127.07	130.89	134.70
100	138.50	142.29	146.06	149.82	153.58	157.31	161.04	164.76	168.46	172.16
200	175.84	179.51	183.17	186.82	190.45	194.07	197.69	201.29	204.88	208.45
300	212.02	215.57	219.12	222.65	226.17	229.67	233.17	236.65	240.13	243.59
400	247.04	250.48	253.90	257.32	260.72	264.11	267.49	270.86	274.22	277.56
500	280.90	284.22	287.53	290.83	294.12	297.39	300.65	303.91	307.15	310.38
600	313.59	316.80	319.99	323.18	326.35	329.51	332.66	335.79	338.92	342.03
700	345.13	348.22	351.30	354.37	357.37	360.47	363.50	366.52	369.53	272.52
800	375.51	378.48	381.45	384.40	387.34	390.26				

2. 铜热电阻

铜热电阻是由铜丝绕制而成的。由于铂是贵重金属,价格较昂贵,因此,在一些测量精度要求不高,且温度较低的场合,普遍采用铜热电阻进行测温。它的测量范围为−50~150℃,且容易提纯、加工,价格便宜,复现性能好。但铜易氧化,体积较大,一般只用于没有水分及无侵蚀性介质的温度测量中。

在−50~150℃范围内,铜热电阻的阻值与温度 t 的关系几乎是线性的,它的温度特性可近似地表示为

$$R(t)=R_0(1+\alpha t) \tag{3-5}$$

式中,α 为铜热电阻的电阻温度系数,一般取 $\alpha=4.25\sim4.28\times10^{-3}$/℃。

目前我国生产的工业用铜热电阻型号是 WZC,其主要分度号有两种,分别为 Cu50($R_0=50\Omega$) 和 Cu100($R_0=100\Omega$)。

3.2.3 常用热电阻的结构

热电阻的结构随用途不同而异。其主要部件是电阻体,它由电阻丝和支架组成。铂热电阻体一般由直径为 0.05~0.07mm 的铂丝在片形云母骨架上绕制而成,绕组的两面再用云母夹住,然后用花瓣形铜制铆钉把云母片和盖片铆在一起。铜热电阻体一般采用直径 0.1mm 的漆包绝缘铜丝在塑料架上分层绕制而成。与铜热电阻丝串联的还有补偿线组,其材料和电阻值由铜热电阻的特性来决定。若铜热电阻的温度系数大于理论值,则需选用电阻温度系数很小的锰铜作补偿线组;若铜热电阻的温度系数小于理论值,则要选用电阻温度系数大的镍丝,以起补偿作用。它们的结构如图 3-2 所示。

目前,我国工业用热电阻有普通热电阻、铠装热电阻、端面热电阻和防暴热电阻等多种封装形式,普通热电阻的结构如图 3-3 所示。它由电阻体、绝缘套管、保护套管、引线和接线盒等部分组成。电阻丝采用双线无感绕法绕制在具有一定形状的云母、石英或陶瓷塑料支架上,引出线通常采用直径为 1mm 的银丝或镀银铜丝与接线盒柱相接,以便用户使用。

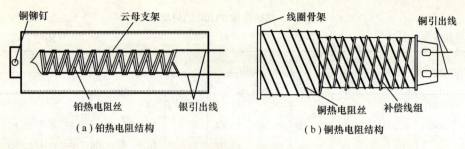

(a) 铂热电阻结构　　　　　　(b) 铜热电阻结构

图 3-2　热电阻体结构示意图

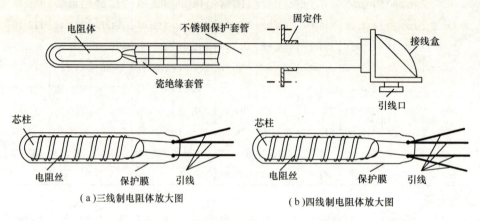

(a) 三线制电阻体放大图　　　　(b) 四线制电阻体放大图

图 3-3　工业用普通热电阻结构示意图

3.2.4　热电阻测温转换电路

由于热电阻是一个把温度转换成电阻的元件,为便于测量、显示、控制和远距离传输,通常都需要将它转换成电信号。用热电阻测温时,常用的转换电路有直流电桥和集成运算放大器两种,分别介绍如下。

1. 直流电桥测温转换电路

直流电桥的工作原理如图 3-4 所示。图中 U 为恒压源电压,R_1、R_2、R_3、R_4 为桥臂电阻,则 A、B 两端的电压为

$$U_{AB}=U_{AC}-U_{BC}=\frac{R_2R_4-R_1R_3}{(R_1+R_4)(R_2+R_3)}U \quad (3-6)$$

当 $U_{AB}=0$ 时,称作电桥平衡,则有

$$R_1R_3=R_2R_4 \quad 即 \quad \frac{R_1}{R_2}=\frac{R_4}{R_3} \quad (3-7)$$

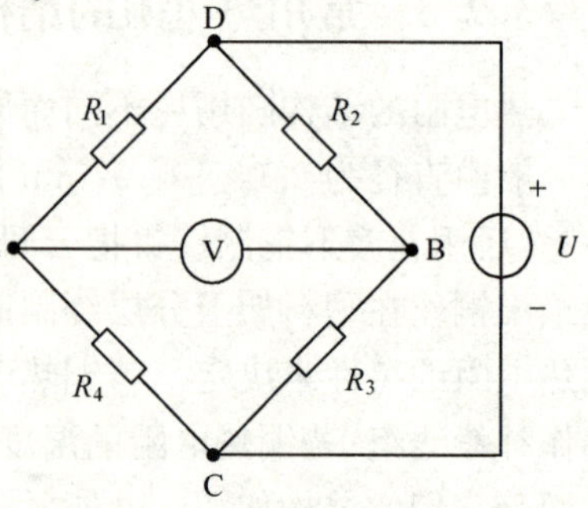

式(3-7)称作电桥平衡条件。此式说明要使电桥平衡,必须使相对两臂的电阻乘积相等,也就是相邻两臂的电阻比值相等;反之亦然。在电桥测量电路里,为方便计算工程应用上通常取 $R_1=R_2=R_3=R_4$ 作为平衡点。

将 R_4 换成热电阻 $R(t)$,R_1 换成调零电位器 R_P,R_2 和 R_3 为固定电阻。若取 $R_P=R_2=R_3=R_0$(R_0 为热电阻在 0℃时的电阻值),则在 0℃时电桥平衡;在温度 t℃时,直流电桥的不平衡输出电压 U_{AB} 为

$$U_{AB}=\frac{R(t)-R_0}{2(R_0+R(t))}U \quad (3-8)$$

图 3-4　直流电桥测量转换电路

此式说明,当恒压源电压 U 一定时,则 U_{AB} 是热电阻 $R(t)$ 的函数。若读出电压 U_{AB} 的值,便可求出 $R(t)$ 的值,根据热电阻的温度特性表达式或分度表就可计算出被测温度 t 的值。

在实际的工程应用中,一般热电阻 $R(t)$ 与测量电桥电路都相距比较远,需要连接导线把它接入测量电桥。由于热电阻本身随温度变化的阻值比较小,因此热电阻 $R(t)$ 与电桥的连接导线电阻就不能忽略。设连接导线电阻为 R_1' 和 R_2',则实际的电桥测温转换电路如图 3-5(a)所示。通常连接热电阻的两根导线长度和材料相同,则 $R_1' = R_2' = R'$。由于这种接法的连接导线电阻和热电阻 $R(t)$ 都在同一个桥臂里,若仍选取 $R_P = R_2 = R_3 = R_0$,则电桥在 0℃时就不平衡了,且在温度 t℃时,直流电桥的不平衡输出电压 U_{AB} 为

$$U_{AB} = \frac{R(t) + 2R' - R_0}{2(R_0 + 2R' + R(t))} U \tag{3-9}$$

比较式(3-8)和式(3-9)可以看出,连接导线电阻 R' 及因环境温度变化所引起的电阻 R' 变化对测量结果有较大的影响,这种连接方式通常用于 $R(t)$ 与直流电桥较近或测温精度不高的场合。

为了削弱连接导线电阻 R_1'、R_2' 对转换结果的影响,热电阻引线可采用三线制(即热电阻体的一端焊接出两根引线,而另一端则焊接出一根引线,见图 3-3(a)),接入电桥的连线方式如图 3-5(b)所示。在三线制接法中,因为电压表的内阻很大,流过 R_3' 的电流很小,故在 R_3' 上的压降可忽略不计。这时电压表的读数就是电桥的不平衡输出电压 U_{AB}。设 $R_1' = R_2' = R'$,由于它们分布在相邻的两个桥臂中,不影响电桥的平衡。即在选取 $R_P = R_2 = R_3 = R_0$ 的条件下,电桥在 0℃时仍然平衡,在温度 t℃时,直流电桥的不平衡输出电压 U_{AB} 为

$$U_{AB} = \frac{R(t) - R_0}{2(R_0 + 2R' + R(t))} U \tag{3-10}$$

比较式(3-9)和式(3-10)可知,三线制接法大大减少了连接导线电阻 R' 及连接导线电阻 R' 变化对测量转换结果的影响。因此,工业上用热电阻测温时,多数采用三线制接法。

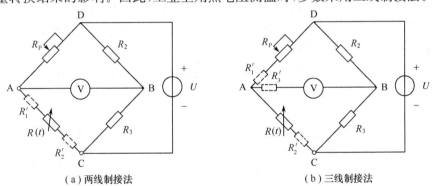

(a)两线制接法　　　　　　　　(b)三线制接法

图 3-5　热电阻接入电桥测温转换电路的方式

2. 集成运放测温转换电路

由上面分析可以看出,在电桥转换电路中,不管是采用两线制还是三线制接法,电桥的不平衡输出电压与热电阻 $R(t)$ 都不呈线性关系,这给转换计算带来了麻烦。为了解决这个问题,可用集成运算放大器测温转换电路。其电路结构如图 3-6 所示。

图 3-6(a)为两线制接法。考虑到两连接导线电阻 $R_1' = R_2' = R'$,由集成运放电路知识可知,该电路的输出电压 U_o 为

$$U_o = \frac{U}{R_1}[2R' + R(t)] \tag{3-11}$$

式中,R_1 为固定电阻;U 为直流输入电压。

由式(3-11)可知,输出电压U_o与热电阻$R(t)$呈线性关系。但热电阻两端的引线电阻对测温转换结果仍有较大影响。为了彻底消除连接导线电阻对测温转换结果的影响,热电阻引线可采用四线制(即热电阻体的两端各焊接两根引出线,见图3-3(b))。其四线制接法的集成运放测温转换电路如图3-6(b)所示,图中R_1'、R_2'、R_3'和R_4'分别是热电阻$R(t)$4根引线的等效电阻。由于R_3'和R_4'中无电流,所以开路电压U_o为

$$U_o = \frac{U}{R_1} R(t) \tag{3-12}$$

由式(3-12)可以看出,开路电压U_o不但与$R(t)$呈线性关系,而且与引线电阻没有任何关系。显然,四线制接法可以完全消除连接导线电阻及连接导线电阻变化对测量转换的影响。它主要用于高精度温度检测转换中。

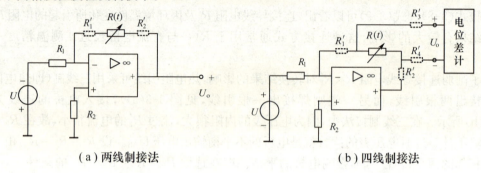

(a) 两线制接法　　　　　　　　　　(b) 四线制接法

图 3-6　集成运算放大器测温转换电路

3.2.5　热电阻使用注意事项

① 理论上说,铂热电阻的测温范围是-200～850℃,铜热电阻的测温范围是-50～150℃,但实际上不同的制作工艺具有不同的测温范围。为了降低成本,批量生产,目前市场上出现了大量的厚膜和薄膜铂热电阻感温元件。厚膜铂热电阻元件是用铂浆料印刷在玻璃或陶瓷底板上,薄膜铂热电阻元件是用铂浆料溅射在玻璃或陶瓷底板上,再经光刻加工而成的,价格便宜,但这种感温元件仅适用于-70～500℃温区。因此具体热电阻的测温范围,购买时应向经销商咨询,经济合理地选择。一般来说,Pt100的测温范围在600℃以下,要测量600℃以上的高温应使用耐温性能更好的Pt10。

② 为了描述热电阻的测量精度,我国生产的热电阻有A、B两个等级,A级的最大允许误差为$\pm(0.15+0.002|t|)$℃,B级的最大允许误差是$\pm(0.30+0.005|t|)$℃。不同等级的热电阻价格悬殊较大,使用时可根据被测温度的误差要求经济合理地选择。

③ 由测温转换电路可知,测量转换精度与电源电压是否稳定有关。为了提高测量精度,除使用高精度热电阻外,测量转换电路还要使用高精准稳压电源供电。

④ 从热电阻的测温原理看出,热电阻阻值的大小仅与被测温度有关,而与通过热电阻的电流大小无关。但由于电流通过热电阻时要产生热量,且电流越大产生的热量越高。若热电阻中的电流产生的热量超过被测温度,将会导致测量误差,甚至将热电阻烧毁。因此在使用热电阻测温转换电路时要注意限流,确保通过热电阻的电流产生的热量不会影响被测温度。一般来说,测低温时电流要小(一般不超过1mA),测高温时电流可稍大一些,但也不要超过10mA。

⑤ 为了提高测量精度,要注意消除引线电阻对测量精度的影响。为此,在热电阻测量电路中,通常采用三线制或四线制测量电路;并且测量仪表要使用高输入内阻电压表或电位差计。若要进行信号放大,最好用输入内阻较高的差动放大电路。

⑥ 因热电阻体比较大,用热电阻测温时,要保证电阻体全部处于被测温度分布均匀并具有代表性的地方,安装时还要注意防腐处理。

3.3 热敏电阻传感器

热敏电阻传感器是以热敏电阻为主要元件的一种温度传感器。它的优点是灵敏度比较高、体积小、结构简单、便于制成所需要的各种形状,缺点是线性度、复现性及互换性都比较差。

3.3.1 热敏电阻的测温原理

热敏电阻的测温原理是基于半导体材料的热阻效应,即利用半导体材料的电阻随温度变化而明显变化的原理进行测温的。热敏电阻是由某些金属氧化物和其他化合物按不同比例配制烧结而成的。它与热电阻相比具有以下特点:

① 灵敏度高,它的温度系数比热电阻大 10~100 倍以上,能检测出 $10^{-6}℃$ 温度的变化;

② 电阻率大,体积小,元件尺寸可做到直径 0.2mm,能测量其他温度计无法测量的空隙、腔体、内孔的温度;

③ 热惯性小,适合测量点温、表面温度及快速变化的温度;

④ 结构简单、机械性能好,可根据不同要求,制成各种形状;

⑤ 电阻是非线性的,只在某一较窄温度范围内有较好的线性度;

⑥ 由于是半导体材料,其复现性和互换性较差。

3.3.2 热敏电阻的分类及特性

根据热敏电阻随温度变化的特性,可分为正温度系数(PTC)、负温度系数(NTC)和临界温度系数(CTR)3 种类型,它们的温度特性如图 3-7 所示。

PTC 热敏电阻是以钛酸钡掺合稀土元素烧结而成的半导体陶瓷元件,具有正温度系数。当温度超过某一数值时,其电阻值朝正的方向快速变化。主要用于彩电消磁、各种电器设备的过热保护和发热源的定温控制中,也可作为限流元件使用。

NTC 热敏电阻主要由 Mn、Co、Ni、Fe、Cu 等过渡金属氧化物混合烧结而成,改变混合物的成分和配比,就可以获得测温范围、阻值及温度系数不同的 NTC 热敏电阻。它具有很高的负电阻温度系数,特别适用于 -100~300℃ 之间测温。在点测温、表面测温、温差测量及温度场测量中得到广泛的应用,同时也广泛地应用在自动控制及电子线路的热补偿线路中。

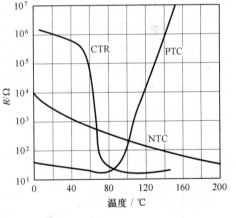

图 3-7 热敏电阻的温度特性

CTR 热敏电阻是以三氧化二钒与钡、硅等氧化物,在磷、硅氧化物的弱还原气氛中混合烧结而成的,呈半玻璃状。它的显著特点是在临界温度附近,电阻值随温度升高而急剧下降,具有很大的负温度系数。通常 CTR 热敏电阻用树脂封成珠状或厚膜形使用,其阻值为 1kΩ~10MΩ。由于它在某个温度附近电阻值随温度升高急剧变小,相当于开关,故常把它当作温度开关使用。

由图 3-7 可知,NTC 热敏电阻的温度特性变化单一,在实际的测温中被广泛采用。下面重点介绍 NTC 热敏电阻的主要特性。

1. NTC 热敏电阻的温度特性

由材料学可知，NTC 热敏电阻值随温度变化的特性近似符合指数规律，其表达式为

$$R(T)=Ae^{\frac{B}{T}}=A\exp\left(\frac{B}{T}\right) \tag{3-13}$$

式中，T 为热力学温度(K)；$R(T)$ 为热敏电阻在温度 T 时的电阻值(Ω)；A 为温度 T 趋于无穷时的电阻值(Ω)；B 为热敏电阻的材料常数(K)，一般在 2000K～6000K 之间。其中，A、B 的具体数值可通过实验方法获得。比如，用实验方法测得它在 T_1 时的电阻值 $R(T_1)$ 和在 T_2 时的电阻值 $R(T_2)$，则

$$B=\frac{T_1 T_2}{T_2-T_1}\ln\frac{R(T_1)}{R(T_2)} \tag{3-14}$$

$$A=R(T_1)\exp\left(-\frac{B}{T_1}\right) \tag{3-15}$$

将上述公式计算出来的 A、B 值代入式(3-13)，就得出热敏电阻的温度特性如图 3-8 所示。

通常人们把电阻在温度 T 时，单位温度变化引起电阻值的相对变化量称作电阻温度系数，则 NTC 热敏电阻的温度系数 $\alpha(T)$ 为

$$\alpha(T)=\frac{1}{R(T)}\frac{\mathrm{d}R(T)}{\mathrm{d}T}=-\frac{B}{T^2} \tag{3-16}$$

显然，它随温度 T 变化而变化。且在 $-100\sim 300\text{℃}$（即 173K～573K）范围内比金属丝的电阻温度系数高很多倍，所以它具有很高的灵敏度。

2. NTC 热敏电阻的伏安特性

在某一温度下，通过热敏电阻的电流与其两端的电压之间的关系曲线，称作热敏电阻的伏安特性曲线。假定在 T_0 温度环境时给 NTC 热敏电阻通上电流 I，测其两端的电压 U，实验测得 NTC 热敏电阻的伏安特性曲线形状如图 3-9 所示。

该曲线大体分为 4 段。当电流很小时，在热敏电阻上产生的热量很小，基本不影响热敏电阻的温度，故电阻值不变，电压 U 随电流 I 的增加而线性增大（Oa 段）；电流再增大后，功耗使热敏电阻温度略微升高，阻值略微变小，电压偏离线性，但是电压 U 还是随电流 I 的增大而增加（ab 段）；继续增大电流 I，使热敏电阻的温度升高较大，其电阻值迅速下降，电压 U 越过 b 点而迅速下降到 c 点（bc 段）；电流 I 再继续增大，由于电阻下降变缓，故电压 U 下降也变缓（cd 段）。由图 3-9 可知，要用热敏电阻测温，应该使用小电流（即它的 Oa 段）才准确。

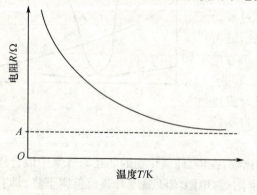

图 3-8　NTC 热敏电阻的温度特性

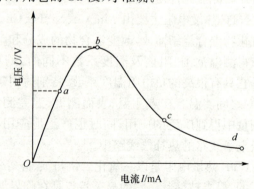

图 3-9　NTC 热敏电阻的伏安特性

3.3.3　热敏电阻的结构及符号

热敏电阻主要由热敏探头、引线、壳体等部分组成。它分为直热式和旁热式两种。

直热式热敏电阻为二端器件,多数由金属氧化物(如锰、镍、铜和铁的氧化物等)粉料按一定比例挤压而成;也有用小珠成型工艺、印刷工艺等制成的球状、线状、薄膜、厚膜、塑料薄膜状,经过1273K～1773K高温烧结而成,其引出线一般为银电极。

旁热式热敏电阻为四端器件,除了半导体热敏探头外还有金属丝绕制的加热器,两者紧紧耦合在一起,互相绝缘,密封于高真空的玻璃壳内。

根据不同的使用场合和要求,可以把热敏电阻做成各种各样的形状和结构,常用的热敏电阻外形及其电路符号示于图3-10中。

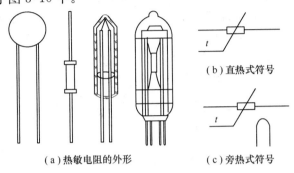

图3-10 热敏电阻的外形及电路符号

3.3.4 热敏电阻的主要参数

1. 标称电阻值 R_C

一般指在环境温度为$(25±0.2)$℃时测得的电阻值,又称作冷电阻。

2. 额定功率 P_E

在规定的技术条件下,长期连续使用所允许的耗散功率,单位为W。在实际使用时,热敏电阻所消耗的功率不得超过额定功率。

3. 时间常数 τ

时间常数 τ 是指把温度为 t_0 的热敏电阻突然置于温度为 t 的介质中,热敏电阻的温度增量 $\Delta t=0.63(t-t_0)$ 时所需的时间。τ 越小,表明热敏电阻器的热惯性越小。

几种常用热敏电阻型号及主要参数列于表3-3和表3-4中

表3-3 常用直热式热敏电阻的型号及主要参数

型号	主要用途	主要电参数			电阻体形状
		标称电阻值/kΩ	额定功率/W	时间常数/s	
MF11	温度补偿	0.01～15	0.5	≤60	片状
MF13	测温、探温	0.82～300	0.25	≤85	杆状
MF16	温度补偿	10～1000	0.5	≤115	杆状

表3-4 常用旁热式热敏电阻的型号及主要参数

型号	主要用途	主要电参数				
		标称电阻/kΩ	时间常数/s	加热器电阻值/Ω	最大加热电流/mA	最大加热电流下阻体电阻值/Ω
MF41	温度补偿,用于高、低频振荡器的稳幅和放大系数的稳定	20～35	40±10	90～100	22	≤100
RRP7		30～50	80±20	350～420	12	≤100
RRP9		≤25	15±5	360～440	10	≤50

3.3.5 热敏电阻的线性化网络

由于热敏电阻的热阻特性非线性较大,影响了它测温精度的提高。另外,热敏电阻是半导体材料做成的,其特性参数有一定的分散性,从而导致它的互换性较差。为了克服上述缺点,改善其性能,通常在热敏电阻上串、并联与温度无关的固定电阻,构成一个电阻网络来代替单个热敏电阻,使该电阻网络在测温范围内具有较好的线性特性。常用的NTC热敏电阻线性化网络及热阻特性如图3-11所示。显然,该电阻网络的热阻特性比热敏电阻的热阻特性要平坦得多,并且它有一个拐点。由此可知,通过合理地选择固定电阻 R_a,可使该电阻网络在测温范围内具有较好的线性度,这是改善热敏电阻线性度的一种常用方法。

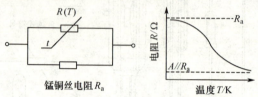

图 3-11 NTC热敏电阻线性化网络及热阻特性

3.3.6 热敏电阻的温度补偿

热敏电阻不但可以用于温度的检测,还可用于温度补偿。电子设备中常用的一些元件,如线圈、线绕电阻等多数都是用金属丝做成的,而金属一般都具有正温度系数,采用负温度系数的热敏电阻进行补偿,可以抵消由于温度变化所产生的误差。为了有效地进行补偿,通常采用在热敏电阻上并联上一个温度系数近似为零的锰铜丝固定电阻,使并联后的电阻温度系数大小正好与要补偿的电阻温度系数相等或相近,但符号相反,然后再把它们串联起来实现

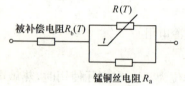

图 3-12 温度补偿电路

温度的自动补偿。其温度补偿电路如图3-12所示。

设被补偿电阻 $R_b(T)$ 的正温度系数为 α_b,热敏电阻 $R(T)$ 的负温度系数为 $\alpha(T)$,$R(T)$ 与 R_a 并联后的电阻为 $R_p(T)$,温度系数为 $\alpha_p(T)$,则

$$R_p(T) = \frac{R_a R(T)}{R_a + R(T)} \tag{3-17}$$

$$\frac{dR_p(T)}{dT} = \frac{R_a^2}{[R_a+R(T)]^2}\frac{dR(T)}{dT} = \frac{\alpha(T)R_a^2}{[R_a+R(T)]^2}R(T) = \frac{\alpha(T)R_a}{R_a+R(T)}R_p(T) \tag{3-18}$$

$$\alpha_p(T) = \frac{\alpha(T)R_a}{R_a+R(T)} \tag{3-19}$$

令 $\alpha_p(T) = -\alpha_b$,可求出

$$R_a = -\frac{\alpha_b R(T)}{\alpha(T)+\alpha_b} \tag{3-20}$$

由此可知,只要选择锰铜丝电阻的阻值满足式(3-20),即可使 $R_p(T)$ 的温度系数与要补偿电阻 $R_b(T)$ 的温度系数大小相等,但符号相反。当给出电阻值 R 和温度 T_0 后,选择 $R_b(T_0) = R_p(T_0) = R/2$,然后联立方程(3-17)和式(3-20),求出 $R(T_0)$ 和 R_a。将 $R_b(T_0)$、$R(T_0)$ 和 R_a 按图3-12所示电路连接起来,即可在温度 T_0 附近较好地实现自动温度补偿。

3.3.7 热敏电阻使用注意事项

① 当用NTC热敏电阻测温时,其转化电路与热电阻测温时转化电路一样,在此不再繁述。

但其灵敏度比热电阻要高得多。

② 用NTC热敏电阻测温时,要想得到较高的测量精度,也需要用高精度稳压电源供电;并要注意限流,确保通过热电阻的电流产生的热量不会影响被测温度。一般来说,测低温时电流要小,一般为几百微安;测高温时电流可以稍大点,一般为几毫安。

③ NTC热敏电阻除了用于测温和温度补偿外,它的另一个重要作用就是利用它的负温度系数特性来抑制浪涌电流,这在开关电源、UPS及充电器等电路设计中被广泛使用。

④ 由于流体的温度与流体的流速、密度、流量等散热条件有关,根据这个原理也可以用它来间接测量流体的流速、密度和流量等。

3.4 热电偶传感器

热电偶传感器是工程上应用最广泛的温度传感器,具有构造简单,使用方便,准确度高,热惯性小,稳定性及复现性好,温度测量范围宽,适于信号的远传、自动记录和集中控制等优点,在温度测量中占有重要的地位。

3.4.1 热电偶的测温原理

把A、B两种不同材料的导体(或半导体)两端连接在一起,组成一个闭合回路(见图3-13),当两接点温度T和T_0不同时,则在该回路中就会产生电势,这种现象称为热电效应,该电势称为热电势。这个组合体就称为热电偶。A或B称为热电极,测温时置于被测介质中的接点,称为热端,又称测量端;不在被测介质中接点称作冷端,又称参考端。在图3-13所示的回路中,由热电效应所产生的热电势由两部分组成:一部分是接触电势,另一部分是温差电势。

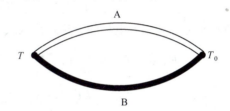

图3-13 热电偶结构原理图

1. 接触电势

接触电势是由两种不同材料的导体在接触处形成的电势。当两种不同材料的导体接触时,由于它们的自由电子密度不同,则自由电子密度大的便向自由电子密度小的扩散,这时在接触面电子减少的一侧便带正电,电子增多的一侧便带负电,当扩散达到动态平衡时,在接触面的两侧就形成稳定的电势,这个电势就叫接触电势。它的大小取决于两种不同材料的导体性质和接触点的温度。

在图3-13所示的热电偶回路中,根据珀耳帖效应,两个接触面上的接触电势分别为

$$e_{AB}(T)=\frac{kT}{e}\ln\frac{N_{AT}}{N_{BT}} \tag{3-21}$$

$$e_{AB}(T_0)=\frac{kT_0}{e}\ln\frac{N_{AT_0}}{N_{BT_0}} \tag{3-22}$$

式中,$e_{AB}(T)$为A、B两种导体在温度为T时的接触电势;$e_{AB}(T_0)$为A、B两种导体在温度为T_0时的接触电势;N_{AT}、N_{BT}分别为A、B两种材料在温度T时的电子密度;N_{AT_0}、N_{BT_0}分别为A、B两种材料在温度T_0时的电子密度;T为A、B两导体接触处的热力学温度;k为玻耳兹曼常数($k=1.38\times10^{-23}$J/K);e为单位电荷电量($e=1.60\times10^{-19}$C)。

2. 温差电势

温差电势是同一导体的两端因温度不同而产生的一种电势。当同一导体的两端温度不同

时,高温端的电子能量要比低温端的电子能量大,因而从高温端跑到低温端的电子数比从低温端跑到高温端的要多。结果,在高温端因电子减少而带正电,在低温端因电子增多而带负电,故在导体两端形成电势,这个电势就叫温差电势。温差电势的大小取决于材料的性质和它两端的温度。

在图 3-13 所示的热电偶回路中,根据汤姆逊效应,A、B 两种导体的温差电势分别为

$$e_A(T,T_0) = \frac{k}{e}\int_{T_0}^{T}\frac{\mathrm{d}(N_{At}t)}{N_{At}} \tag{3-23}$$

$$e_B(T,T_0) = \frac{k}{e}\int_{T_0}^{T}\frac{\mathrm{d}(N_{Bt}t)}{N_{Bt}} \tag{3-24}$$

式中,$e_A(T,T_0)$ 为导体 A 两端温度分别为 T 和 T_0 时的温差电势;$e_B(T,T_0)$ 为导体 B 两端温度分别为 T 和 T_0 时的温差电势;N_{At} 和 N_{Bt} 为分别为 A 和 B 导体的电子密度,是温度的函数。

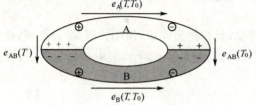

图 3-14 热电效应原理图

3. 热电偶的总热电势

为了讨论方便,不妨假定 $N_A > N_B$,$T > T_0$,则在热电偶回路内形成的接触电势和温差电势的极性如图 3-14 所示。显然,热电偶回路中产生的总热电势 $E_{AB}(T,T_0)$ 为

$$E_{AB}(T,T_0) = e_{AB}(T) + e_B(T,T_0) - e_{AB}(T_0) - e_A(T,T_0) \tag{3-25}$$

将接触电势和温差电势的表达式代入式(3-25),整理得

$$\begin{aligned}E_{AB}(T,T_0) &= \frac{kT}{e}\ln\frac{N_{AT}}{N_{BT}} + \frac{k}{e}\int_{T_0}^{T}\frac{\mathrm{d}(N_{Bt}t)}{N_{Bt}} - \frac{kT_0}{e}\ln\frac{N_{AT_0}}{N_{BT_0}} - \frac{k}{e}\int_{T_0}^{T}\frac{\mathrm{d}(N_{At}t)}{N_{At}} \\ &= \frac{kT}{e}\ln\frac{N_{AT}}{N_{BT}} - \frac{kT_0}{e}\ln\frac{N_{AT_0}}{N_{BT_0}} + \frac{k}{e}\int_{T_0}^{T}\left(\frac{\mathrm{d}(N_{Bt}t)}{N_{Bt}} - \frac{\mathrm{d}(N_{At}t)}{N_{At}}\right) \\ &= \left[\frac{kT}{e}\ln\frac{N_{AT}}{N_{BT}} + \frac{k}{e}\int_{0}^{T}\left(\frac{\mathrm{d}(N_{Bt}t)}{N_{Bt}} - \frac{\mathrm{d}(N_{At}t)}{N_{At}}\right)\right] - \\ &\quad \left[\frac{kT_0}{e}\ln\frac{N_{AT_0}}{N_{BT_0}} + \frac{k}{e}\int_{0}^{T_0}\left(\frac{\mathrm{d}(N_{Bt}t)}{N_{Bt}} - \frac{\mathrm{d}(N_{At}t)}{N_{At}}\right)\right] \\ &= \left[\frac{kT}{e}\ln\frac{N_{AT}}{N_{BT}} + \frac{k}{e}\int_{0}^{T}\left(\frac{\mathrm{d}(N_{Bt}t)}{N_{Bt}} - \frac{\mathrm{d}(N_{At}t)}{N_{At}}\right)\right] + \\ &\quad \left[\frac{kT_0}{e}\ln\frac{N_{BT_0}}{N_{AT_0}} + \frac{k}{e}\int_{0}^{T_0}\left(\frac{\mathrm{d}(N_{At}t)}{N_{At}} - \frac{\mathrm{d}(N_{Bt}t)}{N_{Bt}}\right)\right]\end{aligned} \tag{3-26}$$

令

$$\frac{kT}{e}\ln\frac{N_{AT}}{N_{BT}} + \frac{k}{e}\int_{0}^{T}\left(\frac{\mathrm{d}(N_{Bt}t)}{N_{Bt}} - \frac{\mathrm{d}(N_{At}t)}{N_{At}}\right) = E_{AB}(T) \tag{3-27}$$

则

$$\frac{kT_0}{e}\ln\frac{N_{BT_0}}{N_{AT_0}} + \frac{k}{e}\int_{0}^{T_0}\left(\frac{\mathrm{d}(N_{At}t)}{N_{At}} - \frac{\mathrm{d}(N_{Bt}t)}{N_{Bt}}\right) = E_{BA}(T_0) = -E_{AB}(T_0) \tag{3-28}$$

故热电偶回路的总热电势可写成

$$E_{AB}(T,T_0) = E_{AB}(T) + E_{BA}(T_0) = E_{AB}(T) - E_{AB}(T_0) \tag{3-29}$$

式中,$E_{AB}(T)$ 为 A、B 两导体在接触点温度为 T 时的热电势;$E_{AB}(T_0)$ 为 A、B 两导体在接触点温度为 T_0 时的热电势。

由以上分析可得如下几条结论:

① 若 A、B 为同一种均质导体材料（即 $N_A=N_B$），则不论导体的截面积如何及各处温度的分布如何，都不能产生热电势（即 $E_{AB}(T,T_0)=0$）。但若材料不均匀，当导体上各处温度不同时，将会产生附加电势。

② 由两种不同均质导体材料构成的热电偶，如果两接点温度相等（即 $T=T_0$），则热电偶回路的总热电势为零（即 $E_{AB}(T,T_0)=0$）。

③ 由式(3-29)可知，两种不同均质导体材料构成的热电偶，其热电势的大小只与两种导体材料及两接点温度有关，而与两导体的尺寸大小、形状及沿导体各处的温度分布无关。

若 A、B 材料一定，冷端温度 T_0 固定，则 $E_{BA}(T_0)=-E_{AB}(T_0)=C$ 为常数，总热电势就只是热端温度 T 的单值函数，即

$$E_{AB}(T,T_0)=E_{AB}(T)+C=f(T) \tag{3-30}$$

因此，在 T_0 固定的情况下，只要能测出 $E_{AB}(T,T_0)$ 的大小，就能得到被测温度 T。这就是热电偶的测温原理。

由于热电偶的总热电势与温度的关系很难用一个数学表达式表示，通常这一关系式都是通过实验方法获得的，并将它列成表格，称作分度表。由于人们通常使用的是摄氏温度，因此分度表都是把冷端放在 $t_0=0℃$（即 $T_0=273.15K$）作出的。在使用热电偶测温时，通常冷端温度 $t_0≠0℃$，而是室温。为了解决这个问题，下面介绍几个常用的基本定律。

3.4.2 热电偶的基本定律及符号

1. 中间温度定律

在如图 3-15 所示的热电偶测温回路中，若 T_c 为热电极上某一点的温度，则容易证明：热电偶回路的总热电势 $E_{AB}(T,T_0)$ 就等于热电势 $E_{AB}(T,T_c)$ 与 $E_{AB}(T_c,T_0)$ 之代数和，即

$$E_{AB}(T,T_0)=E_{AB}(T,T_c)+E_{AB}(T_c,T_0) \tag{3-31}$$

热电偶的这一性质称作中间温度定律。它为热电偶制定分度表和参考端温度不为 0℃ 时的热电势修正提供了理论依据。根据这一定律，只要列出参考端温度为 0℃ 时的热电偶分度表，那么参考端不为 0℃ 时的热电势就可以由式(3-31)求出。另外根据这个定律，若将热电偶与两种不同的导体 A' 和 B' 连接（见图 3-15），则有

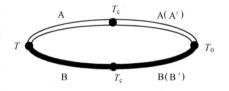

图 3-15 中间温度定律

$$E_{ABB'A'}(T,T_0)=E_{AB}(T,T_c)+E_{A'B'}(T_c,T_0) \tag{3-32}$$

只要选择导体 A' 和 B' 的热电特性与热电偶的热电特性相近，即 $E_{A'B'}(T_c,T_0)≈E_{AB}(T_c,T_0)$，则有
$E_{ABB'A'}(T,T_0)=E_{AB}(T,T_c)+E_{A'B'}(T_c,T_0)≈E_{AB}(T,T_c)+E_{AB}(T_c,T_0)=E_{AB}(T,T_0)$

$$\tag{3-33}$$

这就是热电偶回路中使用补偿导线的理论依据。补偿导线可以把热电偶冷端延伸到温度恒定的地方，而不会影响测温的准确性。

2. 中间导体定律

若在图 3-13 的 T_0 处断开，接入第三种导体 C，如图 3-16 所示。当 $T>T_0$ 时，则回路中总热电势为

$$E_{ABC}(T,T_0)=E_{AB}(T)+E_{BC}(T_0)+E_{CA}(T_0) \tag{3-34}$$

由于在 $T=T_0$ 时，回路中的总热电势为零，即

$$E_{ABC}(T_0,T_0)=E_{AB}(T_0)+E_{BC}(T_0)+E_{CA}(T_0)=0 \tag{3-35}$$

将式(3-35)代入式(3-34)得

$$E_{ABC}(T,T_0) = E_{AB}(T) - E_{AB}(T_0) = E_{AB}(T,T_0) \qquad (3\text{-}36)$$

由此得出结论:在热电偶测温回路内,接入第三种导体时,只要第三种导体的两端温度相同,则对回路的总热电势没有影响。热电偶的这一性质称为中间导体定律。

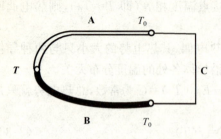

图 3-16 接入第三种导体的热电偶回路

这条定律说明,利用热电偶进行测温时,可以在回路中引入连接导线和仪表,只要保证接入导线和热电偶的接点处温度相同,就不会影响回路中的热电势。

由中间导体定律可以推出,在热电偶回路中加入第四、第五种导体后,只要加入的每一种导体两端温度相等,同样不影响回路中的总热电势。这样就可以用导线把热电势从热电偶冷端引出,并接到温度显示仪表或控制仪表上,组成相应的温度测量显示或温度监测控制系统。

3. 热电偶的结构及电路符号

因为热电偶是由两种不同材料组成的闭合回路,为了便于使用,通常都是将这两种不同材料的一端双绞成麻花状后,再用特殊焊接方法把它们焊接起来作为热电偶的热端(焊接时要保证焊接牢固,并且焊点圆滑);而将另一端分开后作为热电偶的冷端(见图3-17(a)),以便用户外接测量仪表时使用。因为产生的热电势有正、负极之分,为方便用户使用在热电偶的冷端标出其正、负极,它的电路符号如图 3-17(b)所示。

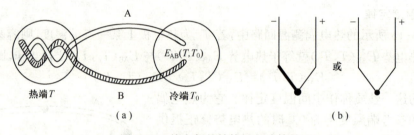

图 3-17 热电偶的结构及电路符号

3.4.3 热电偶的常用类型及特点

理论上讲,任何两种不同材料的导体都可以组成热电偶,但为了准确可靠地测量温度,通常选择热电势大,物理、化学性能稳定,易加工,复现性好,且具有良好互换性的材料作为热电偶材料。目前在国际上被公认比较好的热电偶材料只有 8 种,并由国际电工委员会(IEC)制定出标准向世界各国推荐,且把这些热电偶称作标准化热电偶。目前我国已采用 IEC 标准生产热电偶,表 3-5 为我国生产的标准化热电偶名称、分度号及它们的主要性能和特点。

表 3-5 我国标准化热电偶的主要性能和特点

热电偶名称及型号	分度号	允许偏差		特点
		等级	使用温度 $t/℃$	±最大允差值/℃
铜-康铜 (铜-铜镍) WRC	T	I	$-40\sim350$	0.5 或 $0.004\times|t|$	测温范围是 $-200\sim400℃$,测温精度高,稳定性好,价格低廉
		II		1 或 $0.0075\times|t|$	
镍铬-康铜 (镍铬-铜镍) WRE	E	I	$-40\sim800$	1.5 或 $0.004\times|t|$	测温范围是 $-200\sim900℃$,性能稳定,灵敏度高,价格低廉
		II	$-40\sim900$	2.5 或 $0.0075\times|t|$	

续表

热电偶名称及型号	分度号	允许偏差 等级	允许偏差 使用温度 t/℃	允许偏差 ±最大允差值/℃	特点
铁-康铜（铁-铜镍）WRF	J	I	$-40\sim750$	1.5 或 $0.004\times|t|$	用于氧化、还原气氛中测温,亦可在真空、中性气氛中测温,稳定性好,灵敏度高,价格低廉
		II		2.5 或 $0.0075\times|t|$	
镍铬-镍硅 WRN	K	I	$-40\sim1000$	1.5 或 $0.004\times|t|$	测温范围为$-200\sim1300$℃,用于氧化和中性气氛中测温。若外加保护管,也可在还原气氛中短期使用
		II	$-40\sim1200$	2.5 或 $0.0075\times|t|$	
镍铬硅-镍硅 WRM	N	I	$-40\sim1000$	1.5 或 $0.004\times|t|$	测温范围为$-200\sim1300$℃,性能稳定,测温精度适中
		II	$-40\sim1200$	2.5 或 $0.0075\times|t|$	
铂铑$_{10}$-铂 WRP	S	I	$0\sim1100$ $1100\sim1600$	1 $[1+(t-1100)\times0.003]$	测温范围为$0\sim1600$℃,适用于氧化气氛中测温,使用温度高,性能稳定,精度高,但价格贵
		II	$0\sim600$ $600\sim1600$	1.5 $0.0025t$	
铂铑$_{30}$-铂铑$_6$ WRR	B	II	$600\sim1800$	$0.0025t$	测温范围为$0\sim1800$℃,适用于氧化气氛中测温,稳定性好。冷端在$0\sim50$℃范围内,可以不补偿
		III	$600\sim800$ $800\sim1800$	4 $0.005t$	
铂铑$_{13}$-铂 WRQ	R	II	$0\sim600$ $600\sim1600$	1.5 $0.0025t$	同 S 型 II

表 3-5 中所列的热电偶名称中,前者为正极,后者为负极。括号内的名称为国际标准名称,最大允差值一栏中列出两种的取较大者。普通型热电偶的型号主要用三个字母表示,第一个字母 W 表示温度仪表,第二个字母 R 表示热电偶,第三个字母表示感温元件材料。铠装热电偶的型号主要用四个字母表示,前三个字母意义与普通型一样,第四个字母为 K。

1. 常用标准化热电偶类型及测温范围

目前我国工业上常用的有铂铑$_{30}$-铂铑$_6$,铂铑$_{10}$-铂,镍铬-康铜和镍铬-镍硅 4 种标准化热电偶,现介绍如下。

1）铂铑$_{30}$-铂铑$_6$ 热电偶

它由直径为 0.5mm 的铂铑$_{30}$丝(铂 70%,铑 30%)和相同直径的铂铑$_6$丝(铂 94%,铑 6%)组成,分度号用字母 B 表示。其中,铂铑$_{30}$丝为正极,铂铑$_6$丝为负极。在 $600\sim1600$℃间可长期测温,短期可测 1800℃高温。铂铑$_{30}$-铂铑$_6$型热电偶具有性能稳定、测温范围宽、使用寿命长等优点,适用于氧化性和惰性气氛中,也可短期用于真空中,但不适用于还原性气氛或含有金属或非金属的蒸气中。由于它在 $0\sim50$℃范围内产生的热电势小于 $3\mu V$,所以在使用时冷端可以不进行温度补偿。它的主要缺点是热电效率较小,灵敏度较低;材料系贵重金属,成本比较高。其分度表见表 3-6。

2）铂铑$_{10}$-铂热电偶

它由直径为 0.5mm 的铂铑丝(铂 90%,铑 10%)和相同直径的纯铂丝制成,分度号用字母 S 表示。其中,铂铑$_{10}$丝为正极,纯铂丝为负极。该热电偶的优点是在 1300℃以下范围内可长时间使用,短期可测量 1600℃的高温。由于容易得到高纯度的铂铑$_{10}$和铂,故该热电偶的复现精度和测量的准确性较高,可用于精密温度测量或作基准热电偶;在氧化性或中性介质中具有较高的物理化学稳定性,适用于氧化气氛中测温,而且测温范围宽,使用寿命长。其主要缺点是热电动势较弱；材料系贵重金属，成本较高。其分度表见表3-7所示。

表3-6 铂铑$_{30}$-铂铑$_6$热电偶分度表

分度号：B　　　　　　　　　　　　　　　　　　　　　（参考温度为0℃）

测量端温度/℃	0	10	20	30	40	50	60	70	80	90
	热电势/mV									
0	−0.000	−0.002	−0.003	−0.002	0.000	0.002	0.006	0.011	0.017	0.025
100	0.033	0.043	0.053	0.065	0.078	0.092	0.107	0.123	0.140	0.159
200	0.178	0.199	0.220	0.243	0.266	0.291	0.317	0.344	0.372	0.401
300	0.431	0.462	0.494	0.527	0.561	0.596	0.632	0.669	0.707	0.746
400	0.786	0.827	0.870	0.913	0.957	1.002	1.048	1.095	1.143	1.192
500	1.241	1.292	1.344	1.397	1.450	1.505	1.560	1.617	1.674	1.732
600	1.791	1.851	1.912	1.974	2.036	2.100	2.164	2.230	2.296	2.363
700	2.430	2.499	2.569	2.639	2.710	2.782	2.855	2.928	3.003	3.078
800	3.154	3.231	3.308	3.387	3.466	3.546	3.626	3.708	3.790	3.873
900	3.957	4.041	4.126	4.212	4.298	4.386	4.474	4.562	4.652	4.742
1000	4.833	4.924	5.016	5.109	5.202	5.297	5.391	5.487	5.583	5.680
1100	5.777	5.875	5.973	6.073	6.172	6.273	6.374	6.475	6.577	6.680
1200	6.783	6.887	6.991	7.096	7.202	7.308	7.414	7.521	7.628	7.736
1300	7.845	7.953	8.063	8.172	8.283	8.393	8.504	8.616	8.727	8.839
1400	8.952	9.065	9.178	9.291	9.405	9.519	9.634	9.748	9.863	9.979
1500	10.094	10.210	10.325	10.441	10.558	10.674	10.790	10.907	11.024	11.141
1600	11.257	11.374	11.491	11.608	11.725	11.842	11.959	12.076	12.193	12.310
1700	12.426	12.543	12.659	12.776	12.892	13.008	13.124	13.239	13.354	13.470
1800	13.585									

表3-7 铂铑$_{10}$-铂热电偶分度表

分度号：S　　　　　　　　　　　　　　　　　　　　　（参考温度为0℃）

测量端温度/℃	0	10	20	30	40	50	60	70	80	90
	热电势/mV									
0	0.000	0.055	0.113	0.173	0.235	0.299	0.365	0.432	0.502	0.573
100	0.645	0.719	0.795	0.872	0.950	1.029	1.109	1.190	1.273	1.356
200	1.440	1.525	1.611	1.698	1.785	1.873	1.962	2.051	2.141	2.232
300	2.323	2.414	2.506	2.599	2.692	2.786	2.880	2.974	3.069	3.164
400	3.260	3.356	3.452	3.549	3.645	3.743	3.840	3.938	4.036	4.135
500	4.234	4.333	4.432	4.532	4.632	4.732	4.832	4.933	5.034	5.136
600	5.237	5.339	5.442	5.544	5.648	5.751	5.855	5.960	6.064	6.169
700	6.274	6.380	6.486	6.592	6.699	6.805	6.913	7.020	7.128	7.236
800	7.345	7.454	7.563	7.672	7.782	7.892	8.003	8.114	8.225	8.336
900	8.448	8.560	8.673	8.786	8.899	9.012	9.126	9.240	9.355	9.470
1000	9.585	9.700	9.816	9.932	10.048	10.165	10.282	10.400	10.517	10.635

续表

测量端温度/℃	0	10	20	30	40	50	60	70	80	90
	热电势/mV									
1100	10.754	10.872	10.991	11.110	11.229	11.348	11.467	11.587	11.707	11.827
1200	11.947	12.067	12.188	12.308	12.429	12.550	12.671	12.792	12.913	13.034
1300	13.155	13.276	13.397	13.519	13.640	13.761	13.883	14.004	14.125	14.247
1400	14.368	14.489	14.610	14.731	14.852	14.973	15.094	15.215	15.336	15.456
1500	15.576	15.697	15.817	15.937	16.057	16.176	16.296	16.415	16.534	16.653
1600	16.771	16.890	17.008	17.125	17.245	17.360	17.477	17.594	17.711	17.826

3) 镍铬-康铜热电偶

它由镍铬丝与铜、镍合金(康铜)丝组成,分度号用字母 E 表示。该热电偶丝直径一般为 $\phi 1.2 \sim 2 \text{mm}$,镍铬为正极,康铜为负极。适应于还原性或中性介质,长期使用温度不可超过 700℃,短期测量可达 900℃。它的特点是热电势大,灵敏度高,价格便宜,抗氧化性能强,适用于氧化及弱还原性气氛中测温,也可用于湿度较大的环境里测温,但测温范围比较窄。其分度表见表 3-8。

表 3-8 镍铬-康铜热电偶分度表

分度号:E　　　　　　　　　　　　　　　　　　　　　　　(参考温度为 0℃)

测量端温度/℃	0	10	20	30	40	50	60	70	80	90
	热电势/mV									
−0	−0.000	−0.581	−1.151	−1.709	−2.254	−2.787	−3.306	−3.811	−4.301	−4.777
+0	0.000	0.591	1.192	1.801	2.419	3.047	3.683	4.329	4.983	5.646
100	6.317	6.996	7.633	8.377	9.078	9.787	10.501	11.222	11.949	12.681
200	13.419	14.161	14.909	15.661	16.417	17.178	17.942	18.710	19.481	20.256
300	21.033	21.814	22.597	23.383	24.171	24.961	25.754	26.549	27.345	28.143
400	28.943	29.744	30.546	31.350	32.155	32.960	33.767	34.574	35.382	36.190
500	36.999	37.808	38.617	39.426	40.236	41.045	41.853	42.662	43.470	44.278
600	45.085	45.891	46.697	47.502	48.306	49.109	49.911	50.713	51.513	52.312
700	53.110	53.907	54.703	55.498	56.291	57.083	57.873	58.663	59.451	60.237
800	61.022									

4) 镍铬-镍硅热电偶

镍铬-镍硅热电偶是目前使用量最大的廉价金属热电偶。它由镍铬丝和镍硅丝制成,分度号用字母 K 表示。该热电偶丝直径一般为 $\phi 1.2 \sim 2.5 \text{mm}$。镍铬丝为正极,镍硅丝为负极。可在氧化性或中性介质中长时间地测量 900℃以下的温度,短期测量可达 1200℃以上;它具有线性度好,热电势较大,灵敏度较高,复现性较好,抗氧化性强,价格便宜等优点,能用于氧化性和惰性气氛中。其缺点是该热电偶不能在高温下直接用于还原性或还原、氧化交替的气氛中测温,也不能用于真空中测温。其分度表见表 3-9。

表 3-9 镍铬-镍硅热电偶分度表

分度号：K　　　　　　　　　　　　　　　　　　　　　　　　　　（参考温度为 0℃）

测量端温度/℃	0	10	20	30	40	50	60	70	80	90
	热电势/mV									
−0	−0.000	−0.392	−0.777	−1.156	−1.527	−1.889	−2.243	−2.586	−2.920	−3.242
+0	0.000	0.397	0.798	1.203	1.611	2.022	2.436	2.850	3.266	3.681
100	4.095	4.508	4.919	5.327	5.733	6.137	6.539	6.939	7.338	7.737
200	8.137	8.537	8.938	9.341	9.745	10.151	10.560	10.969	11.381	11.793
300	12.207	12.623	13.039	13.456	13.874	14.292	14.712	15.132	15.552	15.974
400	16.395	16.818	17.241	17.664	18.088	18.513	18.938	19.363	19.788	20.214
500	20.640	21.066	21.493	21.919	22.346	22.772	23.198	23.624	24.050	24.476
600	24.902	25.327	25.751	26.176	26.599	27.022	27.445	27.867	28.288	28.709
700	29.128	29.547	29.965	30.383	30.799	31.214	31.629	32.042	32.455	32.866
800	33.277	33.686	34.095	34.502	34.909	35.314	35.718	36.121	36.524	36.925
900	37.325	37.724	38.122	38.519	38.915	39.310	39.703	40.096	40.488	40.897
1000	41.269	41.657	42.045	42.432	42.817	43.202	43.585	43.968	44.349	44.729
1100	45.108	45.486	45.863	46.238	46.612	46.985	47.356	47.726	48.095	48.462
1200	48.828	49.192	49.555	49.916	50.276	50.633	50.990	51.344	51.697	52.049
1300	52.398									

2. 特殊热电偶

除了上述常用热电偶外，还有一些特殊热电偶，以满足特殊测温的需要。如钨铼系热电偶、镍铬-金铁热电偶等。

1) 钨铼系热电偶

它主要用于超高温的测量。我国目前生产的钨铼系热电偶使用范围为 300～2000℃，其上限主要受绝缘材料的限制。就其电极材料本身的耐温情况来看，其测温上限可高达 2800℃。它适用于惰性气体及氢气之中，在真空中也可短期使用。

2) 镍铬-金铁热电偶

它是一种超低温测量热电偶，可以在 2K～273K 温度范围内使用，在 4K 时也能保持 10μV/K 的热电势率，这是其他热电偶难以达到的。

3.4.4 热电偶传感器的结构形式

为了满足对不同对象的测温要求，热电偶传感器的结构有普通型、铠装型和薄膜型等多种形式。

1. 普通型热电偶传感器

普通型热电偶传感器在工业上使用最多，它一般由热电极、绝缘套管、保护管和接线盒组成，其结构如图 3-18(a)所示。普通型热电偶按其安装时的连接形式可分为固定螺纹连接、固定法兰连接、活动法兰连接、无固定装置等多种形式。

2. 铠装热电偶传感器

铠装热电偶传感器又称套管型热电偶传感器。它是由热电偶丝、绝缘材料和金属套管三者经拉伸加工而成的坚实组合体，如图 3-18(b)所示。铠装热电偶的突出优点是挠性好，可以做得很细很长,使用中可根据需要而任意弯曲,可以安装在难以安装常规热电偶、结构复杂的装置上,如密封的热处理罩内或工件箱内。铠装热电偶结构坚实,抗冲击和抗震性能好,在高压及震动场合也能安全使用。铠装热电偶在许多测温工程中被广泛应用。

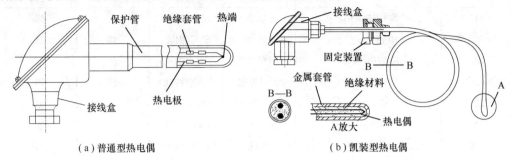

图 3-18 普通/铠装型热电偶传感器结构

3. 薄膜热电偶传感器

薄膜热电偶是由两种薄膜热电极材料用真空蒸镀、化学涂层等办法蒸镀到绝缘基板上而制成的一种特殊热电偶,如图 3-19 所示。薄膜热电偶的热端接点可以做得很小(可薄到 0.01～0.1μm),具有热容量小、反应速度快等特点,热响应时间达到微秒级,适用于微小面积上的表面温度及快速变化的动态温度测量。

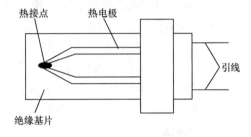

图 3-19 薄膜热电偶传感器结构

3.4.5 热电偶的冷端处理方法

当热电偶选定后,热电势大小仅与热电偶的热端和冷端温度有关。因此只有当冷端温度恒定时,热电偶的热电势和热端温度才有单值函数关系。此外,热电偶的分度表是以冷端温度为 0℃作为基准作出的,而在实际使用过程中,冷端温度通常不为 0℃,而且往往是波动的,所以必须对冷端温度进行处理,来消除冷端温度波动及不为 0℃的影响。通常冷端温度处理方法有以下几种。

1. 补偿导线法

为了使热电偶冷端温度保持恒定(最好为 0℃),当然可以把热电偶做得很长,使冷端远离工作端,并连同测量仪表一起放置到恒温或温度波动比较小的地方。这种方法一方面安装使用不方便,另一方面也要耗费许多贵重的金属材料,导致价格昂贵。为了降低成本,便于安装和使用,热电偶做得都比较短,一般为 350～2000mm。而在工程使用中,通常采用补偿导线

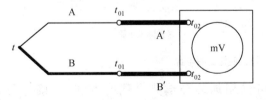

图 3-20 补偿导线在测温回路中的连接

将热电偶冷端(t_{01}不稳定)延伸到温度稳定(t_{02}基本恒定)的地方(见图 3-20)。补偿导线是根据热电偶的中间温度定律制做的,它由 A′和 B′两种不同的导线组成,并且也有正极和负极之分,在 0～100℃温度范围内,具有和所连接热电偶相同或相近的热电特性,但价格比热电偶低廉,经济实惠,使用方便。目前我国生产的常用热电偶补偿导线的型号、导线材质及绝缘层着色情况见表 3-10。

表 3-10 热电偶补偿导线的型号及绝缘层着色

补偿导线型号	配用热电偶分度号	补偿导线的材料及极性		补偿导线绝缘层颜色	
		正极	负极	正极	负极
SC	S(铂铑$_{10}$-铂)	SPC(铜)	SNC(铜镍)	红	绿
RC	R(铂铑$_{13}$-铂)	SPC(铜)	SNC(铜镍)	红	绿
KC	K(镍铬-镍硅)	KPC(铜)	KNC(铜镍)	红	蓝
KX	K(镍铬-镍硅)	KPX(镍铬)	KNX(镍硅)	红	黑
EX	E(镍铬-铜镍)	EPX(镍铬)	ENX(铜镍)	红	棕
JX	J(铁-铜镍)	JPX(铁)	JNX(铜镍)	红	紫
TX	T(铜-铜镍)	TPX(铜)	TNX(铜镍)	红	白
NX	N(镍铬硅-镍硅)	NPX(镍铬)	NNX(镍硅)	红	灰

补偿导线分为补偿型和延长型两种。若补偿导线所用材料的名义化学成分与配用热电偶不同,称作补偿型,用字母"C"表示;若补偿导线的名义化学成分与配用热电偶相同,称作延长型,用字母"X"表示。补偿导线型号的第一个字母是热电偶的分度号,第二个字母是导线的型号。例如,KX 表示与 K 型热电偶配用的延长型补偿导线。

需要注意的是,补偿导线实际上只是将热电偶的冷端延伸到温度变化较小或基本稳定的地方,但它并没有解决冷端温度不为 0℃ 的问题,所以还得采用其他冷端补偿方法加以解决。

2. 0℃ 恒温法

为了利用热电偶进行温度的精确测量,在实验室及精密测量中,通常是把冷端放在盛有绝缘油的试管里,然后再将其放入装满冰水混合物的保温容器中,以便使冷端温度保持 0℃,这种方法又称冰浴法。如图 3-21(a)所示。

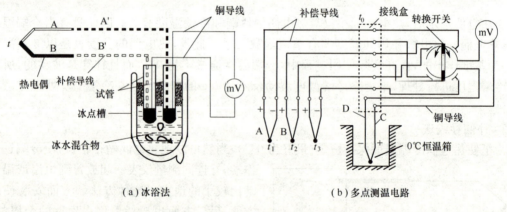

(a)冰浴法　　　　　　　　　(b)多点测温电路

图 3-21　冷端 0℃ 恒温法典型应用电路

当用几支相同的热电偶测量多点温度时,可采用加装补偿热电偶的方法,连接电路如图 3-21(b)所示。其中,补偿热电偶 CD 的热电极材料可与测量热电偶相同,也可是测量热电偶的补偿导线。这种方法既可以实现冷端的温度补偿,又可以通过转换开关实现多点温度的测量显示,还可以节约显示仪表和补偿导线。冷端 0℃ 恒温法是一种理想的补偿方法,但工业中使用极为不便。

3. 温度修正法

为了测量使用的方便,工程中一般不用冷端 0℃ 恒温法,而是采用冷端温度修正法,冷端温度修正法也是根据热电偶的中间温度定律进行修正的,即

$$E_{AB}(t,0)=E_{AB}(t,t_0)+E_{AB}(t_0,0) \tag{3-37}$$

式中,t 为热电偶的热端温度;t_0 为冷端温度;$E_{AB}(t,t_0)$ 是热电偶实测的热电势;$E_{AB}(t_0,0)$ 是冷端温度 t_0 与 0℃之间的温差所产生的热电势,通常称作修正值;$E_{AB}(t,0)$ 为分度表所对应的热电势,由热电偶分度表可查得热电偶热端对应的被测温度 t 的值。

比如,用镍铬-镍硅热电偶测量某加热炉温度。已知冷端温度 $t_0=30$℃,测得炉温热电势 $E_{AB}(t,t_0)$ 为 38.107mV,查镍铬-镍硅热电偶分度表 3-9 得 $E_{AB}(30,0)=1.203$mV。

由式(3-37)可知

$$E_{AB}(t,0)=E_{AB}(t,t_0)+E_{AB}(t_0,0)=38.107+1.203=39.310\text{mV}$$

查镍铬-镍硅热电偶分度表 3-9 可知,炉温 $t=950$℃。

4. 补偿电桥法

冷端温度修正法虽然能解决冷端温度不为 0℃的问题,但当冷端温度发生变化时仍然导致测量不准的问题。事实上,在工程应用环境里,冷端温度不变是相对的,变化是绝对的。为实现更精确的温度测量,一般采用冷端温度补偿电桥法解决这个问题。补偿电桥法是利用不平衡电桥产生的不平衡电压 U_{ab} 作为补偿信号,自动补偿热电偶测量过程中因冷端温度不为 0℃或变化而引起热电势的变化值。具有补偿电桥的测温电路如图 3-22 所示。它由三个电阻温度系数较小的锰铜丝绕制电阻 R_1、R_2、R_3 和电阻温度系数较大的铜丝绕制电阻 R_{Cu} 及稳压电源组成。

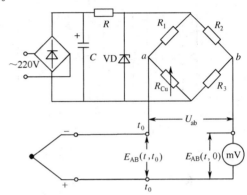

图 3-22 具有补偿电桥的测温电路

为了实现较好的补偿效果,设计时通常选择桥臂电阻和桥路电流使补偿电桥在 20℃时平衡(即 $U_{ab}=0$),在 $t_0 \neq 20$℃时,其不平衡输出电压 $U_{ab} \approx E_{AB}(t_0,20)$,于是

$$E_{AB}(t,0)=E_{AB}(t,t_0)+U_{ab}+E_{AB}(20,0) \tag{3-38}$$

使用时将补偿电桥与热电偶冷端放在同一温度环境里,当冷端温度变化引起热电势 $E_{AB}(t,t_0)$ 变化时,由于 R_{Cu} 的阻值随冷端温度变化而变化,就可以使电桥产生的不平衡电压 U_{ab} 补偿由于冷端温度 t_0 变化引起的热电势变化,从而达到自动补偿的目的。

3.4.6 热电偶测温线路

用热电偶测温时,若热电偶与显示仪表距离较近,它可以直接与配套显示仪表连接使用,如图 3-23(a)所示。若热电偶与显示仪表距离较远,为了减少电压信号损失,通常通过温度变送器再与配套显示仪表连接使用,如图 3-23(b)所示。温度变送器是一个线性的毫伏电压/毫安电流转换装置,它与热电偶或热电阻配合,可以把温度或温差信号转换成统一的标准电流信号(4~20mA 或 0~10mA)。这样既实现了温度信号的远距离传输,又确保了测量结果的准确度,还方便与其他标准信号设备的连接。目前正被广泛使用。

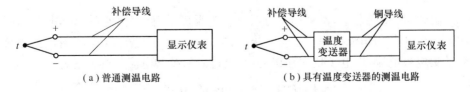

图 3-23 热电偶典型测温接线电路

在特殊情况下,热电偶可以串联或并联使用,但要求串联或并联的热电偶必须是同一个分度号,并且冷端应在同一温度下。图 3-24(a)是热电偶同向串联电路,输出的总热电势是各个热电偶的热电势之和,利用此种方法可以获得某点温度较大的热电势输出,提高灵敏度;也可以间接测量几个点的温度平均值,图 3-24(b)是热电偶同向并联电路,输出的总热电势是它们的平均值,利用此种方法可直接测量几个点的温度平均值;图 3-24(c)是两支热电偶反向串联电路,利用它可测量两点的温度之差。

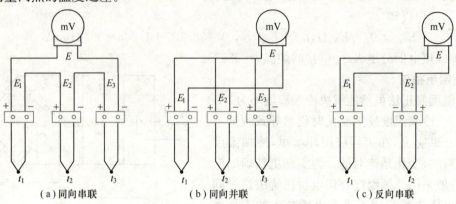

图 3-24 热电偶串、并联使用电路

3.5 集成温度传感器

集成温度传感器是目前应用范围最广的一种传感器,它有模拟集成温度传感器和数字集成温度传感器之分。模拟集成温度传感器是最简单的一种集成化专用温度传感器,其主要特点是功能单一、性能好、价格低、外围电路简单、使用方便。数字集成温度传感器是采用单片机技术,以数字形式直接输出被测温度值的传感器,它的特点是测温误差小、分辨率高、抗干扰能力强、自带串行总线接口,便于和计算机通信等,是研制和开发具有高性价比的新一代温度测量系统必不可少的核心器件。本节仅介绍应用比较广泛的模拟集成温度传感器,数字集成温度传感器将在本书 14.3 节中介绍。

模拟集成温度传感器是利用三极管 PN 结的电压/电流特性与温度的关系,把感温 PN 结及有关电子线路集成在一块小硅片上,构成一个小型化、一体化的专用集成电路芯片。由于 PN 结耐热性能的限制,它只能用来测 150℃ 以下的温度。模拟集成温度传感器按照输出信号的形式可分为电流输出型、电压输出型、周期输出型、频率输出型和比率输出型等多种。由于模拟集成温度传感器的输出量与温度呈线性关系,所以能以最简单的方式构成测温仪表或测温系统。模拟集成温度传感器的典型产品有电流输出型 AD590、HTSl 和电压输出型 TMP17、LM35 及 LM135 等。下面介绍它们的测温原理。

3.5.1 测温原理及电路结构

目前在集成温度传感器中,都采用差分对管作为温度敏感元件,它的基本电路如图 3-25 所示。其中电流 I_1 和 I_2 由恒流源提供。若三极管的 $\beta \gg 1$,则 I_1 近似为 VT_1 管的集电极电流,I_2 是 VT_2 管的集电极电流,由电子技术知识可知,流过发射结的电流 I 可表示为

$$I = I_s (e^{\frac{q}{kT}U_{be}} - 1) \approx J_s A e^{\frac{q}{kT}U_{be}} \tag{3-39}$$

式中,k 为玻耳兹曼常数;q 为电子电荷量;T 为热力学温度;A 为三极管发射结的横截面积;

I_s 为三极管发射结的反向饱和电流;J_s 为发射结的反向饱和电流密度;U_{be} 为三极管发射结的正向偏置电压。

一般来说,三极管的材料一定,发射结的反向饱和电流密度大小也就一定。式(3-39)说明,流过发射结的电流主要由横截面积和发射结两端的电压大小决定。

在图 3-25 中,由于 VT_1 和 VT_2 管是在同一块材料上制成的,$J_{s1}=J_{s2}$,故两个发射极和基极之间的电压之差 ΔU_{be} 可用下式表示为

$$\Delta U_{be}=U_{be1}-U_{be2}=\frac{kT}{q}\ln\left(\frac{I_1}{I_2}\cdot\frac{A_2}{A_1}\right)=\frac{kT}{q}\ln\left(\frac{I_1}{I_2}\cdot\gamma\right) \tag{3-40}$$

式中,γ 为三极管 VT_2 和 VT_1 的发射结面积 A_2 与 A_1 之比。

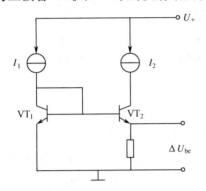
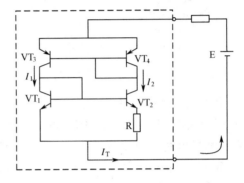

图 3-25 集成温度传感器的工作原理　　　图 3-26 基本感温核心电路

从式(3-40)可以看出,若能保证 I_1/I_2 和 A_2/A_1 恒定,则 ΔU_{be} 与温度 T 成单值线性函数关系。这就是集成温度传感器的测温原理。

实际的感温核心电路如图 3-26 所示,VT_3 和 VT_4 是结构对称的两个三极管,它们组成镜像电流源(即 $I_1=I_2$)。VT_1 和 VT_2 是测温用的三极管,由式(3-40)可知,流过电路的总电流 I_T 为

$$I_T=2I_2=\frac{2\Delta U_{be}}{R}=\frac{2kT}{qR}\ln\gamma \tag{3-41}$$

上式说明,在 γ 一定的情况下,电路的输出总电流是温度 T 的单值函数。而 γ 的大小可在制作集成电路时设定。以此电路为核心,适当增加一些外围电路,把它们集成在一块小芯片上就构成了集成温度传感器。

3.5.2　常见集成温度传感器及应用

1. 集成温度传感器 AD590 及应用

AD590 是一种电流输出型集成温度传感器,采用 3 个引脚的金属壳封装,其中有一个引脚(Can)是接管壳的,使用时通常接地,故属于二端器件。其外形及符号如图 3-27 所示。它的特点是输出电流与热力学温度 T 成正比,灵敏度是 $1\mu A/K$,且在 25℃(298.15K)时,输出电流恰好为 298.15μA。由于它的输出阻抗大于 $10M\Omega$,相当于一个高阻抗的恒流源,从而能使工作电压在 4～30V 范围内波动而不会产生较大的测温误差。它的测温范围为 -50～+150℃。下面介绍 AD590 的几种应用电路。

1) 基本测温电路

图 3-28 是 AD590 的两种基本接法。图 3-28(a)是单点温度检测接法,由于它在 25℃(298.15K)时,输出电流为 298.15μA,通过调整可调电阻 R_P,可使输出电压 U_T 满足 1mV/K 的关系(即在 25℃时,调整 R_P 使 U_T 为 298.15mV 即可)。调整好以后,固定可调电阻,即可由输出

电压 U_T 读出 AD590 所处的热力学温度。图 3-28(b)是平均温度检测接法,由于是并联,故流过 R 的电流是三个 AD590 的电流之和,通过 $R=333.3\Omega$ 的分压,即可获得三处温度的平均值。

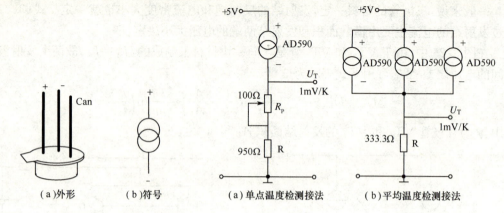

图 3-27 AD590 金属壳封装外形及符号　　　　　图 3-28 AD590 的基本接法

2) 摄氏温度测量电路

在实际的温度测量中,通常需要直接测量摄氏温度,而不是热力学温度。用 AD590 实现的摄氏温度测量电路结构如图 3-29 所示。图中集成运放 A 和电阻 R_2、R_{P2} 组成电流/电压的转换电路。MC1403 的作用是产生 2.5V 的基准电压。在 0℃ 时调整 R_{P1} 使输出电压 $U_o=0V$,在 10℃ 时调整 R_{P2} 使输出电压 $U_o=1V$,则可得到灵敏度为 100mV/℃ 的摄氏温度测量电路。

3) 热电偶冷端补偿电路

图 3-30 是用 AD590 进行热电偶冷端补偿的电路,该电路的 AD590 与热电偶冷端处于同一温度 t_0 下。AD580 是一个高精准的三端稳压器,其输出电压 $U_o=2.5V$。则

$$U=U_A-U_o+E_{AB}(t,t_0)=U_A-U_o-E_{AB}(t_0,0)+E_{AB}(t,0)$$

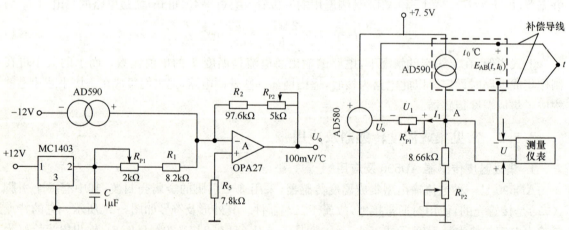

图 3-29 摄氏温度检测典型电路　　　　　图 3-30 热电偶冷端补偿电路

它的补偿原理基于热电偶冷端温度为 t_0 时,它的热电势 $E_{AB}(t_0,0)\approx St_0$。其中 S 为塞贝克(Seebeck)系数($\mu V/℃$),是一个与热电偶分度号有关的常数。当电路工作时,取 $R_{P1}=S$,调整 R_{P2} 使得 $I_1=t_0(\mu A)$,即 $U_A=U_o+E_{AB}(t_0,0)$。这样就在电阻 R_{P1} 上产生了一个随冷端温度 t_0 变化的补偿电压 $U_1=R_{P1}I_1\approx E_{AB}(t_0,0)$,使输出电压 $U\approx E_{AB}(t,0)$ 与冷端温度无关。这里需要指出的是:对于不同分度号的热电偶,R_{P1} 的取值亦不同。这种补偿电路灵敏、准确、可靠、调整方便,且冷端温度 t_0 在 15～35℃ 范围内变化时,可获得 $\pm 0.5℃$ 的补偿精度。

2. 集成温度传感器 LM135 及应用

LM135 是一种易于定标的三端电压输出型集成温度传感器,测温范围是 $-55 \sim +150$℃,它采用 3 个引脚的金属壳封装,其引脚排列及符号如图 3-31 所示。ADJ 引脚是调整端,供外部定标使用。它的特点是当作为二端器件工作时,相当于一个稳压二极管,其反向击穿电压(即稳定的电压)正比于热力学温度,灵敏度为 10mV/K,且在 25℃(298.15K)时,输出电压为 2.9815V。因为其动态电阻低于 1Ω,所以工作电流在 0.4~5mA 内,它相当于一个正比于热力学温度的恒压源。如果在 25℃ 下定标,在 100℃ 宽的范围内误差小于 1℃。LM135 广泛应用于温度测量、温度控制和热电偶冷端补偿等方面。

1) 基本测温电路

图 3-32 为 LM135 的基本测温电路。其中,图 3-32(a)为不使用调整端的温度测量电路,R 是限流电阻,一般为几千欧姆。输出电压 U_o 的灵敏度为 10mV/K。LM135 在 25℃ 时的理想输出电压是 2.9815V,但实际上存在一定的误差。图 3-32(b)为使用调整端的温度测量电路。通过调节电位器 R_P,可使输出电压 U_o 在 25℃ 时为 2.9815V,实现精确定标,以减小工艺偏差产生的影响。

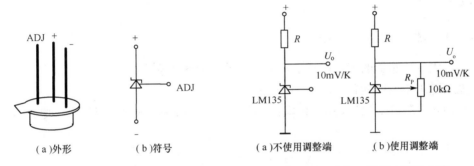

图 3-31　LM135 金属壳封装外形及符号　　图 3-32　LM135 的基本测温电路

2) 热电偶冷端补偿电路

图 3-33 是利用 LM135 进行热电偶冷端温度补偿的电路。图中 LM329B 是参考电压源,它与 LM135 共同作用,在电阻 R_3 上得到正比与摄氏温度的电压,适当选择 R_3 的值,可使其温度系数刚好等于热电偶的塞贝克(Seebeck)系数。这个电压加在电压表的正端,可以抵消由于冷端

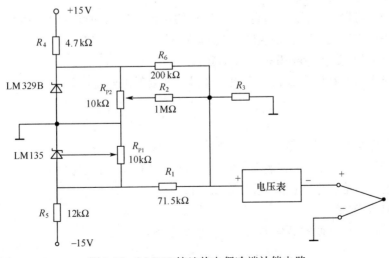

图 3-33　LM135 接地热电偶冷端补偿电路

漂移引入的误差,以实现对热电偶冷端温度的补偿。对于不同分度号的热电偶,由于塞贝克系数不同,故 R_3 的取值也不同。

3.6 辐射式温度传感器

任何物体处于热力学温度零度以上时,都会以一定波长的电磁波形式向外辐射能量,而且在低温时物体的辐射能力很微弱,而随着温度的升高,辐射能力也逐渐增强。辐射式温度传感器就是利用物体的辐射能随温度变化而变化的原理进行测温的,它是一种非接触式测温传感器,测温时只需把辐射式温度传感器对准被测物体,而不必与被测物体接触。它与接触式测温相比,具有响应时间短,容易进行快速测量和动态测量,测量过程不干扰被测物体的温度场,测温范围宽,没有测温上限,可以进行远距离遥测等优点。其缺点是不能测量物体内部的温度,受中间环境介质影响比较大。

辐射式温度传感器根据原理不同有多种类型。根据普朗克定律设计的有光学高温计和光电高温计;根据全辐射定律(斯忒藩—玻耳兹曼定律)设计的有全辐射高温计;根据维恩定律设计的有比色温度计等。

3.6.1 热辐射基本定律

辐射式温度传感器的工作原理是基于下面的几个热辐射定律。

1. 普朗克(Planck)定律

单位面积元的绝对黑体,其单色辐射出射度 $M_0(\lambda,T)$ 与热力学温度 T 和波长 λ 之间的关系为

$$M_0(\lambda,T)=C_1\lambda^{-5}(e^{\frac{C_2}{\lambda T}}-1)^{-1} \tag{3-42}$$

式中,C_1 为第一普朗克常数,$C_1=3.7418\times10^{-16}$ W·m;C_2 为第二普朗克常数,$C_2=1.4388\times10^{-2}$ W·K。

这个结论称作普朗克定律。若将它写成亮度的形式,则为

$$L_0(\lambda,T)=\frac{C_1}{\pi}\lambda^{-5}(e^{\frac{C_2}{\lambda T}}-1)^{-1} \tag{3-43}$$

式中,$L_0(\lambda,T)$ 为单色辐射亮度。

从普朗克公式可以看出:温度越高,同一波长的单色辐射出射度(亮度)越强,它表明黑体在同一波长上的辐射出射度(亮度)是温度 T 的单值函数。

2. 斯忒藩-玻耳兹曼(Stefan-Boltzmann)定律

将光谱辐射出射度在整个波长进行积分即得全波辐射出射度,即

$$M_0(T)=\int_0^\infty M_0(\lambda,T)d\lambda=\sigma_0 T^4 \tag{3-44}$$

式中,σ_0 为斯忒藩-玻耳兹曼常数,$\sigma_0=5.67032\times10^{-8}$ W·m^{-2}·K^{-4}。

式(3-44)表明:单位面积元的黑体,在半球方向上的全辐射出射度与它的绝对温度 T 的 4 次方成正比。这个结论称作斯忒藩-玻耳兹曼定律。

3. 维恩(Wien)定律

维恩定律是普朗克定律的简化形式,维恩定律可表示为

$$M_0(\lambda,T)=C_1\lambda^{-5}e^{-\frac{C_2}{\lambda T}} \tag{3-45}$$

在3000K以下,维恩公式与普朗克公式的差别很小,用维恩公式代替普朗克公式,可以使计算和讨论大大简化。

3.6.2 辐射式温度传感器的应用

1. 光学高温计

光学高温计是利用辐射式温度传感器制作的一个高温检测装置。它的工作原理基于普朗克定律。物体在高温状态下会发光,当温度高于700℃时就会发出可见光,具有一定的亮度。光学高温计就是利用各种物体在不同温度下辐射的光谱亮度不同这一原理工作的。光学高温计是工业中应用较为广泛的一种非接触式测温传感器,用来测量700~3200℃的高温。精密光学高温计可用于科学实验中的精密温度测试,标准光学高温计可作为复现国际温标的基准仪器。

如果选一定波长(如 $\lambda=0.65\mu m$)的区域,则物体的辐射亮度与温度成单值函数关系,这就是光学高温计的设计原理。图3-34是我国生产的WGG2-201型灯丝隐灭式光学高温计的外形和原理图。测量精度为1.5级。它由光学系统、温度灯泡(即标准灯泡)及测量线路组成。以标定辐射温度的灯丝亮度作为比较标准,利用光学系统,将被测物体的辐射平面移到灯丝的平面上互相比较,调节滑线电阻改变灯丝电流的大小,从而改变标准灯泡的灯丝亮度,当灯丝亮度与被测物体的亮度相当时,灯丝分辨不出即隐灭,这时灯丝的亮度就是被测物体的亮度。光学系统中的物镜是一个望远镜系统,其作用是把被测物体的像聚焦到光学高温计的灯丝平面上。红色滤光片的作用是造成一个较窄的有效波长($\lambda=0.65\mu m$),这个波长既有较大的辐射照度,又适合人眼的视觉范围。它有Ⅰ(700~1500℃)和Ⅱ(1500~2000℃)两个量程,吸收玻璃的作用是扩展量程,当被测物体温度超过1500℃(即使用第Ⅱ量程测温)时,引入吸收玻璃,使被测物体进入高温计的亮度按比例衰减,实现对高温的精确测量。

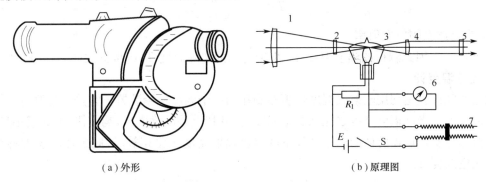

图3-34 WGG2-201型光学高温计外形及原理图

1—物镜;2—吸收玻璃;3—灯泡;4—红色滤光片;5—目镜;6—指示仪器;7—滑线电阻

光学高温计是按绝对黑体的光谱辐射亮度分度的,实际物体均为非黑体,因此受被测物体发射率 ε_λ 的影响。在同一波长下黑体的光谱辐射亮度与被测物体的光谱辐射亮度相等时,黑体的温度称被测物体在波长为 λ 时的亮度温度。真实温度 T 与它的亮度温度 T_L(黑体的温度)之间有如下关系

$$\frac{1}{T}-\frac{1}{T_L}=\frac{\lambda}{C_2}\ln\varepsilon_\lambda \tag{3-46}$$

实际测温时,光学高温计测量的温度是亮度温度,当实际物体为非黑体时,应根据上式进行修正才能得到被测物体的实际温度。

2. 全辐射高温计

全辐射高温计也是利用辐射式温度传感器制作的一个高温检测装置。它的测温原理是斯忒

藩-玻耳兹曼定律,即通过测量辐射体所有波长的辐射总能量来确定物体的温度,它可用于测量400～2000℃的高温。全辐射高温计由辐射感温器和显示仪表两部分组成,多为现场安装式结构。

全辐射感温器的测温原理如图 3-35(a)所示。聚光透镜 1 将物体发出的辐射能经过光阑 2、光阑 3 聚集到受热片 4 上,受热片上镀上一薄层铂黑,以提高吸收辐射能的能力。在受热片上装有热电堆,热电堆由 8～12 支热电偶或更多支热电偶串联而成,热电偶的热端汇集到中心一点,如图 3-35(b)所示。受热片接收到辐射能使其温度升高,热电堆输出的热电势与热电堆中心点温度有确定的关系,而受热片的温度高低与其接收的辐射能有关,即和辐射体的温度有关。

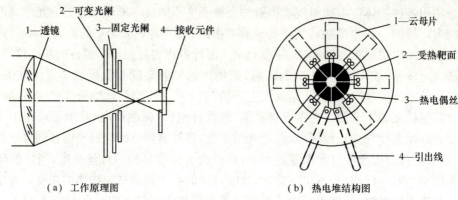

图 3-35 全辐射高温计工作原理图

全辐射高温计也是按绝对黑体分度的,它测得的是辐射温度,而实际物体不是黑体,所以物体的实际温度 T 与物体的辐射温度 T_F 有以下的关系

$$T = T_F \cdot \sqrt[4]{\frac{1}{\varepsilon_T}} \tag{3-47}$$

式中,ε_T 为物体全辐射发射率。

由于 $\varepsilon_T < 1$,因此测得的辐射温度 T_F 小于物体的实际温度 T,应根据式(3-47)进行修正。

3. 比色温度计

比色温度计也是利用辐射式温度传感器制作的一个温度检测装置。它是通过测量热辐射体在两个波长下的光谱辐射亮度之比来测量温度的,其特点是准确度高,响应快,可观察小目标。

当黑体与实际热辐射体的两个波长下的单色辐射亮度之比相等时,则黑体的温度称为实际物体的比色温度,即

$$\frac{L_0(\lambda_1, T_s)}{L_0(\lambda_2, T_s)} = \frac{L(\lambda_1, T)}{L(\lambda_2, T)} \tag{3-48}$$

将维恩公式代入上式,得

$$\frac{1}{T} - \frac{1}{T_s} = \frac{\ln \frac{\varepsilon_{\lambda_1}}{\varepsilon_{\lambda_2}}}{C_2 \left(\frac{1}{\lambda_1} - \frac{1}{\lambda_2} \right)} \tag{3-49}$$

式中,T 为热辐射体的实际温度;T_s 为黑体的温度(热辐射体的比色温度);ε_{λ_1} 为物体在波长为 λ_1 时的发射率;ε_{λ_2} 为物体在波长为 λ_2 时的发射率。

式(3-49)表明了物体的比色温度与真实温度之间的关系,对同一个物体来说,在不同波长下其发射率比较接近,所以用比色温度计测得的比色温度与物体的真实温度很接近,一般不必修正。比色温度计是将被测物体的辐射变成两个不同波长的调制辐射,透射到探测元件上转换成电信号后,再实现比值计算的。

3.7 温度传感器工程应用案例

温度的测量和控制在工农业生产和人们的日常生活中应用非常普遍,下面就介绍两个温度测量和温度控制系统的工程应用案例。

3.7.1 温度测量显示系统案例

图 3-36 是一个小型加热器的结构图。它由发热元件(电阻丝)、保温层和保护罩(外壳)组成。采用安全的直流 12V 低压电源供电。改变输入电压大小,可以使它的内部温度在环境温度~300℃范围内变化。

图 3-37 是该加热器的温度测量显示系统结构框图。它由加热器、温度传感器、测量转换电路、放大电路和温度显示电路等部件组成。下面简要说明各部分电路的结构和主要功能。

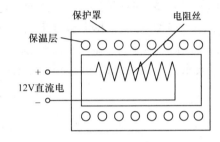

图 3-36 加热器的内部结构

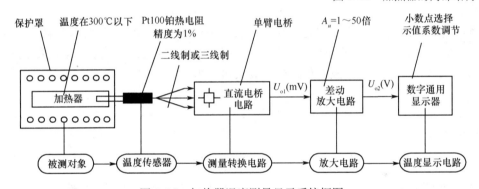

图 3-37 加热器温度测量显示系统框图

1. 温度传感器

温度传感器是该温度测量显示系统的关键部件,它的种类繁多,应根据实际情况合理地选择使用。温度传感器的选择原则是既要保证所选传感器的测温范围涵盖被测温度范围,又要经济实惠。本案例选用的是普通工业用铂热电阻 Pt100,它的测温范围是 $-200\sim600℃$,在 $50\sim200℃$ 范围内近似为线性,可用 $R(t)=100(1+\alpha t)$ 描述,其中温度系数 $\alpha=3.92\times10^{-3}/℃$,并且测温精度可达 1%。

2. 测量转换电路

由于铂热电阻是将温度变化转变成了电阻值的变化,为了便于把电阻变化精确地测量出来,通常选用电桥测量转换电路把它转换成电压变化。本案例选用的是两线制接法的直流电桥转换电路,其结构如图 3-38 所示。图中 R' 代表铂热电阻 Pt100 到测量电桥的连接导线电阻。由于电桥的输出电压精度与电桥的供电电压的稳定程度有关。为了提高测量的精确度,消除 Pt100 自身温度对被测温度场的影响,该电桥选用了输出电压为 1.2V 的精密低电压基准

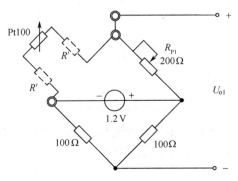

图 3-38 单臂直流电桥测量电路

芯片供电。在0℃时,调节R_{P1},使电桥平衡,忽略引线电阻R',则电桥的输出电压U_{o1}与温度t的关系为

$$U_{o1} = \frac{R(t)-R_0}{2(R_0+R(t))}U = \frac{U\alpha t}{2(2+\alpha t)} = \frac{4.704t}{4+0.00784t} \approx 1.176t(\text{mV}) \tag{3-50}$$

上式说明电桥的输出电压与被测温度近似呈线性关系。

3. 放大电路

由于该测量电桥输出的电压信号为毫伏级,比较微弱,要进行温度显示,通常还需要放大电路进行放大才行。如果要远距离传输,还要用温度变送器代替放大电路。因为该测量电桥的输出信号不需要远距离传送,故选用放大电路就行。由于放大电路有同相比例、反相比例和差动放大电路等多种形式,根据电桥输出信号的特点,应该选用差动放大电路才行。又因为该电桥的4个桥臂电阻都比较小(即等效信号源U_{o1}的内阻比较小),故选用一般的差动放大电路即可满足精度要求。本案例选择的差动放大电路结构如图3-39所示,其输出电压U_{o2}为

$$U_{o2} = A_u U_{o1} \approx -\frac{R_{P2}}{R_1} \times 1.176t \tag{3-51}$$

图3-39中,$R_1 = 2\text{k}\Omega$为固定电阻,$R_{P2} = 100\text{k}\Omega$为双联电位器,通过调整$R_{P2}$的大小,可使它的电压放大倍数$A_u$在0~50之间任意选择。适当选择放大倍数,可将该毫伏电压放大成几伏电压输出。

由图3-39可知,若要改变它的电压放大倍数,需要双联电位器,并且要求双联电位器的两个电阻调整得完全一样,这对双联电位器要求较高。为了方便放大倍数的调节,可采用图3-40所示的增益可调差动放大电路。该电路的电压放大倍数为

$$A_u = -\left(1+\frac{R}{R_{P3}}\right) \tag{3-52}$$

输出电压为

$$U_{o2} = -\left(1+\frac{R}{R_{P3}}\right)U_{o1} \tag{3-53}$$

由此可知,该电路只要调节R_{P3}一个电阻就可实现放大倍数的调整。当然,为了提高精度也可以采用典型仪表放大器。

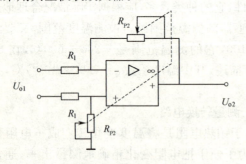

图3-39 差动放大电路

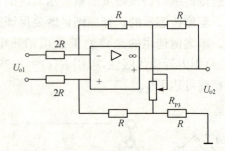

图3-40 增益可调的差动放大电路

4. 温度显示电路

由式(3-51)可知,只要测量出差动放大电路的输出电压U_{o2},即可以获得被测温度。为了能够直接显示被测温度,本案例选择了目前比较流行的数字通用显示器作为电压/温度转换显示电路。适当调节示值系数和小数点位置,可使该数字通用显示器直接显示温度值。

5. 现场标定

为了能够正确地显示被测温度数值,通常需要现场标定。即根据被测温度与放大电路输出

电压的对应关系,通过调整差动放大电路的放大倍数和修改数字通用显示器的有关参数,实现放大电路输出电压的数值和被测温度值的这种对应关系,使该显示器直接显示被测温度。其标定过程如下:

在该系统上,把图3-38测量电桥中的铂热电阻Pt100拔下,换上一个阻值为100Ω的标准电阻,接上1.2V的稳压电源,调节R_{P1}使电桥平衡。然后把刚才接上的100Ω标准电阻拔下来,换上热电阻Pt100。则电桥输出电压为零时,就对应着被测温度的零度。而电桥输出的不平衡电压U_o数值就与被测温度t的大小成正比。按图3-37所示的系统框图正确连接各种设备,经检查确信连接无误后给系统通电。调整R_{P2}使热电阻在测量最高温度时,差动放大器的输出电压范围与通用数字显示器的输入电压范围相吻合。然后选择一个温度点(比如80℃),调节数字通用显示器的示值系数和小数点的位置,可使该数字通用显示器的显示数值与被测温度数值一致。这样标定以后,显示器的显示数值就是被测温度值,从而完成了温度测量显示系统的现场标定工作。

3.7.2 温度监测控制系统案例

由图3-36可知,该加热器不能进行温度调节,若要进行温度调节,还需要给它增加一个温度调节机构。加热器的温度调节机构有三种,一种是电压调节电路,另一种是电流调节电路,第三种是功率调节电路——脉宽调制(PWM)电路。本案例选用了目前比较流行的脉宽调制(PWM)电路来实现调温,其电路结构如图3-41所示。其中,PWM输出电压(U_o)的脉冲宽度受U_i的控制,从而导致加热功率受U_i控制,在这里控制信号U_i为0~5V。PWM的特点是:

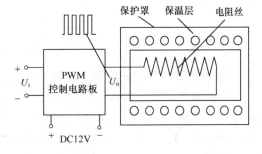

图3-41 加热器温度调节电路

- 如果U_i信号是数字量(0V或5V),加热器处于开/关调节状态,即位式控制;
- 如果U_i信号是0~5V模拟量,那么加热器处于连续控制状态,它对应的输出功率P是0~100%。这种方式控制精度比较高,在工业控制中被广泛采用。

1. 定值控制方式的种类

实现定值控制的方式有三种,第一种是人工手动控制,这是控制系统中最简单古老的一种,控制精度取决于操作人员的经验和熟练程度,而且操作人员要时刻盯着显示仪表,比较辛苦。第二种是利用PID调节器通过合理设置PID参数来实现自动控制,这种方式是用调节器代替了由调节经验的熟练操作人员,控制精度优于人工调节;调节器种类繁多,可根据控制要求进行合理选择。第三种是用计算机和数据采集卡通过编程来实现自动控制,它是目前自动控制系统中最流行的一种,这种方式是用计算机和数据采集卡代替了调节器;为了生产安全可靠,计算机一般选择工控机,采集卡种类繁多,可根据实际需要选择。三种控制方式的结构框图如图3-42所示。

2. 定值控制方式的调节原理

要想把温度控制在某一给定值(比如80℃)上,首先通过温度传感器设备把温度信号检测出来,然后把检测温度信号值和给定温度信号值进行比较。若高于给定信号值,就通过人或调节设备把PWM的控制信号U_i变小,反之则变大,这就是温度控制的定值调节原理。由于PWM控制板、PID调节器、PC数据采集卡和计算机编程等有关知识已超出本教材的知识范围,在此不作论述,有兴趣的读者可参看电子技术、自动控制原理和计算机控制等有关书籍。

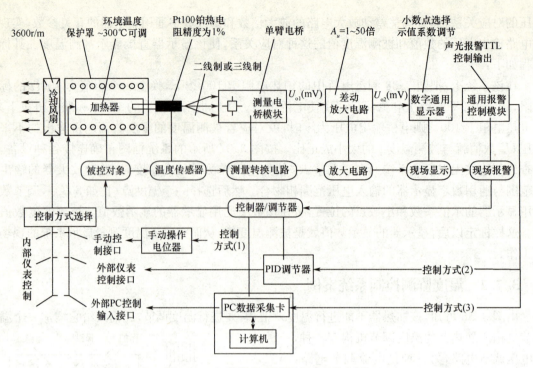

图 3-42 加热器温度控制方式结构框图

3. 超限报警控制模块的调节原理

超限报警控制模块也具有温度控制的功能,但控制精度低,温度波动范围大,在控制要求不高的场合可以使用。该模块由电压比较器、蜂鸣器和光闪烁电路组成。使用时,首先设定一个温度值(比如 80℃)。然后该电路把被测温度和设定的温度进行比较,当发现被测温度高于 81℃时,该电路的蜂鸣器和发光电路就开始工作,同时给 PWM 一个 0V 的控制电压信号,使加热器断电,同时启动风扇降温;当温度降到 81℃以下时,报警电路停止鸣叫和发光,风扇也停止工作;温度继续下降,当温度下降到 79℃以下时,该电路的蜂鸣器和发光电路又开始工作,同时给 PWM 一个 5V 的控制电压信号,使加热器通电加热。当温度上升到 79℃以上时,报警电路又停止鸣叫和发光,同时给加热器断电。这样周而复始地不断进行控制,就能把温度控制在 79～81℃之间,但控制精度比较低。由于温度系统具有较大的延迟性,过冲现象比较严重。

思考题及习题 3

3-1 什么是热阻效应?

3-2 简述热电阻的测温原理。

3-3 在电桥测量电路里,若采用 Cu50 热电阻作为测温传感器,为了测量准确,怎么调电桥平衡?试简述调整过程。

3-4 什么是热电效应?

3-5 简述热电偶的中间导体定律,说明该定律在热电偶实际测温中的意义。

3-6 简述热电偶的中间温度定律,说明该定律在热电偶实际测温中的意义。

3-7 用热电偶测温时,为什么要进行冷端温度补偿?常用的冷端温度补偿的方法有哪几种?并说明其补偿的原理。

3-8 什么是补偿导线?为什么要采用补偿导线?目前的补偿导线有哪几种类型?

3-9 IEC 推荐的标准化热电偶有哪几种?它们各有什么特点?

3-10　用镍铬-镍硅热电偶测量温度电路如图 3-23(a)所示。显示仪表测得热电势为 30.426mV,其参考端温度为 30℃,求测量端的温度。

3-11　在冷端温度相同的条件下,试证明两只同型号的热电偶并联时,其输出总电势是两只热电偶输出电势的平均值。

3-12　若要用两只热电偶测量两点的温差,对热电偶的分度号及安装连接有什么要求? 若冷端温度不为 0℃也不稳定,是否需要对冷端采取温度补偿措施? 请说明理由。

3-13　用两只镍铬-镍硅热电偶测量两点温差,应如何连接? 试画出接线图。若高温点 $t_1=420℃$,冷端温度 $t_0=30℃$,测得两点的温差电势为 15.24mV,试问两点的温差为多少? 低温点温度 $t_2=$?

3-14　AD590 是什么传感器? 它的输出信号是什么? LM135 是什么传感器? 它的输出信号是什么?

3-15　非接触测温方法的理论基础是什么? 辐射测温仪表有几种?

3-16　试分析被测温度和波长的变化对光学高温计、全辐射高温计、比色高温计相对灵敏度的影响。

3-17　在图 3-37 所示的系统中,为了减少铂热电阻引线对测量精度的影响,常采用三线制接法,试设计出铂热电阻三线制接法的测量转换电路及电压放大电路。

3-18　试设计一个空调温度监测控制系统,测温范围为 0~40℃,设定温度在 16~30℃范围内可选,并能进行室温显示等。要求选择传感器,画出温度监测控制系统结构框图,设计所需的硬件电路。

第4章 压力传感器及工程应用

压力是工业生产中的重要参数之一,正确测量和控制压力对保证生产工艺过程的安全性和经济性有着重要意义。比如,我们日常生活中使用的汽油、煤油和柴油就是石油在一定的压力和温度条件下精炼而成的。要想把石油较多地提炼成汽油、煤油和柴油,就需要用压力传感器和温度传感器进行精确测量和控制。压力传感器是工业测量中常用的一种传感器,它应用广泛,不仅可以测量压力,还可以测量压差、液位和流量等。压力传感器广泛应用于水利水电、交通运输、智能建筑、航空航天、石油化工、机床、管道等自动化环境中。

4.1 压力测量概述

工程技术上所称的"压力"实质上是物理学中的"压强",定义为均匀而垂直作用于单位面积上的力。其表达式为

$$P = \frac{F}{A} \tag{4-1}$$

式中,P 为压力,单位是帕斯卡,简称为帕(Pa);A 为面积,单位是平方米(m^2);F 为作用力,单位是牛顿(N)。

压力有以下几种不同表示方法。

① 绝对压力——这是指作用于物体表面积上的全部压力,其零点以绝对真空为基准,又称总压力或全压力,一般用大写符号 P 表示。

② 大气压力——这是指地球表面上的空气柱重量所产生的压力,以 P_0 表示。

③ 表压力——这是指绝对压力与大气压力之差,一般用 p 表示,即 $p = P - P_0$。测压仪表一般指示的压力都是表压力,表压力又称相对压力。当绝对压力小于大气压力时,则表压力为负压,负压又可用真空度表示,负压的绝对值称为真空度。如测炉膛和烟道气的压力均是负压。

④ 压差——任意两个压力之差称为压差。如静压式液位计和差压式流量计就是通过测量压差的大小来测量液位和流量大小的。

以前,我国在工程上采用的压力单位有工程大气压(即 kgf/cm^2)、毫米汞柱(即 mmHg)、毫米水柱(即 mmH_2O)、标准大气压(即 atm)等,现在均改为法定计量单位帕,其换算关系如下:

1 工程大气压 = $1kgf/cm^2$ = 98067Pa

1 毫米水柱 = $1mmH_2O$ = 9.8067Pa

1 毫米汞柱 = 1mmHg = 133.322Pa

1 标准大气压 = 1atm = 760mmHg = 101325Pa

测量压力的传感器很多,如应变式、电容式、差动变压器式、霍尔式、压电式传感器等都是压力传感器。下面介绍几种工程上常用的压力传感器。

4.2 应变式压力传感器

应变式压力传感器是指以金属电阻应变片为转换元件来测量压力的传感器。通常由弹性元

件、金属电阻应变片和测量电桥三部分构成。其中,弹性元件的作用是将被测力或压力转换成应变;金属电阻应变片的作用是将应变转换成电阻变化;而测量电桥的作用是将电阻变化转变成电压的变化。它的核心部件是金属电阻应变片,测量原理是基于金属电阻的应变效应。

4.2.1 金属电阻应变片

1. 金属电阻的应变效应

当金属材料在外界力的作用下产生机械变形(拉伸或压缩)时,其电阻值大小也发生变化的现象,称为金属电阻的应变效应。

如图 4-1 所示,设有一根长度为 l、截面积为 A、电阻率为 ρ 的电阻丝,其电阻值为

$$R = \frac{\rho l}{A} \tag{4-2}$$

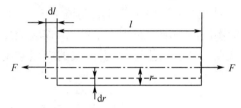

图 4-1 电阻丝受力电阻变化原理

如果该电阻丝在轴向应力 F 的作用下,长度变化了 dl、截面积变化 dA、电阻率变化 $d\rho$,则电阻 R 也将随之变化 dR。对式(4-2)求微分得各相对变化量之间的关系为

$$\frac{dR}{R} = \frac{dl}{l} - \frac{dA}{A} + \frac{d\rho}{\rho} \tag{4-3}$$

对于半径为 r 的电阻丝来说,由于 $A=\pi r^2$,$dA=2\pi r dr$,则 $dA/A=2dr/r$。由材料力学可知,在弹性范围内,电阻丝径向应变 dr/r 和轴向应变 dl/l 的关系为 $dr/r=-\mu dl/l$,式中负号表示两种应变的方向相反,μ 为泊松比。

令 $\varepsilon = dl/l$,将 dA/A、dr/r 代入式(4-3)得

$$\frac{dR}{R} = (1+2\mu)\varepsilon + \frac{d\rho}{\rho} \tag{4-4}$$

对于金属电阻丝来说,由于 $(d\rho/\rho) \ll (1+2\mu)\varepsilon$,故电阻的相对变化量主要有 $(1+2\mu)\varepsilon$ 决定。即

$$\frac{dR}{R} = (1+2\mu)\varepsilon + \frac{d\rho}{\rho} \approx (1+2\mu)\varepsilon \tag{4-5}$$

令 $K_0 = 1+2\mu$,则

$$\frac{dR}{R} = K_0 \varepsilon \tag{4-6}$$

式中,K_0 称作电阻丝的灵敏系数,其物理意义是单位应变所引起的电阻相对变化量。

由于大多数金属材料的泊松比 $\mu=0.3\sim0.5$,所以 K_0 的数值在 1.6~2 之间。并且在其弹性范围内,对同一金属材料的电阻丝来说,K_0 为常数。这就是金属电阻应变效应的理论依据。

2. 金属电阻应变片的结构

金属电阻应变片种类繁多,形式多样,常见的有丝式和箔式两种。电阻应变片的基本结构如图 4-2 所示。它由基片、敏感栅、覆盖层和引出导线等部分组成。敏感栅是电阻应变片的核心部件,也是电阻应变片的测量敏感部分,它粘贴在绝缘基片上,敏感栅的两端焊接有丝状或带状的引出导线;敏感栅上面粘贴有覆盖层,起保护作用。

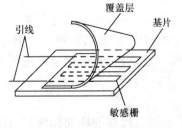

图 4-2 金属应变片的基本结构

丝式应变片的敏感栅是由直径为 0.01～0.05mm 的金属丝制成，它又可分为圆角丝式和直角丝式两种形式。圆角丝式如图 4-3(a) 所示，它制造方便，但横向效应较大。直角丝式如图 4-3(b) 所示，它虽然横向效应较小，但制造工艺复杂。图中 l 称为应变片的标距（或工作基长），b 称为应变片的基宽，$l \times b$ 称为应变片的使用面积。应变片的规格一般以使用面积和电阻值来表示，比如 $3 \times 10 mm^2$，120Ω。

箔式应变片的敏感栅是利用光刻、腐蚀等工艺制成的一种很薄的金属箔栅，其形状如图 4-3(c) 所示。由于箔栅的端部较宽，横向效应相应减小，再加上箔栅的表面积大，散热条件好，故允许通过的电流较大，可以得到较强的输出信号，从而提高了测量精度和灵敏度。此外，由于箔栅采用了半导体器件的制造工艺，因此可根据具体的测量条件，制成任意形状的敏感栅，以适应不同的要求。正因为如此，箔式应变片在许多的场合可取代丝式应变片，得到了广泛应用。其缺点是制造工艺复杂，引出线的焊点采用锡焊，不宜在高温环境下使用。

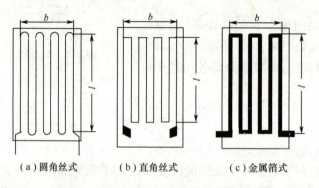

图 4-3　常用金属电阻应变片敏感栅的形状

3. 金属电阻应变片的材料及粘贴

应变片的特性与所用材料的性能密切相关。因此，了解应变片各部分所用材料及其性能有助于正确选择和使用。

1) 敏感栅材料

对敏感栅所用材料的一般要求是灵敏系数要大、线性范围要宽、电阻率要高、电阻温度系数要小、材料要均匀、机械强度要高、焊接性能要好，易加工、抗氧化、耐腐蚀、蠕变和机械滞后小。此外，还要求与引出线的焊接要方便、无电解腐蚀等。

由于康铜的灵敏系数稳定性好，在弹性变形范围内保持为常数，电阻温度系数小且稳定，易加工、易焊接，因而在国内外常把康铜用作敏感栅材料。

2) 基片和覆盖层材料

基片和覆盖层的材料主要是由薄纸和有机聚合物制成的胶质膜，特殊的也用石棉、云母等，以满足抗潮湿、绝缘性能好、线膨胀系数小且稳定、易于粘贴等要求。

3) 粘贴

应变片通常用黏结剂粘贴到试件上。黏结剂所形成的胶层要将试件的应变真实地传递给应变片，并且具有高度的稳定性。因此要求黏结剂的黏接力强、固化收缩小、膨胀系数和试件相近、耐湿性好、化学性能稳定、有良好的电气绝缘性能和使用工艺性等。在粘贴时，必须遵循正确的粘贴工艺，保证粘贴质量，这些与测量精度有较大的关系。

4. 金属电阻应变片的横向效应

粘贴在试件上的应变片敏感栅除了有纵向丝栅外，还有圆弧形或直线形的横向丝栅。当试件受纵向力变形时，不仅使轴向（即纵向）的丝栅变形，同时也使应变片弯曲部分的横向丝栅变形,并且纵向丝栅和横向丝栅的应变方向正好相反。即当应变片受到纵向拉力使纵向敏感栅伸长的同时,必将使横向敏感栅缩短。其结果是轴向敏感栅部分的电阻值增加,而横向敏感栅部分的电阻值变小,从而使金属丝栅电阻的总变化量比金属丝电阻的总变化量要少,这种现象称作电阻应变片的横向效应。

实验证明,金属丝式应变片比金属箔式应变片的横向效应要大,因而它给测量带来的误差也大。为了减少横向效应产生的测量误差,一般多采用金属箔式应变片。

5. 金属电阻应变片的主要参数

要正确选择和使用应变片,了解它的参数非常重要。金属电阻应变片的参数较多,其主要工作参数有如下几个。

1) 标准电阻值 R

金属电阻应变片的标准电阻值是指未受力时,在室温条件下测得的电阻值,也称初始电阻值。目前标准电阻值有 60Ω,120Ω,250Ω,350Ω,600Ω 和 1000Ω 等多种系列,其中 120Ω 最为常用。

2) 灵敏系数 K

当把标准电阻值 R 的应变片粘贴于试件表面时,试件受力引起的表面应变将传递给应变片的敏感栅,使其产生电阻相对变化 $\Delta R/R$。理论和实践证明,在一定应变范围内,$\Delta R/R$ 与轴向应变 ε 的关系为线性关系,即

$$\frac{\Delta R}{R}=K\varepsilon \quad \text{或} \quad K=\frac{\Delta R/R}{\varepsilon} \tag{4-7}$$

式中,K 称作应变片的灵敏系数。它表示安装在被测试件上的应变片,在其轴向受到单向应力时,引起的电阻相对变化量 $\Delta R/R$ 与其单向应力引起的试件表面轴向应变 ε 之比。

需要强调的是,应变片的灵敏系数 K 并不等于原应变丝的灵敏系数 K_0,通常 $K<K_0$,这是因为应变片的敏感栅存在横向效应所致。为了保证应变片的应变测量精度,K 值通常采用从批量生产中抽样,在规定条件下,通过实测来确定。测试的条件是:

① 试件材料取泊松比 $\mu=0.285$ 的钢材;
② 试件单方向受力;
③ 应变片轴向与受力方向保持一致。

产品包装上标明的应变片灵敏系数称作标称灵敏系数,它是该批产品出厂时测定的抽样产品的平均灵敏系数值。

3) 最大工作电流 I_m

最大工作电流是指允许通过其敏感栅而不影响工作特性的最大电流值。它与应变片本身、试件、黏结剂和使用环境等因素有关,具体数值可根据应变片的阻值和具体电路来计算。虽然增大工作电流能增大应变片的输出信号,提高测量灵敏度;但同时也使应变片温度升高,灵敏系数发生变化,严重时甚至会烧坏敏感栅。因此,在使用时不要超过最大工作电流。为了保证测量精度,在静态测量时工作电流一般为 25mA 左右,动态时可达 75~100mA。箔式应变片允许的电流可稍大些。

4) 绝缘电阻

绝缘电阻是指敏感栅和基底之间的电阻值,也就是应变片的引线与被测试件之间的电阻值。一般要求该电阻值在 $10^{10}\Omega$ 以上。该阻值过小将使灵敏度降低,使测量产生较大误差。绝缘电阻的阻值大小取决于黏结剂及基底材料的种类及防潮措施等。

5) 应变极限

应变极限是指在一定的温度下,指示应变值与真实应变值的相对差值不超过规定值时的最大真实应变值。一般差值规定为10%。即当指示应变值大于真实应变值的10%时,真实应变值就是应变片的应变极限。

6. 应变片的温度特性及其补偿

安装在可以自由膨胀的试件上的应变片,在试件不受外力作用时,由于环境温度的变化,使应变片的输出值也随之变化的现象,称为应变片的热输出。产生热输出的主要原因有两个:一是由于电阻丝的电阻温度系数在起作用,二是由于电阻丝材料与试件材料的线膨胀系数不同所致。

假设敏感栅电阻丝在温度 t_0 时的电阻值为 R_0,在温度 t 时的电阻值 $R(t)$ 为

$$R(t)=R_0(1+\alpha\Delta t) \tag{4-8}$$

式中,α 为电阻丝材料的电阻温度系数;$\Delta t=t-t_0$ 为温度变化量。当温度变化 Δt 时,电阻丝的电阻变化量为

$$\Delta R_\alpha = R(t)-R_0 = R_0\alpha\Delta t \tag{4-9}$$

设试件和电阻丝在 t_0 时的长度均为 l_0,当温度变化 Δt 时,它们的长度 l_1 和 l_2 分别为

$$l_1 = l_0(1+\beta_1\Delta t) \tag{4-10}$$

$$l_2 = l_0(1+\beta_2\Delta t) \tag{4-11}$$

式中,β_1 为试件材料的膨胀系数;β_2 为电阻丝材料的膨胀系数。

当把试件和电阻丝粘贴在一起时,则电阻丝产生的附加变形 Δl、附加应变 ε_β 和附加电阻变化量 ΔR_β 分别为

$$\Delta l = l_1 - l_2 = l_0(\beta_1-\beta_2)\Delta t \tag{4-12}$$

$$\varepsilon_\beta = \frac{\Delta l}{l_0} = (\beta_1-\beta_2)\Delta t \tag{4-13}$$

$$\Delta R_\beta = K_0 R_0 \varepsilon_\beta = K_0 R_0(\beta_1-\beta_2)\Delta t \tag{4-14}$$

式中,K_0 为电阻丝的灵敏系数。

由式(4-9)和式(4-14)可知,当环境温度变化 Δt 时,引起电阻丝电阻的总变化量 $\Delta R(t)$ 为

$$\Delta R(t) = \Delta R_\alpha + \Delta R_\beta = R_0\alpha\Delta t + R_0 K_0(\beta_1-\beta_2)\Delta t = R_0[\alpha+K_0(\beta_1-\beta_2)]\Delta t \tag{4-15}$$

令

$$\alpha_t = \alpha + K_0(\beta_1-\beta_2) \tag{4-16}$$

则

$$\Delta R(t) = R_0 \alpha_t \Delta t \tag{4-17}$$

式中,α_t 为电阻丝粘贴在试件上的电阻温度系数。

从式(4-17)可知,α_t 越小,温度影响越小。由于温度变化会引起应变片电阻变化,它会直接影响到测量精度,必须予以消除或修正,这就是温度补偿。电阻应变片的温度补偿方法主要有选择式自补偿、组合式自补偿和电桥补偿三种,下面就介绍这三种温度补偿方法。

1) 选择式自补偿法

选择式自补偿是一种特殊的应变片,当温度变化时,自身具有的温度补偿作用使其电阻增量等于零或相互抵消,实现温度的自动补偿。

由式(4-17)可知,实现应变片自补偿的条件是 $\alpha_t=0$,即

$$\alpha_t = \alpha + K_0(\beta_1-\beta_2) = 0 \quad \text{或} \quad \alpha = -K_0(\beta_1-\beta_2) \tag{4-18}$$

制作这种特殊应变片时,只需要选择敏感栅材料和试件材料的性能满足上式,就能实现温度自补偿。

2) 组合式自补偿法

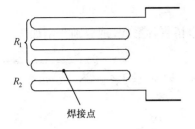

图 4-4 组合式自补偿应变片结构

组合式自补偿也是一种特殊的应变片，其结构如图 4-4 所示。它是利用某些电阻材料的电阻温度系数有正、有负的特性，将这两种不同的电阻丝串联成一个应变片来实现温度补偿的，其条件是两段电阻丝栅随温度变化而产生的电阻增量大小相等、符号相反，即$(\Delta R_1) = -(\Delta R_2)$。两段丝栅的电阻大小可按下式选择

$$\frac{R_1}{R_2} = -\frac{\Delta R_2/R_2}{\Delta R_1/R_1} = -\frac{\alpha_2 + K_{02}(\beta - \beta_2)}{\alpha_1 + K_{01}(\beta - \beta_1)} \tag{4-19}$$

式中，K_{01}、K_{02} 分别为电阻丝 R_1、R_2 的灵敏系数；α_1、α_2 分别为电阻丝 R_1、R_2 的电阻温度系数；β_1、β_2 分别为电阻丝 R_1、R_2 的膨胀系数；β 为试件的膨胀系数。

这种补偿效果比前者好，在工作温度范围内可达到 $\pm 0.14 \times 10^{-6} \varepsilon/℃$。

3) 电桥补偿法

电桥补偿电路如图 4-5(a)所示。图中 R_1 是测量用应变片，粘贴在被测试件上。R_2 是与 R_1 相同的应变片，粘贴在与被测试件材料完全相同的补偿块上，见图 4-5(b)。测量应变时，把补偿块与被测试件置于相同的工作环境里，仅 R_1 应变片受力，而 R_2 应变片不受力，

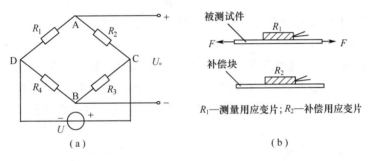

图 4-5 电桥补偿电路

电桥输出电压 U_o 与桥臂各电阻的关系为

$$U_o = U_{AD} - U_{BD} = \frac{R_1 R_3 - R_2 R_4}{(R_1 + R_2)(R_3 + R_4)} U \tag{4-20}$$

当被测试件不受力时，取 $R_3 = R_4 = R_1 = R_2 = R$，电桥平衡，$U_o = 0$。当环境温度升高或降低 Δt 时，由于 R_1 和 R_2 是两块相同的应变片，所以温度变化引起的电阻变化量相等（即 $\Delta R_1(t) = \Delta R_2(t) = \Delta R(t)$），电桥仍平衡。若此时被测试件上受力产生应变使 R_1 又产生新的增量 ΔR_1 时，则 $R_1 = R + \Delta R(t) + \Delta R_1$。因补偿应变片不受力，不产生新的增量，则 $R_2 = R + \Delta R(t)$。将它们代入式(4-20)得

$$U_o = \frac{\Delta R_1}{4(R + \Delta R(t) + \Delta R_1/2)} U \tag{4-21}$$

一般来说，$\Delta R(t) \ll R$，$\Delta R_1/2 \ll R$，因此上式分母中的 $\Delta R(t)$ 和 $\Delta R_1/2$ 可忽略，则上式可写成

$$U_o \approx \frac{\Delta R_1}{4R} U \tag{4-22}$$

式(4-22)表明，该电桥的输出电压与环境温度基本无关，实现了温度的自动补偿。

4.2.2 电阻应变片测量转换电路

工程上常用的电阻应变片测量转换电路有直流电桥和交流电桥两类。

1. 直流电桥测量转换电路

电阻应变片直流电桥测量转换电路通常有单臂、双臂和全桥三种形式,现分别介绍如下。

1) 单臂电桥测量转换电路

电阻应变片单臂电桥测量转换电路结构如图 4-6 所示。其中 R_1 是电阻应变片,R_2、R_3 和 R_4 是固定电阻。

设电阻应变片 R_1 在不受力时电阻值为 R,受力后为 $R+\Delta R$,若取 $R_2=R_3=R_4=R$,则该电桥在 R_1 不受力时输出为零,受力后的不平衡输出电压为

$$U_o = \left(\frac{R+\Delta R}{R+\Delta R+R} - \frac{1}{2}\right)U = \frac{\Delta R/R}{2(2+\Delta R/R)}U \quad (4\text{-}23)$$

由于 $\Delta R \ll R$,故分母中的 $\Delta R/R \ll 1$ 可忽略,则上式可写成

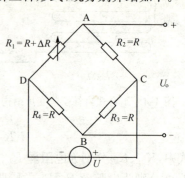

图 4-6 单臂电桥测量转换电路

$$U_o \approx \frac{U}{4} \cdot \frac{\Delta R}{R} \quad (4\text{-}24)$$

通常把输出电压 U_o 与 $\Delta R/R$ 的比值定义为电桥的电压灵敏系数 K_u,则

$$K_u = \frac{U_o}{\Delta R/R} = \frac{U}{4} \quad (4\text{-}25)$$

由此可见,单臂电桥结构简单,但存在非线性误差,测量精度低。

2) 双臂电桥测量转换电路

当用两块相同的电阻应变片测量时,应采用双臂电桥测量转换电路。若两块电阻应变片,一块受拉应变,另一块受压应变,应采用如图 4-7(a)所示的双臂电桥测量转换电路。若两块电阻应变片都受拉应变或都受压应变,应采用如图 4-7(b)所示的双臂电桥测量转换电路。

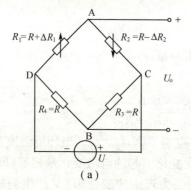
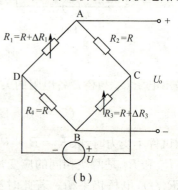

图 4-7 双臂电桥测量转换电路

在图 4-7(a)中,设 $R_1=R+\Delta R_1$,$R_2=R-\Delta R_2$,$R_3=R_4=R$,这时该电桥的不平衡输出电压

$$U_o = \left(\frac{R+\Delta R_1}{2R+\Delta R_1-\Delta R_2} - \frac{1}{2}\right)U = \frac{U}{2} \cdot \frac{\Delta R_1 + \Delta R_2}{2R+\Delta R_1 - \Delta R_2} \quad (4\text{-}26)$$

特别地,当 $\Delta R_1 = \Delta R_2 = \Delta R$ 时,又称作半桥差动测量电路,代入上式得

$$U_o = \frac{U}{2} \cdot \frac{\Delta R}{R} \quad (4\text{-}27)$$

式(4-27)表明,输出电压 U_o 和 $\Delta R/R$ 呈线性关系,即半桥差动测量电路无非线性误差,而且电桥的电压灵敏系数 $K_u=U/2$,是单臂电桥的 2 倍。除此之外,该电路还具有一定的温度补偿作用。因为两个应变片处于同一温度环境里,温度变化时引起两个应变片的电阻变化量相等,不会破坏原来电桥的平衡。故电桥的不平衡输出与环境温度变化基本无关。

在图4-7(b)中,设$R_1=R+\Delta R_1$,$R_3=R+\Delta R_3$,$R_2=R_4=R$,这时该电桥的不平衡输出电压

$$U_o=\left(\frac{R+\Delta R_1}{2R+\Delta R_1}-\frac{R}{2R+\Delta R_3}\right)U \tag{4-28}$$

当$\Delta R_1=\Delta R_3=\Delta R$时,得

$$U_o=\frac{\Delta R}{R(2+\Delta R/R)}U \tag{4-29}$$

由于$\Delta R\ll R$,分母中的$\Delta R/R\ll 1$可忽略,则上式可写成

$$U_o\approx\frac{U}{2}\cdot\frac{\Delta R}{R} \tag{4-30}$$

式(4-30)表明,输出电压U_o和$\Delta R/R$近似呈线性关系,而且电桥的电压灵敏系数$K_u=U/2$,也是单臂电桥的2倍,但该电路没有温度补偿作用。

3) 全桥测量转换电路

当用两对相同的电阻应变片测量,且一对受拉应变,而另一对受压应变时,应采用全桥测量转换电路。如图4-8所示。

设$R_1=R+\Delta R_1$,$R_2=R-\Delta R_2$,$R_3=R+\Delta R_3$,$R_4=R-\Delta R_4$,则电桥的不平衡输出电压为

$$U_o=\left(\frac{R+\Delta R_1}{2R+\Delta R_1-\Delta R_2}-\frac{R-\Delta R_4}{2R+\Delta R_3-\Delta R_4}\right)U \tag{4-31}$$

特别当$\Delta R_1=\Delta R_2=\Delta R_3=\Delta R_4=\Delta R$时,又称作全桥差动测量电路,代入上式得

$$U_o=U\cdot\frac{\Delta R}{R} \tag{4-32}$$

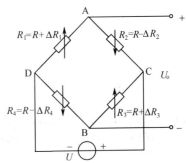

图4-8 全桥测量转换电路

式(4-32)表明,全桥差动测量电路输出电压不仅没有非线性误差,而且该电桥的电压灵敏系数$K_u=U$,是单臂电桥的4倍,同时还具有一定的温度补偿作用,是比较理想的测量转换电路。在工程测量中被广泛使用。

2. 交流电桥测量电路

1) 交流电桥的平衡条件

当直流电桥的输出电压比较小时,为便于测量通常都要加直流放大电路,而直流放大电路易产生零漂,导致测量不准确。为了解决这个问题,通常采用交流电桥测量转换电路(见图4-9)。图中$\dot{U}$为交流电压源,Z_1、Z_2、Z_3、Z_4为复阻抗。这时电桥输出为

$$\dot{U}_o=\dot{U}_{AD}-\dot{U}_{BD}=\frac{Z_1Z_3-Z_2Z_4}{(Z_1+Z_2)(Z_3+Z_4)}\dot{U} \tag{4-33}$$

由式(4-33)可知,交流电桥的平衡条件是

$$Z_1Z_3=Z_2Z_4 \tag{4-34}$$

设$Z_1=z_1e^{j\varphi_1}$,$Z_2=z_2e^{j\varphi_2}$,$Z_3=z_3e^{j\varphi_3}$,$Z_4=z_4e^{j\varphi_4}$,将它们代入式(4-34)得交流电桥平衡条件的另一种表示是

$$\begin{cases} z_1z_3=z_2z_4 \\ \varphi_1+\varphi_3=\varphi_2+\varphi_4 \end{cases} \tag{4-35}$$

显然,交流电桥的平衡条件比直流电桥的平衡条件要复杂得多。

2) 交流电桥测量转换电路

电阻应变片交流电桥测量转换电路也有单臂、双臂和全桥三种形式,下面以双臂差动交流电

桥为例介绍使用方法。由于采用交流电源供电,应变片的引线分布电容必须考虑,即相当于在两只应变片上各并联了一个电容。为了分析简单,其他两个桥臂仍采用固定电阻,如图 4-10 所示。

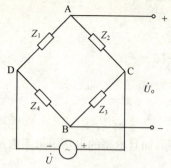

图 4-9 交流电桥工作原理

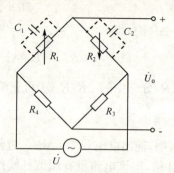

图 4-10 双臂差动交流电桥

这时每一桥臂上的复阻抗分别为

$$\begin{cases} Z_1 = R_1 \mathbin{/\!/} \dfrac{1}{j\omega C_1} = \dfrac{R_1}{1+j\omega R_1 C_1} \\ Z_2 = R_2 \mathbin{/\!/} \dfrac{1}{j\omega C_2} = \dfrac{R_2}{1+j\omega R_2 C_2} \\ Z_3 = R_3 \\ Z_4 = R_4 \end{cases} \tag{4-36}$$

式中,C_1、C_2 分别表示应变片引线的分布电容。

将式(4-36)代入式(4-34)整理得它的平衡条件是

$$\begin{cases} R_1 R_3 = R_2 R_4 \\ R_3 C_2 = R_4 C_1 \end{cases} \tag{4-37}$$

由此可知,对这种交流电桥测量电路,除了要满足电阻平衡条件外,还必须满足电容平衡条件。

假设被测应力引起应变片 $Z_1 = Z + \Delta Z, Z_2 = Z - \Delta Z$,取 $R_3 = R_4 = R$,则交流电桥的不平衡输出电压为

$$\dot{U}_o = \left(\dfrac{(Z+\Delta Z)}{2Z} - \dfrac{1}{2} \right) \dot{U} = \dfrac{\dot{U}}{2} \cdot \dfrac{\Delta Z}{Z} \tag{4-38}$$

由以上分析可以看出,交流电桥的分析方法与直流电桥的分析方法完全相同。

理论上讲,只要取 $R_1 = R_2 = R_3 = R_4 = R, C_1 = C_2$,电桥就平衡,但实际上很难办到。为了在实际应用中便于找到平衡点,通常都采用电桥平衡调节电路。电桥平衡调节电路有多种,如图 4-11 所示是工程中最常见的两种。

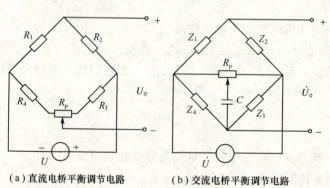

(a) 直流电桥平衡调节电路 　　(b) 交流电桥平衡调节电路

图 4-11 电桥平衡调节电路

4.2.3 常见应变式(压)力传感器及应用

1. 应变式压力传感器

应变式压力传感器主要用来测量流动介质的动态或静态压力,如动力管道设备的进出口气体或液体的压力、发动机内部的压力、枪管及炮筒内部的压力、内燃机管道的压力等。应变式压力传感器有多种,常用的有膜片式和筒式两种。

1) 膜片式压力传感器

图 4-12(a)为圆平膜片应变式压力传感器的结构及应变示意图,应变片贴在膜片内壁。由材料力学可知,在压力 p 作用下,周边固定的圆平膜片将产生弹性变形,从而引起径向应变 ε_r 和切向应变 ε_t,其表达式分别为

$$\varepsilon_r = \frac{3p(1-\mu^2)(r_0^2 - 3r^2)}{8h^2 E} \tag{4-39}$$

$$\varepsilon_t = \frac{3p(1-\mu^2)(r_0^2 - r^2)}{8h^2 E} \tag{4-40}$$

式中,p 为膜片上均匀分布的压力;r_0、h 为膜片的半径和厚度;r 为离圆心的径向距离;E 为平膜片材料的弹性模量;μ 为平膜片材料的泊松比。

由应力分布图可知,当 $r=0$ 时,$\varepsilon_{rmax} = \varepsilon_{tmax}$;当 $r=r_0$ 时,$\varepsilon_t = 0$,$\varepsilon_r = -2\varepsilon_{rmax}$。根据以上特点,通过合理地选择应变片的位置,使在圆心附近沿切向粘贴的 R_1、R_3 两个应变片感受正应变,而在边缘附近沿径向粘贴的 R_2、R_4 两个应变片感受负应变,并使它们感受到的应变大小相等、方向相反,如图 4-12(b)所示。然后将它们接成如图 4-12(c)所示的全桥差动测量电路。显然,这种设计使测量电路的输出电压灵敏度最大,同时具有良好的温度补偿作用,还没有非线性误差。

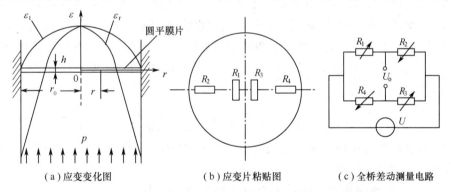

图 4-12 平膜片应变式压力传感器结构及应变示意图

2) 筒式压力传感器

筒式压力传感器也是较为常用的测压传感器,主要用来测量液体的压力。图 4-13(a)为圆筒式压力传感器结构示意图。它一端密封并具有实心端头,另一端开口并有法兰盘以便与被测压力系统连接。当它受到压力 p 作用时,圆筒壁就会发生变形。由材料力学可知,圆筒空心部分的外表面上将沿着轴线方向发生轴向应变 ε,同时沿着圆筒的周线方向发生切向应变 ε_t,其表达式分别为

$$\varepsilon = \frac{p(1-2\mu)}{E(n^2-1)} \tag{4-41}$$

$$\varepsilon_t = \frac{p(2-\mu)}{E(n^2-1)} \tag{4-42}$$

式中，p 为被测压力；μ 为圆筒材料的泊松比；E 为圆筒材料的弹性模量；n 为圆筒外径 D_0 与内径 D 之比，即 $n=D_0/D$。

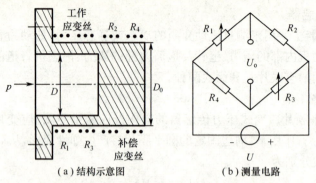

图 4-13 筒式压力传感器的结构及测量电路

对于薄壁圆筒（即 $D_0 \approx D$），可用下式近似计算

$$\varepsilon = \frac{pD}{2hE}(0.5-\mu) \qquad (4\text{-}43)$$

$$\varepsilon_t = \frac{pD}{2hE}(1-0.5\mu) \qquad (4\text{-}44)$$

式中，h 为圆筒的壁厚，即 $h=(D_0-D)/2$。

从式(4-43)和式(4-44)可以看出，圆筒壁上的轴向应变比切向应变要小得多。为了提高灵敏度，通常采用环向粘贴应变片。图 4-13(a)就是按环向将两个电阻丝 R_1、R_3 绕在有内部压力作用的筒壁上，另外两个 R_2、R_4 绕在实心部分，并且 4 个电阻应变丝绕制得完全一样，其中 R_1、R_3 为工作应变丝，R_2、R_4 为温度补偿应变丝。它们接成如图 4-13(b)所示的电桥测量电路。当筒内无压力作用时，4 个桥臂上应变丝电阻相等（即 $R_1=R_2=R_3=R_4=R$），输出电压 U_o 为零；当筒内有压力 p 作用时，电阻 R_1、R_3 发生的变化相同，而 R_2、R_4 不变。设 $R_1=R_3=R+\Delta R$，$R_2=R_4=R$，则电桥输出为

$$U_o = \left(\frac{R_1}{R_1+R_2}-\frac{R_4}{R_3+R_4}\right)U = \frac{\Delta R}{2R+\Delta R}U \approx \frac{U}{2} \cdot \frac{\Delta R}{R} \qquad (4\text{-}45)$$

此式说明，这种接法获得的灵敏度最大，输出电压是单臂电桥的 2 倍，同时具有良好的温度补偿作用，但存在非线性误差。

这种筒式压力传感器常用于测量压力较大的场合，可测压力上限值达 1.4×10^2 MPa 或更高。常见的筒式压力传感器有多种型号，可测的额定压力有 6.3MPa、16MPa、25MPa 和 32MPa 等多个等级。使用时，可根据被测压力大小合理选择。

2. 应变式力传感器

在工程应用中，除了对压力测量外还经常需要对力（如荷重、发动机的牵引力及材料的耐拉力等）进行测量。应变式力传感器就是常用的一种力测量器件，它广泛应用于各种电子秤、发动机牵引力测试及材料拉力试验机中。因弹性元件的结构不同，应变式力传感器的结构也各式各样。常见的应变式力传感器有如下两种。

1）柱（筒）式力传感器

图 4-14(a)、(b)所示为柱（筒）式力传感器结构示意图。其中，应变片粘贴在弹性元件的外壁应力分布均匀的中间部分。由材料力学可知，当截面为 A 的圆柱（筒）受轴向拉力 F 作用时，其圆柱（筒）将发生弹性变形，从而引起轴向应变为

$$\varepsilon = \frac{F}{AE} \tag{4-46}$$

环向(即切向)应变为

$$\varepsilon_t = -\mu\varepsilon = -\frac{\mu F}{AE} \tag{4-47}$$

式中，E 为圆柱(筒)材料的弹性模量；μ 为圆柱(筒)材料的泊松比。

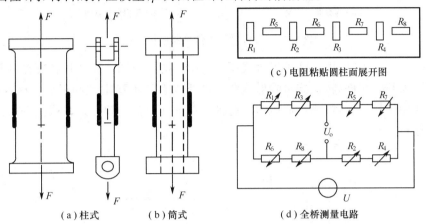

图 4-14　圆柱(筒)式力传感器的结构及测量电路

为了提高灵敏度，减小载荷偏心、弯矩及温度变化对测量结果的影响，应变片对称地粘贴 8 片，其中 4 个沿着主体的环向粘贴，4 个沿着轴向粘贴。贴片在圆柱面上的位置展开图如图 4-14(c)所示，测量电路如图 4-14(d)所示，其中 R_1 和 R_3 串接，R_2 和 R_4 串接，并置于桥路相对桥臂上，以减小载荷偏心和弯矩影响；横向贴片 R_5 和 R_7 串接，R_6 和 R_8 串接，接于另两个桥臂上，实现全桥测量。这种设计不仅具有良好的温度补偿作用，还具有较高的输出电压灵敏度和较好的线性度。

2) 悬臂梁式力传感器

悬臂梁式力传感器一般用于较小力的测量，常见的结构形式有等截面和等强度两种形式。其结构示意图如图 4-15 所示。当外力 F 从上往下作用在悬臂梁的自由端时，梁就发生弯曲变形，在它的上表面产生正应变，而下表面产生负应变。由材料力学可知，对于图 4-15(a)来说，各处产生的应变与该处到力作用点的距离成正比，显然固定端产生的应变最大；对于图 4-15(b)来说，各处的应变都相等，其大小与固定端到力的作用点距离成正比。它们粘贴应变片处的应变大小可表示为

$$\varepsilon = \frac{6Fl}{bh^2 E} \tag{4-48}$$

式中，对于等截面悬臂梁来说，l 为悬臂梁受力端距应变片中心的长度；对于等强度悬臂梁来说，l 为悬臂梁的长度，它与应变片位置无关。b、h 为梁的宽度和梁的厚度，并且要求力 F 要作用在等截面悬臂梁自由端的中点或等强度悬臂梁两腰的交汇处。

在悬臂梁式力传感器中，一般将 4 个完全相同的应变片粘贴在距固定端较近的表面，并且沿梁的长度方向，上、下各粘贴两片。当上面两个应变片受拉时，下面两个应变片正好受压。把 4 个应变片组成全桥差动测量电路，这样既可提高输出电压灵敏度，又可起到温度补偿的作用，并且没有非线性误差。

3. 组合式压力传感器

组合式压力传感器是利用压力敏感元件将压力转换成力，然后再转换成应变，从而使应变片

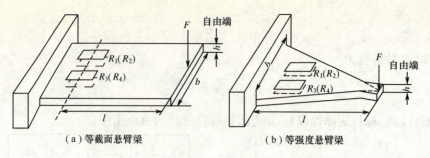

(a) 等截面悬臂梁　　　　　　(b) 等强度悬臂梁

图 4-15　悬臂梁式力传感器结构示意图

电阻发生变化。图 4-16 给出了两种组合式压力传感器的示意图。应变片粘贴在悬臂梁上，悬臂梁的刚度比压力敏感元件高，这样可降低这些元件所固有的不稳定性和迟滞。这种传感器在适当选择尺寸和制作材料后，可测量低压力。此种类型的传感器的缺点是自振频率低，因而不适合于测量瞬态过程。

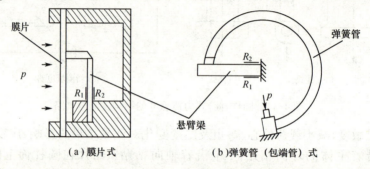

(a) 膜片式　　　　　　(b) 弹簧管（包端管）式

图 4-16　组合式压力传感器示意图

4.3　压阻式压力传感器

金属电阻应变片的优点是性能稳定，线性度好，测量精度高，其缺点是灵敏度低。20 世纪 50 年代中期，人们又研究出了半导体电阻应变片，大大改善了这一不足。压阻式压力传感器就是以半导体电阻应变片为敏感元件进行压力测量的传感器。通常它由弹性元件、半导体电阻应变片和测量电桥三部分组成。其中它的核心部件是半导体电阻应变片，测量原理是基于半导体材料的压阻效应。

4.3.1　半导体电阻应变片

1. 半导体电阻的压阻效应

当半导体材料受外力作用时，其电阻率相应发生变化的现象称作半导体电阻的压阻效应。由本章 4.2.1 节可知，任何材料的电阻丝，当受到外力作用时其电阻相对变化量均可写成

$$\frac{dR}{R}=(1+2\mu)\varepsilon+\frac{d\rho}{\rho} \tag{4-49}$$

实验证明，半导体电阻丝受外力作用时，其应变 ε 很小，而电阻的相对变化量主要由它的电阻率相对变化量 $d\rho/\rho$ 来决定，即 $(1+2\mu)\varepsilon \ll d\rho/\rho$。又因为 $d\rho/\rho$ 与半导体电阻丝在轴向所受的应力 σ 成正比，忽略 $(1+2\mu)\varepsilon$ 可得半导体电阻丝的电阻相对变化量为

$$\frac{dR}{R}\approx\frac{d\rho}{\rho}=\pi\sigma \tag{4-50}$$

式中，π 为半导体材料的压阻系数；σ 为半导体材料所受的轴向应力。

这就是半导体材料的压阻效应。由式(4-50)可知，半导体电阻丝的电阻相对变化量主要由它所受的轴向应力大小决定，而与它的应变关系不大，从这个意义上讲，把半导体电阻应变片称作半导体电阻应力片更确切。为了把它和金属电阻丝进行性能比较，根据应力 $\sigma = E\varepsilon$，定义半导体电阻丝的灵敏系数为

$$K_0 = \frac{dR}{R}/\varepsilon \approx \frac{d\rho}{\rho}/\varepsilon = \pi\sigma/\varepsilon = \pi E \tag{4-51}$$

式中，E 为半导体材料的弹性模量；ε 为半导体材料的轴向应变。

通常半导体电阻丝的灵敏系数是金属丝的 50~80 倍，但它受温度影响较大，非线性比较严重，因此使用范围受到一定限制。

2. 半导体电阻应变片的结构

目前半导体电阻应变片主要有体型和扩散型两种。体型半导体应变片的基本结构如图 4-17 所示，其中敏感栅是从单晶硅或锗上切下的薄片。

由于体型半导体应变片在使用时需要采用粘贴方法把它安装在弹性元件上，易造成蠕变和断裂。为了克服这个缺陷，后来又研究出了扩散型。所谓扩散型，实际上就是以半导体材料作为弹性元件，在它上面直接用集成电路工艺制作出扩散电阻作为敏感栅。它的特点是体积小，工作频带宽，扩散电阻、测量电路及弹性元件一体化，便于批量生产，使用方便，备受人们青睐。目前常用的弹性元件是单晶硅膜片。

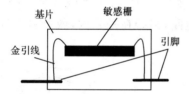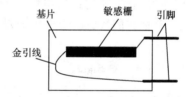

图 4-17 体型半导体应变片的基本结构

3. 半导体电阻应变片的主要参数

要正确选择和使用半导体应变片，了解它的工作参数非常必要。它的参数和金属电阻应变片类同，其主要参数有如下几个。

1) 标准电阻值 R

目前它的标准化电阻值主要有 60Ω，120Ω，350Ω，650Ω，1000Ω 和 2000Ω 等多种系列，其中 120Ω、350Ω 和 1000Ω 最为常用。

2) 灵敏系数 K

在半导体材料的弹性变化范围内，定义半导体电阻应变片的灵敏系数 K 为

$$K = \frac{\Delta R/R}{\varepsilon} = \pi E \tag{4-52}$$

式中，π 为半导体材料的压阻系数；E 为半导体材料的弹性模量。

通常半导体电阻应变片的灵敏系数为 120 左右。

4. 电阻应变片使用注意事项

① 半导体电阻应变片测量转换电路与金属电阻应变片测量转换电路相同。但由于半导体电阻应变片受温度影响比较大，为了减少温度变化对测量精度的影响，半导体电阻应变片多数采用全桥差动测量电路。

② 金属电阻应变片主要是用于测量应变的，而半导体电阻应变片主要是用于测量应力的，

因此在使用应变片时要根据被测试件情况来合理正确地选择。

③ 电阻应变片不仅能测量力和压力,事实上,利用它可以间接测量与应变、应力有关的任何其他量(如位移、加速度、重力、力矩和液位等)。

④ 无论是金属电阻应变片还是体型半导体电阻应变片,在使用时都得用黏结剂粘贴在被测试件上,并且还得粘贴牢固。因此它们都属于一次性安装使用器件。

4.3.2 常见扩散硅压力传感器及应用

1. 扩散硅压力传感器

图 4-18(a)是扩散硅压力传感器的结构示意图。其核心部件是一块圆形的单晶硅膜片,周边采用圆形硅杯固定(见图 4-18(b))。由材料力学可知,当这块圆形单晶硅膜片受到外界压力 p 作用时,在半径为 r 上的任一点将产生径向应力 σ_r 和切相向应力 σ_t,其大小为

$$\begin{cases} \sigma_r = \dfrac{3p}{8h^2}[(1+\mu)r_0^2 - (3+\mu)r^2] \\ \sigma_t = \dfrac{3p}{8h^2}[(1+\mu)r_0^2 - (1+3\mu)r^2] \end{cases} \quad (4\text{-}53)$$

式中,μ 为单晶硅膜片的泊松比($\mu=0.35$);r_0 为硅杯的内半径;h 为膜片的厚度。

由式(4-53)计算可知,当 $r=0.635r_0$ 时,$\sigma_r=0$;当 $r<0.635r_0$ 时,$\sigma_r>0$ 为拉应力;当 $r>0.635r_0$ 时,$\sigma_r<0$ 为压应力。根据应力分布,在这块圆形的单晶硅膜片上,利用集成电路制作工艺制作上 4 个阻值完全相等的扩散电阻,两片位于受压应力区,另外两片位于受拉应力区,如图 4-18(c)所示,并把它们接成一个全桥差动测量电路,封装在外壳内,做上引线就构成了扩散硅压力传感器。

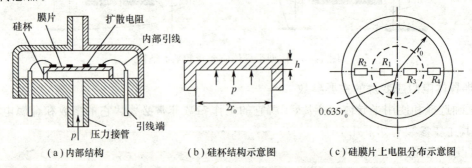

(a)内部结构　　　　(b)硅杯结构示意图　　　　(c)硅膜片上电阻分布示意图

图 4-18　扩散硅压力传感器结构示意图

单晶硅膜片的两边各有一个压力腔,一个和被测压力相连接的高压腔,另一个是低压腔,接参考压力,通常和大气相通。当存在压差时,膜片受压力产生变形,使两对电阻的阻值发生变化,电桥失去平衡,其输出电压与膜片两边承受的压差成正比。通过测量它的输出电压,就可以知道被测压差的大小。工程上常用它来测量压差。扩散硅压力传感器的主要优点是体积小,结构简单,动态响应好,灵敏度高,能测出十几帕斯卡的微压。它是目前发展较为迅速、应用较为广泛的一种比较理想的压力传感器。

由于这种传感器的敏感元件是半导体材料,受温度和非线性的影响较大,从而降低了稳定性和测量精度。为了减少温度和非线性的影响,扩散硅压力传感器多数采用恒流源供电。因为当有被测压力作用时,两个相对桥臂扩散电阻增加 ΔR,另外两个相对桥臂扩散电阻就减少 ΔR,假设 4 个桥臂的扩散电阻受温度影响都增加了 $\Delta R(t)$,若采用恒压源供电,如图 4-19(a)所示,则电桥的输出电压为

$$U_o = \left(\frac{R_1}{R_1+R_2} - \frac{R_4}{R_3+R_4}\right)U = U \cdot \frac{\Delta R}{R+\Delta R(t)} \tag{4-54}$$

式(4-54)表明,恒压源供电的全桥差动电路虽然对温度变化有一定的补偿作用,但输出仍然与温度变化有关,且为非线性关系,所以采用恒压源供电不能完全消除温度误差。

若采用恒流源供电,如图 4-19(b)所示。由于是采用全桥差动电路,所以在整个测量过程中,无论温度、压力怎么变化,两条支路的电阻始终相等,即

$$R_{CAD} = R_{CBD} = 2[R + \Delta R(t)] \tag{4-55}$$

从而两个支路的电流也相等,即

$$I_{CAD} = I_{CBD} = \frac{1}{2}I \tag{4-56}$$

故电桥的输出电压为

$$U_o = U_{AD} - U_{BD} = \frac{1}{2}IR_1 - \frac{1}{2}IR_4 = I\Delta R \tag{4-57}$$

式(4-57)表明,当恒流源电流 I 固定后,全桥差动测量电路输出电压 U_o 仅与扩散电阻的变化 ΔR 成正比,而与环境温度变化无关。由此可知,采用恒流源供电的全桥差动测量电路可以对温度变化实现完全补偿,同时对非线性误差也有抑制作用。据此可以证明,对于半桥差动测量电路,恒流源供电比恒压源供电对温度的补偿效果要好,稳定性要高。这是恒流源供电的最大优点。

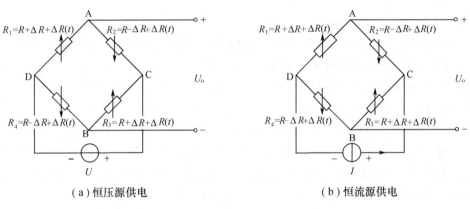

(a)恒压源供电　　　　　　　　　(b)恒流源供电

图 4-19　电桥供电方式对温度补偿的影响

2. 扩散硅压力变送器

由上面分析可知,扩散硅压力传感器测量电路用恒流源供电比用恒压源供电对温度补偿效果更好,但需要用户自己设计恒流源,而且恒流源的电流大小及稳定性对测量结果影响很大。为了提高测量精度,便于和其他设备连接,方便用户使用,生产厂家把扩散硅压力传感器、恒流源及测量转换电路制作在了一起,

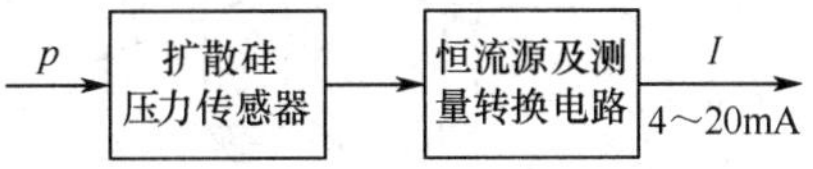

图 4-20　扩散硅压力变送器结构

称作扩散硅压力变送器,如图 4-20 所示。它的特点是输出信号为标准的直流电信号(如 4～20mA、0/1～5V、0～10mA 或 0～10V 等),并且这个电流或电压大小与被测压力成正比。

目前扩散硅压力变送器型号很多,常用的有 208、308、338 等。它们的输出信号、测压范围及与设备的连接方式也不尽相同,但它们基本上都可以测量表压力和绝对压力,可测量液体、气体及蒸汽的压力。使用时可根据测压范围、使用环境、精度要求及被测介质情况合理选择。

随着科学技术的不断进步,现在又出现了智能扩散硅压力传感器。它是利用微处理器对非

线性和温度进行补偿,用大规模集成电路技术,将传感器与微处理器集成在同一块硅片上,兼有信号检测、处理、记忆等功能,从而大大提高了传感器的稳定性和测量准确度,使扩散硅压力传感器的应用更加广泛。

4.4 压电式压力传感器

压电式传感器是一种典型的有源传感器,其工作原理基于某些材料的压电效应。

4.4.1 压电效应

压电效应又有正压电效应和逆压电效应之分。若某些电介质,当沿着一定的方向对它施加压力而使其变形时,其内部就产生极化现象,同时在它的某两个表面上产生符号相反的电荷;当外力去掉后,又重新恢复到不带电状态,这种将机械能转变成电能的现象就称作正压电效应。反过来,若在电介质的极化方向上施加电场,它就会产生机械变形;当去掉外加电场后,电介质的机械变形随之消失,这种将电能转变成机械能的现象称为逆压电效应(也称电致伸缩效应)。理论可以证明,电介质极化面上产生电荷 q 的大小与极化面积 A_j 成正比,与垂直于受力面的作用力 F 成正比,与受力面积 A_s 成反比。即

$$q = d \frac{A_j F}{A_s} \tag{4-58}$$

式中,d 为电介质材料的压电系数。

具有压电特性的材料称为压电材料,压电材料可分为压电晶体和压电陶瓷两大类。实验发现,压电晶体中的石英、酒石酸钾钠、硫酸锂等和压电陶瓷中的钛酸钡、锆钛酸铅、铌镁酸铅等都是性能优良的压电材料。下面以石英晶体和压电陶瓷为例来说明压电现象。

1. 石英晶体的正压电效应

石英晶体是最常用的天然压电单晶体,其化学式为 SiO_2。图 4-21(a)是它的结构外形,它是一个正六面体。在晶体学中,为了方便描述它的特性,在它上面建立一个三维直角空间坐标。其中纵向轴 z 称为光轴;经过六面体棱线,并垂直于光轴的 x 轴称为电轴,垂直于 zx 平面的轴 y 称为机械轴。从晶体上沿 zy 平面切下一片压电晶体,如图 4-21(c)所示。

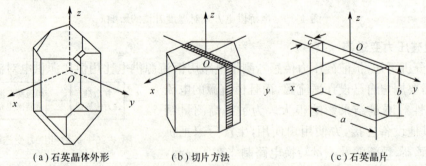

(a) 石英晶体外形　　　(b) 切片方法　　　(c) 石英晶片

图 4-21　石英晶体的外形及切片方法

当石英晶体未受到外力作用时,它的硅离子和氧离子在垂直于 z 轴的 xy 平面上的分布正好在正六边形的顶角上,形成三个大小相等、互成 120°夹角的电偶极距 P_1、P_2、P_3,如图 4-22(a)所示。此时,由于电偶极距的向量和为零,所以晶体表面不产生电荷,即晶体对外呈中性。

当石英晶体受到 x 轴方向的力 F_x 作用时,晶片将产生厚度变形,正负离子的相对位置也随之变动,如图 4-22(b)所示。这时,电偶极距在 y 轴和 z 轴方向的向量和仍然为零,而在 x 方向

的向量和不为零,从而在与 y 轴和 z 轴垂直的平面上不产生电荷;而只在与 x 轴垂直的这两个平面上出现上边负、下边正的等量极化电荷 q_x。假设用 A_{jx} 表示与 x 轴垂直的极化面积,用 A_{sx} 表示与 x 轴垂直的受力面积。根据式(4-51)可知,产生的极化电荷 q_x 为

$$q_x = d_{11} \frac{A_{jx}}{A_{sx}} F_x = d_{11} F_x \tag{4-59}$$

式中,d_{11} 为石英晶体在 x 轴方向上受力时的压电系数。其中,它的第一个下标表示产生电荷平面的法线方向,第二个下标表示施加力的方向,并且 1 代表 x 轴方向,2 代表 y 轴方向,3 代表 z 轴方向。

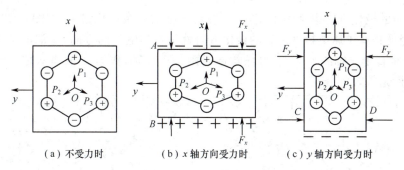

(a) 不受力时   (b) x 轴方向受力时   (c) y 轴方向受力时

图 4-22　石英晶片正压电效应示意图

这种沿电轴 x 方向施加作用力,而在垂直于此轴晶面上产生电荷的现象称为"纵向压电效应"。

如果在同一晶片上,沿着机械轴 y 的方向施加作用力 F_y,晶体的变形如图 4-22(c)所示。同理可知,其电荷仍只在与 x 轴垂直的两个平面上出现,极性是上边正、下边负。由式(4-58)可知,产生的极化电荷 q_y 为

$$q_y = d_{12} \frac{A_{jx}}{A_{sy}} F_y = d_{12} \frac{a}{c} F_y \tag{4-60}$$

式中,d_{12} 为石英晶体在 y 轴方向上受力时的压电系数;A_{jx} 为与 x 轴垂直的极化面面积;A_{sy} 为与 y 轴垂直的受力面面积;a、c 为石英晶片的长度和厚度。

这种沿机械轴 y 方向施加作用力,而在垂直于 x 轴晶面上产生电荷的现象称为"横向压电效应"。

根据石英晶体的对称性,有 $d_{12} = -d_{11}$,则式(4-60)变为

$$q_y = -d_{11} \frac{a}{c} F_y \tag{4-61}$$

式中,负号表示沿 y 轴施加的压力产生的电荷与沿 x 轴施加的压力产生的电荷极性相反。由式(4-60)和式(4-61)可见,沿电轴 x 方向对晶片施加作用力时,极化面的电荷量与晶片的几何尺寸无关;而沿机械轴 y 方向对晶片施加作用力时,产生的电荷量与晶片的几何尺寸有关。适当选择晶片的尺寸参数,可以增加电荷量,提高灵敏度。

当作用力 F_x 和 F_y 改为拉力时,则在垂直于 x 轴的两个平面上仍出现等量电荷,但极性相反。

如果沿光轴 z 方向受力,因为晶体在 x 方向和 y 方向所产生的变形完全相同,电偶极距向量和始终保持为零,此时在晶片的任何面上都不会产生电荷。即晶体不产生压电效应。

2. 压电陶瓷的正压电效应

压电陶瓷是又一种常见的压电材料,目前使用较多的是锆钛酸铅(PZT)和铌镁酸铅

(PMN)。它与石英晶体不同,压电陶瓷是人工制造的多晶体压电材料。在压电陶瓷内部有无数自发极化的电畴,在无外电场作用时,这些电畴的极化方向杂乱无章,各自的极化效应相互抵消,使原始的压电陶瓷对外显电中性,这时对它施加压力也不显电性,即原始的压电陶瓷不具有压电特性,如图 4-23(a)所示。

为了使压电陶瓷具有压电效应,必须对它进行极化处理。所谓极化处理,就是在一定温度下对压电陶瓷外加强大的直流电场,使电畴的极化方向都趋向于外电场方向的过程。实验证明,外加电场愈强,趋向于外加电场方向的电畴就越多,当外加电场强度达到 20~30kV/cm 时,可使材料极化达到饱和的程度,即所有电畴极化方向都与外电场方向一致,经过 2~3 小时后,当外加电场去掉后,电畴的极化方向也基本不变,即存在着很强的剩余极化强度,如图 4-23(b)所示。这时的压电陶瓷就具有了压电特性。它的极化方向就是外加电场的方向,通常定义为压电陶瓷的 z 轴方向。在垂直于 z 轴的平面上,可任意选择两条正交轴,作为 x 轴和 y 轴。对于 x 轴和 y 轴,其压电特性是等效的。

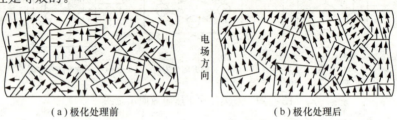

(a) 极化处理前　　　　　　(b) 极化处理后

图 4-23　压电陶瓷中的电畴示意图

经过极化处理后的压电陶瓷片,当受到外力作用时将产生压缩变形,电畴发生偏转,从而引起剩余极化强度的变化,因而在垂直于极化方向的这两个面上将出现极化电荷的变化。这就是压电陶瓷的正压电效应。

如图 4-24(a)所示。当沿 z 轴方向施加外力 F_z 时,因其极化面 A_{jz} 和受力面 A_{sz} 相同,根据式(4-58)可知,其极化电荷的变化量 q_z 与作用力 F_z 的关系为

$$q_z = d_{33} \frac{A_{jz}}{A_{sz}} F_z = d_{33} F_z \tag{4-62}$$

式中,d_{33} 为压电陶瓷在 z 轴方向上受力时的压电系数,其下标的意义与石英晶体相同。这就是压电陶瓷的"纵向压电效应"。

当外力沿垂直于极化方向(亦即沿 x 轴或 y 轴方向)作用时,见图 4-24(b)。则极化面上产生的电荷量与作用力的关系为

$$q_x = -d_{31} \frac{A_{jz}}{A_{sx}} F_x \qquad q_y = -d_{32} \frac{A_{jz}}{A_{sy}} F_y \tag{4-63}$$

式中,d_{31} 为压电陶瓷在 x 轴方向上受力时的压电系数;d_{32} 为压电陶瓷在 y 轴方向上受力时的压电系数;A_{jz} 为垂直于 z 轴的极化面面积;A_{sx} 为垂直于 x 轴的受力面面积;A_{sy} 为垂直于 y 轴的受力面面积。

根据压电陶瓷的对称性,有 $d_{31} = d_{32}$。

压电陶瓷具有非常高的压电系数,为石英晶体的几百倍,所以采用压电陶瓷制作的压电式传感器灵敏度较高。但压电陶瓷的剩余极化强度和特性与温度有关,并且随着时间的推移,其压电特性也会减弱,所以用压电陶瓷做成的传感器需要经常校准。这里需要指出的是,压电陶瓷与石英晶体一样,也具有逆压电效应。

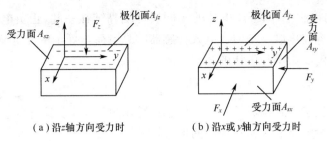

(a)沿z轴方向受力时　　　　(b)沿x或y轴方向受力时

图 4-24　压电陶瓷片正压电效应示意图

4.4.2　压电元件的等效电路

当压电元件受到外力作用时,就会在某两个面上分别聚集数量相等、极性相反的电荷。因此,压电元件可以看作是一个电荷发生器。同时,它也可看作是一个电容器,聚集正、负电荷的两个表面相当于电容的两个极板,极板间的晶体等效于一种介质,其电容量 C_a 为

$$C_a = \frac{\varepsilon_0 \varepsilon_r A}{d} \quad (4\text{-}64)$$

式中,A 为压电片聚集电荷面的面积(m^2);d 为两聚集电荷面之间的距离(m);ε_0 为真空介电常数;ε_r 为压电材料的相对介电常数。于是,可把压电元件等效为一个电荷源与一个电容器并联的电路,如图 4-25(a)所示。

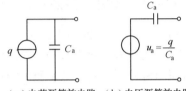

(a)电荷源等效电路　(b)电压源等效电路

图 4-25　压电式传感器的等效电路

由于电容器上的开路电压 u_a、电容 C_a 与压电效应所产生的电荷 q 三者的关系为

$$u_a = \frac{q}{C_a} \quad (4\text{-}65)$$

所以压电元件也可以等效为一个电压源与一个电容器相串联的电路,如图 4-25(b)所示。

4.4.3　压电式传感器的组成

因为单片压电元件受力所产生的电荷比较微弱,为了提高灵敏度,通常选用多片同型号的压电元件组合在一起构成压电式传感器。由于压电元件受压时产生的电荷有极性,因此多片压电元件组合时有两种接法。如图 4-26 所示是两片压电元件组合时的两种接法。从作用力方面看,压电元件是串接的,因而每片受的作用力相等,从而产生的变形和电荷数量也相等。

在图 4-26(a)的接法中,两个压电片的负端黏结在一起作为负极,而正端连接在一起作为正极。从电路上看,相当于两个电容器并联。这时压电式传感器的总电荷量等于单片电荷量的 2 倍,总电容量为单片电容量的 2 倍,而输出电压与单片时相同,即

$$q_总 = 2q_单 \quad C_总 = 2C_单 \quad u_总 = u_单 \quad (4\text{-}66)$$

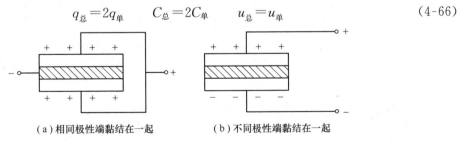

(a)相同极性端黏结在一起　　　(b)不同极性端黏结在一起

图 4-26　压电式传感器的组成形式

可见,采用这种连接方式构成的压电式传感器输出电荷大,本身电容也大,时间常数大,故适合于测量缓慢变化的压力信号,并且适用于以电荷为输出量的场合。

在图4-26(b)的接法中,两个压电片的不同极性端黏结在一起,正负电荷相互抵消,从电路上看,相当于两个电容器串联。这时压电式传感器的总电荷量等于单片电荷量,总电容量为单片电容量的一半,输出电压为单片电压的2倍,即

$$q_总 = q_单 \qquad C_总 = \frac{1}{2}C_单 \qquad u_总 = 2u_单 \tag{4-67}$$

可见,采用这种连接方式构成的压电式传感器输出电压大,本身电容小,故适用于以电压作为输出信号,并且测量电路输入阻抗很高的场合。

在压电式传感器中,利用其纵向压电效应的较多,这时所使用的压电材料大多做成圆片状,当然也有利用其横向压电效应的。当有外力作用在压电元件上时,传感器就有电荷产生,这些电荷只有在完全无泄漏的情况下才能较长时间的保持。而实际的压电元件本身具有泄漏电阻,测量回路也具有输入电阻,从而造成电荷的泄漏。因此,压电式传感器只能用于动态测量,而不能用于静态测量。这是和扩散硅压力传感器所不同的地方,使用时必须引起注意。

4.4.4 压电式传感器的测量电路

由上面分析可知,压电式传感器本身的阻抗很高,而输出的能量又比较微弱。因此,要想把这个微弱的信号测量出来,必须要求测量电路有极高的输入电阻。由于压电式传感器有电荷源和电压源两种形式的等效电路,因而有电荷放大和电压放大两种形式的测量电路。

1. 电荷放大电路

电荷放大电路如图4-27所示。其中虚线框内为压电式传感器等效电路,C_c为连接电缆的等效电容。由于它是一个具有深度负反馈的放大电路。若将该运算放大器看成是理想运算放大器(即$A = \infty$),由电路分析可知,运算放大器的反相输入端"虚地",电荷q全部流入反馈电容C_f,这时放大电路的输出电压就是电容C_f两端的电压。即

$$u_o = -u_f = -\frac{q}{C_f} \tag{4-68}$$

式(4-68)说明,电荷放大电路的输出电压u_o与压电式传感器产生的电荷q成正比,并且比例系数只取决于反馈电容C_f,而与电缆电容C_c和压电式传感器的等效电容C_a无关。

实际的电荷放大电路,通常在反馈电容两端并联一个大电阻R_f(为$10^8 \sim 10^{10}\Omega$),其作用是提供直流反馈,减少放大器的零漂,使电荷放大器工作更稳定。

2. 电压放大电路

电压放大电路如图4-28所示,由于它是一个同相比例运算放大电路,若将该集成运算放大器看成是理想运算放大器(即$A = \infty$),则输入电阻为无限大。由电路分析可知,放大电路的输入电压u_i为

$$\dot{U}_i = \frac{C_a}{C_c + C_a}\dot{U}_a \tag{4-69}$$

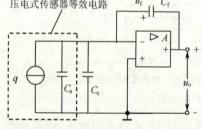

图4-27 电荷放大电路

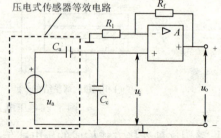

图4-28 电压放大电路

电压放大电路的输出电压为

$$\dot{U}_o = \left(1 + \frac{R_f}{R_1}\right)\frac{C_a}{C_c + C_a}\dot{U}_a \quad (4\text{-}70)$$

式(4-70)说明,电压放大电路的输出电压 u_o 与压电式传感器产生的电压 u_a 成正比,并且比例系数与压电式传感器的电容 C_a 和电缆电容 C_c 有关。假设压电元件的压电系数为 d,受到角频率为 ω 的正弦力 $f = F_m\sin\omega t$ 的作用,则压电元件上的电压为

$$u_a = \frac{q}{C_a} = \frac{dF_m}{C_a}\sin\omega t \quad (4\text{-}71)$$

而电压放大器的输入电压为

$$u_i = \frac{C_a}{C_c + C_a}u_a = U_{im}\sin\omega t \quad (4\text{-}72)$$

式中,U_{im} 为 u_i 的幅值,即

$$U_{im} = \frac{dF_m}{C_c + C_a} \quad (4\text{-}73)$$

式(4-73)表明,电压放大电路的输入电压幅值 U_{im} 与频率无关,即压电传感器有很好的高频响应特性。但当改变连接传感器与电压放大器的电缆长度时,C_c 将改变,U_{im} 也随着变化,从而使电压放大器的输出电压 U_{om} 也发生变化。因此,压电式传感器与电压放大器之间的电缆不能随意更换,使用时如果更换了电缆长度,必须重新校正,否则将会引起测量误差。

4.4.5 常见压电式压力传感器及其应用

压电式压力传感器主要用于动态压力的测量,比如发动机内部燃烧压力的测量等。它既可用来测量大的压力,也可以用来测量微小的压力。但不能用于测量静态压力。

图 4-29 是一种膜片式压电压力传感器的结构图。为了提高灵敏度,压电元件采用两片石英晶片并联而成。两片石英晶片输出的总电荷量 q 为

$$q = 2d_{11}Ap \quad (4\text{-}74)$$

式中,d_{11} 为石英晶体的压电常数(C/N);A 为膜片的有效面积(m^2);p 为压力(Pa)。

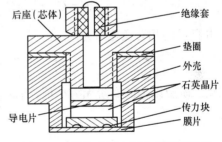

图 4-29 膜片式压电压力传感器结构

这种结构的压力传感器不但具有较高的灵敏度和分辨率,而且还具有体积小、重量轻、结构简单、工作可靠、测量频率范围宽等优点。合理的设计能使它具有较强的抗干扰能力,是一种应用广泛的压力传感器,当然也可以用作动态力或加速度的测量。

4.5 电容式压力传感器

电容式压力传感器是以电容传感器为敏感元件,将被测压力变化转换成电容量变化的器件。它的主要部件是电容传感器,按其结构可分为单电容式和差动电容式两种。下面介绍电容传感器的测压原理及工程应用。

4.5.1 单电容压力传感器

1. 单电容压力传感器的测压原理

单电容压力传感器的最简单结构形式是如图 4-30 所示的平行板电容器。当忽略边缘效应

时,它的电容量为

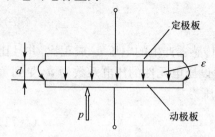

图 4-30 单电容传感器的测压原理

$$C=\frac{\varepsilon A}{d} \tag{4-75}$$

式中,C 为电容传感器的电容量(F);A 为两极板相互遮盖的有效面积(m^2);d 为两极板间的距离,又称作极距(m);ε 为两极板间介质的介电常数。

由图 4-30 可以看出,当动极板受到压力 p 作用时,就会使电容器的极距 d 变小,从而引起电容量 C 变大。显然,这时电容量 C 就是压力 p 的函数,即 $C=f(p)$。由此可知,只要测出 C 的变化,就可知道被测压力 p 的大小。这就是单电容压力传感器的测压原理。

2. 单电容传感器的灵敏度

由式(4-75)可知,变极距单电容传感器的输出特性不是线性关系,而是如图 4-31 所示的非线性关系。设该电容的初始极距为 d_0,则初始电容量为 $C_0=\varepsilon A/d_0$。当动极板受到压力 p 的作用向上移动 Δd 时,则有 $d=d_0-\Delta d$,从而有

$$C=\frac{\varepsilon A}{d}=\frac{C_0}{1-\Delta d/d_0} \tag{4-76}$$

当 $\Delta d/d_0 \ll 1$ 时,可将上式展成下列泰勒级数形式,即

$$C=C_0\left[1+\frac{\Delta d}{d_0}+\left(\frac{\Delta d}{d_0}\right)^2+\left(\frac{\Delta d}{d_0}\right)^3+\cdots\right] \tag{4-77}$$

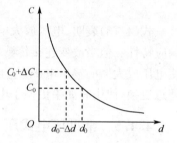

图 4-31 变极距单电容传感器特性

显然,电容 C 的变化量为

$$\Delta C=C-C_0=C_0\left[\frac{\Delta d}{d_0}+\left(\frac{\Delta d}{d_0}\right)^2+\left(\frac{\Delta d}{d_0}\right)^3+\cdots\right] \tag{4-78}$$

电容 C 的相对变化量为

$$\frac{\Delta C}{C_0}=\frac{\Delta d}{d_0}+\left(\frac{\Delta d}{d_0}\right)^2+\left(\frac{\Delta d}{d_0}\right)^3+\cdots \tag{4-79}$$

若忽略二阶及以上的高阶无穷小项,则得近似线性关系为

$$\frac{\Delta C}{C_0}\approx\frac{1}{d_0}\Delta d \tag{4-80}$$

通常把变极距单电容传感器的灵敏系数 $K_单$ 定义为

$$K_单=\frac{\Delta C/C_0}{\Delta d}\approx\frac{1}{d_0} \tag{4-81}$$

由以上分析可知,当 $\Delta d/d_0\ll 1$ 时,d_0 越小,变极距电容传感器的灵敏度就越高。所以变极距电容传感器的极板间距通常都比较小,一般在 $25\sim 200\mu m$ 之间。最大变化量应小于极板间距的 1/10,否则将引起较大的非线性误差。

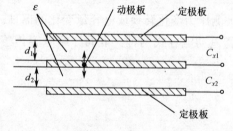

图 4-32 变极距差动电容传感器的结构

4.5.2 差动电容压力传感器

1. 差动电容压力传感器的测压原理

在实际应用中,为了提高灵敏度,改善非线性,电容传感器经常做成差动形式。变极距差动电容传感器的结构示意图如图 4-32 所示。其中两边为固定不动的定极板,中间为上下可移动的动极板。当动极板受到压力

p 的作用移动时,则极距 d_1、d_2 都发生变化,从而使电容 C_{x1}、C_{x2} 都发生变化,显然它们的变化大小与压力 p 大小有关。只要测出两个电容的变化,就可知道被测压力 p 的大小。这就是差动电容传感器的测压原理。

2. 差动电容压力传感器的灵敏度

设两个电容器的初始极距都为 d_0,初始电容量都为 $C_0=\varepsilon A/d_0$。当动极板受到压力 p 作用上移 Δd 时,则有 $d_1=d_0-\Delta d$,$d_2=d_0+\Delta d$,从而有

$$C_{x1}=\frac{\varepsilon A}{d_1}=\frac{C_0}{1-\Delta d/d_0} \tag{4-82}$$

$$C_{x2}=\frac{\varepsilon A}{d_2}=\frac{C_0}{1+\Delta d/d_0} \tag{4-83}$$

当 $\Delta d/d_0 \ll 1$ 时,可将上面两式展成下列泰勒级数形式,即

$$C_{x1}=C_0\left[1+\frac{\Delta d}{d_0}+\left(\frac{\Delta d}{d_0}\right)^2+\left(\frac{\Delta d}{d_0}\right)^3+\cdots\right] \tag{4-84}$$

$$C_{x2}=C_0\left[1-\frac{\Delta d}{d_0}+\left(\frac{\Delta d}{d_0}\right)^2-\left(\frac{\Delta d}{d_0}\right)^3+\cdots\right] \tag{4-85}$$

这时差动电容 C_{x1}、C_{x2} 总的电容变化量为

$$\Delta C_x=C_{x1}-C_{x2}=2C_0\left[\frac{\Delta d}{d_0}+\left(\frac{\Delta d}{d_0}\right)^3+\left(\frac{\Delta d}{d_0}\right)^5+\cdots\right] \tag{4-86}$$

差动电容 C_{x1}、C_{x2} 总的电容相对变化量为

$$\frac{\Delta C_x}{C_0}=2\left[\frac{\Delta d}{d_0}+\left(\frac{\Delta d}{d_0}\right)^3+\left(\frac{\Delta d}{d_0}\right)^5+\cdots\right] \tag{4-87}$$

若忽略三阶及以上的高阶无穷小项,则得近似线性关系为

$$\frac{\Delta C_x}{C_0}\approx\frac{2}{d_0}\Delta d \tag{4-88}$$

由此可知,变极距差动电容传感器的灵敏系数 $K_{差}$ 为

$$K_{差}=\frac{\Delta C_x/C_0}{\Delta d}\approx\frac{2}{d_0} \tag{4-89}$$

比较式(4-81)和式(4-89)可知,变极矩电容传感器做成差动形式后,灵敏度增加了一倍,而非线性误差也大大降低。需要指出的是,若采用电容传感器的容抗 $X_C=1/(\omega C)$ 作为电容传感器的输出量,那么被测量 Δd 与 ΔX_C 就成线性关系。这说明合理地选择测量电路对测量精度至关重要。用于电容传感器的测量电路很多,下面介绍几种测量电路供用户选择使用。

4.5.3 电容压力传感器测量电路

1. 单电容压力传感器测量电路

1) 谐振式调幅测量电路

图4-33(a)为谐振式调幅测量电路方框图。电容传感器的电容 C_x 作为谐振回路(L、C、C_x)调谐电容的一部分。谐振回路通过变压器 T 耦合,从稳定的高频振荡器取得振荡电压。假设电容传感器的初始容量为 C_0,改变调谐电容 C,把谐振回路的谐振频率调节在和振荡器振荡频率 ω_r 相接近的频率上,使谐振回路发生谐振,这时谐振回路的输出电压最大。则谐振回路的输出电压与 C_x 的关系曲线经放大整流后如图4-33(b)所示。

当被测压力 p 使 C_x 发生相应的变化,即 $C_x\neq C_0$ 时谐振回路失谐,谐振回路的输出电压变小。显然,输出电压的变化量与电容变化量 ΔC 有关;若能测量出输出电压的变化量,也就能计算出电容的变化量,进而计算出被测压力 p 的大小。

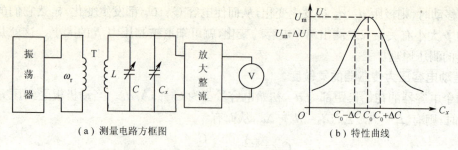

(a) 测量电路方框图　　　　　　　(b) 特性曲线

图 4-33　谐振式调幅测量电路方框图及特性

由于这种电容传感器的电容量稍有变化时,就会使输出电压发生急剧变化,因此该电路有很高的灵敏度。其缺点是变化范围小,线性度也较差。另外,为了提高测量精度,振荡器的频率要求具有较高的稳定性。

2) 谐振式调频测量电路

这种测量电路是把电容压力传感器作为振荡器谐振电路的一部分,当被测压力使传感器电容发生变化时,就使振荡器的振荡频率发生变化。由于振荡器的振荡频率受电容传感器的调制,故称为调频式测量电路。

图 4-34 为谐振式调频测量电路方框图。图中调频振荡器的振荡频率由下式决定

$$f = \frac{1}{2\pi\sqrt{LC}} \tag{4-90}$$

式中,L 为振荡回路的固定电感;C 为振荡回路的总电容。

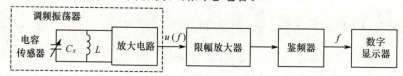

图 4-34　谐振式调频测量电路方框图

总电容 C 一般由传感器的电容 $C_x = C_0 \pm \Delta C$、谐振回路中固定电容 C_1 和传感器电缆分布电容 C_2 三部分组成。假如被测压力为零,那么 $\Delta C = 0, C = C_1 + C_0 + C_2$。这时振荡器的振荡频率称作固有振荡频率,记作 f_0,则

$$f_0 = \frac{1}{2\pi\sqrt{L(C_1+C_0+C_2)}} \tag{4-91}$$

当被测压力不为零时,则 $\Delta C \neq 0$,振荡频率变为 f,则

$$f = \frac{1}{2\pi\sqrt{L(C_1+C_0+C_2 \pm \Delta C)}} = f_0 \mp \Delta f \tag{4-92}$$

由此可知,该振荡器的输出电压是一个受被测压力调制的调频波,其频率由式(4-92)决定。只要能把输出频率的变化测量出来就可以计算出被测压力的大小。用调频电路作为电容传感器的测量电路具有抗干扰能力强、特性稳定、输出电平高等特点。

2. 差动电容压力传感器测量电路

1) 双 T 形差动交流电桥测量电路

图 4-35(a) 是双 T 形差动交流电桥测量电路原理图,图中 e 为高频脉冲电压源,它给电路提供幅值为 U 的对称方波电压信号,VD_1 和 VD_2 是特性完全相同的两只二极管,R_1 和 R_2 为固定电阻,且 $R_1 = R_2 = R$,C_{x1} 和 C_{x2} 为差动电容压力传感器的两个电容,R_L 为负载电阻,u_o 为负载电阻 R_L 上的电压。

当系统稳定后,在脉冲电压源 e 的正半周,二极管 VD_1 导通,VD_2 截止,其等效电路如图 4-35(b) 所示。于是电源一部分给电容 C_{x1} 迅速充电至电压 U,另一部分电流 $i_1(t)$ 经 R_1 流向 R_2 和 R_L,同时电容 C_{x2} 通过 R_L、R_2 和 R_1、R_2 两条支路放电。设 C_{x2} 的电压为 $u_2(t)$,放电电流为 $i_2(t)$,则负载 R_L 上的电压为 $u_L(t)=i_2(t)R_2+u_2(t)$。

在 e 的负半周,二极管 VD_2 导通,VD_1 截止,其等效电路如图 4-35(c) 所示。于是电源一部分给电容 C_{x2} 充电,另一部分电流 $i_2'(t)$ 经 R_L 和 R_1 流向 R_2,同时电容 C_{x1} 通过 R_1、R_L 和 R_1、R_2 两条支路放电,设 C_{x1} 的放电电压为 $u_1'(t)$,放电电流为 $i_1'(t)$,则负载 R_L 上的电压为 $u_L'(t)=u_1'(t)-i_1'(t)R_1$。

由此可知,在一个电源周期 T 内负载电阻 R_L 的平均电压 U_o 为

$$U_o = \frac{1}{T}\left[\int_0^{T/2} u_L(t)\mathrm{d}t + \int_0^{T/2} u_L'(t)\mathrm{d}t\right] \qquad (4\text{-}93)$$

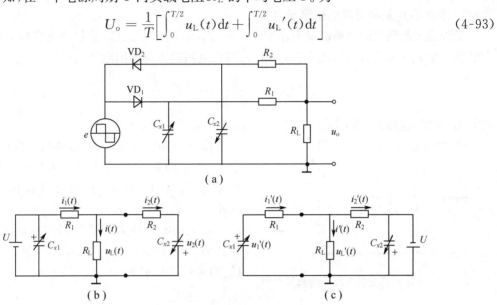

(a)

(b)   (c)

图 4-35 双 T 形差动交流电桥测量电路

在脉冲电压源 e 的正半周,根据戴维南定理,可将图 4-35(b) 等效成图 4-36 所示电路。当 $R_1=R_2=R$ 时,由一阶电路的完全响应公式可知

$$\begin{aligned}u_2(t) &= -U\exp\left(-\frac{t}{\tau_2}\right)+\frac{R_L}{R+R_L}U\left[1-\exp\left(-\frac{t}{\tau_2}\right)\right]\\&=\frac{R_L}{R+R_L}U-\frac{R+2R_L}{R+R_L}U\exp\left(-\frac{t}{\tau_2}\right) \qquad \left(0\leqslant t\leqslant \frac{T}{2}\right)\end{aligned}$$
(4-94)

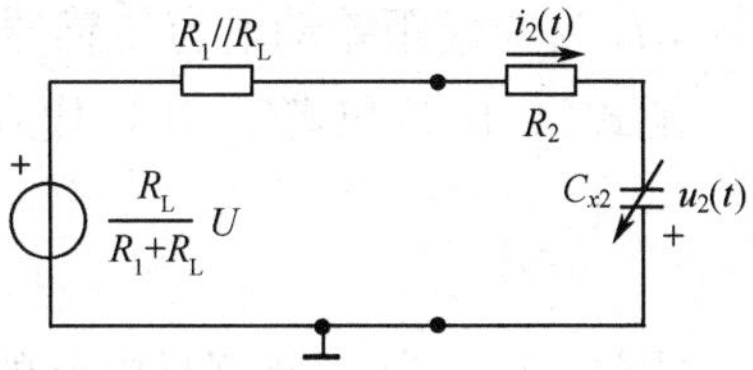

图 4-36 图 4-35(b) 的等效电路

$$i_2(t)=C_{x2}\frac{\mathrm{d}u_2(t)}{\mathrm{d}t}=\frac{U}{R}\exp\left(-\frac{t}{\tau_2}\right) \qquad \left(0\leqslant t\leqslant \frac{T}{2}\right) \qquad (4\text{-}95)$$

式中,τ_2 为电容 C_{x2} 的放电时间常数,$\tau_2=(R+R/\!/R_L)C_{x2}$。

$$u_L(t)=i_2(t)R_2+u_2(t)=\frac{R_L}{R+R_L}U\left[1-\exp\left(-\frac{t}{\tau_2}\right)\right] \qquad \left(0\leqslant t\leqslant \frac{T}{2}\right) \qquad (4\text{-}96)$$

在脉冲电压源 e 的负半周,同理可知

$$u_L'(t)=i_1'(t)R_1+u_1'(t)=-\frac{R_L}{R+R_L}U\left[1-\exp\left(-\frac{t}{\tau_1}\right)\right] \qquad \left(0\leqslant t\leqslant \frac{T}{2}\right) \qquad (4\text{-}97)$$

式中,τ_1 为电容 C_{x1} 的放电时间常数,$\tau_1=(R+R/\!/R_L)C_{x1}$。

假设差动电容器的初始电容为 C_{x0},当 $T>4\tau_0$($\tau_0=(R+R/\!/R_L)C_{x0}$)时,将式 (4-96) 和

式(4-97)代入式(4-93)得输出电压的平均值为

$$U_\text{o} \approx \frac{RR_\text{L}(R+2R_\text{L})}{(R+R_\text{L})^2}Uf(C_{x1}-C_{x2}) \tag{4-98}$$

式中，f 为脉冲电源的频率。

由式(4-98)可知，该电路的输出电压平均值 U_o 与电容 C_{x1} 和 C_{x2} 的差值有关，只要能测量出输出电压的平均值 U_o 就能计算出电容 C_{x1} 和 C_{x2} 的差值，进而计算出被测压力。

双 T 形差动交流电桥测量电路具有结构简单、动态响应快、灵敏度高等特点。当高频电压源幅值较大时，测量的非线性误差较小。由于电路的灵敏度与电源的幅值频率有关，使用时要求电源的幅值和频率都要稳定，否则将影响测量精度。

2) 变压器式差动交流电桥测量电路

变压器式差动交流电桥测量电路如图 4-37 所示，图中 C_{x1}、C_{x2} 是差动电容压力传感器的两个电容。令 $Z_1=1/(\text{j}\omega C_{x1})$，$Z_2=1/(\text{j}\omega C_{x2})$，则该电路的空载输出电压为

$$\dot{U}_\text{o}=\dot{U}-\frac{2\dot{U}Z_1}{Z_1+Z_2}=\frac{C_{x1}-C_{x2}}{C_{x1}+C_{x2}}\dot{U} \tag{4-99}$$

式中，$\dot{U}$ 为变压器的工作电压。

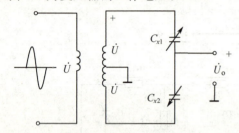

图 4-37 变压器式差动交流电桥测量电路

由式(4-99)可知，该电路的输出电压与电容 C_{x1} 和 C_{x2} 的差值有关，只要能测量出输出电压就能计算出电容 C_{x1} 和 C_{x2} 的差值，进而计算出被测压力的大小。

若差动电容压力传感器是变极距的，假设在被测压力作用下使 $d_1=d_0-\Delta d$，$d_2=d_0+\Delta d$，则 C_{x1}、C_{x2} 的表达式分别为

$$C_{x1}=\frac{\varepsilon A}{d_1}=\frac{\varepsilon A}{d_0-\Delta d} \tag{4-100}$$

$$C_{x2}=\frac{\varepsilon A}{d_2}=\frac{\varepsilon A}{d_0+\Delta d} \tag{4-101}$$

式中，d_0 为变极距差动电容传感器的初始极距；Δd 为差动电容传感器的极距变化量。

把式(4-100)和式(4-101)代入式(4-99)得

$$\dot{U}_\text{o}=\frac{C_{x1}-C_{x2}}{C_{x1}+C_{x2}}\dot{U}=\frac{\dot{U}}{d_0}\Delta d \tag{4-102}$$

式(4-102)说明，此测量电路的输出电压 U_o 与差动电容的极距变化量 Δd 成正比，且无非线性误差。此种测量电路常用于自动监测控制系统中。

4.5.4 常见电容式压力传感器及应用

由于电容传感器结构简单、体积小、分辨率高，因此利用电容传感器制作的电容式压力传感器在压力及压差测量中被广泛采用。下面介绍一个常见的电容式压力传感器。

1. 差动电容压力传感器

图 4-38 是一种典型的差动电容压力传感器结构示意图。它实际是一个变极距差动电容器。图中两个在凹形玻璃上电镀的金属层作为固定极板，中间的金属膜片为可动极板。当两边的压力 p_1 和 p_2 相等时，膜片处于中间位置，两边的电容量相等。当两边的压力 p_1 和 p_2 不相等时，金属膜片就会产生向左或向右弯曲，从而使两边的电容量不再相等，并且是一个增大，一个减小，

形成差动形式。显然,这个差动电容器的电容变化量与被测压差大小有关。因此,只要通过测量电路把变化的电容量测量出来就可以实现压力差的测量。如果把一端接被测压力,另一端与大气相通,就可以实现压力的测量。由于它既可以测量压差,也可以测量压力,所以人们又把它称作电容式差压传感器。

2. 差动电容压力变送器

由图 4-38 可知,差动电容压力传感器本身不带测量电路。要用它进行压力(或压差)的测量,需要外加测量电路。为了方便用户使用,便于和其他设备连接,生产厂家把差动电容压力传感器和测量转换电路制作在了一起,其框图如图 4-39 所示,称作差动电容压力变送器。它的特点是输出标准的直流电流信号(如 4~20mA、0~10mA 等),并且这个电流大小与被测压差成正比。

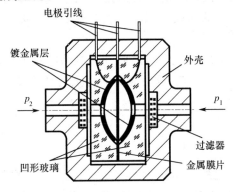

图 4-38 差动电容压力传感器结构示意图

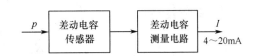

图 4-39 差动电容压力变送器结构框图

事实上,差动电容压力变送器是差动电容压力传感器的延伸器件。它既可以测量压力,也可以测量压差。人们习惯上又把它称作电容式差压变送器。目前常见的型号有 1151、3051、3351、3851 等。测量对象既可以是液体,也可以是气体和蒸汽,使用时可根据测压范围、使用环境、精度要求及被测介质情况合理选择。

4.6 电感式压力传感器

电感式压力传感器是利用电磁感应原理,把压力转换为线圈自感系数变化来实现压力测量的器件。它的主要部件是电感传感器,按其结构可分为单电感和差动电感两种。下面介绍它们的测压原理及工程应用。

4.6.1 单电感压力传感器

1. 单电感压力传感器的测压原理

单电感压力传感器的测压原理如图 4-40 所示。它主要由线圈、铁芯和衔铁三部分组成。其中铁芯和衔铁由导磁材料(如硅钢片或坡莫合金)制成,并且在衔铁和铁芯之间有气隙 δ。

设该线圈的匝数为 N,当给它通上交流电压 u 时,则线圈中就有交流电流 i 通过,从而在线圈中产生交变磁通 Φ。由磁路欧姆定律可知

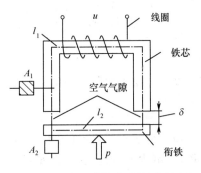

图 4-40 单电感传感器的测压原理

$$\varPhi = \frac{Ni}{R_m} \tag{4-103}$$

根据自感的定义,可得该线圈的自感系数 L 为

$$L = \frac{N\varPhi}{i} = \frac{N^2}{R_m} \tag{4-104}$$

式中,R_m 为磁路的总磁阻。

由于衔铁和铁芯之间的气隙厚度 δ 比较小,一般在 $0.1 \sim 1\text{mm}$ 范围内。因此,可以认为气隙磁场是均匀的。若忽略磁路铁损,则磁路的总磁阻可写成

$$R_m = R_{m1} + R_{m2} + R_{m0} = \frac{l_1}{\mu_1 A_1} + \frac{l_2}{\mu_2 A_2} + \frac{2\delta}{\mu_0 A_0} \tag{4-105}$$

式中,l_1、l_2 分别为铁芯、衔铁的磁路长度;A_1、A_2 分别为铁芯、衔铁的横截面积;μ_1、μ_2 分别为铁芯、衔铁的磁导率;δ 为气隙磁路的长度;A_0 为气隙磁路的横截面积;μ_0 为空气磁导率($\mu_0 = 4\pi \times 10^{-7} \text{H/m}$)。

通常铁芯和衔铁的磁导率 μ_1 和 μ_2 都远大于空气的磁导率 μ_0,因此气隙磁路的磁阻远远大于铁芯和衔铁磁路的总磁阻,故铁芯和衔铁磁路的磁阻可忽略,这时磁路的总磁阻可写成

$$R_m \approx R_{m0} = \frac{2\delta}{\mu_0 A_0} \tag{4-106}$$

将式(4-106)代入式(4-104)得

$$L = \frac{N^2}{R_m} \approx \frac{N^2}{R_{m0}} = \frac{N^2 \mu_0 A_0}{2\delta} \tag{4-107}$$

式(4-107)表明,当线圈匝数 N 一定时,电感系数 L 仅是气隙 δ 的函数。由图 4-40 可以看出,当衔铁受到压力 p 作用时,就使气隙 δ 发生变化,从而引起电感量 L 的变化。如果能测量出电感 L 的变化,就能知道压力 p 的大小,这就是变气隙单电感压力传感器的测压原理。

2. 单电感传感器的灵敏度

由式(4-107)可知,变气隙单电感传感器的自感系数 L 与气隙 δ 之间是非线性关系,其电感 L 与气隙 δ 之间的特性曲线如图 4-41 所示。设它的初始气隙为 δ_0,初始电感量为 L_0,衔铁位移引起的气隙变化量为 $\Delta\delta$,当衔铁处于初始位置时,它的初始电感量 L_0 为

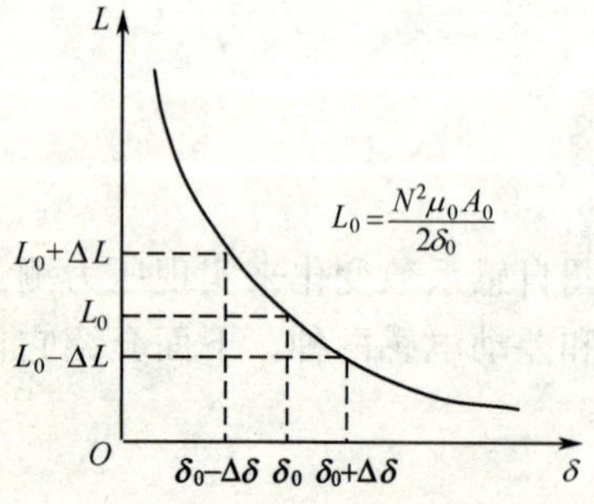

$$L_0 = \frac{N^2 \mu_0 A_0}{2\delta_0} \tag{4-108}$$

当衔铁上移 $\Delta\delta$,即 $\delta = \delta_0 - \Delta\delta$ 时,将它代入式(4-107),整理得电感变化量

$$\Delta L = L - L_0 = \frac{L_0 \Delta\delta / \delta_0}{1 - \Delta\delta / \delta_0} \tag{4-109}$$

图 4-41 变气隙单电感传感器的特性

当 $\Delta\delta / \delta_0 \ll 1$ 时,将分母中 $\Delta\delta / \delta_0$ 忽略得

$$\frac{\Delta L}{L_0} \approx \frac{1}{\delta_0} \Delta\delta \tag{4-110}$$

通常变气隙单电感传感器的灵敏系数为

$$K_\text{单} = \frac{\Delta L / L_0}{\Delta \delta} = \frac{1}{\delta_0} \tag{4-111}$$

以上分析表明,变气隙单电感传感器 $\Delta\delta$ 的变化范围与灵敏度和线性度相矛盾。为了提高灵敏度,减少非线性误差,在实际应用中,多数采用差动电感传感器。

4.6.2 差动电感压力传感器

1. 差动电感压力传感器的测压原理

变气隙差动电感传感器的基本结构如图 4-42 所示。它由两个相同的线圈和磁路组成,当位于中间的衔铁受到压力 p 的作用而上下移动时,则上下气隙 δ_1、δ_2 都发生变化,上下两个线圈的电感,一个增加而另一个减少,形成差动形式。显然,它们的变化与压力 p 大小有关。只要测出上下两个电感的变化,就可知道被测压力 p 的大小。这就是变气隙差动电感压力传感器的测压原理。

2. 差动电感传感器的灵敏度

假设上下两个铁芯与衔铁的初始气隙都为 δ_0,两线圈的初始电感量都为 L_0,则

$$L_0 = \frac{N^2 \mu_0 A_0}{2\delta_0} \tag{4-112}$$

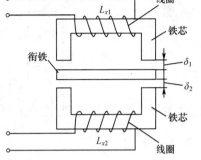

图 4-42 变气隙差动电感传感器的结构

当衔铁上移 $\Delta\delta$,即 $\delta_1 = \delta_0 - \Delta\delta$,$\delta_2 = \delta_0 + \Delta\delta$ 时,将它们代入式(4-107)并整理得

$$L_{x1} = \frac{L_0}{1 - \Delta\delta/\delta_0} = \frac{L_0(1 + \Delta\delta/\delta_0)}{1 - (\Delta\delta/\delta_0)^2} \tag{4-113}$$

$$L_{x2} = \frac{L_0}{1 + \Delta\delta/\delta_0} = \frac{L_0(1 - \Delta\delta/\delta_0)}{1 - (\Delta\delta/\delta_0)^2} \tag{4-114}$$

两电感总的变化量为

$$\Delta L = L_{x1} - L_{x2} = \frac{2L_0 \Delta\delta/\delta_0}{1 - (\Delta\delta/\delta_0)^2} \tag{4-115}$$

当 $\Delta\delta/\delta_0 \ll 1$ 时,将分母中的 $(\Delta\delta/\delta_0)^2$ 忽略得差动电感的相对变化量为

$$\frac{\Delta L}{L_0} \approx \frac{2}{\delta_0}\Delta\delta \tag{4-116}$$

由此可得变气隙差动电感传感器的灵敏系数为

$$K_{差} = \frac{\Delta L/L_0}{\Delta\delta} \approx \frac{2}{\delta_0} = 2K_{单} \tag{4-117}$$

比较式(4-111)和式(4-117)可知,变气隙差动电感传感器与变气隙单电感传感器相比,灵敏度提高了一倍,并且非线性误差也大大减少。

变气隙差动电感传感器的最大优点是灵敏度高,其主要缺点是线性范围小、自由行程小、制造装配困难、互换性差,因而限制了它的应用。

4.6.3 电感式传感器测量电路

1. 单电感传感器测量电路

单电感传感器测量电路主要有谐振式调幅电路和谐振式调频电路两种。

1) 谐振式调幅测量电路

图 4-43(a)是谐振式调幅电路原理图。图中单电感传感器 L 与固定电容 C 和变压器 T 原边串联在一起构成谐振电路。当给它接上交流电源 $\dot{U}$ 后,则变压器 T 副边将有交流电压 $\dot{U}_o$ 输出,且输出电压的频率与电源 $\dot{U}$ 的频率相同,而且有效值将随着电感量 L 的变化而变化。适当选择电源 $\dot{U}$ 的频率使输出电压有效值 U_o 与电感量 L 的关系曲线如图 4-43(b)所示,其中 L_0 为

初始电感量,并使它处于谐振点上。当电感发生微小变化,即 $L \neq L_0$ 时,谐振电路失谐,输出电压明显变小。显然,输出电压有效值变化量与电感的变化量 ΔL 有关,只要能测量出电压的变化量,就能计算出电感的变化量。这种测量电路灵敏度高,但线性度差,适合于线性度要求不高的场合。

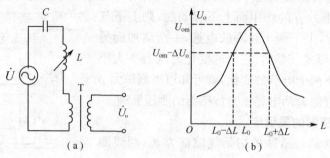

图 4-43　谐振式调幅电路原理图及输出特性

2) 谐振式调频测量电路

图 4-44(a)是谐振式调频电路原理图。图中单电感传感器 L 和固定电容 C 并联后作为振荡电路的选频网络,则该振荡电路的振荡频率 $f=1/(2\pi\sqrt{LC})$,其关系曲线如图 4-44(b)所示。显然,当 L 变化时其调频电路的输出电压频率 f 也随之变化,根据 f 的大小即可测量出被测量的值,但这种测量电路是非线性的。

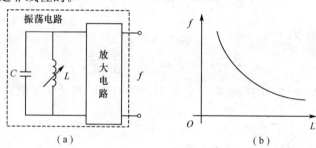

图 4-44　谐振式调频电路原理图及输出特性

2. 差动电感传感器测量电路

若电感传感器为差动形式,通常采用差动交流电桥测量电路。常用的差动交流电桥测量电路主要有电阻式和变压器式两种。

1) 电阻式差动交流电桥测量电路

图 4-45 为电阻式差动交流电桥测量电路。图中相邻两臂 Z_{x1} 和 Z_{x2} 是差动传感器两线圈的复阻抗,另外两个相邻桥臂为纯电阻 R。假设变气隙型差动电感传感器的上面线圈电感为 L_{x1},下面线圈电感为 L_{x2};初始气隙为 δ_0,初始电感为 L_0。当被测压力变化使衔铁向上移动 $\Delta\delta$ 时,上边气隙减少 $\Delta\delta$,而下面气隙增加 $\Delta\delta$,则有

$$Z_{x1}=j\omega L_{x1}=\frac{j\omega L_0}{(1-\Delta\delta/\delta_0)} \qquad (4\text{-}118)$$

$$Z_{x2}=j\omega L_{x2}=\frac{j\omega L_0}{(1+\Delta\delta/\delta_0)} \qquad (4\text{-}119)$$

在交流电压源 $\dot{U}$ 的作用下,电桥的输出电压为

$$\dot{U}_o=\left(\frac{Z_{x1}}{Z_{x1}+Z_{x2}}-\frac{1}{2}\right)\dot{U}=\frac{(Z_{x1}-Z_{x2})}{2(Z_{x1}+Z_{x2})}\dot{U}=\frac{\Delta\delta}{2\delta_0}\dot{U} \qquad (4\text{-}120)$$

由式(4-120)可知,该电桥的输出电压有效值与衔铁的移动量 $\Delta\delta$ 成正比,且为线性关系。由此可知,只要能测量出输出电压的有效值 $U_\circ$,就能计算出气隙的变化量 $\Delta\delta$,也就能计算出被测压力的大小。

2) 变压器式差动交流电桥测量电路

图4-46为变压器式差动交流电桥测量电路,电桥两臂 Z_{x1} 和 Z_{x2} 也是差动传感器两线圈的复阻抗,另外两桥臂分别是电源变压器的两个次级线圈。设变压器的两个次级线圈电压都为 $\dot{U}$,则桥路的输出电压为

$$\dot{U}_\circ = \dot{U}_{AD} - \dot{U}_{BD} = \dot{U} - \frac{2\dot{U}Z_{x2}}{Z_{x1}+Z_{x2}} = \frac{Z_{x1}-Z_{x2}}{Z_{x1}+Z_{x2}}\dot{U} \qquad (4-121)$$

将式(4-118)和式(4-119)代入式(4-121)得

$$\dot{U}_\circ = \frac{\Delta\delta}{\delta_0}\dot{U} \qquad (4-122)$$

由以上分析可知,这两种交流电桥的输出电压都与 $\Delta\delta$ 大小成正比,并且变压器式差动交流电桥的输出电压灵敏度是电阻式交流电桥的2倍。只要能把交流电桥的输出电压测量出来,就可以计算出 $\Delta\delta$ 的大小,也就可以知道被测压力的大小,但不能确定压力的正负。由于 $\dot{U}$ 是交流电压,要想把压力正负鉴别出来,必须配有相敏检波电路才能实现。

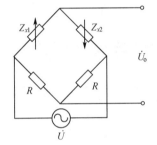
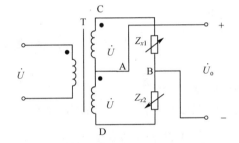

图4-45 电阻式差动交流电桥　　　　图4-46 变压器式差动交流电桥

4.6.4 常见电感式压力传感器及应用

1. 单电感压力传感器

图4-47是单电感压力传感器的结构图,它由膜盒、铁芯、衔铁及线圈等组成。其中衔铁与膜盒的上端连在一起。当压力 p 进入膜盒时,膜盒的顶端在压力 p 的作用下产生与压力 p 大小成正比移动,于是衔铁也发生同样的移动,从而使气隙 δ 发生同样的变化。当给线圈加上交流电压 u 后,流过线圈的电流有效值 I 也发生变化。其关系式为

$$I = \frac{U}{\omega L} = \frac{2U}{\omega\mu_0 N^2 A_0}\delta \qquad (4-123)$$

式中,U 为交流电压 u 的有效值;ω 为交流电压 u 的角频率;N 为线圈的匝数;A_0 为气隙磁路的横截面积;μ_0 为空气磁导率($\mu_0 = 4\pi\times10^{-7}$ H/m)。

式(4-123)表明,线圈电流有效值 I 与气隙 δ 呈线性关系。用电流表测量出这个电流,就可以计算出被测压力的大小。

2. 差动电感压力传感器

图4-48为差动电感压力传感器的结构图,它主要由C形弹簧管、衔铁、铁芯和线圈等组成。其中,衔铁和C形弹簧管的自由端相连。当被测压力进入C形弹簧管时,C形弹簧管产生变形,

其自由端发生移动,从而带动与自由端连在一起的衔铁移动,使线圈1和线圈2中的电感发生大小相等、符号相反的变化。即一个电感量增大,而另一个电感量减小。电感的这种变化通过变压器差动交流电桥测量电路转换成交流电压输出。显然,输出电压的大小与被测压力有关,只要用检测仪表测量出输出电压,即可计算出被测压力的大小。

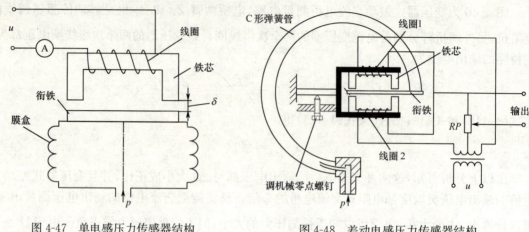

图 4-47　单电感压力传感器结构　　　　图 4-48　差动电感压力传感器结构

4.7　压力传感器工程应用案例

正确地进行压力的测量和控制在工农业生产和人们的日常生活中非常重要,下面介绍压力传感器的使用注意事项和几个工程应用案例。

4.7.1　压力传感器的使用注意事项

在工业生产中,对压力传感器进行合理选型、合理选择检测点及正确安装等都是非常重要的,否则就会导致较大的测量误差。下面介绍它的使用注意事项。

1. 压力传感器的选用原则

压力传感器选用的基本原则是既要满足工艺指标、测压范围、允许误差、介质特性、安全生产等因素对压力测量的要求,又要经济合理、使用方便。

弹性元件要保证在弹性变形的安全范围内可靠地工作,在选择传感器量程时要留有足够的余地。一般在被测压力波动较小的情况下,最大压力值不应超过满量程的 3/4;在被测压力波动较大的情况下,最大压力值应不超过满量程的 2/3。为了保证测量精度,被测压力最小值应不低于满量程的 1/3。

2. 检测点的选择与压力传感器的安装

传感器测量结果的准确性,不仅与传感器本身的精度等级有关,而且还与检测点的选择、传感器的安装使用是否正确有关。压力检测点应选在能准确及时地反映被测压力的真实情况处(见图 4-49)。因此,取压点不能处于流束紊乱的地方,即要选在管道的直线部分,并离局部阻力较远的地方。

测量高温蒸气压力时,应装回形冷凝液管或冷凝器,以防止高温蒸气与测压元件直接接触,如图 4-49(a)所示。测量腐蚀、高黏度、有结晶等介质时,应加装充有中性介质的隔离罐,如图 4-49(b)所示。隔离罐内的隔离液应选择沸点高、凝固点低、化学与物理性能稳定的液体,如甘油、乙醇等。压力传感器安装高度应与取压点相同或相近。对于图4-49(c)所示情况,压力表的指示值要比管道内的实际压力高,应对其误差进行修正才行。

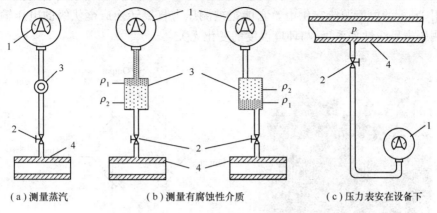

图4-49 压力传感器安装示意图
1—压力表;2—切断阀;3—隔离罐;4—生产设备;ρ_1、ρ_2—隔离液和被测介质的密度

4.7.2 压力测量显示系统案例

为了加深读者对压力传感器的理解,学会压力传感器的具体应用,下面介绍小型空气压缩机压力测量显示系统案例。图4-50是该空气压缩机的压力测量显示系统结构框图。

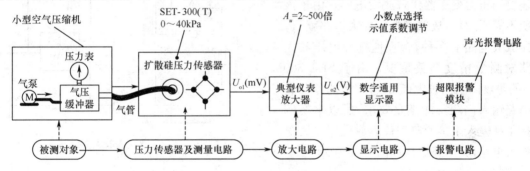

图4-50 空气压缩机压力测量显示系统框图

它由小型空气压缩机、压力传感器及测量转换电路、放大电路及显示电路等部件组成。该小型空气压缩机由直流电机、气泵、气压缓冲器和压力表等组成,产生的压力范围为0~30kPa。下面分别介绍各部分电路的结构和功能。

1. 压力传感器及测量转换电路

压力传感器是压力测量显示系统的主要部件,压力传感器种类很多,选择的原则是既要保证所选压力传感器的测量范围涵盖被测压力范围,又要性价比高,还要灵敏度高,方便实用。由于压阻式压力传感器灵敏度高,价格便宜,备受人们青睐,本案例选择的就是扩散硅压力传感器SET-300(T)。它的测压范围是0~40kPa,典型压阻值是5kΩ,满足气压测量范围0~30kPa的要求。其的外形如图4-51所示,内部电路结构如图4-52所示。

由图4-52可以看出,其内部是由4个阻值完全相等的扩散硅电阻组成的全桥差动测量电路。有5个引线端,使用时通常在3和4之间跨接一个小的电位器,用于调节电桥平衡;电桥的两个对角2和5为不平衡电压输出端,而另两个对角加工作电源。使用该传感器测量压力时,无须另外测量电路即可使用。它的工作驱动电压典型值是5V,最大值是10V。满量程输出电压的典型值是 50mV。由于这种传感器的敏感元件是半导体材料,受温度影响较大,从而降低了它的稳定性和测量精度。为了减少温度变化的影响,扩散硅压力传感器多数采用恒流源供电。本案例就是采用 1mA 的恒流源给它供电。它能把被测压力直接转换成毫伏级的电压输出,并且该电压与被测压力呈线性关系,而与环境温度的变化无关。

图 4-51 SET-300(T) 的外形

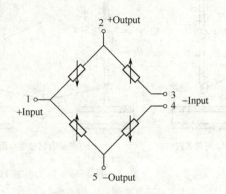

图 4-52 SET-300(T) 的内部电路结构

2. 放大电路

由于 SET-300(T) 的输出电压信号是毫伏级,比较微弱,要作为显示器的输入信号,还需要放大电路放大才行。如果要远距离传输,通常还要用压力变送器代替放大电路。由于该系统不需要远传,故选择电压放大电路就行。电压放大电路有多种,合理地选择电压放大电路对测量精度至关重要。由于 SET-300(T) 的等效内阻比较大(5kΩ),一般的差动放大电路输入内阻不能满足要求,所以本案例选择了高输入阻抗的典型仪表放大器作为电压放大电路,其电路结构如图 4-53 所示。

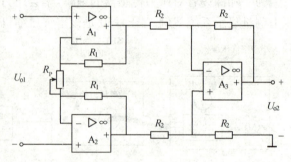

图 4-53 典型仪表放大器结构

它的电压放大倍数为

$$A_u = -\left(1 + \frac{2R_1}{R_P}\right) \tag{4-124}$$

输出电压为

$$U_{o2} = A_u U_{o1} = -\left(1 + \frac{2R_1}{R_P}\right) U_{o1} \tag{4-125}$$

取固定电阻 $R_1 = 10\text{k}\Omega$,电位器 $R_P = 20\text{k}\Omega$,可使 A_u 在 2~500 之间任意选择。它的功能是将毫伏级电压信号放大成伏级电压输出,供显示电路使用。

3. 压力显示电路

由于放大电路输出的是电压信号,为了显示测量压力的数值,还需要选择电压/压力转换显示电路。本案例选择了目前比较流行的数字通用显示器作为电压/压力数值转换显示电路。适当调节示值系数和小数点的位置,可使该数字通用显示器直接显示被测压力值。

4. 现场标定

为了能够正确地显示被测压力数值,还需要现场标定。即根据被测压力与放大器输出电压的对应关系,通过修改数字通用显示器的有关参数,实现电压和压力的这种对应关系,使该显示器直接显示被测压力。其标定过程如下:

首先关闭空气压缩机,使它的输出压力为零;给扩散硅压力传感器加上所需的恒流源,调节扩散硅压力传感器 3 和 4 端的外接电位器使电桥平衡(即让扩散硅传感器的输出电压为零)。然后启动空气压缩机,这时扩散硅传感器的输出电压 U_{o1} 就与被测压力的大小成正比。按图 4-50 所示框图把各个部件连接好,并给各个部件加上所需电源。调整典型仪表放大器的电位器 R_P 来改变它的电压放大倍数,使扩散硅压力传感器在测量压力范围 0~30kPa 时,典型仪表放大器的输出电压 U_{o2} 范围与通用数字显示器的输入电压范围相吻合。然后选择一个压力点(比如 20kPa),调节数字通用显示器的示值系数和小数点的位置,可使该数字通用显示器的显示数值与被测压力数值一致。这样标定以后,显示器的显示数就是被测压力值,从而完成了压力测量显示系统的现场标定工作。

5. 报警电路

为了使该测量显示系统能安全可靠地工作,通常还设有超限报警电路。该电路通常由电压比较器、蜂鸣器和光闪烁电路组成。设定一个压力数值(比如 25kPa),该电路把被测压力数值和设定压力值(25kPa)进行比较,当被测压力数值高于 25kPa 时,该电路的蜂鸣器就开始响动,同时闪烁电路也开始闪烁发光,实现了超限报警。

4.7.3 压力监测控制系统案例

压力监测控制系统也是工农业生产中常见的应用系统,下面介绍一个空气压缩机压力监控系统案例。它由小型空气压缩机、压力调节执行机构、压力监测机构和压力控制机构等部件组成。图 4-54 是该空气压缩机压力监测控制系统结构框图。下面分别介绍各部分电路的结构和功能。

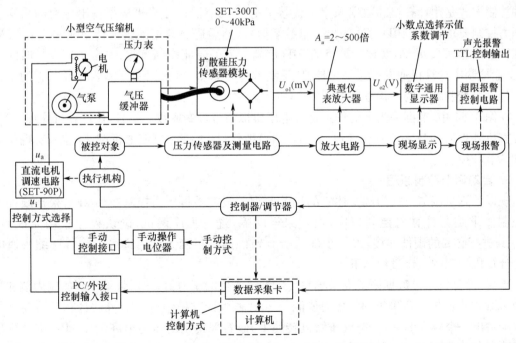

图 4-54 小型空气压缩机压力监测控制系统结构框图

1. 压力调节执行机构

由上面分析可知,该空气压缩机的压力不能进行调节,若要进行压力调节,还需要给它增加一个压力调节执行机构。因为该压缩机的压力大小取决于气泵电机的转速,因此,只要能改变气泵电机的转速,就能改变压力的大小。由于本空气压缩机的电机是直流电机,因此本案例的压力调节执行机构采用了目前比较流行的 PWM 直流电机调速电路来实现,其电路结构如图 4-55 所示。图中 PWM 直流电机调速电路的输出电压 U_a 大小受电压 u_i 的控制,从而导致空气压缩机的电机转速受 u_i 的控制,也就实现了空气压缩机的输出压力受 u_i 的控制。根据压缩机的工作要求,该 PWM 直流电机调速控制电路选择了 SET-90P,它的工作电压是 DC6～90V,控制电压 u_i 的变化范围是 0～5V,对应的输出功率是 0.01～1000W,通过调节控制电压 u_i 的大小,就可以调节该空气压缩机的输出压力。

2. 压力调节控制方式

对于空气压缩机压力控制系统来说,用人工手动调节控制是最简单的一种。这种方法是利用电位器给 u_i 端提供一个连续可调的 0～5V 电压信号,然后根据压力控制要求和观测到的实际压力输出情况,人工不断地手动调节电位器,修改控制电压 u_i 来实现定值控制。它的控制精度取决于操作人员的经验和熟练程度,而且操作人员要时时刻刻盯着显示仪表,比较辛苦。

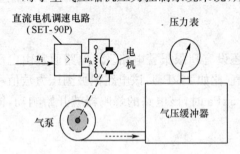

图 4-55 空气压缩机压力调节机构框图

另一种是用 PID 调节器来实现自动调节,这种方式是用 PID 调节器代替了人,调节器会根据压力的检测结果和压力控制的要求,通过 PID 调节器输出一个 0～5V 的调节信号送入 u_i 端,实现连续的 PID 控制。它把人从繁重的体力劳动中解脱出来,实现了自动控制。

第三种控制方式是用计算机来实现自动调节控制,它是目前自动控制系统中最流行的一种,这种控制方式是用计算机和数据采集卡代替了 PID 调节器。计算机根据输出压力的采样结果和压力控制要求,经过 PID 算法输出一串数字信号,然后通过数据采集卡转换成一个 0～5V 的模拟调节信号送入 u_i 端,实现计算机的 PID 控制。为了保证控制可靠、安全生产和长时间的运行,工业控制中计算机通常都选择工控机;采集卡种类繁多,可根据实际需要选择。它的手动控制和计算机控制方式的结构框图如图 4-54 所示。

在图 4-54 中,数据采集卡的作用是将电压模拟信号转变成数字信号,让计算机处理,然后再将计算机处理后的数字信号转变成 0～5V 的模拟信号,去控制直流电机调速电路,实现压力的自动调节和控制。

3. 自动调节控制原理

现以计算机调节方式为例简述它的调节原理。假定要将压力控制在 20kPa,根据硬件电路和控制要求编写计算机控制程序,设定采样间隔,进行程序调试,确认程序正确无误后,按图 4-54 进行必要的硬件连接,进一步确认所有硬件连接正确无误后即可给空气压缩机通电运行。计算机控制的工作过程如下:

首先,计算机通过数据采集卡采集空气压缩机产生的压力值,然后将采集到的压力值和给定值 20kPa 进行比较。若采集到的压力值低于 20kPa,则计算机经过 PID 算法计算后就通过数据采集卡输出一个较大的 u_i,使空气压缩机转速上升;若采集到的压力值高于 20kPa,则计算机经过 PID 算法运算后就通过数据采集卡输出一个较小的 u_i,使空气压缩机转速下降;若计算机采集到的压力值等于 20kPa,则计算机通过采集卡输出的 u_i 和前一次一样,使空气压缩机转速保持不变。计算机按照程序安排,每隔一定时间间隔就重复一遍上述过程,周而复始,不断地进行调节,就可保证空气压缩机的输出压力维持在 20kPa 附近。由于计算机控制采用了 PID 调节技术,控制精度和快速性要比人好得多。关于直流电机调速电路、数据采集卡、计算机编程控制及

PID 调节器等有关知识已超出本教材的知识范围,在此不予论述,有兴趣的读者可参看电子技术、自动控制原理和计算机控制等有关书籍。

思考题及习题 4

4-1 试述压力的定义。什么是大气压力、绝对压力、表压力、负压力和真空度?说明它们之间的关系。

4-2 什么是电阻应变效应?试利用应变效应解释金属电阻应变片的工作原理。

4-3 为了减少横向效应,应采用何种应变片?

4-4 由图 4-6 和图 4-7(b)可知,这两种电桥测量电路都存在非线性误差,请问采用什么办法能克服测量电路的非线性误差?请画出测量电路。

4-5 图 4-14 是常用的重力测量传感器,假设该传感器所用的 8 片电阻应变片完全相同,在不受力时电阻值为 R,当受重力 F 作用时,使电阻应变片 R_1 产生的电阻变化量为 ΔR,试求该测量电路的输出电压灵敏度是多少?

4-6 在电阻应变片的电桥测量电路中,为了进行温度补偿,克服非线性误差,提高测量精度,最好采用什么样的测量电路?

4-7 有一测量吊车吊起物重的拉力传感器如图 4-56 所示。R_1、R_2、R_3、R_4 贴在等截面轴上。已知轴的截面积为 0.00196m^2,弹性模量 E 为 $2\times10^{11}\text{N/m}^2$,泊松比为 0.3。$R_1$、$R_2$、$R_3$、$R_4$ 的标准电阻值均为 120Ω,灵敏度为 2.0,它们采用什么样的测量转换电路才能使输出电压的灵敏度最高?画出测量电路。若测量电路的输入电压为 4V,测得输出电压为 2.6mV。求:

(1) 等截面轴的轴向应变及切向应变。

(2) 重物 m 有多少吨?

4-8 在图 4-15(b)所示的测力系统中,已知 $l=1\text{m}$,$b=0.6\text{m}$,$h=0.01\text{m}$,弹性模量 $E=2\times10^{11}\text{N/m}^2$。试问采用什么样的测量电路输出电压灵敏度最高?并画出测量电路。若电阻应变片的标准电阻 $R_0=120\Omega$,灵敏系数 $K=2.05$,采用 3V 直流电源供电时,输出电压为 1.23mV,则应变片承受的应变是多少?此时悬臂梁上所受的力 F 是多少?

4-9 什么是压阻效应?试比较应变效应与压阻效应的优、缺点。

4-10 为了减少温度对测量结果的影响,在压阻传感器中常采用什么测量电路?采用何种供电方式?

4-11 常用的扩散硅压力变送器型号有哪些?输出信号是电流还是电压?

4-12 什么叫压电效应?什么叫逆压电效应?

4-13 常用的压电材料有哪几类?各有什么特点?

4-14 画出压电传感器的两种等效电路。

4-15 压电传感器适用于什么测量?不适用于什么测量?

4-16 试说明电容式传感器的基本工作原理及其分类。电容式压力传感器属于哪一类?

4-17 常见的电容式压力(压差)变送器型号有哪些?输出信号是电流还是电压?

4-18 要测量某蒸汽管道的压力,压力表低于取压口 6m,如图 4-57 所示,已知压力表示值 $p=6\text{MPa}$,当温度为 60℃时冷凝水的密度为 985.4kg/m^3,求蒸汽管道内的实际压力 p_0 及压力表低于取压口所引起的相对误差。

4-19 某容器的正常工作压力为 $1.2\sim1.6\text{MPa}$,工艺要求能就地指示压力,并要求测量误差不大于被测压力的 5%。试选择一只合适的压力传感器(类型、测量范围、精度等级),并说明理由。

4-20 试为空气压缩机设计一个压力监测控制系统,使它的输出压力控制在 $15\sim20\text{kPa}$ 范围内。

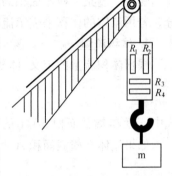

图 4-56 题 4-7 图

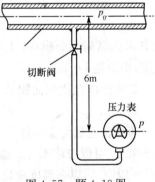

图 4-57 题 4-18 图

第 5 章 流量传感器及工程应用

5.1 流量测量概述

流量是工业生产过程中一个非常重要的参数,很多原料、半成品、成品都是以流体状态出现的。流体的流量就成为决定产品成分和质量的关键,也是生产成本核算和合理使用能源的重要依据。因此流量的测量和控制是生产过程自动化的重要环节。

5.1.1 流量测量的基本概念

流量通常是指单位时间内流过某一横截面积的流体数量,又称作瞬时流量。而在某一段时间间隔内流过某一横截面积的流体数量,称为总量或累积流量。流量有体积流量和质量流量之分。若用流体的体积来表示流量则称作体积流量,若用流体的质量来表示流量则称作质量流量。

1. 体积流量

根据体积流量的定义,体积流量 q_V 可表示为

$$q_V = \int_A v \mathrm{d}A \tag{5-1}$$

式中,v 为微横截面积 $\mathrm{d}A$ 上的流速,单位是 m/s;A 为流体流过的横截面积,单位是 m^2。

如果流体在横截面积 A 上的流速处处相等,即 v 为常数,则式(5-1)可简化成

$$q_V = vA \tag{5-2}$$

2. 质量流量

根据质量流量的定义,质量流量 q_m 可表示为

$$q_m = \int_A \rho v \mathrm{d}A \tag{5-3}$$

式中,v 为微横截面积 $\mathrm{d}A$ 上的流速,单位是 m/s;A 为流体流过的横截面积,单位是 m^2;ρ 为流体密度,单位是 $\mathrm{kg/m}^3$。

如果流体在横截面积 A 上的流速处处相等,即 v 为常数,则式(5-3)可简化成

$$q_m = \rho q_V = \rho v A \tag{5-4}$$

流体密度通常受流体工作状态(如温度、压力)的影响。对于液体来说,压力变化对密度的影响非常小,可以忽略不计。温度对密度的影响略大一些,一般温度每变化 10℃,液体密度变化约在 1% 以内,所以在温度变化不大、测量准确度要求不是很高的情况下,也可以忽略不计。而对于气体密度,则受温度、压力变化影响较大。如在常温常压附近,温度每变化 10℃,密度变化约为 3%;压力每变化 10kPa,密度变化约 3%。因此在测量气体流量时,必须同时测量它的温度和压力。为了便于比较,常把工作状态下测得的体积流量换算成标准状态下(温度为 20℃,压力为 101.325kPa)的体积流量,用符号 q_{VN} 表示,单位为 $(\mathrm{N \cdot m^3})/\mathrm{s}$。

5.1.2 流量检测方法及分类

生产过程中各种流体的性质不同,流体的工作状态及流体的黏度、腐蚀性、导电性也不同,很难用一种原理或方法测量不同流体的流量。尤其工业生产过程情况复杂,某些场合的流体是高

温、高压；有些是气液两相或液固两相的混合流体。所以目前流量测量的方法很多，测量原理和流量传感器(或称流量计)也各不相同。从测量方法上来看，一般可分为以下三大类。

1. 速度式

速度式流量传感器大多是通过测量流体在管路内已知截面流过的流速大小来实现流量测量的。它是利用管道中流量敏感元件(如孔板、转子、涡轮、靶子、非线性物体等)把流体的流速变换成压差、位移、转速、冲力、频率等对应的信号来间接测量流量的。差压式、转子式、涡轮式、电磁式、旋涡式和超声波等流量传感器都属于此类。

2. 容积式

容积式流量传感器是根据已知容器的容室在单位时间内所排出流体的次数来测量流体的瞬时流量和总量的。常用的有椭圆齿轮、旋转活塞式和刮板等流量传感器。

3. 质量式

质量流量传感器有两种，一种是根据质量流量与体积流量的关系，测出体积流量再乘被测流体的密度获得质量流量测量的间接式质量流量传感器，如工程上常用的采取温度、压力自动补偿的补偿式质量流量传感器。另一种是直接测量流体质量流量的直接式质量流量传感器，如热式、惯性力式、动量矩式等质量流量传感器。直接法测量具有不受流体的压力、温度、黏度等变化影响的优点，是目前正在发展中的一种质量流量传感器。

为了满足不同的流量检测要求，因而产生了各种各样的流量传感器。下面介绍几种工程上应用较为广泛的流量传感器。

5.2 差压流量传感器

差压流量传感器按其检测件的作用原理可分为节流式、水力阻力式、动压头式、离心式等几大类，其中节流式历史悠久、技术成熟、结构简单，对流体的种类、温度、压力限制较少，在流量测量方面得到了广泛应用。下面主要介绍节流式差压流量传感器。

5.2.1 节流式差压流量传感器测量原理

节流式差压流量传感器的测量原理是利用管道内的节流元件，将管道内的流体瞬时流量转换成节流元件前后的压力差原理来实现流量测量的。

1. 节流装置

节流装置由节流元件、取压装置和前后直管段组成。其中节流元件是节流装置的流量检测元件，也是安装在流体管道中的阻力元件。常用的节流元件有孔板、喷嘴、文丘里管(见图5-1)。它们的结构形式、相对尺寸、技术要求、管道条件和安装要求等均在 ISO5167 或 GB/T2624 中进行了规范，故又称作标准节流元件，其中孔板结构简单、加工制造方便，在流量检测中被广泛采用。

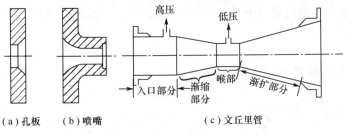

图5-1 常用的节流元件

按照 ISO5167 或 GB/T2624 中规定的技术要求和试验数据,设计、加工、安装的节流装置称作标准节流装置。标准节流装置在使用时无须校准和标定,即可保证测量的精度。否则,必须经过实际流量校准方可达到测量精度。

2. 流量方程式

现以孔板节流元件为例说明它的测量原理。把节流元件安装在管道中,当流体流过节流元件时,其压力和流速都要发生变化。节流元件前后流速和压力分布情况如图 5-2 所示。

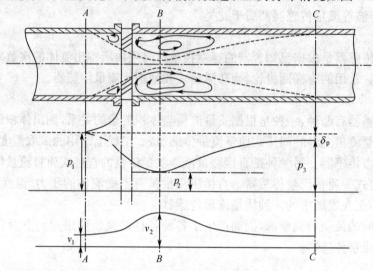

图 5-2 节流元件前后流速和压力分布

从图 5-2 可以看出,流体流过孔板前已经开始收缩,流体随着流束的缩小,流速增大,而流体压力减小。由于惯性的作用,流束通过孔板后还将继续收缩,直到在节流件后 B-B 处达到最小流束截面,这时流体的平均流速达到最大值,流体压力达到最小值。而后流束逐渐扩大,在管道 C-C 处又充满整个管道,流体的速度也恢复到孔板前的流速,流体的压力又随流束的扩张而升高,最后恢复到一个稍低于原管中的压力。图中 δ_p 就是节流元件前后因涡流的形成及流体的沿程摩擦,使得流体的一部分机械能变成了热能,散失在流体内而造成的不可恢复的压力损失。如采用喷嘴或文丘里管等节流元件,可大大减小流体的压力损失。在孔板前,由于孔板对流体的阻力,造成部分流体滞止,使得管道壁面上的静压比上游压力稍有升高。

假定所研究的流体是定常流动的理想流体,设连续流动的流体流经 A-A 截面时,流速为 v_1,静压为 p_1,密度为 ρ_1;流体流经 B-B 截面时,流速为 v_2,静压为 p_2,密度为 ρ_2。根据伯努利方程,则在截面 A、B 两处,能量方程为

$$\frac{p_1}{\rho_1}+\frac{v_1^2}{2}=\frac{p_2}{\rho_2}+\frac{v_2^2}{2} \tag{5-5}$$

对于液体来说,在等温的条件下是不可压缩的,即有 $\rho_1=\rho_2=\rho$。则上式可写成

$$\frac{p_1}{\rho}+\frac{v_1^2}{2}=\frac{p_2}{\rho}+\frac{v_2^2}{2} \tag{5-6}$$

根据流体流动的连续性可知

$$A_1 v_1 = A_2 v_2 \tag{5-7}$$

将式(5-6)和式(5-7)联立求解可得

$$v_2=\frac{1}{\sqrt{1-(A_2/A_1)^2}}\sqrt{\frac{2}{\rho}(p_1-p_2)} \tag{5-8}$$

式中，A_1 为 A-A 截面流束的流通面积；A_2 为 B-B 截面流束的流通面积。

根据流量的定义，我们可以得到体积流量 q_V 与压差 $\Delta p = p_1 - p_2$ 的关系为

$$q_V = A_2 v_2 = \frac{A_2}{\sqrt{1-(A_2/A_1)^2}} \sqrt{\frac{2}{\rho} \Delta p} \tag{5-9}$$

式(5-9)说明，当节流装置和流体确定后，体积流量 q_V 仅仅是压差 Δp 的单值函数。由于式(5-9)是体积流量 q_V 和孔板前后压差 Δp 的理论方程式，而 A_2 代表的是流束最小收缩截面，其位置和大小均难以确定，从而使 A_2 面上的静压力 p_2 也难以测量。为了计算和测量方便，通常用孔板的开孔截面 A_0 代替流束最小收缩截面 A_2。压力差取自距孔板前后端面的固定位置处，基于上述理由，式(5-9)需要根据节流元件前后取压点位置和开孔面积进行实验修正。

修正后的体积流量公式为

$$q_V = \alpha A_0 \sqrt{\frac{2\Delta p}{\rho}} \tag{5-10}$$

修正后的质量流量公式为

$$q_m = \alpha A_0 \sqrt{2\rho \Delta p} \tag{5-11}$$

式中，α 为流量系数。

流量系数 α 的大小与节流装置的结构形式、取压点位置、节流元件的开孔面积、流体流动状态（雷诺数）及管道条件等因素有关。对于标准节流装置，查阅有关手册便可得知流量系数 α 的值。

对于可压缩流体，如各种气体及蒸汽通过节流元件时，由于压力变化必然会引起密度 ρ 的改变，即 $\rho_1 \neq \rho_2$，这时在公式中应引入流束膨胀系数 ε，对于不可压缩性流体，则 $\varepsilon = 1$。可压缩性流体的 ε 小于 1，假设可压缩性流体密度用节流元件前的流体密度 ρ_1，则可压缩流体的流量公式变为

$$q_V = \alpha \varepsilon A_0 \sqrt{\frac{2\Delta p}{\rho_1}} \tag{5-12}$$

$$q_m = \alpha \varepsilon A_0 \sqrt{2\rho_1 \Delta p} \tag{5-13}$$

式(5-12)和式(5-13)称作流量公式。从流量公式可以看出，被测流量与压差 Δp 的平方根成正比关系，只要测量出节流装置前后的压力差，就可计算出管道中流体的流量，但流量与压差 Δp 不呈线性关系。

5.2.2 常见差压流量传感器的结构

差压流量传感器一般由节流装置、引压导管和差压变送器三部分组成。图 5-3(a)是它的结构框图。节流装置的作用是把管道中被测流体的流量转换成压差信号 Δp，引压导管的作用则是把差压信号引到差压变送器，差压变送器的作用则是把差压信号转换成标准电流信号 I(4～20mA)，以供显示、记录或控制使用。但由流量式(5-12)和式(5-13)可知，节流装置是一个非线性环节，从而导致这种系统的输出电流 I 与流量 q 不呈线性关系，给显示或控制带来诸多不便。为了解决这个非线性问题，通常在流量监测系统中增加一个非线性补偿环节——开方器，如图 5-3(b)所示。这样，开方器输出的电流就与流量呈线性关系。若要对流量进行显示，再接显示仪表即可。

目前，有些生产厂家已经把差压变送器和开方器集成在一起，称作差压流量变送器。把节流装置、引压管、差压流量变送器及显示仪表制成一体，就是测量现场广泛使用的差压流量计，并且有些差压流量计也有电信号输出端口，便于信号的远传和控制。

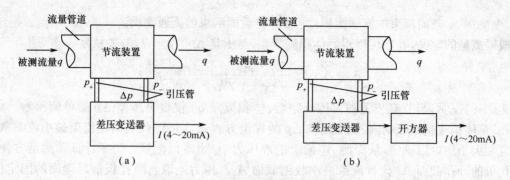

(a)　　　　　　　　　　　　　(b)

图 5-3　差压流量传感器的结构框图

5.3　电磁流量传感器

电磁流量传感器是根据法拉第电磁感应定律来测量导电液体的体积流量的。因为它的测量通道是一段无阻流的光滑直管,不易阻塞,适用于测量含有固体颗粒或纤维的液固两相流体,而且测得的体积流量基本不受流体密度、黏度、温度、压力等变化的影响;但它不能测量气体、蒸汽和含有较多较大气泡的液体。通用型电磁流量计由于受衬里材料和电气绝缘材料限制,不能用于较高温度液体的测量。

5.3.1　电磁流量传感器的工作原理

电磁流量传感器的工作原理如图 5-4 所示,在一段不导磁、不导电的管道外面安装一对磁极,当有一定电导率的流体在管道中流动时,就相当于金属导体在磁场中作切割磁力线的运动。由法拉第电磁感应定律知,在流动介质的两端就会产生感应电动势。该感应电动势 E 的大小为

$$E = BDv \tag{5-14}$$

式中,B 为磁感应强度(T);D 为管道内径(m),相当于垂直切割磁力线的导体长度;v 为流体的平均流速(m/s),相当于导体的运动速度。

而体积流量 q_V 为

$$q_V = \frac{1}{4}\pi D^2 v \tag{5-15}$$

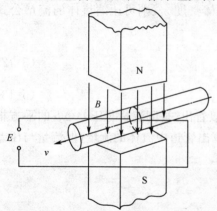

图 5-4　电磁流量传感器的工作原理

将式(5-14)代入式(5-15)得

$$q_V = \frac{\pi D}{4B}E = KE \tag{5-16}$$

式中,$K = \pi D/(4B)$。

显然,当磁感应强度 B 及管道内径 D 固定不变时,K 为常数。式(5-16)说明体积流量 q_V 与两电极间的感应电动势 E 呈线性关系,若能测量出感应电动势 E,就能算出被测流体的体积流量 q_V。

5.3.2　电磁流量传感器的种类

一般来说,电磁流量传感器中的磁场不是由永久磁铁产生的,而是采用一定的励磁方式获得

的。目前电磁流量传感器按照励磁方式可分为直流励磁、交流正弦波励磁和低频方波励磁三种。直流励磁的优点是受交流磁场干扰小，因而液体中的自感现象可以忽略不计，缺点是在电极上产生的直流电势引起管内被测液体的电解，产生极化现象，破坏了原来的测量条件。交流正弦波励磁一般采用工频(50Hz)交变电来产生交变磁场。交流励磁的优点是能消除极化现象，输出信号是交流信号，放大和转换比较容易，但也会带来一系列的干扰，如90°干扰、同相干扰等。低频方波励磁交流干扰影响小，又能克服极化现象，是一种比较好的励磁方式。电磁流量传感器产生的感应电动势信号是很微小的，需通过电磁流量转换器来显示流量。常用的电磁流量转换器能把传感器的输出感应电动势信号放大并转换成标准电流(4～20mA)信号或一定频率的脉冲信号，配合单元组合仪表或计算机对流量进行显示、记录、报警和控制等。

需要强调的是，电磁流量传感器只能测量导电介质的流体流量。它适用于测量各种腐蚀性酸、碱、盐溶液，固体颗粒悬浮物，黏性介质(如泥浆、纸浆、化学纤维、矿浆)等液体；也可用于各种有卫生要求的医药、食品等部门的流量监测(如血浆、牛奶、果汁、卤水、酒类等)，还可用于大型管道自来水和污水处理厂流量监测及脉动流量监测等。但不能测量气体、蒸汽和石油制品等的流量。

5.4 涡轮流量传感器

涡轮流量传感器是一种广泛用于石油、有机液体、无机液体、液化气、天然气、煤气和低温流体等的流量测量设备。在国外液化石油气、成品油和轻质原油等的转运站，大型原油输送管线的首末站都大量采用它进行贸易结算。现已成为优良的天然气流量计量装置。

5.4.1 涡轮流量传感器的结构

涡轮流量传感器类似于叶轮式水表，是一种速度式流量传感器。它由壳体、导流器、涡轮、轴承及信号检测器等组成，结构如图5-5所示。其中，内部的涡轮可以自由转动，当流体流过涡轮时就会推动涡轮旋转。显然，流量越大，流速越高，则涡轮的转速就越高。信号检测器的作用是检测涡轮的转速或叶片的频率，从而确定流过管道的流量和总量。

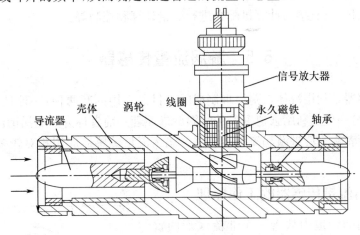

图5-5 涡轮流量传感器的结构

5.4.2 涡轮流量传感器的工作原理

为了能测量出涡轮的转速，涡轮由高导磁的不锈钢制成，线圈和永久磁铁组成磁电感应转换器。当流体通过涡轮叶片与管道间的空隙时,流体对叶片产生推力使涡轮旋转。在涡轮旋转的同时,高导磁性的涡轮叶片周期性地改变磁电系统的磁阻值,使通过线圈的磁通量发生周期性的变化,因而在线圈两端产生一个随涡轮旋转而变化的感应电动势。

图 5-6(a)是涡轮圆周沿轴向剪开展成直线后的示意图。设叶片的倾斜角为 α,流体以平行于轴线的速度 v 作用到涡轮上,使涡轮旋转,则在叶片平均半径 r 处的切线速度 u 与流速 v 的关系如图 5-6(b)所示,显然

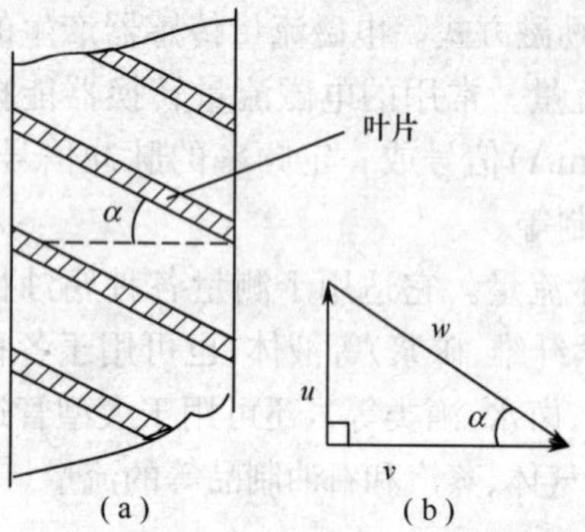

即

$$u = \omega r = v\tan\alpha \tag{5-17}$$

$$v = \frac{\omega r}{\tan\alpha} = \frac{120\pi r}{\tan\alpha} n \tag{5-18}$$

式中,ω 为涡轮的角速度(rad/s);n 为涡轮的转速(r/min)。

设涡轮的叶片总数为 Z,则该感应电动势的频率 f 与涡轮转速 n 成正比,即 $f=60nZ$。将它代入式(5-18)得

$$v = \frac{2\pi r}{Z\tan\alpha} f \tag{5-19}$$

若叶片缝隙间的有效流通面积为 A,则瞬时体积流量 q_V 为

$$q_V = vA = \frac{2\pi rA}{Z\tan\alpha} f \tag{5-20}$$

令 $\xi = \frac{Z\tan\alpha}{2\pi rA}$,则

$$q_V = \frac{1}{\xi} f \tag{5-21}$$

图 5-6 涡轮展开示意图及流速分解图

式中,ξ 为仪表系数(1/m³)。

仪表系数 ξ 是一个由涡轮流量传感器结构决定的常数。式(5-21)说明体积流量 q_V 与感应电动势的频率 f 成正比。由此可知,若把该感应电动势的频率测量出来,就能求出流体的体积流量。这就是它的流量测量原理。

涡轮流量传感器具有安装方便、精度高(可达 0.1 级)、反应快、刻度线性及量程宽等特点,此外还具有信号易远传、可直接与计算机配合进行流量计算和控制等。

5.5 漩涡流量传感器

漩涡流量传感器是利用流体振荡原理制成的。目前常用的有两种:一种是利用自然振荡的卡曼漩涡列原理;另一种是利用强迫振荡的漩涡旋进原理。前者称为卡曼涡街流量传感器(或涡街流量传感器),后者称为旋进漩涡流量传感器。涡街流量传感器应用相对较多,下面只介绍这种流量传感器。

5.5.1 涡街流量传感器的工作原理

在有流体流动的管道内放置一个非流线形的物体(如圆柱体等),物体的下游两侧就会交替出现漩涡列(见图 5-7)。这两排平行但不对称的漩涡列称为卡曼涡列(也称作涡街)。这个非流线形的物体称作漩涡发生体。一般来说,漩涡的频率是不稳定的。实验证明,对于圆柱体,只有当两列漩涡的间距 h 与同列中相邻漩涡的间距 l

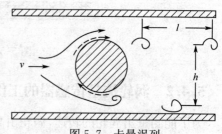

图 5-7 卡曼涡列

满足 $h/l=0.281$ 时，卡曼涡列的频率才是稳定的。并且每一列漩涡产生的频率 f 与流速 v、圆柱体直径 D_0 的关系为

$$f = Sr \frac{v}{D_0} \tag{5-22}$$

式中，Sr 为斯特劳哈尔数，无量纲。

斯特劳哈尔数 Sr 主要与漩涡发生体的形状和雷诺数有关。在雷诺数为 500～150000 的区域内，基本上是一个常数。工业上测量的流速几乎都在这个范围，所以可以认为频率 f 只受流速 v 和漩涡发生体的特征尺寸 D_0 的支配，而不受流体的温度、压力、密度、黏度等的影响。

设管道的直径为 D，则管道内流体的体积流量 q_V 为

$$q_V = \frac{\pi}{4}D^2 v = \frac{\pi D^2 D_0}{4Sr} f \tag{5-23}$$

令 $\xi = \dfrac{4Sr}{\pi D^2 D_0}$，则

$$q_V = \frac{1}{\xi} f \tag{5-24}$$

式中，f 为漩涡发生的频率(Hz)；ξ 为仪表常数(1/m³)。

仪表常数 ξ 是由涡街流量传感器结构决定的一个常数。式(5-24)表明体积流量 q_V 与漩涡频率 f 成正比。只要测得漩涡的频率，就可求得体积流量 q_V。

5.5.2 涡街流量传感器的结构

根据漩涡的体积流量与漩涡频率成正比原理，设计的圆柱体涡街流量传感器结构如图 5-8 所示。图中圆柱形漩涡发生体的漩涡频率检测元件采用铂热电阻丝，铂热电阻丝安装在圆柱体的空腔内。当圆柱体的右下方产生漩涡时，作为漩涡回转运动的反作用，在圆柱周围产生环流，如图 5-7 中的虚线所示。该环流的速度分量加在原来的流动上，使圆柱体上侧流速增加，圆柱体下侧流速减少。这样，就有一个从下到上的升力作用到圆柱体上，结果使得部分流体从下方导压孔吸入，从上方导压孔吹出。如果把铂热电阻丝用电流加热到比流体温度高出某个温度，流体通过铂热电阻丝时，带走它的热量，从而改变它的电阻值，此电阻值的变化频率与发出漩涡的频率相对应，测量出铂热电阻变化的频率就是漩涡发生的频率 f，将它代入式(5-24)即可算出流体的体积 q_V。

目前漩涡发生体的形状繁多，检测漩涡发生频率的方法和检测技术也因发生体的形状不同而异。但基本的检测原理都是测量漩涡的发生频率。图 5-9 是三角柱漩涡发生体的漩涡频率检测方法原理图。它是将两只热敏电阻埋在三角柱正面，然后与其他两只固定电阻构成一个电桥，给电桥通上恒定电流使热敏电阻的温度升高。由于产生漩涡处的流速较大，使热敏电阻的温度降低，阻值改变，电桥输出变化信号。随着漩涡交替产生，电桥输出一系列与漩涡发生频率相对应的电压脉冲。将该脉冲信号的频率 f 测量出来，代入式(5-24)即可算出流体的体积 q_V。

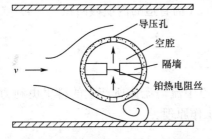

图 5-8 圆柱体漩涡频率检测原理

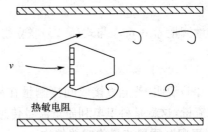

图 5-9 三角柱漩涡频率检测原理

漩涡式流量传感器在管道内没有可动部件，使用寿命长，线性测量范围宽，几乎不受温度、压

力、密度、黏度等变化的影响,压力损失小,传感器的输出是与体积流量成正比的脉冲信号,这种传感器对气体、液体均适用。

5.6 质量流量传感器

在工农业生产和产品交易中,人们常常需要的是质量流量。因此在测量工作中,通常人们将已测出的体积流量乘以密度来计算质量流量。这种方法对不可压缩的流体(液体)来说没有问题。但对气体来说,由于在不同温度、不同压力下,其密度也不同,再用上述方法计算质量流量就给换算带来了麻烦,有时甚至难以达到测量的要求。这就希望能用传感器来直接测量质量流量。能直接测量质量流量的传感器称作质量流量传感器。目前,质量流量传感器大致分为两类。

① 单一式:即用一种传感器输出信号的大小来直接反映质量流量的大小。

② 组合式:即根据质量流量方程式,用几种传感器测量出与质量流量有关的各物理量信号,然后用运算器把它们组合起来测出质量流量。

下面就介绍这两种质量流量传感器。

5.6.1 单一式质量流量传感器

目前,单一式质量流量传感器种类很多,常见的有差压式、涡轮式、动量式、热式和科里奥利式等,下面主要介绍科里奥利质量流量传感器。它是利用科里奥利力制成的一种质量流量仪表。科里奥利质量流量传感器具有精度高、量程比大、动态特性好等优点。

1. 科里奥利测量原理

如图 5-10 所示,当质量为 m 的质点,在绕 P 轴作角速度为 ω 旋转的管道内以速度 v 移动时,则质点具有两个分量的加速度及相应的力:

① 法向加速度,即向心加速度 a_r,其量值为 $\omega^2 r$,方向朝向 P 轴;

② 切向加速度,即科里奥利加速度 a_t,其量值为 $2\omega v$,方向与 a_r 垂直。

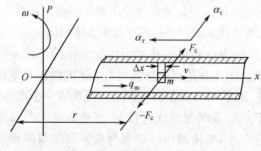

图 5-10 科里奥利力分析图

根据牛顿第二定律,质点在切向加速度 a_t 的方向上将产生一个作用力 $F_c = 2\omega v m$。这个力就称作科里奥利力,它作用到管道上,同时管道对质点也有一个反向作用力,其值为 $-2\omega v m$。

当密度为 ρ 的流体以恒定速度 v 在管道内流动时,一个长度为 Δx 的管道内流体的质量为 $\rho A \Delta x$,它受到的科里奥利力 ΔF_c 为

$$\Delta F_c = 2\omega v \rho A \Delta x \tag{5-25}$$

式中,A 为管道的内横截面积。

将质量流量 $q_m = \rho v A$ 与式(5-25)联立得

$$q_m = \frac{1}{2\omega \Delta x} \Delta F_c \tag{5-26}$$

式(5-26)说明,若能直接或间接测量在旋转管道中流动流体所产生的科里奥利力,就可以测得质量流量,这就是科里奥利质量流量传感器的工作原理。

2. 科里奥利质量流量传感器结构

由式(5-26)可知,只要能测量出科里奥利力,就可以求出质量流量。但是让流体通过旋转运动产生科里奥利力实现起来比较困难,目前均采用振动的方式来产生。图 5-11 是科里奥利质

量流量传感器结构原理图。流量传感器的测量管道是两根两端固定且平行的 U 形管,在两个固定点的中间位置由驱动器施加产生振动的激励能量,使管内流动的流体产生科里奥利力,在测量管两侧便产生方向相反的挠曲。位于 U 形管的两个直管端的两个检测器用光学或电磁学方法检测挠曲量,以求得质量流量。当管道充满流体时,流体也成为转动系的组成部分,流体密度不同,管道的振动频率会因此而有所改变,而密度与频率有一个固定的非线性关系,因此科里奥利质量流量传感器也可测量流体密度。

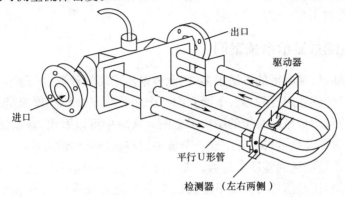

图 5-11 科里奥利质量流量传感器结构原理图

5.6.2 组合式质量流量传感器

组合式质量流量传感器实际上是由多个传感器组合而成的质量流量测量系统,根据传感器的输出信号间接推导出流体的质量流量。组合方式主要有以下几种。

1. 差压式流量传感器与密度传感器组合

差压式流量传感器的输出信号是差压信号,它正比于 ρq_V^2,而密度传感器的输出信号与 ρ 成正比。若将它们的输出信号进行乘法运算后再开方,即可得到与质量流量成正比的信号。即

$$\sqrt{(K_1\rho q_V^2)(K_2\rho)} = \sqrt{K_1 K_2 \rho^2 q_V^2} = \sqrt{K_1 K_2}\rho q_V = K q_m \tag{5-27}$$

式中,$K = \sqrt{K_1 K_2}$。

2. 体积流量传感器与密度流量传感器组合

体积流量传感器的输出信号与 q_V 成正比,而密度传感器的输出信号与 ρ 成正比。若将它们的输出信号进行乘法运算,就可得到与质量流量成正比的信号。即

$$K_1 q_V K_2 \rho = K_1 K_2 \rho q_V = K q_m \tag{5-28}$$

式中,$K = K_1 K_2$。

3. 差压式流量传感器与体积流量传感器组合

差压式流量传感器的输出信号与 ρq_V^2 成正比,而体积流量传感器的输出信号与 q_V 成正比,将这两个传感器的输出信号进行除法运算也可得到质量流量。即

$$\frac{K_1 \rho q_V^2}{K_2 q_V} = \frac{K_1}{K_2}\rho q_V = K q_m \tag{5-29}$$

式中,$K = K_1 / K_2$。

5.7 流量传感器工程应用案例

流量传感器也是工农业生产和人们日常生活中经常用到的计量器件之一。下面就介绍流量传感器的选用原则和几个工程应用案例。

5.7.1 流量传感器的选用原则

在实际的工程流量测量中,用于流量测量的传感器种类繁多,特点各异,因此选择合适的流量传感器至关重要。选用流量传感器时,一般的原则是首先要根据实际测量要求,考虑工艺容许压力损失、最大最小额定流量、使用场合特点及被测流体的性质和状态,同时还要考虑传感器的测量精度等级与显示方式以及价格等诸多因素。既要保证完成测量任务,又要保证安全可靠长期运行,还要经济实惠。

5.7.2 流量测量显示系统案例

由上面介绍可知,检测流量的方法很多,因此流量传感器的种类也很多。对于一般性液体的流量检测,差压流量传感器用得最多。下面介绍一个用差压流量传感器测量显示液体流量的案例。图 5-12 是该流量测量显示系统的结构示意图。从图中可以看出,该系统由节流装置、引压管、差压变送器、开方器及显示仪表等组成。节流装置将被测流体的流量值变换成压差信号 Δp,通过引压管将压差信号输送到差压变送器。差压变送器把压差信号转换成 4~20mA 的电流输出。由流量公式可知,压差信号与流量不呈线性关系,因此差压变送器的输出电流也与流量不呈线性关系。为使流量显示刻度线性,再通过开方器与显示仪表相连。这就是仪表流量测量显示系统。根据流体介质特点、流量大小,合理选择节流装置、差压变送器、开方器和显示仪表,经现场标定即可实现流量的测量和显示。

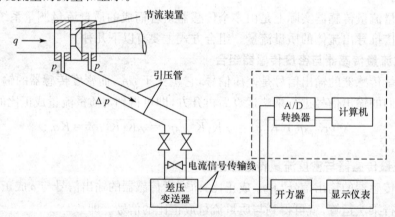

图 5-12 差压式流量测量显示系统结构示意图

若用计算机进行测量显示,可将开方器和显示仪表去掉,换成 A/D 转换器和计算机,见图 5-12 中虚线框部分。A/D 转换器的作用是将模拟信号转换成数字信号,供计算机使用;而流量的测量和显示可以通过计算机编程来实现。这就是计算机流量测量显示系统。

5.7.3 液体流量监控系统案例

图 5-13 是一般的差压式液体流量监控系统结构示意图。从图 5-13(a)中可以看出,调节器流量控制系统由节流装置、流量变送器、PID 调节器(控制器)、执行机构及调节阀等组成。其中,节流装置的作用是实现流量测量,通过流量变送器把流量转换成标准电流信号,送给 PID 调节器。PID 调节器把接收到的电流信号与给定流量对应的电流信号进行比较、判断:若被测流量对应的电流信号比要求流量对应的电流信号大,说明流量大了,则 PID 调节器发出信号给执行机构,让执行机构把调节阀关小一点,以减少流量输出;若被测流量所对应的电流信号比要求流量

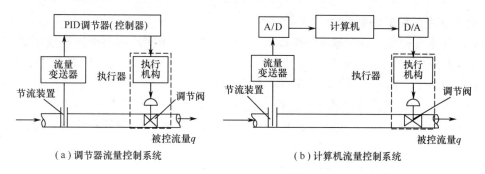

(a) 调节器流量控制系统　　　　　　(b) 计算机流量控制系统

图 5-13　差压式液体流量监控系统结构示意图

所对应的电流信号小,说明流量小了,则 PID 调节器发出信号给执行机构,让执行机构把调节阀开大一点,以增加流量输出;若被测流量所对应的电流信号与要求流量所对应的电流信号相等,说明流量合适,则 PID 调节器不发信号给执行机构,执行机构保持原来状态不变,从而流量输出保持不变,实现了流量的自动监测和控制。

若用 A/D 转换器、计算机和 D/A 转换器取代 PID 调节器,就构成了现在比较流行的计算机流量测量控制系统,如图 5-13(b)所示。通过计算机编程,实现采样及 PID 控制规律,其控制原理与 PID 调节器类似,所不同的是采用数字 PID 调节规律。关于 PID 调节器、执行器、A/D 转换器、D/A 转换器和计算机控制等有关知识已超出本教材的知识范围,在此不作论述,有兴趣的读者可参看电子技术和计算机控制等有关书籍。

5.7.4　气体流量监控系统案例

气体流量也是过程控制中的一个重要参数,要进行气体流量的监测和控制就需要用到气体流量传感器。气体流量传感器的种类也很多,因此,合理选择和正确使用气体流量传感器至关重要。为了加深读者对气体流量传感器工作原理的理解,学会气体流量传感器的具体应用,下面介绍一个小型空气压缩机流量监测控制系统案例。图 5-14 是小型气泵压缩机的结构框图。它主要由电机、气泵、气压缓冲器和压力表等组成,其中气泵产生的最大流量是 1.0LPM(Liters Per Minute,升/分)。电机

图 5-14　小型气泵压缩机结构

为直流电机,额定工作电压为 DC12V。该小型气泵压缩机流量监测控制系统结构框图如图 5-15 所示,下面简要介绍各部分的功能和监测控制原理。

1. 气泵流量调节方案

由图 5-15 可知,该系统的气体流量调节方案有两种:一种是利用电动调节阀开度来调节流量。这种方法是在气泵转速保持不变的情况下,通过调节安装在管道上的电动调节阀开度大小来实现流量调节的,这是工程中常用的一种。显然,调节阀开度越大,流量也越大。另一种是利用气泵转速的大小来调节流量。这种方法不用安装电动调节阀,而是通过调节气泵电机的转速来实现管道内气体流量调节的。显然,电机转速越高,流量就越大。

2. 气体流量传感器

气体流量传感器是该监测控制系统的关键部件,因为本案例是一个小型气泵,流量比较小,所以流量传感器选择了气体小流量传感变送器 AWM3300V,它的流量测量范围是 0~1000sccm (standard cubic centimeter per minute,标准立方厘米/分),其对应的输出电压是 1~5V,并且在 200~1000sccm 内有较好的线性度,满足测量要求。

3. 电压零点迁移电路

由于该气体流量变送器的输出电压范围是 1~5V，为了能使该输出电压与通用数字显示器的输入电压范围相吻合，且保证气体流量为零时，数字通用显示器也显示零，需要零点迁移电路。该电路的作用是保证输出流量数值与显示器的显示相吻合。

4. 用计算机控制气体流量的实现过程

由图 5-15 可知，该系统控制流量稳定的方法有手动控制、PID 调节器控制和计算机控制三种。假定要将流量控制在 0.6LPM，现以计算机控制为例简述它的实现过程。

1) 用电动调节阀进行流量调节的实现过程

根据电动调节阀的工作原理和控制要求编写计算机控制程序，设定采样间隔，进行程序调试，确认程序正确无误后，按图 5-15 进行必要的硬件连接，进一步确认所有硬件连接正确无误后即可给系统通电运行。计算机首先通过数据采集卡采集传感器输出的流量值，然后将采集到的流量值与给定值 0.6LPM 进行比较。若采集到的流量值低于 0.6LPM，则计算机进行运算后，就通过数据采集卡输出一个 $\Delta u>0$，使电动调节阀开大；若采集到的流量值高于 0.6LPM，则计算机运算后就通过数据采集卡输出一个 $\Delta u<0$，把电动调节阀关小；若采集到的压力值等于 0.6LPM，则计算机通过采集卡输出的 $\Delta u=0$，电动调节阀不动作，即电动调节阀维持以前的开度不变。计算机按照程序安排，每隔一定时间间隔就重复一遍上述过程，周而复始，不断地进行调节，就可保证空气压缩机的输出流量维持在 0.6LPM 附近。关于电动调节阀的结构及工作原理等有关知识已超出本教材的知识范围，在此不作论述，有兴趣的读者可参看电子技术、过程控制和计算机控制等有关书籍。

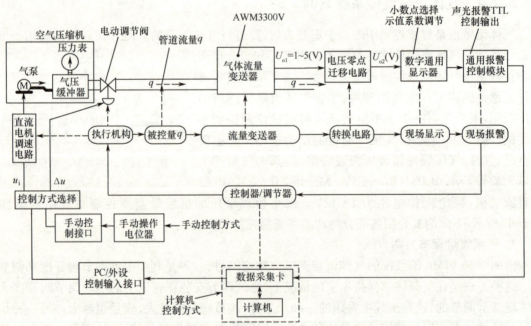

图 5-15 小型空气压缩机流量监测控制系统结构框图

2) 用气泵转速进行流量调节的实现过程

用调节气泵转速来进行流量控制的工作过程与本书第 4 章 4.7.3 节的压力调节控制过程类似，所不同的是将给定压力值换成给定流量值，其监测控制过程相似，在此不再赘述。

思考题及习题 5

5-1　试述流量的定义。何谓体积流量？单位是什么？何谓质量流量？单位是什么？

5-2　按测量原理分类，流量计分哪几类？

5-3　差压式流量计由哪几部分组成？简述每部分的功能。

5-4　国家规定的标准节流件有哪几种？叙述标准孔板的使用条件与范围。

5-5　已知管径 $D=120\text{mm}$，管道内水流动的平均速度 $v=1.8\text{m/s}$，水的密度 $\rho=988\text{kg/m}^3$，确定该状态下水的质量流量和体积流量。

5-6　利用差压式流量传感器测量流量时，其系统应由哪几部分组成？画出系统构成图，说明各个部分的作用。

5-7　试述差压式流量传感器测量流量的基本原理。

5-8　用标准孔板节流装置配 DDZ 型电动差压变送器（不带开方器），测量某管道的流量，差压变送器最大的差压对应的流量为 $32\text{m}^3/\text{h}$，输出为 $4\sim20\text{mA}$。试求当变送器输出电流为 16mA 时，实际流过管道的流量是多少？

5-9　有一台电动差压变送器配标准孔板测量流量，差压变送器的量程为 16kPa，输出为 $4\sim20\text{mA}$，对应的流量为 $0\sim50\text{t/h}$，工艺要求在 40t/h 时报警，试问：

(1) 差压变送器不带开方器时，报警值设定在多少？

(2) 带开方器时，报警值又设定在多少？

5-10　试述电磁流量传感器的测量原理，电磁流量计由哪几部分组成？简述每部分的功能。

5-11　试述涡轮流量传感器的测量原理、结构、特点及使用场合。

5-12　涡街流量传感器是根据什么原理做成的？传感器产生的频率是如何测量的？

5-13　比较差压流量计、电磁流量计、涡街流量计的优缺点。

5-14　质量流量计有哪几种类型？简述科里奥利质量流量传感器的基本工作原理。

5-15　推导式质量传感器有哪几种组合方式？试分别说明其工作原理，并画出原理图。

5-16　试设计一个流量控制系统，使空气压缩机的输出流量保持在某一给定数值。

第6章 光敏传感器及工程应用

光是工农业生产、科学实验及人们日常生活所必需的,许多工作和科学实验都需要在一定的光照度下才能完成,并且产品质量也与光参数大小密切相关。比如,要想用照相机记录一些科学实验现象,就需要一定的光照度才能完成。再比如在人们的日常工作和生活中,照明也是不可缺少的。为了既满足工作和生活的需要,又不浪费能源,实现当天黑了时自动开启电灯照明,当天亮了时就自动关闭,也需要对光参数进行监测。由此可知,光参数的检测至关重要,它与人们的工作、生活息息相关。要实现对光参数的检测就要用到光敏传感器。所谓光敏传感器,是指能将光信号转变成电信号的器件,其工作原理是基于光电效应。

6.1 光的基本知识

要想知道光敏传感器的工作原理,首先了解光的基本特性和光电效应。

6.1.1 光的基本特性

由光学知识可知,光具有波粒二象性。因而它不但具有波的特性(即具有幅值、频率、相位、波长和波速等),而且还具有颗粒特性。根据光的电磁理论可知,光是一种频率很高的电磁波,有可见光和不可见光之分。其可见光的波长在 380~780nm 之间。波长在 10~380nm 之间的称作紫外线,在 780~10^6nm 之间的称作红外线。根据光的量子理论,光又是一种以光速运动的粒子流。这些粒子称作光子,光子具有能量,每个光子的能量 E 为

$$E = hf \tag{6-1}$$

式中,h 为普朗克常数,$h = 6.626 \times 10^{-34}$(J·s);$f$ 为光的频率(Hz)。

由此可知,不同频率的光子具有不同的能量。光的频率越高,即波长越短,光子的能量就越大。光的能量就是所有光子能量的总和。

光照度是衡量被照射物体表面明亮程度的一个参数,它表示被照射物体表面单位面积上受到的光通量,单位是勒克斯(lx)。光通量是指人眼所能感觉到的辐射功率,它等于单位时间内某一波段的辐射能量和该波段的相对视见率的乘积,光通量的单位是流明(lm)。它们之间的关系是 1lx = 1lm/m²。

6.1.2 光电效应

在光的照射下,物体吸收了光的能量而产生的电现象,称作光电效应。光电效应又分为外光电效应和内光电效应两大类。

1. 外光电效应

在光的照射下,物体内的电子逸出物体表面向外发射的现象称作外光电效应。向外发射的电子称作光电子。

2. 内光电效应

在光的照射下,物体的电阻率发生变化或产生光生电动势的现象称作内光电效应。其内光电效应又可分为光电导效应和光生伏特效应两种。

1) 光电导效应

在光的照射下,物体的电阻率发生变化的现象称作光电导效应。

2) 光生伏特效应

在光的照射下,使物体能产生一定方向电动势的现象称作光生伏特效应。

基于不同的光电效应就可得到不同的光电元件。下面介绍几种常见的光电元件及由光电元件组成的光电传感器和光纤传感器。

6.2 常见光电元件

利用光电效应制作的光电元件很多,下面介绍几种常见的光电元件。

6.2.1 光电管

1. 光电管的结构及工作原理

光电管的结构如图 6-1 所示,它是在一个真空玻璃泡内装有两个电极的元件。一个是光电阴极,有的贴在玻璃泡内壁,有的是涂在半圆筒形的金属片上。另一个是阳极,通常是装在光电阴极前面的一根金属丝或金属环。它的工作原理是基于外光电效应:即当阴极受到适当波长的光线照射时便向外发射电子,电子被带正电位的阳极所吸引,在管内就产生光电子流,在外电路中便产生电流。

2. 光电管的伏安特性

实验证明,光电管产生的光电子流大小与光通量有关,当光通量 Φ 一定时,阳极电压 U 与阳极电流 I 的关系曲线如图 6-2 所示。这种关系曲线称作光电管的伏安特性。光电管在使用时,通常选在光电流 I 与阳极电压 U 无关的区域内,即选在伏安特性曲线与横轴平行的区域内。

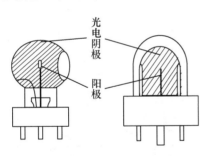

图 6-1 光电管的结构

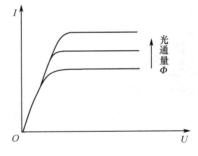

图 6-2 光电管的伏安特性

6.2.2 光电倍增管

1. 光电倍增管的结构及工作原理

在光线比较弱的时候,光电管能产生的光电流很小,为了克服这个缺点,就要使用光电倍增管。它主要由一个光电阴极、若干个倍增极和一个阳极等部分构成。倍增极个数在 4~14 个之间。工作时,在各个电极上都加上一定的电压。从阴极开始到各个倍增极电位逐次升高,阳极电位最高。当有微弱光照射时,在外电路便形成较大的电流输出。四倍增极的光电倍增管结构如图 6-3 所示,其中 K 为光电阴极,电位最低,

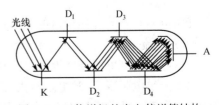

图 6-3 四倍增极的光电倍增管结构

$D_1 \sim D_4$ 为倍增极,电位逐次升高,即 $U_{D1} < U_{D2} < U_{D3} < U_{D4}$,A 为阳极,电位最高。

它的工作原理也是基于外光电效应,即当光线照射到光电阴极 K 时,阴极便被激发出光电子,由于 D_1 电位高于 K,这些光电子便被加速并轰击到第一倍增极 D_1 上,使 D_1 发射出更多的光电子。由于 D_2 电位高于 D_1,第一倍增极发射的二次电子便加速轰击到第二倍增极 D_2 上,使 D_2 发射的二次电子数比 D_1 发射的电子数还多。这样逐级下去,最后一个倍增极所发射的二次电子数比从阴极 K 发射的光电子数增加几个数量级。如 11 个倍增极的光电倍增管 D_{11} 发射的二次电子数约为光电子数的 $10^5 \sim 10^6$ 倍。最后一个倍增极所发射的二次电子被阳极 A 收集,便形成信号电流。

2. 光电倍增管的伏安特性曲线

光电倍增管的伏安特性曲线与光电管相似,其他特性也基本相同,在此不再赘述。它们的主要区别是使用范围不同。光电管适合于检测比较强的光,而光电倍增管适合于检测比较微弱的光。也就是说,光电倍增管是一种将微弱光信号转换为较大电信号的光电转换元件。

6.2.3 光敏电阻

1. 光敏电阻的结构及工作原理

光敏电阻又称作光导管,是用半导体材料制成的光电元件,其结构很简单,就是在绝缘衬底上均匀地涂上薄薄的一层半导体材料。为了提高灵敏度,半导体材料的两端装有梳状的金属电极,金属电极与引出线连接;为了防止受潮,外加一个保护壳。其结构外形和电路符号如图 6-4 所示。

它的工作原理是基于半导体材料的光电导效应。即当无光照时,光敏电阻的电阻值很大;当光敏电阻受到一定波长范围的光照射时,它的电阻值急剧下降。并且光照越强,它的电阻值就越小。光照停止,电阻值又恢复到原值。光敏电阻无极性,纯粹是一个电阻元件,使用时可加直流电压,也可加交流电压。

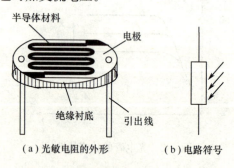

图 6-4 光敏电阻的外形及符号

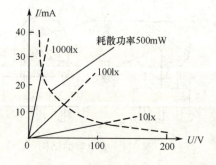

图 6-5 硫化镉光敏电阻的伏安特性

2. 光敏电阻的主要参数

1) 亮电阻和亮电流

光敏电阻在受到光照射时的阻值称为"亮电阻",此时电流称为"亮电流"。

2) 暗电阻和暗电流

光敏电阻在不受光照射时的阻值称为"暗电阻",此时流过的电流称为"暗电流"。

3) 光电流

光敏电阻的亮电流与暗电流之差称作"光电流"。

对于光敏电阻来说,暗电阻愈大,而亮电阻越小越好,也就是光电流越大越好。一般光敏电阻的暗电阻值在几兆欧以上,而亮电阻值在几千欧以下。

3. 光敏电阻的基本特性

1）伏安特性

在一定照度下，流过光敏电阻的光电流 I 与它两端电压 U 的关系曲线，称为光敏电阻的伏安特性。图 6-5 是硫化镉光敏电阻的伏安特性曲线。由曲线可知：

① 在一定的光照下，I-U 曲线为一直线；

② 所加电压 U 越高，光电流 I 也越大，而且无饱和现象；

③ 在给定的电压下，光电流的数值将随光照的增强而增加。

这说明光敏电阻的阻值仅与光入射量有关，而与外加电压无关。但它的工作电压和工作电流不能太大，否则，会把元件烧坏。实际使用时，光敏电阻的工作电压和电流大小一般由它的耗散功率和散热条件来决定。

2）光照特性

光敏电阻的光电流 I 和光照度 E 的关系曲线，称作光照特性。不同光敏电阻的光照特性是不同的。但大多数光敏电阻的光照特性是非线性的，硫化镉光敏电阻的光照特性曲线如图 6-6 所示。由于光敏电阻光照特性的非线性，通常只能作为开关量的光照检测传感器使用。

3）光谱特性

光敏电阻对不同波长的入射光，其相对灵敏度不同。光敏电阻的相对灵敏度 S_r 与入射波长 λ 的关系称作光谱特性。实验证明，材料不同，则它们的光谱特性曲线不相同，峰值也不相同。如图 6-7 给出了几种不同材料的光敏电阻光谱特性曲线。

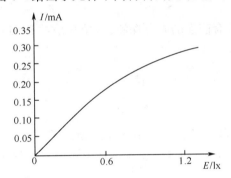

图 6-6 硫化镉光敏电阻的光照特性

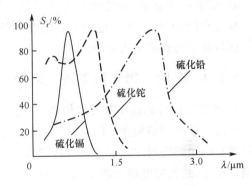

图 6-7 光敏电阻的光谱特性

由图可知，为了获得较高的灵敏度，在选择光敏电阻时，应当把光敏电阻的材料和光源波长结合起来考虑。

4）响应时间和频率特性

实验证明，当光强度突然改变时，光敏电阻的光电流不会立即变化到新的光强度所对应的光电流值，而是需要一定的过渡时间。并且这个时间通常都比较大。对于不同材料的光敏电阻，它们的过渡时间不一样，因而它们对入射光的调制频率响应也不一样。图 6-8 是硫化铅和硫化镉光敏电阻的频率特性，从图中可以看出，硫化铅光敏电阻对入射光的调制频率使用范围较大。

5）光谱温度特性

因光敏电阻是半导体材料构成的，所以它的特性和其他半导体元件一样，受温度的影响较大。当温度升高时，它的暗电阻、S_r 都下降，同时温度的变化也影响它的光谱特性。图 6-9 是硫化铅光敏电阻的光谱温度特性曲线。从图中可以看出，它的灵敏度峰值随温度上升向短波方向移动。

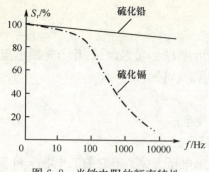

图 6-8 光敏电阻的频率特性

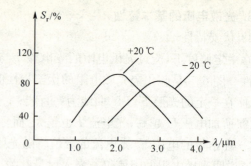

图 6-9 硫化铅光敏电阻的光谱温度特性

4. 光敏电阻的型号及应用范围

1) 硫化镉(CdS)光敏电阻

硫化镉(CdS)光敏电阻在可见光波段内灵敏度最高,峰值波长为520nm。主要用于照相机曝光表和电子快门中的光线检测,也可作为光桥、光位计中的光检测元件。

2) 硫化铅(PbS)光敏电阻

硫化铅(PbS)光敏电阻的光谱响应范围是 $1 \sim 3.5 \mu m$,峰值波长为 $2.4 \mu m$,可用于近红外波段的检测。

3) 锑化铟(InSb)光敏电阻

锑化铟(InSb)光敏电阻的光谱响应范围是 $3 \sim 7.5 \mu m$,峰值波长为 $6 \mu m$。

4) 碲镉汞(HgCdTe)光敏电阻

碲镉汞(HgCdTe)光敏电阻是目前性能最优良、最有前途的光电探测器,尤其是对 $8 \sim 14 \mu m$ 大气窗口波段的探测更为重要。

6.2.4 光敏二极管和光敏三极管

1. 光敏二极管的结构及工作原理

光敏二极管的结构和一般二极管结构相似,所不同的是它的 PN 结封装在玻璃管的顶部,可以直接受到光的照射。光敏二极管的结构和符号如图 6-10(a)、(b)所示。在电路中一般处于反向偏置状态,其实用电路如图 6-10(c)所示。

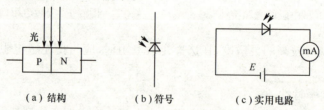

(a)结构　　(b)符号　　(c)实用电路

图 6-10 光敏二极管

在无光照射时,反向电阻很大,反向饱和电流很小,这个反向饱和电流也叫暗电流;当有光照射时,光子打在 PN 结上,使 PN 结附近产生光生电子-空穴时,载流子浓度大大增强,因而使 PN 结的电阻变小,通过 PN 结的反向饱和电流便随之增加。并且光的强度越大,这个反向饱和电流也越大。由此可知,光敏二极管在不受光照射时相当于截止状态,受到光照射时,相当于导通状态。

2. 光敏三极管的结构及工作原理

光敏三极管和一般三极管很相似,也具有两个 PN 结,也有 PNP 和 NPN 两种类型,所不同的是光敏三极管的集电结处有一个接收光的小窗口,一般基极无引出线。它的结构和符号如图 6-11(a)、(b)所示,其实用电路如图 6-11(c)所示。当光照射到集电结时,就会在集电结附近产生光生电子-空穴对,因而使集电结的电阻变小,发射结的电压升高,这样会使发射极发射更多的电子流向集电极,形成较大的输出电流。由于发射结的作用,在同样的光照下,流过光敏三极管的电流要比流过光敏二极管的电流大得多,这就是光敏三极管的放大作用。

虽然光敏三极管比光敏二极管具有更大的电流输出,但在有些场合一个光敏三极管仍不能满足要求,这时可采用达林顿光敏管,其结构和符号如图 6-12 所示,它是由一个光敏三极管和一个普通三极管复合而成。由于增加了一级电流放大,所以它的输出电流能力大大增强。但无光照时的暗电流也增大,使用时要特别注意。

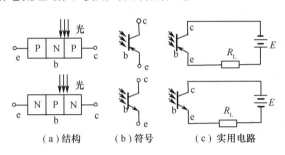 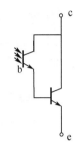

图 6-11 光敏三极管　　　　　图 6-12 达林顿光敏管

3. 基本特性

1) 光谱特性

光敏管的光谱特性是指在一定照度下,光敏管输出的相对灵敏度与入射光波长的关系曲线。硅和锗光敏管(光敏二极管、三极管)的光谱特性曲线如图 6-13 所示。从图中可以看出,硅管峰值波长在 $0.9\mu m$ 左右,锗管峰值波长在 $1.5\mu m$ 左右时灵敏度最大。由于锗管的暗电流>硅管的暗电流,所以锗管性能比硅管性能差。故在可见光或探测赤热物体时,用硅材料的光敏管比较好;而在红外光探测时,用锗材料的光敏管较为适宜。

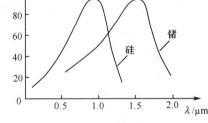

图 6-13 光敏管的光谱特性

2) 伏安特性

在不同照度下,流过光敏管的光电流与其两端电压的关系曲线称作它的伏安特性。如图 6-14(a)是硅光敏二极管反向偏置时的伏安特性曲线,如图 6-14(b)为硅光敏 NPN 型三极管的伏安特性曲线。

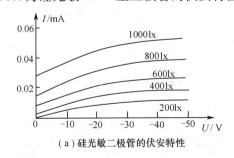 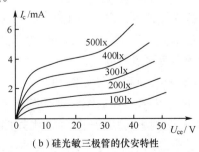

图 6-14 硅光敏管的伏安特性

从图 6-14 中可以看出：
① 通过光敏管的电流随着光照强度的增加而增大；
② 在相同照度下，光敏三极管的光电流比光敏二极管的光电流要大上百倍；
③ 在一定的电压范围内，输出电流大小主要由光照强度决定，而与它两端的电压关系不大。

3）温度特性

光敏管的温度特性是指光敏管的暗电流及光电流与温度的关系曲线。图 6-15 是光敏三极管的温度特性曲线。从图 6-15(a)可知，温度变化对暗电流影响很大；而从图 6-15(b)可知，光电流随温度变化相对较小。所以在应用时应该采取必要的温度补偿措施，否则将会导致较大的输出误差。

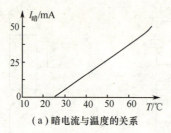 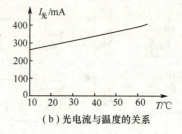

(a) 暗电流与温度的关系　　　　(b) 光电流与温度的关系

图 6-15　光敏三极管的温度特性

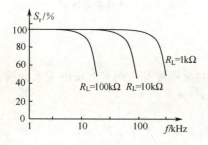

图 6-16　硅光敏三极管的频率特性

4）频率特性

光敏管的频率特性是指光敏管的输出光电流（或相对灵敏度）随入射光的调制频率变化的关系曲线。光敏二极管的频率特性是半导体光电元件中最好的一种，一般普通光敏二极管的频率响应时间可达 $10\mu s$。光敏三极管的频率特性曲线如图 6-16 所示。从图中可以看出，光敏三极管的频率特性曲线与负载电阻大小有关，负载电阻越大，频率响应范围越窄。减少负载电阻可以增宽频率响应范围，但输出电压会明显变小。一般来说，光敏三极管的时间常数越小，频率响应范围就越宽，频率特性就越好。当监测系统要求快速时，需选择时间常数较小的光敏三极管。

6.2.5　光电池

1. 光电池的结构及工作原理

光电池是一种直接将光能转变成电能的元件。在光的作用下它相当于一个电池，故把它称作光电池。光电池的种类很多，如硅、硒、硫化镉、氧化亚铜、砷化镓光电池等。其中，因为硅光电池具有性能稳定、光谱范围宽、频率特性好、换能效率高、耐高温、耐辐射、低噪声等优点备受关注。

硅光电池的结构和符号如图 6-17 所示，它实际是一个大面积的 PN 结。其工作原理是基于光生伏特效应。即当光照射到 PN 结的一个面，比如照射到 P 型面时，若光子能量大于半导体的禁带宽度，则 P 型面每吸收一个光子，便产生一个电子-空穴对，吸收的光子越多，产生的电子-空穴对就越多。由于浓度失衡，这时自由电子和空穴便迅速从表面向 PN 结处扩散，在结电场的作用下正好将电子推向 N 型区，而把空穴留在了 P 型区。这样，

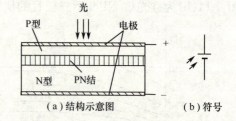

(a) 结构示意图　　(b) 符号

图 6-17　硅光电池的结构与符号

电子、空穴便被结电场分离开来,从而使 P 区带正电,N 区带负电,形成了一个与光照强度有关的光生电动势。若通过外电路把正负极相连,则外电路中就有一个与光照强度有关的光生电流。

2. 光电池的基本特性

1) 光谱特性

光电池的光谱特性是指光电池的相对灵敏度 S_r 和入射光波长 λ 之间的关系曲线。如图 6-18 所示。从图中可以看出:

① 光电池的光谱特性决定于所采用的材料,材料不同光谱特性有差异。

② 硒光电池在可见光谱范围(380~750nm)内有较高的灵敏度,峰值波长在 540nm 附近。它适宜于探测可见光。如果硒光电池与适当的滤光片配合,它的光谱灵敏度与人的眼睛很接近。

③ 硅光电池的光谱范围在 400~1200nm 之间,峰值波长在 850nm 附近。因此对色温为 2854K 的钨丝灯光源(发出光波长在 850nm 附近),能得到很好的光谱响应。

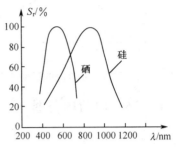

图 6-18 光电池的光谱特性

由此可见,硅光电池的波长应用范围比硒光电池宽。但是硒光电池比硅光电池便宜,它的光谱峰值位于人的视觉范围内,因而在不少测量仪器上广泛应用。

2) 光照特性

光电池的光照特性是指光生电动势和光生电流与光照度之间的关系曲线。因光生电流的大小与 PN 结的受光面积有关,受光面积越大,则短路电流就越大。而光电池的 PN 结受光面积有大有小,为了定量地描述光生电流与光照度的数量关系,用光生电流密度代替光生电流更为贴切。图 6-19 是硅光电池的开路电压 U_{oc} 和短路电流密度 J_{sc} 与照度 E 的关系曲线。由图可以看出:

① 硅光电池的光生电动势(即开路电压 U_{oc})与照度 E 成非线性关系。在照度为 2000lx 时就趋向饱和,且 $U_{oc} \approx 0.6V$,相当于一个电压源。

② 硅光电池的短路电流密度 J_{sc}(mA/mm²)与 E 呈线性关系,相当于一个电流源。

由此可知,当光电池作为检测元件时,应使用它的电流源特性,即让它工作于短路或接近短路(即负载电阻小于 50Ω)状态;否则,都是利用它的电压源特性,即把它作为电压源使用。应该指出,随着负载电阻的增大,其负载电流与照度间的线性关系也逐渐变差。

3) 频率特性

当把光电池作为检测元件用时,常用调制光作为输入信号。光电池的频率特性是指入射光的调制频率 f 和光电池相对输出电流 I_r 的关系曲线,如图 6-20 所示。从图中看出:硅光电池具有较高的频率响应,而硒光电池较差。因此在高速计数的光电转换器件中,一般采用硅光电池作为光电转换元件。

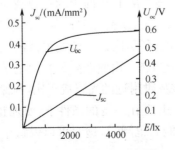

图 6-19 硅光电池的光照特性

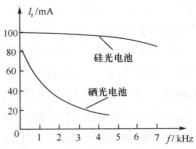

图 6-20 光电池的频率特性

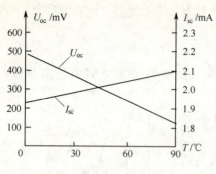

图 6-21 光电池的温度特性

4) 温度特性

光电池的温度特性是指在照度一定的情况下,开路电压 U_{oc} 和短路电流 I_{sc} 随温度 t 变化的关系曲线。图 6-21 是某硅光电池在 1000lx 照度下的温度特性曲线。由图看出,U_{oc} 随 T 增加而下降的速度较快,而 I_{sc} 随 T 增加而上升的速度较缓慢。

由于温度对光电池的性能影响较大,因此在自动监测系统设计时应考虑到温度的漂移,须采取相应的措施进行温度补偿。对于硅光电池,如其结温超过 200℃,就会破坏它的晶体结构,造成损坏。

6.2.6 电荷耦合器

电荷耦合器(简称 CCD)是一种将光亮度转变成电荷信号,并具有将信号电荷存储、转移、读出功能的大规模集成电路器件。CCD 自 1970 年问世以来,由于其独特的性能而发展迅速,广泛应用于航天、遥感、工业、农业、天文及通信等领域,主要用于以上领域中的图像识别技术,所以人们又把它称作 CCD 图像传感器。

1. CCD 的工作原理

CCD 是在 P 型或 N 型衬底上按照一定排列规则制作上 MOS 光敏元阵列、移位寄存器和电荷信号输出电路而成的半导体器件。它的基本单元就是 MOS(金属-氧化物-半导体)光敏元。图 6-22(a)是以 P 型半导体为衬底的 MOS 光敏元结构示意图,衬底上面覆盖一层厚度约 120nm 的 SiO_2 作为电解质,再在 SiO_2 表面沉积一层金属而构成 MOS 光敏元的栅极。这样一个 MOS 光敏元又称为一个像素。像素的多少称作分辨率。同一面积上 MOS 光敏元越多,CCD 的分辨率就越高。

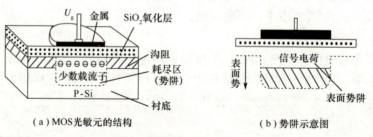

图 6-22 MOS 光敏元结构及势阱示意图

1) 电荷存储原理

MOS 光敏元与电容器一样,能够存储电荷。如果 MOS 光敏元中的半导体是 P 型硅,当在金属电极上施加一个正电压 U_g 时,由于电场作用,在电极下的 P 型硅中的多数载流子(空穴)受到排斥,半导体内的少数载流子(电子)吸引到 P-Si 界面处来,从而在界面附近形成一个耗尽区,也称表面势阱,如图 6-22(b)所示。对带负电的电子来说,耗尽区是个势能很低的区域。如果有光照射在硅片上,在光子作用下,半导体硅产生了电子-空穴对,由此产生的光生电子就被附近的势阱所吸收,势阱内所吸收的光生电子数量与入射到该势阱附近的光强成正比,存储了电子的势阱被称为电荷包,而同时产生的空穴被排斥出耗尽区。并且在一定的条件下,所加正电压 U_g 越大,耗尽区(即表面势阱)就越深,表面势阱吸收电子的能力也越强,这时可以说这个表面势阱所能容纳的电子的数量也就越大。

2) 电荷转移原理

因为 CCD 是由一系列彼此非常靠近的 MOS 光敏元排列而成的,而且这些光敏元都是制作在同一块半导体衬底上,由于相邻 MOS 电极之间相隔极小的距离,所以相邻 MOS 光敏元的势阱相互连通,可以实现相邻势阱间的电荷转移。为了保证信号电荷按确定方向和路线转移,在各 MOS 光敏元电极上加的电压应严格满足相位要求,下面以三相(也有二相和四相)时钟脉冲控制方式为例说明电荷定向转移过程。

首先把 MOS 光敏元的电极分成三组,然后在其上面分别施加三个相位不同的控制电压 u_1、u_2、u_3,见图 6-23(a),控制电压 u_1、u_2、u_3 的波形如图 6-23(b)所示。

当 $t=t_1$ 时,u_1 相处于高电平,u_2、u_3 相处于低电平,在电极 1、4 下面出现势阱,存储了电荷。

当 $t=t_2$ 时,u_2 相处于高电平,电极 2、5 下面出现势阱。由于相邻电极之间的间隙很小,电极 1、2 及 4、5 下面的势阱互相耦合,使电极 1、4 下的电荷向电极 2、5 下面势阱转移。随着 u_1 电压下降,电极 1、4 下的势阱相应变浅。

当 $t=t_3$ 时,有更多的电荷转移到电极 2、5 下的势阱内。

当 $t=t_4$ 时,只有 u_2 处于高电平,信号电荷全部转移到电极 2、5 下面的势阱内。随着控制脉冲的变化,信号电荷便从 CCD 的一端转移到另一端,实现了电荷的耦合与转移。

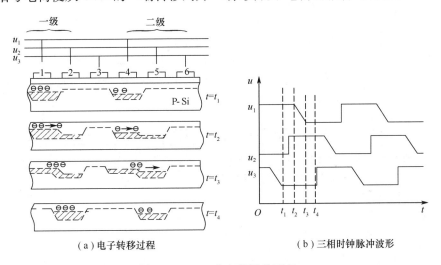

(a)电子转移过程　　　　(b)三相时钟脉冲波形

图 6-23　CCD 中电荷转移原理

3) 信号电荷输出电路

图 6-24 是 CCD 的信号电荷输出电路示意图。它实际是在 CCD 阵列的末端衬底上制作了一个输出栅 OG、一个输出二极管及两个 MOS 场效应管 VT_1 和 VT_2,其中 VT_1 的作用是复位,VT_2 的作用是电压跟随输出,C 是 MOS 管的等效栅电容,起着对信号电荷积分的作用。当在复位管 VT_1 的栅极 RG 上加上一个正脉冲时,VT_1 导通,给二极管加上反向偏压。这时若在输出栅 OG 上加一个直流正电压,可在它下面

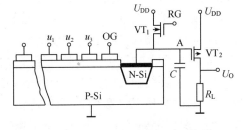

图 6-24　CCD 电荷输出电路示意图

建立一个电子沟道,使转移到终端的电荷在时钟脉冲作用下通过电子沟道移向输出二极管,通过二极管的 PN 结流向电容 C,使 A 点的电位降低,并通过 VT_2 的源极输出。输出电压的大小与信号电荷大小成正比。当复位管 VT_1 的栅极 RG 上的正脉冲去掉后,VT_1 截止,这时 C 上的电

荷可通过输出二极管迅速放掉,准备接收下一个电荷包的电荷。这样如此重复,就将CCD上的信号电荷包逐个输出。

2. CCD图像传感器的分类

由CCD的工作原理可知,CCD图像传感器是将投射到CCD上的光学图像转换成电荷信号图像的器件。即将光强的空间分布转换为与光强成正比的、大小不等的电荷包空间分布,然后利用移位寄存器和输出电路将电荷信号图像传送出去的器件。

根据光敏元件排列形式的不同,CCD图像传感器可分为线型和面型两种。

1) 线型CCD图像传感器

线型CCD图像传感器是由一行MOS光敏单元和一行CCD移位寄存器构成的,光敏单元与移位寄存器之间有一个转移控制栅,基本结构如图6-25(a)所示。转移控制栅控制光电荷向移位寄存器转移,一般使信号转移时间远小于光积分时间。在光积分周期里,各个光敏元中所积累的光电荷与该光敏元上所接收的光照强度和光积分时间成正比,光电荷存储于光敏单元的势阱中。当转移控制栅开启时,各光敏单元收集的信号电荷并行地转移到CCD移位寄存器的相应单元。当转移控制栅关闭时,MOS光敏元阵列又开始下一行的光电荷积累。同时,在移位寄存器上施加时钟脉冲,将已转移到CCD移位寄存器内的上一行的信号电荷由移位寄存器串行输出,如此重复上述过程。

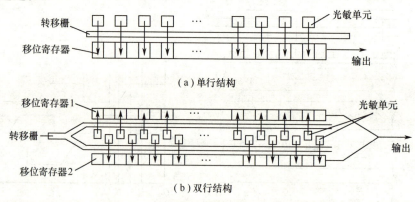

图6-25 线形CCD图像传感器的结构

图6-25(b)是CCD的双行结构图。光敏元中的信号电荷分别转移到上、下方的移位寄存器中,然后在时钟脉冲的作用下向终端移动,在输出端交替合并输出。这种结构与长度相同的单行结构相比较,可以获得高出两倍的分辨率;同时由于转移次数减少一半,使CCD电荷转移损失大为减少;双行结构在获得相同效果情况下,又可缩短器件尺寸。由于这些优点,双行结构已发展成为线型CCD图像传感器的主要类型。

由于线型CCD图像传感器只能直接接收一维光信息,为了能得到整个二维图像的视频信号,就必须用逐行扫描的方法。而线型CCD图像传感器的逐行移动需要机械部件,速度很慢,影响了成像速度,所以线型CCD图像传感器主要用于扫描仪、复印机、传真机和光学文字识别技术等方面。要想能够迅速地获得二维图像的视频信息,就必须用面型CCD图像传感器。

2) 面型CCD图像传感器

按一定的方式将光敏单元及移位寄存器排列成二维阵列,即可构成面型CCD图像传感器。面型CCD图像传感器又有线转移型、帧转移型和行间转移型三种基本类型。

线转移型的结构如图6-26(a)所示。它是有若干个线型CCD图像传感器平行地排列起来后外加一个行扫描发生器组合而成的。行扫描发生器的作用是将光敏元件内的信息逐行转移到水平(行)方向上,在驱动脉冲的作用下将信号电荷一位一位地按箭头方向转移,并移入输出寄存器,输出寄存器亦在驱动脉冲的作用下使信号电荷经输出端输出。这种转移方式具有光敏面积大、转移速度快、转移效率高等特点,但电路比较复杂,易引起图像模糊。

帧转移型的结构如图 6-26(b)所示。它由光敏元面阵(感光区)、存储器面阵和输出移位寄存器三部分构成。图像成像到光敏元面阵,当光敏元的某一相电极加有适当的偏压时,光生电荷将收集到这些光敏元的势阱里,光学图像变成电荷包图像。当光积分周期结束时,信号电荷迅速转移到存储器面阵,经输出端输出一帧信息。当整帧视频信号自存储器面阵移出后,就开始下一帧信号的形成。这种面型 CCD 的特点是结构简单,光敏单元密度高,但增加了存储区。

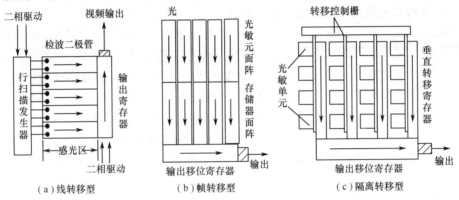

图 6-26　面型 CCD 图像传感器结构示意图

行间转移型的结构如图 6-26(c)所示,它是目前使用最多的一种结构形式。它将光敏单元与垂直转移寄存器交替排列。在光积分期间,光生电荷存储在感光区光敏单元的势阱里。当光积分时间结束,转移栅的电位由低变高,信号电荷进入垂直转移寄存器中。随后,一次一行地移动到输出移位寄存器中,然后移位到输出器件,在输出端得到与光学图像对应的一行一行的视频信号。这种结构的感光单元面积减小,图像清晰,但单元设计复杂。

由于面型 CCD 图像传感器感光一次就是一幅二维的视频图像,而且成像速度快,存储处理迅速,被广泛应用于照相机、摄像机及图像检测识别技术中。

3. CCD 图像传感器的主要参数

描述 CCD 图像传感器的性能参数比较多,其主要参数有下面几个。

1) 灵敏度

CCD 的灵敏度是指在一定光谱范围内单位曝光量的输出信号电压(电流),也就是投射在光敏元上的单位辐射功率所产生的电压(电流)。

2) 分辨率

分辨率是描述 CCD 上 MOS 光敏元多少的一个指标,一个 MOS 光敏元就是一个像素。同一面积上 MOS 光敏元越多,CCD 的分辨率就越高,所反映的图像就愈清晰。

3) 线性度

线性度是指在动态范围内,输出信号与曝光量关系的线性程度。通常在弱信号和接近满阱信号时,线性度比较差,所以在光线充足时拍摄的图像比较清晰逼真。

6.3　光电传感器

光电传感器是以光电元件为检测器件,配上相应的光源和光学系统,把被测物理量的变化转换成光信号的变化,然后再将光信号的变化转变成电信号变化的一种传感器。它与其他传感器相比,具有非接触、检测速度快、检测精度高、性能可靠、可遥测、结构简单等优点。

6.3.1 光电传感器结构及工作原理

光电传感器的典型结构如图 6-27 所示,它一般由光源、光学通路系统和光电元件三部分组成。常用的光源有白炽灯、气体放电灯、发光二极管(LED)和激光器等,而光学系统主要有透镜、滤光片、棱镜和反射镜等。被测物理量通常作用于光源或者光学通路上,从而引起光通量的变化,然后光电元件再把光通量的变化转变成电信号的变化。只要能把光电元件输出电信号的变化测量出来,就可知道被测物理量的变化。这就是光电传感器的测量原理。

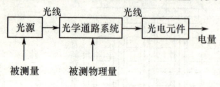

图 6-27 光电传感器典型结构

光电传感器按输出信号形式分类,有开关型和模拟型两种。开关型光电传感器的输出信号是脉冲型电信号,它要求光电元件应具有较高的灵敏度,这种光电传感器主要用于转速测量、光控开关和位置开关等;而模拟型光电传感器的输出信号是连续变化的电信号,为此要求光电元件的光照特性为单值、线性,而且要求光源的光照应均匀恒定,这种光电传感器主要用于光照度计、光电位移计和光电比色计等。下面介绍几种常见的光电传感器。

6.3.2 光电耦合器

光电耦合器通常是指把发光元件和光电元件组合封装在一起而成的器件。它的一般结构如图 6-28 所示,其中发光元件一般采用砷化镓发光二极管,接收元件是光敏三极管或达林顿光敏管。它的工作原理是随着输入正向电流的增加,使发光二极管产生的光通量增加,从而使照射到光接收元件的光通量增加,导致光接收元件的输出电流也增加。为了保证光电耦合器有较高的灵敏度,应使发光元件和光接收元件的波长相匹配。

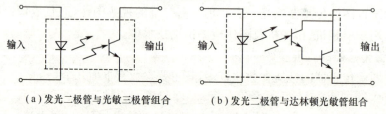

(a)发光二极管与光敏三极管组合　　(b)发光二极管与达林顿光敏管组合

图 6-28 光电耦合器结构示意图

由于光电耦合器是通过光来实现两个电路中电量传输的,所以又把它称作光电隔离器。它具有很强的抗干扰性能和单向信号传输功能,有时可取代继电器、变压器、斩波器等。它广泛应用于强电电路和弱电电路的电量隔离,来保护人身安全,也可用于电平转换和噪声抑制等场合。

6.3.3 光电开关

光电开关也是由发光元件和感光元件组合而成的器件。通常采用波长接近于可见光的红外线光束,通过光束是否被物体遮挡或反射来检测光线的有无。根据发光器发出的光束到达接收器途径的不同,有直射型和反射型两种,如图 6-29 所示。其中,图(a)是将发光元件与接收光元件组装在一起的直射型光电开关,使用安装比较方便。图(b)是把发光元件和接收光元件分别封装的直射型光电开关,安装时要求发光元件和接收光元件的光轴重合。当不透明物体从它们之间的光轴线处经过时,会阻断光路,使接收元件接收不到来自发光元件的光,可实现对不透明物体有、无的检测。图(c)是一种反射型的光电开关,它的特点是发光元件和接收光元件的光轴在同一平面上,且以某一角度相交。当反光物体从两条光轴的交汇处经过时,光接收元件就会接收到从物体表面反射来的光,没有物体时则接收不到。可实现对反光物体有、无的检测,但使用时要求被测物体必须从两条光轴的交汇处通过。

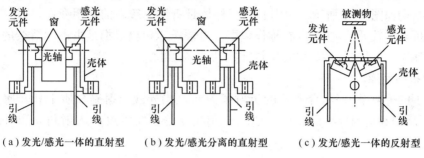

(a) 发光/感光一体的直射型　　(b) 发光/感光分离的直射型　　(c) 发光/感光一体的反射型

图 6-29　光电开关的基本结构

需要注意的是,反射型光电开关适合于检测表面光亮或反射率较高的被测物体,而直射型光电开关则适合于检测透射率低或不透明的被测物体。

光电开关的特点是体积小、速度快、非接触,而且可直接与 TTL、MOS 等电路连接。由于用光电开关检测物体时,一般只检测物体的有无,所以光电开关的输出信号通常为脉冲信号。为便于使用可在输出端接整形电路,使输出为标准矩形波脉冲信号。图 6-30 是光电开关的基本应用电路。图(a)表示直接连接斯密特触发器的情况,图(b)表示用三极管放大后再接斯密特触发器的情况。光电开关检测距离大,灵敏度高,广泛应用于工业控制、自动化包装线及安全装置中,可在自动控制系统中用作物体检测、产品计数、尺寸控制及安全报警等。

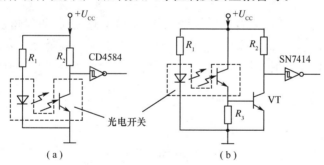

图 6-30　光电开关的基本应用电路

6.4　光纤传感器

光纤传感器是 20 世纪 70 年代后期才发展起来的一种新型传感器。它的主要部件是光导纤维,简称为光纤。由于光纤比较细、重量轻、可绕曲、不受电磁干扰、灵敏度高、耐腐蚀、绝缘强度高和防爆性好等诸多优点,倍受人们关注。随着人们对光纤特性的不断研究,光纤传感器的应用前景和发展潜力越来越巨大。到目前为止,人们已经研制出了测量位移、加速度、转矩、压力、温度、磁、电、声及应变等物理量的光纤传感器。下面先介绍光纤的结构、特性及传光原理。

6.4.1 光纤的结构及传光原理

众所周知,光在空间是以直线传播的。但在光纤中,光的传播可以随着光纤转弯,并传送到很远的地方。光之所以能沿着光纤传播是基于光纤的结构和它的全反射原理。

1. 光纤的结构

光纤的结构如图 6-31 所示。它中心的圆柱体是折射率较高的透明介质,称作纤芯,围绕纤芯的一层为折射率较低的透明介质,称作包层。通常纤芯和包层都是由不同掺杂的石英玻璃制成的。而最外层是保护层,多为尼龙材料,以增加机械强度。

2. 光的折射定律

设介质 I 的折射率为 n_1,介质 II 的折射率为 n_2。当光线照射到介质 I 和介质 II 的分界面时,就会出现反射和折射(见图 6-32)。并且入射角 α 等于反射角 β,入射角 α 和折射角 α' 之间满足

$$n_1 \sin\alpha = n_2 \sin\alpha' \quad \text{或} \quad \frac{\sin\alpha}{\sin\alpha'} = \frac{n_2}{n_1} \tag{6-2}$$

这就是光的折射定律,又称作斯涅耳定律。

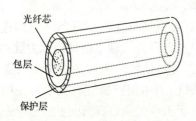

图 6-31 光纤的结构

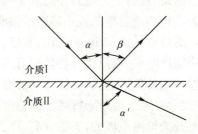

图 6-32 光的反射与折射

由式(6-2)可知,若 $n_1 > n_2$,则有 $\alpha < \alpha'$,并且当入射角 α 增大时,折射角 α' 也随着增大;且当 α 增加到某一角度时,可使 $\alpha' = 90°$;此时,折射光完全消失,只剩下反射光。若继续增大入射角,仍然如此。这种现象称作全反射。使折射角 $\alpha' = 90°$ 的入射角称为临界角,记作 α_c。则有

$$\sin\alpha_c = \frac{n_2}{n_1} \sin 90° = \frac{n_2}{n_1} \tag{6-3}$$

即

$$\alpha_c = \arcsin\left(\frac{n_2}{n_1}\right) \tag{6-4}$$

由此得出结论:当光线从光密介质(折射率大的介质)射入光疏介质(折射率小的介质)时,如果入射角大于或等于临界角(即 $\alpha \geq \alpha_c$),就发生全反射。

3. 光纤的传光原理

光纤的传光原理就是基于光的全反射。为了能使光在光纤内实现全反射,通常把它制作成纤芯折射率 n_1 略大于包层折射率 n_2 的圆光纤,如图 6-33 所示。当光射入一个端面并与圆柱的轴线成 θ 角时,则在光纤端面发生折射角为 θ' 的光射入光纤芯,然后以入射角 φ 射至纤芯与包层的界面;在该界面上,光有一部分返回纤芯,还有一部分以折射角为 φ' 的光射入包层。若能适当控制光的入射角 θ,使光在纤芯与包层的界面上发生全反射,就不会有光透出界面。这样,光在纤芯和包层的界面上反复进行全反射,使光在纤芯内不断向前传播,最后从光纤的另一端面射出,这就是光纤的传光原理。下面来推导光纤的传光条件。

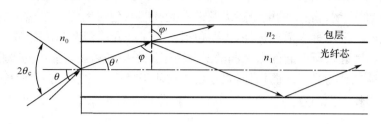

图 6-33　光纤的传光原理示意图

根据斯涅耳定律得

$$n_0\sin\theta = n_1\sin\theta' \tag{6-5}$$

$$n_1\sin\varphi = n_2\sin\varphi' \tag{6-6}$$

式中，n_0 为光纤外部介质的折射率。

联立式(6-5)和式(6-6)得

$$\sin\theta = \frac{n_1}{n_0}\sin\theta' = \frac{n_1}{n_0}\sin(90-\varphi) = \frac{n_1}{n_0}\cos\varphi = \frac{n_1}{n_0}\sqrt{1-\sin^2\varphi} = \frac{n_1}{n_0}\sqrt{1-\left(\frac{n_2}{n_1}\sin\varphi'\right)^2} \tag{6-7}$$

若要使光在光纤芯和包层的界面上发生全反射，必须满足 $\varphi' \geq 90°$。设当 $\varphi' = 90°$ 时，$\theta = \theta_c$，则

$$\sin\theta_c = \frac{n_1}{n_0}\sqrt{1-\left(\frac{n_2}{n_1}\right)^2} = \frac{1}{n_0}\sqrt{n_1^2 - n_2^2} \tag{6-8}$$

显然，若光照射到光纤端面的入射角 θ 满足

$$\theta \leq \theta_c = \arcsin\left(\frac{1}{n_0}\sqrt{n_1^2 - n_2^2}\right) \tag{6-9}$$

则光在光纤内就发生全反射。式(6-9)又称作光纤的传光条件。

一般光纤所处的环境为空气，而空气的折射率 $n_0 = 1$，这时传光条件式(6-9)可写成

$$\theta \leq \theta_c = \arcsin(\sqrt{n_1^2 - n_2^2}) \tag{6-10}$$

由以上分析可知，光在光纤内是以锯齿波形状向前传播的，所以，只要光纤弯曲不大，不破坏它的全反射条件，也就不会影响光的传播。这就是光可以转弯的原因。

6.4.2　光纤的主要参数

1. 数值孔径

由前面分析可知，θ_c 是光纤实现全反射的临界入射角，它是由组成光纤物质的折射率唯一确定的，其大小反映了光纤的集光本领的大小。为了定量地描述光纤的这种本领，引入了数值孔径这个概念，用 NA 来表示，它定义为

$$\mathrm{NA} = \sin\theta_c = \frac{1}{n_0}\sqrt{n_1^2 - n_2^2} \tag{6-11}$$

其物理意义是无论光源发射功率有多大，只有入射角处于 $2\theta_c$ 范围内的光才能在光纤内无损耗地传播下去。光纤的数值孔径越大，表明光纤对光的集光能力越强。

2. 传输损耗

光在光纤内传播，由于种种原因将会产生损耗，损耗的程度可用衰减率来衡量。假设光纤的入射光强为 I_0，经过 1000m 传输后光强度下降到 I_1，则衰减率 A 定义为

$$A = 10\lg\frac{I_0}{I_1} \tag{6-12}$$

式中，A 的单位是 dB/km。

引起传输损耗的原因很多,但归纳起来主要有三种。第一种为材料吸收损耗,它是由光纤材料中的金属杂质如铁、铜、铬、镍的电子能级及进入光纤芯及包层的氢氧根离子的振动能级对光能的吸收所引起的。第二种为散射损耗,主要包括由于光纤介质密度起伏引起的瑞利散射、由于温度引起的动态密度起伏所引起的布里渊散射及由于原子振动和旋转能级的吸收和再辐射所引起的拉曼散射。第三种为光纤弯曲损耗,它是由于在使用过程中,光纤弯曲部分不满足全反射条件而产生的一种损耗。但当弯曲半径大于 10cm 时,此损耗可以忽略不计。

6.4.3 光纤的分类

光纤的分类方法有多种,常见的有两种。

一种是按光在光纤中的传播模式分类,可分为多模光纤和单模光纤两种。所谓光纤模式,是指光波在光纤中传播的途径和方式。在光纤的一端,当光波以某一角度射入光纤端面,并能在光纤内传播的光线路径和方式就称作一种传播模式。显然,对于不同入射角的光线,它们在界面反射次数是不同的。传播时光波之间的干涉所产生横向强度分布也是不同的,这就是传播模式不同。如果光纤芯的直径较大,可以在光纤的受光角内允许光波有多个特定的角度射入,并在光纤芯内传播,此光纤就称作多模光纤。如果光纤芯直径较小,光纤只允许与光纤轴线方向一致的光波通过,就称作单模光纤。对于多模光纤,由于同一种光信号采用多种模式传播时,将使这一光信号分成多个不同时间到达接收端的小信号,从而导致合成信号的畸变,因此光纤信号的模式数量不宜太多。

一般纤芯直径为 $2 \sim 12\mu m$ 的为单模光纤,这类光纤的传输性能好,信号畸变小,信息容量大,线性好,灵敏度高,但由于纤芯尺寸小,制造、连接和耦合都比较困难。纤芯直径为 $50 \sim 100\mu m$ 的为多模光纤,这类光纤的传输性能较差,输出信号有较大畸变,但由于纤芯截面积大,容易制造,而且连接和耦合也比较方便,故应用较多。

另一种是按折射率在其径向的分布情况分类,可分为突变型光纤(反射型光纤)和渐变型光纤(折射型光纤)两种。所谓突变型光纤,是指纤芯的折射率 n_1 和包层的折射率 n_2 都是常数,且 $n_1 > n_2$(见图 6-34(a))。突变型光纤的传光原理如图 6-33 所示。

所谓渐变型光纤,是指纤芯的折射率 n_1 不是常数,而是随着纤芯的半径增大而逐渐减小,到包层时与包层的折射率 n_2 相等,如图 6-34(b)所示。渐变型光纤的传光原理如图 6-35 所示。

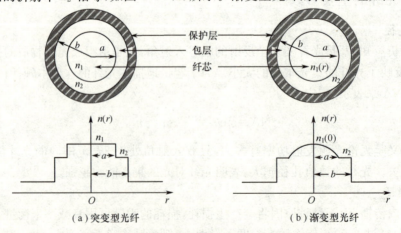

(a) 突变型光纤　　　　(b) 渐变型光纤

图 6-34　光纤的断面结构与折射率分布情况

在渐变型光纤中,由于光纤芯的折射率是连续变化的,因此光波的传输轨迹是一条条光滑的曲线。

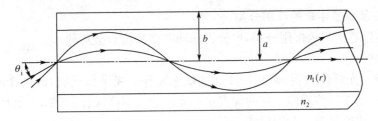

图 6-35　渐变型光纤的传光原理

6.4.4　光纤传感器结构及工作原理

光纤传感器实际上是把被测物理量的变化转变成光信号的变化,然后再由光电元件把光信号的变化转变成电信号的变化来进行测量的一种装置。其结构如图 6-36 所示,它由光源、光纤、敏感元件(光纤或非光纤)、光电元件等组合而成。由图可知,它的结构与光电传感器结构类同,所不同的是它将光的通路限制在光纤里面。其中敏感元件可以是光纤本身,也可以是光纤以外的非光纤器件。

光纤传感器的测量原理是基于光在光纤内传播的过程中,可被外界某一参数调制这一原理,即光源发出的光在光纤中传播时,当外界某一参数(如温度、压力、流量、位移等)发生变化时,经敏感元件的作用会引起光纤内光的某一参数(如强度、频率、相位、偏振等)发生变化。通过光接收器件(即光电元件)把光的这种变化转换成电信号的变化,最后经信号处理系统检测出这一变化,即可实现被测参数的测量。

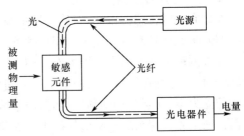

图 6-36　光纤传感器结构示意图

6.4.5　光纤传感器的分类

目前,光纤传感器的分类方法有两种。一种是按被调制参数分类,另一种是按光纤在传感器中起的作用分类。

1. 按被调制参数分类

按被调制参数分类,光纤传感器可分为下面 4 种。

1) 强度调制型

强度调制型是指利用被测参数的变化引起光敏感元件的折射率、吸收率或反射率等参数的变化,而导致光强度的变化来实现参数测量的光纤传感器。

2) 相位调制型

相位调制型是指利用被测对象对敏感元件的作用,使敏感元件的折射率或传播常数发生变化,而导致光的相位变化来实现参数测量的光纤传感器。

3) 偏振调制型

偏振调制型是指利用被测参数的变化,而引起光的偏振态变化,通过测量偏振态的变化来实现参数测量的光纤传感器。

4) 频率调制型。

频率调制型是指利用被测参数变化,而导致光的频率变化,通过测量频率的变化来实现参数测量的光纤传感器。

2. 按光纤在传感器中起的作用分类

按光纤在传感器中起的作用分类,可分为非功能型和功能型两种。

1) 非功能型

所谓非功能型光纤传感器,是利用外加的敏感元件对光进行调制,而光纤仅仅作为传光之用,故又称为传光型光纤传感器。它的优点是对光纤要求不高,结构简单,可靠性好;缺点是光调制在光纤外进行,故容易产生附加损耗。

2) 功能型

所谓功能型光纤传感器,是利用光纤本身的某些特性和功能进行调制,光纤不仅用作传光,本身也是敏感器件,故又称作传感型传感器。

6.4.6 常见光纤传感器

光纤传感器由于它的独特性能而受到广泛的重视,其应用正在迅速地发展。下面介绍几种常见的光纤传感器。

1. 光纤扭矩传感器

在没有光纤传感器以前,对旋转扭矩非接触测量是检测中的一个难题,但现在利用光纤扭矩传感器测量就比较简单。光纤扭矩传感器的结构如图 6-37(a)所示。

在被测轴上装上两个圆周刻有黑白条纹的圆盘,在圆盘下方各放置一反射式光纤探头。当轴转动时,从光纤探头可输出一周期脉冲信号;当转轴不受扭矩时,两个探头的输出信号经整形后相位差为零;而当转轴受到扭矩时,由于剪切变形,使两个圆盘所在的截面相对转过一个角度,从而使两个光纤探头的输出信号产生一相位差,如图 6-37(b)所示。显然,当转轴直径及材料确定后,该相位差值取决于两截面间的距离 l 和待测扭矩值。当 l 固定时,只要测出 A、B 两个信号的相位差,即可计算出转轴上的扭矩。

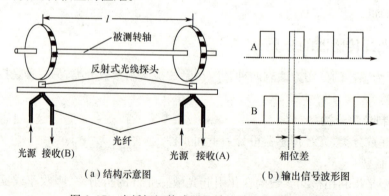

(a) 结构示意图　　　　　　(b) 输出信号波形图

图 6-37　光纤扭矩传感器的结构及输出信号波形

2. 光纤温度传感器

光纤温度传感器是目前仅次于加速度、压力传感器而被广泛使用的光纤传感器。根据工作原理,可分为相位调制型、光强调制型和偏振光型等。这里仅介绍一种光强调制型光纤温度传感器,其结构如图 6-38(a)所示。它是由半导体光吸收器、光纤、光源和包括光探测器在内的信号处理系统组成。光纤是用来传输光信号的,半导体光吸收器是光敏感元件,在一定的波长范围内,它对光的吸收随温度 T 变化的情况如图 6-38(b)所示。由图可知,半导体材料的光透过率特性曲线随温度的增加而向右移动,如果适当地选定一种在该材料工作波长范围内的光源,那么就可以使透过半导体材料的光强随温度而变化,探测器检测输出光强的变化即达到测量温度的目的。

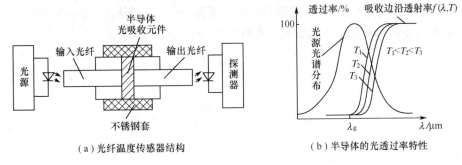

(a) 光纤温度传感器结构　　　　(b) 半导体的光透过率特性

图 6-38　光强调制型光纤温度传感器结构原理图

这种半导体光吸收型光纤传感器的测量范围随半导体材料和光源而变,一般在温度为 $-100 \sim 300℃$ 范围内进行测量,响应时间约为 2s。它的特点是体积小、结构简单、时间响应快、工作稳定、成本低,便于推广应用。

6.5　光敏传感器工程应用案例

光敏传感器在工农业生产、国防、科技以及人们的日常生活中应用非常广泛,下面就介绍几个工程应用案例。

6.5.1　火灾监测报警系统案例

火灾监测报警系统又叫火灾探测报警器,它是利用火焰具有光照强度和闪烁频率的特性进行探测的一种设备。采用硫化铅(PbS)光敏电阻为探测元件的火灾探测报警器电路如图 6-39 所示。

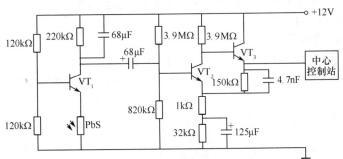

图 6-39　火灾探测报警器电路

光敏电阻的暗电阻为 $1MΩ$,亮电阻为 $0.2MΩ$(在光强度 $0.01W/m^2$ 下测试),峰值响应波长为 $2.2μm$,硫化铅光敏电阻处于 VT_1 管组成的恒压偏置电路中,其偏置电压约为 6V,电流约为 $6μA$。VT_1 管集电极电阻两端并联 $68μF$ 的电容,可以抑制 100Hz 以上的高频,使其成为只有几十赫兹的窄带放大器。VT_2、VT_3 构成两级负反馈互补放大器。当火焰的闪动信号被光敏电阻检测到后,经两级放大送给中心控制站进行报警处理。采用恒压偏置电路是为了在更换光敏电阻或长时间使用后,器件阻值的变化不至于影响输出信号的幅度,保证火灾报警器能长期稳定地工作。

6.5.2　物体尺寸测量系统案例

由于 CCD 图像传感器具有较高的分辨率和灵敏度以及较宽的动态范围这些特点,所以被广泛应用于图像识别、自动测量和自动控制系统中。下面介绍一个利用线型CCD图像传感器进行工件尺寸检测的例子。该工件尺寸测量系统如图6-40所示。

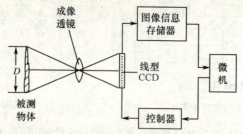

图6-40 CCD工件尺寸测量系统原理图

由光学原理可知,被测物体尺寸D的计算公式为

$$D=\frac{np}{M} \tag{6-13}$$

式中,n为线型CCD的光敏像素数;p为像素间距;M为倍率。

它的测量原理是当物体成像聚焦在CCD的光敏面上时,在微机的控制下,首先把图像信息送入图像信息存储器进行存储,然后由计算机进行数据处理,并根据式(6-13)进行计算,最后显示测量结果。

为了减少测量误差,微机可对被测工件进行多次测量求平均值,精确获得被测物体的尺寸。用这种方法可以实现零件尺寸的不接触在线自动监测。

思考题及习题6

6-1 什么叫光电效应?光电效应有哪几种?相对应的光电元件各有哪些?

6-2 何为光电导效应?何为光伏特效应?

6-3 光电倍增管的工作原理是什么?

6-4 光敏电阻的工作原理是什么?光敏电阻的主要参数有哪些?

6-5 简述光敏二极管和光敏三极管的结构与工作原理,并画出它们的基本使用电路。

6-6 简述光电池的用途。掌握硅、硒光电池的光照特性、光谱特性。

6-7 CCD代表什么?它的功能是什么?它有几种类型?

6-8 光电传感器由哪三部分组成?画出方框图。

6-9 光电传感器的核心部分是什么?其作用是什么?

6-10 简述突变型光纤的传光原理。

6-11 突变型光纤的传光条件是什么?

6-12 光纤数值孔径NA的物理意义是什么?对NA取值大小有什么要求?

6-13 当光纤的$n_1=1.45$,$n_2=1.44$,如光纤外部介质的$n_0=1$,求光在光纤内产生全反射时入射光的最大入射角θ_c的值。

6-14 引起传输损耗的原因有哪几种?请简述之。

6-15 试用光电开关为罐装啤酒流水线设计一个啤酒罐自动监测计数系统,来统计啤酒生产的日产量。

第7章 位移传感器及工程应用

位移是运动空间中最基本的物理量,正确地测量位移对工农业生产和国防科技有着极其重要的意义。在科技不发达的古代,人们用眼睛、手、脚等来测量位移。随着科学技术的不断进步,各行各业自动化水平的不断提高,从军事到民用,位移测量都显得非常重要,为此人们研究出了各种各样的位移测量装置和设备。这些位移测量装置和设备统称作位移传感器,其用途十分广泛,遍及日常生活、自动化生产和科学实验的各个领域。

位移又有直线位移和角位移之分,由于位移测量原理和方法很多,从而产生了各种各样的位移传感器。下面主要介绍目前常见的几种。

7.1 电位器式位移传感器

把位移变化转换成电阻值变化的敏感元件称作电位器式位移传感器,简称为电位器。由于它的结构简单,性能稳定,价格便宜,输出功率大,所以在很多场合被广泛使用。其缺点是分辨率不高,易磨损。

电位器种类繁多,按其结构形式可分为绕线式、薄膜式、分段式和液体触点式电位器等多种。按其输入/输出特性可分为线性电位器和非线性电位器两种。由于绕线式电位器性能稳定,通过改进制作方法可以实现指数函数、三角函数、对数函数及其他函数的非线性电位器被广泛采用。下面按输入/输出特性分类方法介绍几种常见电位器。

7.1.1 线性电位器

1. 线性电位器的结构

如果电位器的输出电阻与被测位移量呈线性关系,则称该电位器为线性电位器。常见线性电位器的结构如图 7-1 所示。

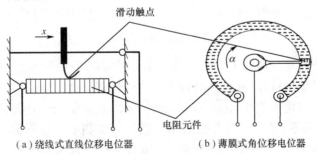

(a)绕线式直线位移电位器　　　(b)薄膜式角位移电位器

图 7-1　常见线性电位器的结构

由图 7-1 可以看出,电位器式传感器主要由电阻元件和滑动触点(电刷)两部分组成。其中电阻元件有的是由极细的绝缘导线按一定的规律绕制而成的(见图 7-1(a)),有的是用具有较高电阻率的薄膜制成的(见图 7-1(b));而滑动触点(电刷)通常由一定弹性的耐磨金属薄片或金属丝制成。

2. 工作原理

当电位器的滑动触点受到外力作用而产生位移时,就改变了电位器的阻值,这个阻值的变化与位移变化呈线性关系,这就是线性电位器的工作原理。由于它的触点处存在摩擦力,为使其工作可靠,要求被测位移有一定的功率输出,否则,将影响测量精度。根据使用场合不同,电位器既可作为变阻器使用,也可作为分压器使用。由于电位器的输出功率较大,在一般场合下,可用指示仪表直接接收电位器送来的信号,这就大大简化了测量电路。

7.1.2 非线性电位器

如果电位器的输出电阻与被测位移量呈非线性关系,则称该电位器为非线性电位器。非线性电位器又称作函数电位器。由于非线性电位器的制作比较麻烦,一般多为绕线式,即通过改变绕线方式来制作非线性电位器。

1. 非线性电位器的结构

比如,要实现图 7-2(a)所示的函数电位器之要求,首先对 $R=f(x)$ 曲线进行分析,确定实现方案。

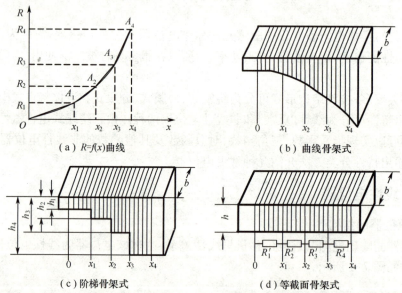

(a) $R=f(x)$ 曲线　　(b) 曲线骨架式

(c) 阶梯骨架式　　(d) 等截面骨架式

图 7-2　函数电位器的三种结构示意图

一般来说,实现函数电位器的方案有三种。第一种如图 7-2(b)所示,该方案采用曲线骨架结构,通过精心设计骨架形状逼近函数较精确,但曲线骨架制造困难;第二种方案是在允许误差范围内进行折线逼近,即用 4 段线段 $\overline{OA_1}$、$\overline{OA_2}$、$\overline{OA_3}$、$\overline{OA_4}$ 组成的折线代替原来的曲线,采用阶梯骨架结构如图 7-2(c)所示;第三种方案是采用等截面骨架和电阻并联的结构来实现,如图 7-2(d)所示。在这三种方案中,由于第三种是通过改变并联电阻值来实现各种函数关系的,方法简单也最容易实现,故被广泛采用。

对于阶梯骨架结构,在骨架宽度 b 一定的情况下,骨架高度 h_i 可按下式计算

$$h_i = \frac{k\pi D^2}{8\rho} \frac{R_i - R_{i-1}}{x_i - x_{i-1}} - b \qquad (i=1,2,3,4) \tag{7-1}$$

式中,D 为电阻丝直径;k 为电阻丝绕制节距;ρ 为电阻率;R_i 为第 A_i 点所对应的电阻值,且 $R_0=0$;x_i 为第 A_i 点所对应的位移,且 $x_0=0$;b 为骨架宽度。

对于等截面骨架结构,各段并联的电阻值 R_i' 可按下列公式计算

$$R'_i = \frac{R'_{(i-1)i}(R_i - R_{i-1})}{R'_{(i-1)i} - (R_i - R_{i-1})} \quad (i=1,2,3,4) \tag{7-2}$$

式中，R'_i 为等截面支架上 x_{i-1} 点和 x_i 点之间所并联的电阻值；$R'_{(i-1)i}$ 为等截面支架上 x_{i-1} 点和 x_i 点之间电阻丝的电阻值；R_i 为第 A_i 点所对应的电阻值。

应当指出的是：这种等截面骨架函数电位器虽易实现，但是它只保证了在 x_1、x_2、x_3、x_4 点处的电阻值符合曲线，而当电刷（活动触点）处在各段中间位置时，由于分流作用将引起一定的误差。由于它构造简单、价格便宜，故多用于要求精度不高的场合。

2. 工作原理

非线性电位器的滑动触点一般位于直线面上，当滑动触点受到外力作用而产生位移时，就改变了电位器的电阻值，这个电阻值的变化与位移变化呈非线性关系，这就是非线性电位器的工作原理。

7.1.3 绕线式电位器的材料

1. 电阻丝

绕线式电位器对电阻丝的要求是电阻率要大、温度系数要小，耐磨损，耐腐蚀。此外，还要求能方便地焊接等。常用电阻丝材料有以下几种。

1）铜锰合金类

该类合金电阻温度系数为 $(0.001\% \sim 0.003\%)/℃$，比铜的热电势小，约为 $1 \sim 2\mu V/℃$，其缺点是工作温度低，一般为 $50 \sim 60℃$。

2）铜镍合金类

这类合金电阻温度系数最小，约 $±0.002\%/℃$，电阻率为 $0.45\mu\Omega \cdot m$，机械强度高。其缺点是比铜的热电势大，因含铜镍成分的不同而有各种型号，康铜是这类合金的代表。

3）铂铱合金类

此类合金具有硬度高、机械强度大、抗腐蚀、耐氧化、耐磨等优点，电阻率为 $0.23\mu\Omega \cdot m$，可以制成很细的线材，适合做高阻值的电位器。

此外，还有镍铬丝、卡玛丝（镍铬铁铝合金）及银钯丝等。

需要注意的是，裸线绕制时，线间必须有间隔，而涂漆或经氧化处理的电阻丝可以接触绕制，但电刷的轨道上需清除漆皮或氧化层。

2. 电刷

电刷结构往往反映电位器噪声电平的高低。只有当电刷与电阻丝材料配合恰当，触点有良好的抗氧化能力，接触电势小，并有一定的接触压力时，才能使噪声降低；否则，电刷可能成为引起振动噪声的来源。采用具有高固有频率的电刷结构效果较好。常用电位器的接触力在 $0.005 \sim 0.05N$ 之间。

3. 骨架

对骨架材料要求形状稳定，其热膨胀系数和电阻丝相近，表面绝缘电阻高，并且希望有较好的散热能力。常用的有陶瓷、酚醛树脂和工程塑料等，也可以用经绝缘处理的金属材料，这种骨架因传热性能良好，适用于大功率电位器。

4. 噪声

电位器噪声一般分两类：一类噪声来自电位器上自由电子的随机运动，这种噪声电子流叠加在电阻的工作电流上；另一类是电刷沿电位器移动时，因摩擦引起的噪声。自由电子随机运动产生的噪声有均匀的频谱，其幅值取决于电阻和温度以及测试电路的频带宽度；而摩擦产生的噪声取决于接触面积的变化和压力波动。由于轨道和电刷的磨损,污物和氧化物的积累,随着作用时间的增加,摩擦噪声也随着增加,这种噪声是电位器基本噪声之一。

此外,还有摩擦电噪声、振动噪声和高速噪声。对摩擦电噪声,可通过选择电刷和电阻丝材料的配合来减小。对于振动噪声或高速噪声,可采用改进电刷结构,使之有适当的接触压力和自振频率、合适的电刷速度来减少。

7.1.4 线绕式电位器的应用

绕线式角位移电位器的工作原理如图 7-3 所示。把电位器的转轴与被测转轴相连,当待测物体转过一个角度时,电刷在电位器上转过一个相应的角位移,于是在输出端就有一个与转角成正比的输出电压 U_o。图中 U 是加在电位器上的电压。

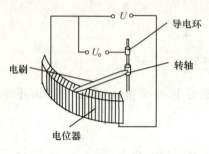

图 7-3 角位移电位器的工作原理

绕线式角位移电位器的一般性能如下:

动态范围:$\pm 10° \sim \pm 165°$

线性度:$\pm 0.5\% \sim \pm 3\%$

电位器全电阻:$10^2 \sim 10^3 \Omega$

工作温度:$-50 \sim 150°C$

工作寿命:10^4 次

绕线式角位移电位器具有结构简单、体积小、动态范围宽、输出信号大(一般不需要放大)、抗干扰性强和精度高等特点,广泛应用于检测各种旋转体的旋转角度和角位移。缺点是环形电位器各段曲率不一致,会产生"曲率误差";转速较高时,转轴与衬套间的摩擦会导致"卡死"现象,使用时要注意。

7.2 电感式位移传感器

电感式位移传感器是利用电磁感应原理,把被测位移转换为线圈自感系数 L 或互感系数 M 的变化来实现位移测量的器件。电感式位移传感器种类很多,但归纳起来可分为自感式、互感式和电涡流式三大类,下面就介绍它们的工作原理及工程应用。

7.2.1 自感式位移传感器

把被测位移变化转变为线圈自感系数变化的传感器称作自感式位移传感器。因为自感系数常称作电感系数,所以自感式位移传感器也常称作电感式位移传感器。由第 4 章 4.6.1 节可知,一个匝数为 N 的线圈,其自感系数 L 为

$$L = \frac{N^2}{R_m} \tag{7-3}$$

式中,R_m 为线圈磁路的总磁阻。

式(7-3)表明,当线圈匝数 N 确定后,自感系数 L 仅是磁路总磁阻 R_m 的系数。改变 R_m 就可以改变 L,而自感式位移传感器就是通过改变磁路的磁阻来实现自感系数变化的,故又常称作变磁阻式位移传感器。根据被测位移改变磁路磁阻的方式,自感式位移传感器又分为变气隙型、变面积型和螺线管型三种,图 7-4 是单自感式位移传感器的基本结构示意图,在这三种类型中最常用的是变气隙型和螺线管型两种,现分别介绍如下。

1. 变气隙型自感式位移传感器

变气隙型单自感式位移传感器的基本结构如图 7-4(a)所示。按本书 4.6.1 节的分析可得,

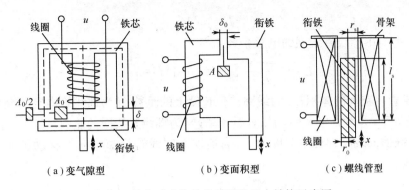

(a) 变气隙型　　　(b) 变面积型　　　(c) 螺线管型

图 7-4　单自感式位移传感器的基本结构示意图

该传感器的自感系数 L 为

$$L \approx \frac{N^2 \mu_0 A_0}{2\delta} \tag{7-4}$$

式中，N 为线圈的匝数；δ 为气隙磁路的长度；A_0 为中间气隙磁路的横截面积；μ_0 为空气磁导率（$\mu_0 = 4\pi \times 10^{-7} \mathrm{H/m}$）。

假设该传感器的初始气隙为 δ_0，则初始电感量 L_0 为

$$L_0 = \frac{N^2 \mu_0 A_0}{2\delta_0} \tag{7-5}$$

当被测运动部件与衔铁刚性相连时，若被测运动部件使衔铁向上移动了 x，即 $\delta = \delta_0 - x$，将它代入式(7-4)整理得电感系数 L 为

$$L = \frac{L_0}{1 - x/\delta_0} = \frac{L_0(1 + x/\delta_0)}{1 - (x/\delta_0)^2} \tag{7-6}$$

当 $x/\delta_0 \ll 1$ 时，分母 $1 - (x/\delta_0)^2 \approx 1$，忽略分母中的 $(x/\delta_0)^2$ 项得

$$L \approx L_0 + \frac{L_0}{\delta_0} x \tag{7-7}$$

式(7-7)表明，变气隙型单自感式位移传感器的电感 L 与位移 x 呈近似线性关系。因此，它适合于测量微小位移的场合。为了扩大测量范围，提高灵敏度，减少非线性误差，在实际位移测量中，多数采用差动电感传感器。变气隙型差动自感式位移传感器的基本结构如图 7-5 所示。它由两个相同的线圈和磁路组成，当位于中间的衔铁上下移动时，上下两个线圈的电感量，一个增加一个减少，形成差动形式。按本书 4.6.2 节分析可得，变气隙型差动自感式位移传感器与变气隙型单自感式位移传感器相比，灵敏度提高了一倍，并且非线性误差也大大减少。

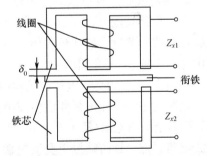

图 7-5　变气隙型差动自感式位移传感器

变气隙型自感式位移传感器的最大优点是灵敏度高，其主要缺点是线性范围小、自由行程小、制造装配困难、互换性差，因而限制了它的应用。

2. 螺线管型自感式位移传感器

螺线管型自感式位移传感器的结构也有单自感和差动式两种，图 7-4(c)是螺线管型单自感式位移传感器的结构示意图。它主要由线圈、骨架和活动衔铁组成。假设螺线管线圈的内半径为 r_s，长度为 l_s，活动衔铁的半径为 r_0，插入螺线管线圈的长度为 l。当 $l_s \gg r_s$ 时，可认为螺线管内磁场为匀强磁场。忽略边沿效应，根据螺线管线圈电感 L 的计算公式

$$L = \mu n^2 V \tag{7-8}$$

可推导出图 7-4(c)中螺线管线圈的电感系数 L 为

$$L = \frac{\mu_0 \pi r_s^2 N^2}{l_s} \left[1 + (\mu_r - 1) \left(\frac{r_0}{r_s} \right)^2 \frac{l}{l_s} \right] \tag{7-9}$$

式中，V 为螺线管内空间的体积；n 为线圈单位长度上的匝数；μ 为螺线管内空间介质的磁导率；μ_0 为空气的磁导率；μ_r 为活动衔铁的相对磁导率；N 为螺线管线圈的匝数。

若活动衔铁插入线圈的初始深度为 l_0，当衔铁在螺线管线圈中向上移动了 x，即 $l = l_0 + x$ 时，将它代入式(7-9)得

$$L = \frac{\mu_0 \pi r_s^2 N^2}{l_s} \left[1 + (\mu_r - 1) \left(\frac{r_0}{r_s} \right)^2 \frac{l_0 + x}{l_s} \right] \tag{7-10}$$

由式(7-10)可知，当螺线管的结构参数确定后，自感 L 与位移 x 呈线性关系。但由于实际的螺线管内磁场分布并非完全均匀，同时还存在着边沿效应，所以实际的自感 L 与位移 x 呈近似线性关系。为了减少非线性误差，实际应用时通常取 $l_0 = l_s/2$。

这种传感器的优点是量程大、结构简单、便于制作；缺点是灵敏度比较低，且有一定的非线性。一般用于测量精度要求不是很高、且检测量程比较大的线位移情况。

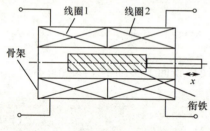

图 7-6 螺线管型差动自感式位移传感器结构

为了提高灵敏度，减少非线性误差，在实际的位移测量中也常把它做成差动形式。图 7-6 是螺线管型差动自感式位移传感器的结构图，它由两个完全相同的螺线管组合而成，当衔铁处于两个螺线管相连的中心位置时，两边的螺线管电感量相等。当衔铁偏离中心位置时，左右两个线圈的电感量，一个增加一个减少，形成差动形式。同样可以证明，螺线管型差动自感式位移传感器与螺线管型单自感式位移传感器相比，灵敏度提高了一倍，并且非线性误差也大大减少。

3. 自感式位移传感器测量电路

由于位移是向量，它既有大小，又有方向。为了方便测量位移的大小和方向，常采用差动式电感传感器。差动自感式位移传感器测量电路相对比较复杂，常用的是相敏检波电路。相敏检波电路有多种，下面介绍两种。

1) 电阻式差动交流电桥相敏检波电路

电阻式差动交流电桥相敏检波电路如图 7-7 所示。图中差动自感传感器的两个线圈(Z_{x1} 和 Z_{x2})和两个平衡电阻($R_1 = R_2 = R$)组成一个电阻式差动交流电桥，二极管 $VD_1 \sim VD_4$ 接成相敏检波电路。把 AB 两端接上交流电源 u，CD 两端作为输出电压 u_o。假设 u_o 的参考极性为上正下负，流过电阻 R_1、R_2 的电流分别为 i_1、i_2。下面分三种情况来分析它的检波原理。

① 当衔铁处于中间位置时，由于差动传感器两线圈的 $Z_{x1} = Z_{x2}$，且 $R_1 = R_2$，电桥平衡，于是输出电压 $u_o = 0$。

② 当衔铁偏离中间位置上移使线圈 Z_{x1} 的阻抗增大，Z_{x2} 的阻抗减小时，在 u 的正半周内，由于 A 点电位高于 B 点电位，二极管 VD_2、VD_4 导通，VD_1、VD_3 截止。则电流 i_1 流经 Z_{x2}、VD_4 后自上而下地流过 R_1，而电流 i_2 流经 Z_{x1}、VD_2 后自下而上地流过 R_2，且 $i_1 > i_2$。根据 u_o 的标定方向可

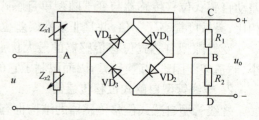

图 7-7 电阻式差动交流电桥相敏检波电路

知,$u_o = u_{CB} + u_{BD} = i_1R_1 - i_2R_2 > 0$。在 u 的负半周内,由于 A 点电位低于 B 点电位,二极管 VD_1、VD_3 导通,VD_2、VD_4 截止。根据此时电流 i_1、i_2 的流向和 $i_1 < i_2$ 可得 $u_o = u_{CB} + u_{BD} = -i_1R_1 + i_2R_2 > 0$。由此可知,在这种情况下,不管 u 是正半周还是负半周,输出电压 u_o 总大于零。

③ 当衔铁偏离中间位置下移使线圈 Z_{x1} 的阻抗减小,Z_{x2} 的阻抗增大时,同理可知,不管交流电源 u 是正半周还是负半周,输出电压 u_o 总小于零。

2)变压器式差动交流电桥相敏检波电路

变压器式差动交流电桥相敏检波电路如图 7-8 所示。图中 $VD_1 \sim VD_4$ 是 4 个性能完全相同的二极管,组成一个相敏检波电路。R 起限流作用。因 u_s 与 u_2 同频,经过移相电路可使 u_s 与 u_2 保持同相或反相。输出电压信号 u_o 从 CD 两端输出。为了有效地控制 4 个二极管的导通,要求 u_s 的幅值要远大于 u_2 的幅值,且 $R_1 = R_2 = R_0$。下面也分三种情况来分析。

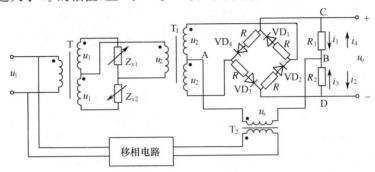

图 7-8 变压器式差动交流电桥相敏检波电路

① 当衔铁处于中间位置时,由于 $Z_{x1} = Z_{x2} = Z_0$,则 $u_2 = 0$,只有 u_s 起作用。当 u_s 为正半周时,则 A 为"+",B 为"-",VD_1 和 VD_3 导通,VD_2 和 VD_4 截止;因 VD_1 和 VD_3 两支路对称,故输出电压 $u_o = 0$。同理可知,当 u_s 为负半周时,输出电压 u_o 也为零。以上分析说明,只要衔铁处于中心位置,无论 u_s 处于正半周还是负半周,则 $u_o = 0$。

② 当衔铁偏离中心位置向上移动时,设 u_s 与 u_2 同相,因 u_s 的幅值远大于 u_2 的幅值,则在 u_s 和 u_2 的正半周内(即 A 为"+",B 为"-"),VD_1 和 VD_3 导通,VD_2 和 VD_4 截止,故 VD_1 回路的总电势为 $u_s + u_2$,VD_3 回路总电势为 $u_s - u_2$。设流过 VD_1 和 VD_3 的电流分别为 i_1 和 i_3,则 $i_1 > i_3$,输出电压 $u_o = u_{CD} = u_{CB} - u_{DB} = R_0(i_1 - i_3) > 0$。在 u_s 和 u_2 的负半周内(即 B 为"+",A 为"-"),VD_2 和 VD_4 导通,VD_1 和 VD_3 截止,则 VD_2 回路总电势大小为 $u_s + u_2$,VD_4 回路总电势大小为 $u_s - u_2$,设流过 VD_2 和 VD_4 的电流分别为 i_2 和 i_4,则 $i_2 > i_4$,输出电压 $u_o = u_{CD} = -u_{BC} + u_{DB} = R_0(i_2 - i_4) > 0$。该分析说明,只要衔铁偏离中心位置向上移动,无论 u_s 和 u_2 处于正半周还是负半周,输出电压 u_o 始终大于零。

③ 当衔铁偏离中心位置向下移动时,因 u_s 与 u_2 此时反相。同理可得,无论 u_s 和 u_2 处于正半周还是负半周,输出电压 u_o 始终小于零。

3)差动交流电桥相敏检波电路的特点

综上分析,不难得出差动交流电桥相敏检波电路具有以下特点:

① 尽管该测量电路的外加电压是交流电,而输出电压 u_o 却是脉动的直流电;

② 当衔铁处于中间位置时,$u_o = 0$;

③ 当衔铁偏离中间位置上移使线圈 Z_{x1} 的阻抗增大,Z_{x2} 的阻抗减小时,就有 $u_o > 0$;

④ 当衔铁偏离中间位置下移使线圈 Z_{x1} 的阻抗减小,Z_{x2} 的阻抗增大时,就有 $u_o < 0$。

为了便于得到稳定的输出,在工程应用时通常都给它加滤波电路。滤波后的输出电压 U_o

其大小和正负就代表了被测位移的大小和方向。这就是差动电桥的相敏检波原理。

4. 零点残余电压及其补偿

前面在讨论测量电路输出电压时曾说过,当差动传感器的衔铁处于中间位置时,测量电路的输出电压等于零。但实际的输出电压往往不等于零。

图7-9给出了无相敏检波电路时,差动电感交流电桥的输出电压有效值U_o与活动衔铁位移的关系曲线。其中,虚线表示输出电压有效值与衔铁位移之间的理想特性曲线,实线为实际特性曲线。通常把衔铁处于中间位置($x=0$)时,电桥输出电压的有效值称作零点残余电压,记作E_0。如果零点残余电压的数值过大,将使非线性误差增大。因此零点残余电压的大小是判别电感传感器质量好坏的重要指标之一。

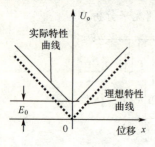

图7-9 差动电感传感器无相敏检波时交流电桥的输出特性

1)零点残余电压产生的原因

零点残余电压产生的原因主要有以下两点:

① 差动传感器的两个电感线圈绕制的不对称;

② 上下磁路几何尺寸制作的不对称及上下磁性材料的特性不一致。

2)零点残余电压的补偿方法

为了减小零点残余电压,可采用以下方法进行补偿。

① 在设计和工艺上,力求做到磁路对称,铁芯材料均匀,并经过热处理以消除机械应力,改善磁性;其次是两线圈绕制要尽量均匀对称,力求几何尺寸与电气特性保持一致。

② 在电路上进行补偿。这是一种既简单又行之有效的方法。常用的方法是在差动交流电桥中串联上一个调零电位器R_P。对于图7-7和图7-8测量电路来说,其补偿电路结构如图7-10(a)、(b)所示。对其输出电压u_o滤波后,得到输出电压平均值U_o的特性曲线如图7-10(c)所示。

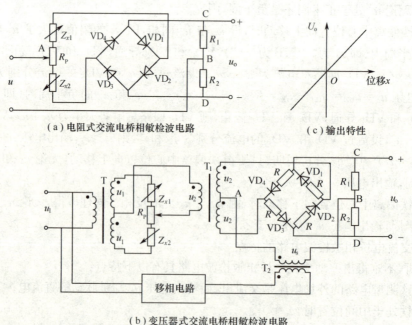

图7-10 具有调零功能的差动交流电桥相敏检波电路及输出特性

7.2.2 互感式位移传感器

互感式位移传感器实际就是一个变压器,它把被测位移转换为互感的变化,使次级线圈感应电压也产生相应的变化。由于互感式位移传感器的次级线圈通常连接成差动形式,所以又常把它称为差动变压器式传感器。它的结构形式较多,主要有变间隙型、变面积型和螺线管型等等,但目前应用最多的是螺线管型差动变压器。

1. 螺线管型差动变压器

1) 工作原理

螺线管型差动变压器的基本结构如图 7-11(a)所示。它由衔铁、一个初级线圈、两个次级线圈和绝缘框架等组成。其中,两个次级线圈反相串联,接成差动形式,其等效电路如图 7-11(b)所示。图中,$\dot{U}_1$、L_1、r_1 分别表示初级线圈的激励电压、等效电感和等效电阻;L_{21}、L_{22} 为两个次级线圈的等效电感;r_{21}、r_{22} 为两个次级线圈的等效电阻;M_1、M_2 分别为初级线圈与次级线圈 1、2 间的互感系数。根据变压器原理,当初级线圈中通以电流 $\dot{I}_1$ 时,在两个次级线圈中所产生的感应电势分别为

$$\left.\begin{array}{l}\dot{E}_{21}=-j\omega M_1 \dot{I}_1 \\ \dot{E}_{22}=-j\omega M_2 \dot{I}_1\end{array}\right\} \tag{7-11}$$

由于两个次级线圈反相串联,且次级开路,则输出电压为

$$\dot{U}_2=\dot{E}_2=\dot{E}_{21}-\dot{E}_{22}=-j\omega(M_1-M_2)\dot{I}_1 \tag{7-12}$$

当衔铁处于中间位置时,由于变压器的两个次级线圈结构对称,则 $M_1=M_2=M$,所以

$$\dot{U}_2=\dot{E}_2=0 \tag{7-13}$$

当衔铁偏离中间位置时,互感系数 $M_1 \neq M_2$,由式(7-12)可知

$$\dot{U}_2=\dot{E}_2 \neq 0 \tag{7-14}$$

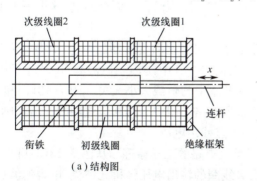
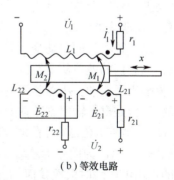

(a) 结构图　　　　　　　　　　(b) 等效电路

图 7-11　螺线管型差动变压器结构及等效电路

由于互感系数 M_1、M_2 随着衔铁位移 x 的变化而变化,从而使输出电压 $\dot{U}_2$ 随着衔铁位移 x 的变化而变化。显然,只要能把 $\dot{U}_2$ 的变化测量出来就可以知道位移的变化,这就是螺线管差动变压器的位移测量原理。

2) 输出特性

由图 7-11(b)可知,当次级线圈开路时,初级线圈的电流 $\dot{I}_1$ 为

$$\dot{I}_1 = \frac{\dot{U}_1}{r_1 + j\omega L_1} \tag{7-15}$$

将式(7-15)代入式(7-12)得

$$\dot{U}_2 = \dot{E}_2 = -j\omega(M_1 - M_2)\dot{I}_1 = -\frac{j\omega(M_1 - M_2)\dot{U}_1}{r_1 + j\omega L_1} \tag{7-16}$$

其 $\dot{U}_2$ 的有效值为

$$U_2 = \frac{\omega|M_1 - M_2|U_1}{\sqrt{r_1^2 + (\omega L_1)^2}} \tag{7-17}$$

式中，U_1 为初级线圈激励电压 $\dot{U}_1$ 的有效值。

式(7-17)说明，当差动变压器的结构参数 r_1、L_1 及激励电压的有效值 U_1 和角频率 ω 确定后，输出电压的有效值 U_2 就仅是 M_1、M_2 的函数。因此，只要知道互感系数 M_1、M_2 与衔铁位移 x 的关系，就可得到螺线管型差动变压器的输出特性。差动变压器输出电压有效值 U_2 与衔铁位移 x 之间的关系曲线如图 7-12 所示，图中 E_{21}、E_{22} 分别为两个次级线圈的输出电势有效值。从图中可以看出，它与自感式传感器相似，也存在零点残余电压，使得实际特性曲线不通过原点。

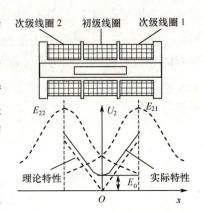

图 7-12 差动变压器输出电压特性

由于差动变压器的输出电压 $\dot{U}_2$ 是交流信号，其有效值只能反映衔铁位移的大小，不能反映位移的方向，而且还存在残余电压。为了使测量结果既能反映衔铁位移的大小和方向，又能补偿零点残余电压，还需要专门的测量电路才行。

2. 差动变压器测量电路

工程上用差动变压器测量位移时，常用的测量电路有两种：一种是差动变压器相敏检波电路；另一种是差动变压器整流电路。关于相敏检波的原理已在前面介绍过，这里不再重复。下面介绍差动变压器整流电路。

图 7-13 是 4 种典型的差动变压器整流电路。它将差动变压器的两个次级线圈的输出信号分别整流后，以它们的差值从电路的 A、B 两点输出。其中，图 7-13(a)和(b)用于低阻抗负载的场合，是电流输出型差动变压器整流电路。它基本上与负载大小无关。图 7-13(c)和(d)用于高阻抗负载的场合，是电压输出型差动变压器整流电路。图中 u 是初级线圈的交流激励电压，C 是滤波电容，R_P 是调零电位器，调节 R_P 可消除零点残余电压。

下面以图 7-13(a)为例分析差动变压器整流电路的工作原理。从图 7-13(a)可知，不论两个次级线圈的输出电压瞬时极性如何，上面次级线圈的输出电压经桥式整流、电容滤波后产生的电流 I_1 总是从 A 流向 B；而下面次级线圈的输出电压经桥式整流、电容滤波后产生的电流 I_2 总是从 B 流向 A。故从 A 点流向 B 点的总电流 I 为

$$I = I_1 - I_2 \tag{7-18}$$

当衔铁处于中间位置时，因 $I_1 = I_2$，所以 $I = 0$。当衔铁偏离中心位置上移时，因 $I_1 > I_2$，则 $I > 0$；而当衔铁偏离中心位置往下移动时，有 $I_2 > I_1$，则 $I < 0$。由此可知，总电流 I 既能表示衔铁位移的大小，又能表示衔铁位移的方向。

差动变压器整流电路具有结构简单、信号便于远传等优点，在工程监测中得到了广泛应用。

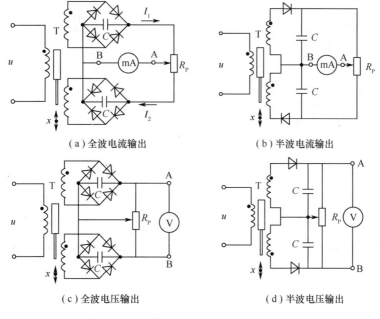

图 7-13　4 种典型的差动变压器整流电路

7.2.3　涡流式位移传感器

涡流式位移传感器是利用电涡流效应制成的一种电感式传感器。它的最大特点是可以对位移、厚度、表面温度、速度、压力及材料损伤等进行非接触式连续测量,另外还具有体积小、灵敏度高、测量线性范围大、频率响应宽等特点。由于具有以上特点,所以它的应用范围极其广泛。

1. 电涡流效应

当把成块的金属导体置于变化的磁场中或者在固定的磁场中做切割磁力线的运动时,则在金属导体内部就会产生漩涡状的感应电流(即电涡流),而这个电涡流又会在其周围产生磁场,该磁场反过来又对原来的磁场起相抵的作用,从而导致原来的磁场减弱,这种现象就称作电涡流效应。

电涡流效应原理如图 7-14(a) 所示。当在线圈上加一交变电压 u 时,则在该线圈中产生一交变电流 i_1,同时在线圈中产生一交变磁场 H_1 作用于金属板上,从而在金属板内产生电涡流 i_2。根据楞次定律,这个电涡流 i_2 又产生新的交变磁场 H_2,且新的交变磁场 H_2 与线圈产生的原交变磁场 H_1 方向相反,因而抵消部分原磁场,使线圈的电感量、阻抗和品质因数发生改变,其变化程度取决于线圈的外形尺寸、线圈至金属板之间的距离 x、金属板材料的电阻率 ρ 和磁导率 μ(ρ 及 μ 均与材料及温度有关)以及电流 i_1 的角频率 ω 等。因此,线圈受涡流影响时的等效阻抗 Z 可以写成

$$Z = f(\mu, \rho, r, \omega, x) \tag{7-19}$$

式中,r 为线圈与被测导体的尺寸因子。

如果只改变式(7-19)中的一个参数,而其他参数固定不变,则线圈的等效阻抗 Z 就仅仅是这个参数的单值函数。通过测量电路把阻抗 Z 的变化量测量出来,即可实现对该参数的测量。比如,若只改变 x 就可用来测量位移和振动,若只改变 ρ 或 μ 就可用来测量材料及温度,还可用来进行无损探伤等。

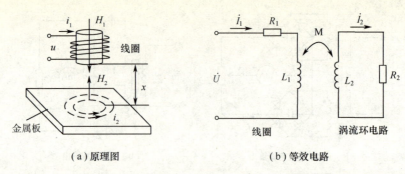

(a)原理图　　　　　　　　　(b)等效电路

图 7-14　电涡流效应原理及等效电路

金属板内的电涡流对传感器线圈的反射作用,可用图 7-14(b)所示的等效电路来说明。图中 L_1 与 R_1 分别表示通电线圈的电感和电阻,L_2 与 R_2 分别表示金属板内电涡流环的等效电感和电阻,它与金属板的材质和几何形状有关,M 表示线圈与电涡流环之间的相互作用系数,$\dot{U}$ 为外加交流电压,ω 为交流电压 $\dot{U}$ 的角频率。根据基尔霍夫电压定律,可列出方程如下

$$\left.\begin{array}{l} R_1\dot{I}_1+j\omega L_1\dot{I}_1-j\omega M\dot{I}_2=\dot{U} \\ R_2\dot{I}_2+j\omega L_2\dot{I}_2-j\omega M\dot{I}_1=0 \end{array}\right\} \quad (7\text{-}20)$$

解此方程组得线圈受电涡流影响后的等效阻抗 Z 为

$$Z=\frac{\dot{U}}{\dot{I}_1}=R_1+\frac{(\omega M)^2}{R_2^2+(\omega L_2)^2}R_2+j\omega\left[L_1-\frac{(\omega M)^2}{R_2^2+(\omega L_2)^2}L_2\right] \quad (7\text{-}21)$$

令

$$R_{eq}=R_1+\frac{(\omega M)^2}{R_2^2+(\omega L_2)^2}R_2 \quad (7\text{-}22)$$

$$L_{eq}=L_1-\frac{(\omega M)^2}{R_2^2+(\omega L_2)^2}L_2 \quad (7\text{-}23)$$

则

$$Z=\frac{\dot{U}}{\dot{I}_1}=R_{eq}+j\omega L_{eq} \quad (7\text{-}24)$$

式中,R_{eq} 为线圈受电涡流影响后的等效电阻;L_{eq} 为线圈受电涡流影响后的等效电感。

线圈受电涡流影响后的品质因数 Q 为

$$Q=\frac{\omega L_{eq}}{R_{eq}} \quad (7\text{-}25)$$

综上分析可知,由于电涡流的反射作用,线圈阻抗由 $Z_1=R_1+j\omega L_1$ 变成了 $Z=R_{eq}+j\omega L_{eq}$。品质因数也由 $Q_1=\omega L_1/R_1$ 变成了 $Q=\omega L_{eq}/R_{eq}$。显然,电涡流反射影响的结果使线圈阻抗的实部增大了,虚部减少了,品质因数也减少了。这就是电涡流效应的理论依据。

2. 涡流式位移传感器的结构

涡流式位移传感器是基于电涡流效应的位移检测器件。为了得到较强的电涡流效应,又节约导线,通常涡流传感器的线圈都做成扁平状,其常用结构如图 7-15 所示。

它有两种结构形式:一种是粘贴式涡流传感器,其结构如图 7-15(a)所示,特点是将导线绕成一个扁平状线圈粘贴于框架上,制作简单;另一种是开槽式涡流传感器,其结构如图 7-15(b)所示,特点是在框架的一个端部开一条扁平的窄线槽,把导线绕制在扁平的窄线槽内形成一个扁平状线圈,结构紧凑。

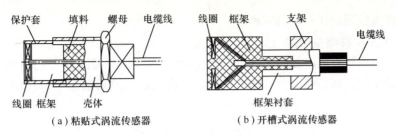

(a) 粘贴式涡流传感器　　　　(b) 开槽式涡流传感器

图 7-15　涡流式位移传感器的结构

3. 涡流式位移传感器的分类

由于涡流式传感器在金属体内产生的涡流存在趋肤效应,因此涡流渗透的深度与涡流式传感器线圈激磁电流的频率有关,并且激磁电流的频率越高,它的趋肤效应越明显。据此,涡流式传感器可分为高频反射型和低频透射型两类,但高频反射型应用更为广泛。

1) 高频反射型涡流传感器

若在涡流传感器的电感线圈上加一高频(兆赫以上)交流电压 u,就构成高频反射型涡流传感器,其测量原理如图 7-14(a)所示。即高频反射型涡流传感器位于被测金属板的上方。当把角频率为 ω 的高频振荡电流 i_1 加到涡流传感器线圈上时,就在线圈周围产生一同频交变磁场 H_1,如果在传感器下方没有金属板,则传感器线圈的阻抗为 $Z_1 = R_1 + j\omega L_1$。如果在传感器线圈的下方放置一块金属板,由于高频趋肤效应明显,使高频磁场不能透过具有一定厚度的金属板,而只能在靠近传感器线圈一侧的金属板表面薄层内形成较强的电涡流 i_2。而这个较强的电涡流 i_2 产生的较强磁场 H_2 又对传感器线圈产生的磁场 H_1 产生较强的相抵作用(即高频涡流的反射效果显著),从而使线圈的阻抗 $Z = R_{eq} + j\omega L_{eq}$ 变化较大,便于测量。由式(7-22)和式(7-23)可知,传感器线圈阻抗变化的大小与金属板的材料和它与传感器线圈的距离有关。如果只改变距离一个参数,而其他参数固定不变,则传感器线圈的等效阻抗 Z 就仅仅是这个参数的单值函数。通过测量电路把阻抗 Z 的变化量测量出来,即可实现对该参数的测量。这就是高频反射型涡流传感器测量位移的原理。

2) 低频透射型涡流传感器

图 7-16 为低频透射型涡流传感器原理图。其中发射线圈 L_1 和接收线圈 L_2,分别位于被测金属板的上、下两侧。把低频(一般为音频)振荡器产生的电压 u 加到 L_1 的两端,则在线圈 L_1 中产生一个同频率的交流电流,并在其周围产生一个同频率的交变磁场。如果两线圈间不存在被测金属板,那么线圈 L_1 的磁场就能直接耦合到线圈 L_2,于是线圈 L_2 的两端就会感生出一交变电势 e。

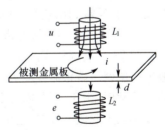

图 7-16　低频透射型涡流传感器原理图

如果在线圈 L_1 与 L_2 之间放置一块金属板后,线圈 L_1 产生的磁场必将导致金属板中产生电涡流 i。这个电涡流损耗了部分磁场能量,使到达线圈 L_2 的磁力线减少,从而引起线圈 L_2 两端的感应电势 e 减少,即感应电势 e 的有效值 E 下降。并且被测金属板越厚,涡流损耗就越大,E 就越小。由此可知,E 的大小间接反映了金属板的厚度,这就是低频透射型涡流传感器监测金属板厚度的原理。通过测量电路把 E 的大小测量出来,就可知被测金属板的厚度 d。这种低频透射型涡流传感器的检测范围可达 1~100mm,分辨率可达 0.1μm,线性度可达 1%。

4. 涡流式位移传感器测量电路

由以上分析可知,低频透射型涡流传感器的输出信号是感生电压,测量方法比较简单。而高频反射型涡流传感器的输出信号是电感,需要专门的测量电路。目前高频反射型涡流传感器的测量电路主要有定频调幅式和调频式两种。

1) 定频调幅式位移测量电路

定频调幅式位移测量电路如图 7-17(a)所示,图中涡流传感器线圈 L 与电容 C 并联构成传感器的基本测量元件。高频振荡器输出一个稳定的高频正弦波激励信号,经电阻 R 加到涡流传感器上。

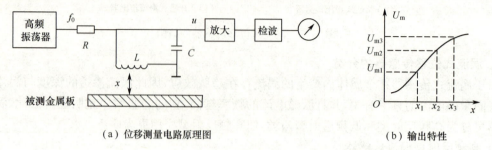

(a) 位移测量电路原理图 　　　　(b) 输出特性

图 7-17　定频调幅式位移测量电路原理及输出特性

设涡流传感器线圈的原始自感系数为 L_0,则线圈和电容组成的并联谐振回路的谐振频率为

$$f_0 = \frac{1}{2\pi\sqrt{L_0 C}} \tag{7-26}$$

将高频振荡器的输出信号频率也设定在 f_0 上,并保持不变。当无金属板靠近涡流传感器线圈时,线圈和电容组成的并联谐振回路出现谐振,阻抗最大,因而谐振回路输出的电压幅值 U_m 也最大。当有金属板靠近涡流传感器线圈时,涡流传感器线圈的高频电磁场作用于金属板表面,由于表面的涡流反射作用,使线圈的电感量 L 降低,LC 并联回路失谐,从而使 LC 并联回路的阻抗变小,输出电压幅值 U_m 也变小,但输出电压频率不变,故称作定频调幅测量电路。由于 L 的数值随位移 x 的减小而减小,即 LC 并联回路的阻抗随位移 x 的减小而减小,从而使输出电压幅值 U_m 也随位移 x 的减小而减小。其输出电压幅值 U_m 与 x 的关系曲线如图 7-17(b)所示。将输出电压 u 通过放大、检波,就可用指示仪表显示位移 x 的大小。由图 7-17(b)可见,该曲线是非线性的,通常利用它的线性段,测量精度较高。

2) 调频式位移测量电路

图 7-18 是调频式位移测量电路原理图。它与调幅式位移测量电路不同的是,高频振荡器的输出频率就是传感器线圈 L 与电容 C 并联回路的谐振频率。当传感器线圈到被测金属板的位移 x 变化时,由于电涡流作用,使传感器线圈的电感系数 L 发生变化,从而导致高频振荡器的振荡频率发生变化。显然,这个振荡频率 f 是位移 x 的函数。因此,只要通过鉴频器把频率的变化转变成电压的变化,就可用指示仪表显示出位移 x 的大小。

涡流传感器测量位移的范围一般为 0~5mm 左右,分辨率可达测量范围的 0.1%。

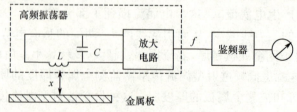

图 7-18　调频式位移测量电路原理图

7.2.4 常见电感式位移传感器及应用

电感传感器的基本原理是将衔铁的位移转换为传感器线圈的自感系数或互感系数的变化，因此，这种传感器的主要用途是测量位移及与位移有关的被测量。下面介绍几种常见的电感式位移传感器及应用。

1. 差动自感测微仪

图 7-19 是差动自感测微仪方框图，它的主要部件是螺线管型差动自感式位移传感器、电阻式差动交流电桥测量电路、交流放大器、相敏检波器、振荡器、稳压电源及显示器等。其中，振荡器的作用是给交流电桥测量电路提供稳定的交流电源，相敏检波电路的作用是保证它既测量位移的大小，又测量位移的方向。它属于接触式测量，主要用于静态和动态的精密微小位移测量中。

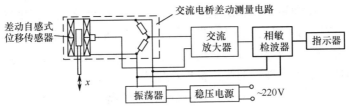

图 7-19 差动自感测微仪方框图

2. 自感式纸张厚度测量仪

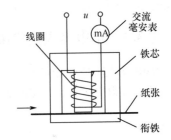

图 7-20 自感式纸张厚度测量仪结构

由于一般非磁性物质的磁导率与空气的磁导率相同，所以前述变气隙型自感传感器的气隙厚度若用非磁性物质的厚度来代替，则可用于测量该非磁性物质的厚度。基于这种原理制作的纸张厚度测量仪结构如图 7-20 所示。图中 E 形铁芯和线圈构成电感测量头，衔铁实际上是一块铁质或钢质的平板，在工作过程中板状衔铁是固定不动的，被测纸张位于 E 形铁芯与板状衔铁之间，磁力线从上部的 E 形铁芯通过纸张而到达下部的衔铁。当被测纸张沿着板状衔铁移动时，压在纸上的 E 形铁芯将随着被测纸的厚度变化而上下移动，亦即改变了铁芯与衔铁之间的气隙。可以证明，该交流毫安表的读数与铁芯与衔铁之间的气隙大小成正比关系，亦即与纸张的厚度成正比关系。若毫安表按微米刻度，这样就可直接显示被测纸张的厚度了。如果把这种传感器安装在机械扫描装置上，使电感测量头沿纸张的横向进行扫描，则可用自动记录仪记录纸张横向的厚度，并可用此监测信号来自动控制造纸生产线上的纸张厚度。

3. 低频透射型涡流传感器测厚仪

涡流式传感器不仅可以测量位移，而且还可以测量振动、距离、转速、厚度等参数。它的显著特点是非接触测量。除此之外，也可以用于无损探伤，用来探测金属材料的表面裂纹、热处理裂纹及焊缝裂纹等。当进行无损探伤时，传感器与被测物体距离保持不变，若被测金属有裂纹，则它的电导率、磁导率就发生变化，结果使传感器的输出信号发生变化。通过一定的测量电路把这种变化测量出来，就可以知道裂纹情况。

图 7-21 是低频透射型涡流传感器测厚仪原理图，图中 S_1 为涡流传感器发射线圈，S_2 为涡流传感器接收线圈，它们对称地安装在金属板带材的上下两侧。

当给 S_1 加上低频电压 u_1 时，由低频透射型涡流传感器的工作原理可知，在接收线圈 S_2 上

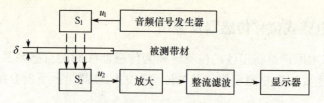

图 7-21 低频透射型涡流传感器测厚仪原理图

就感应出输出电压 u_2，并且 u_2 的大小与被测金属板厚度 δ 有关。将接收线圈 S_2 的输出电压 u_2 进行放大、整流、滤波后，即可由显示器指示出金属板的厚度 δ。

7.3 电容式位移传感器

电容式位移传感器是利用电容器的电容量随位移变化而变化的原理来进行位移测量的。它结构简单、体积小、分辨率高，可实现非接触测量，并能在高温、高辐射和强振动等恶劣条件下工作，可用于位移、压力、差压、加速度等参数的测量。近年来，随着微电子技术的发展，电容式位移传感器在自动监测技术中因其独特的优点被广泛使用。

电容式位移传感器的分类方法很多，若按照电容传感器的结构分类，可分为单电容和差动电容两大类；若按照引起电容量变化的参数分类，可分为变极距型、变面积型和变介质型三种。下面介绍它们的测量原理及特性。

7.3.1 单电容式位移传感器

单电容式位移传感器实际上是一个只有一个参数随位移变化的单电容器，其最简单的结构形式是平行板电容器。当忽略边缘效应时，它的电容量计算公式为

$$C = \frac{\varepsilon_0 \varepsilon_r A}{d} \tag{7-27}$$

式中，C 为电容器的电容量（F）；A 为两极板相互遮盖面积（m^2）；d 为两极板间极距（m）；ε_0 为真空介电常数，$\varepsilon_0 = 8.85 \times 10^{-12}$ F/m；ε_r 为两极板间介质的相对介电常数。

由式(7-27)可知，电容量 C 是参数 ε_r、A 和 d 的函数。若保持 ε_r 和 A 不变，只改变 d 就称作变极距型；若保持 ε_r 和 d 不变，只改变 A 就称作变面积型；若保持 d 和 A 不变，只改变 ε_r 则称作变介质型。

1. 变极距型电容位移传感器

变极距型电容线位移传感器结构如图 7-22 所示。当可动极板随被测位移作上下移动时，就改变了两极板间的距离，从而使电容量发生变化。设两极板间的初始极距为 d_0，两极板间的初始有效覆盖面积为 A_0，两极板间的介质相对介电常数为 ε_r，则该电容的初始电容量为

$$C_0 = \frac{\varepsilon_0 \varepsilon_r A_0}{d_0} \tag{7-28}$$

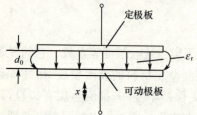

图 7-22 变极距型电容位移传感器

当动极板向上移动 x，而其他参数不变时，则电容值 C_x 为

$$C_x = \frac{\varepsilon_0 \varepsilon_r A_0}{d_0 - x} = \frac{C_0(1 + x/d_0)}{1 - (x/d_0)^2} \tag{7-29}$$

由式(7-29)可见，电容 C_x 与 x 不是线性关系，但当 $x \ll d_0$（即位移 x 远小于极板初始距离 d_0）时，则 $1-(x/d_0)^2 \approx 1$，式(7-29)可写成

$$C_x \approx C_0 + \frac{C_0}{d_0} x \tag{7-30}$$

式(7-30)说明 C_x 与 x 近似为线性关系。由此可知，变极距型电容传感器只有在 x/d_0 很小时，才有近似的线性关系。但电容器的容抗 $X_C = 1/(\omega C_x)$ 却与 x 呈线性关系。因此，当用变极距电容传感器的输出容抗来测量位移 x 时，就不必要求满足 $x \ll d_0$ 这一条件。

由式(7-30)可以看出，d_0 越小，电容传感器的灵敏度越高，但 d_0 过小容易引起电容器击穿或短路。为了提高灵敏度，又不导致电容器击穿或短路，实际的变极距电容传感器通常在两极板间放置一块很薄的云母片。由于云母片的相对介电常数是空气的 7 倍，击穿电压不小于 1000kV/mm，因此放了云母片后两极板间的起始距离可大大减少。一般变极距型电容位移传感器的起始极距在 25～200μm 之间，最大位移应小于起始极距的 1/10，所以，它一般在微小位移的测量中使用。

2. 变面积型电容位移传感器

变面积型电容位移传感器的典型结构如图 7-23 所示。其中，图 7-23(a) 是变面积型电容线位移传感器的结构。当可动极板向左移动时，电容器的两个极板相互遮挡面积发生变化，从而引起电容量变化。设该电容器的初始电容量为 C_0，初始有效工作面积为 $A_0 = ab$，当动极板向左移动线位移 x，而其他参数不变时，电容量 C_x 为

$$C_x = \frac{\varepsilon_0 \varepsilon_r b(a-x)}{d_0} = C_0 - \frac{C_0}{a} x \tag{7-31}$$

图 7-23(b) 是变面积型电容角位移传感器的结构。当可动极板向右旋出时，电容器的两个半圆形极板相互遮盖面积也发生变化，从而引起电容量的变化。设该电容器的初始电容量为 C_0，初始有效工作面积为 A_0，当可动极板向右旋出角位移 θ 时，电容量 C_θ 为

$$C_\theta = \frac{\varepsilon_0 \varepsilon_r A_0 (1-\theta/\pi)}{d_0} = C_0 - \frac{C_0}{\pi} \theta \tag{7-32}$$

由式(7-31)和式(7-32)可知，变面积型电容传感器，无论是线位移的，还是角位移的，它们的电容量与位移都呈线性关系。

3. 变介质型电容位移传感器

变介质型电容位移传感器的典型结构如图 7-24 所示，图中上下两块矩形平行板电极固定不动。相对介电常数为 ε_{r2} 的电解质可以以不同的深度插入电容器中。

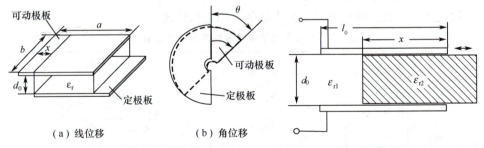

图 7-23　变面积型电容位移传感器　　图 7-24　变介质型电容位移传感器

(a) 线位移　　(b) 角位移

设它的有效工作面积为 A_0，两平行板间的极距为 d_0，两平行板间电介质的相对介电常数为 ε_{r1} 时的电容量为 $C_0 = \varepsilon_0 \varepsilon_{r1} A_0 / d_0$。当相对介电常数为 ε_{r2} 的介质以 x 的深度插入电容器时，从而改变了电容器中的电介质，这时该电容器的电容量 C_x 为

$$C_x = \frac{\varepsilon_0 \varepsilon_{r1} A_0 (1-x/l_0)}{d_0} + \frac{\varepsilon_0 \varepsilon_{r2} A_0 (x/l_0)}{d_0} = C_0 + C_0 \frac{\varepsilon_{r2} - \varepsilon_{r1}}{\varepsilon_{r1} l_0} x \tag{7-33}$$

式中,l_0 为电容传感器矩形极板的长度。

若电介质的相对介电常数 $\varepsilon_{r1} = 1$,则相对介电常数为 ε_{r2} 的电介质插入极板间 x 深度后,引起电容的相对变化量为

$$\frac{\Delta C}{C_0} = \frac{C_x - C_0}{C_0} = \frac{(\varepsilon_{r2} - 1)}{l_0} x \tag{7-34}$$

由此可见,电容的变化量与相对介电常数为 ε_{r2} 的介质移动量 x 也呈线性关系。

基于这种原理的电容传感器除了测量位移外,还可以用来测量容器中液位的高度,料位的高度,片状材料的厚度、湿度及混合液体的成分含量等。

7.3.2 差动电容式位移传感器

在实际应用中,为了提高电容位移传感器的灵敏度,常常将电容位移传感器做成差动形式。典型的平行板差动电容位移传感器结构如图 7-25 所示。在图 7-25(a)中,上下两边的两片为定极板,中间的为上下可移动的动极板,它们组成变极距型差动电容位移传感器;在图 7-25(b)中,左右两边的两片为定极板,中间的为左右可移动的动极板,它们组成变面积型差动电容位移传感器;在图 7-25(c)中,上下两边的 4 片为定极板,中间的为左右可移动的介质,它们组成变介质型差动电容位移传感器。开始时可动极板(或可动介质)位于中间位置,$C_1 = C_2 = C_0$。当可动极板(或可动介质)移动位移 x 后,一个电容量增加,一个电容量减少,而且两者变化的数值相等,形成差动形式。

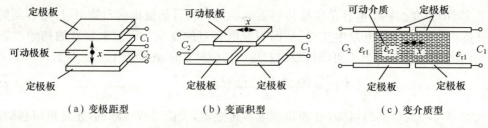

图 7-25 差动电容式位移传感器

可以证明,差动电容位移传感器比单电容位移传感器的灵敏度提高了一倍,而且非线性(如果有的话)也大大降低。同时,差动电容传感器还能减少静电引力给测量带来的影响,有效地改善由于温度等环境变化所造成的测量误差。

表 7-1 列出了电容式位移传感器 3 种类型的常用结构形式。

表 7-1 电容式位移传感器的常用结构形式

类型		单电容式	差动电容式
变极距型	线位移	平板形	
	角位移		

续表

类型		单电容式	差动电容式
变面积型	线位移 平板形	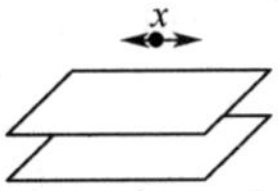	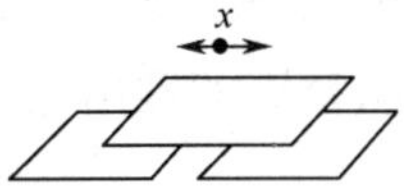
	线位移 圆柱形	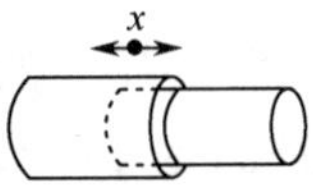	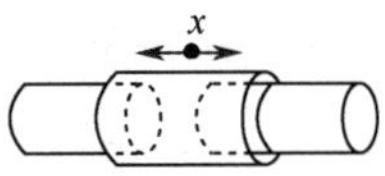
	角位移 平板形	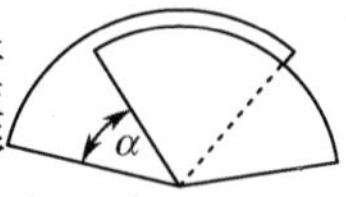	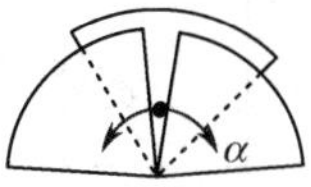
	角位移 圆柱形	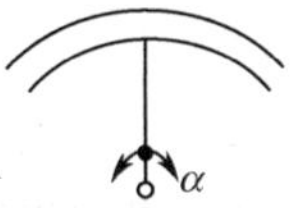	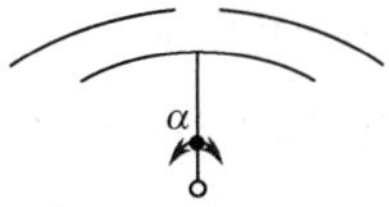
变介质型	线位移 平板形	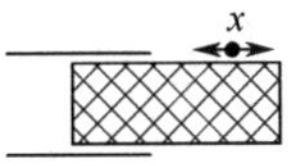	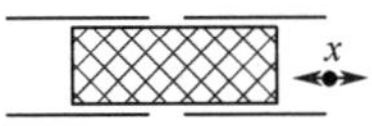
	线位移 圆柱形	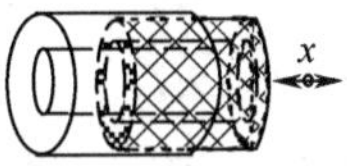	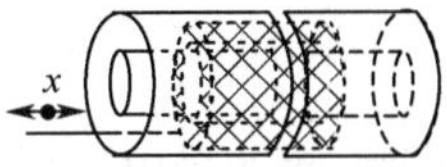

通常变极距型电容位移传感器用来测量微小的线性位移($0.01\mu m \sim 0.9 mm$);变面积型用来测量角位移或较大的线位移;变介质型既可以用于线位移测量,也可以用于液位、料位以及各种介质的密度、湿度测量等。

7.3.3 电容式位移传感器测量电路

用于电容式传感器的测量电路很多,有些测量电路(如谐振式测量电路、变压器电桥测量电路及双T形交流电桥测量电路等)已在本书4.5.3节中作过介绍,在此不再重述,下面再介绍几种常用的测量电路。

1. 运算放大器式测量电路

运算放大器式测量电路如图7-26所示。如果运算放大器为理想运放,则输入/输出关系为

$$\dot{U}_o = -\frac{C}{C_x}\dot{U}_i \quad (7-35)$$

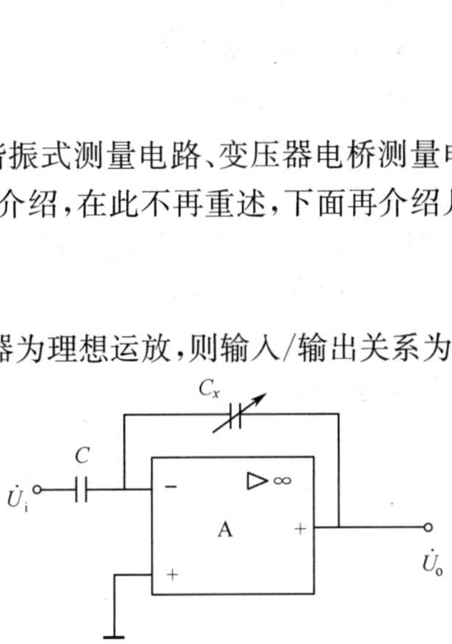

若C_x为变极距电容位移传感器,则$C_x = \varepsilon A/d$。假设该传感器的初始极距为d_0,初始电容量为$C_0 = \varepsilon A/d_0$,则$C_x = C_0 d_0/d$,将其代入式(7-35)得

$$\dot{U}_o = -\frac{C\dot{U}_i}{C_0 d_0}d \quad (7-36)$$

图7-26 运算放大器式测量电路

式(7-36)表明,输出电压U_o与极距d呈线性关系。这种测量电路较好地解决了变极距电容传感器的非线性问题。由此可知,只要能测量出输出电压U_o就能计算出极距d,进而计算出位移的大小和方向。

2. 变压器式单臂电桥测量电路

图 7-27 为变压器式单臂电桥测量电路,其中固定电容 C 和电容位移传感器 C_x 构成电桥的两臂,而变压器的两个次级线圈作为电桥的另外两臂。令 $Z_1=1/(j\omega C_x)$,$Z_2=1/(j\omega C)$,当负载阻抗为无穷大时,桥路的输出电压为

$$\dot{U}_o = \frac{2UZ_2}{Z_1+Z_2} - U = \frac{C_x-C}{C_x+C}\dot{U} \tag{7-37}$$

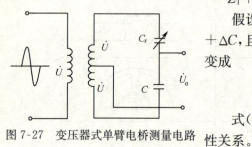

图 7-27 变压器式单臂电桥测量电路

假设该传感器的初始电容量为 C_0,被测位移使 $C_x=C_0+\Delta C$,且满足 $\Delta C/C_0 \ll 1$,取固定电容 $C=C_0$,则式(7-37)变成

$$\dot{U}_o = \frac{C_x-C_0}{C_x+C_0}\dot{U} \approx \frac{\Delta C}{2C_0}\dot{U} \tag{7-38}$$

式(7-38)说明输出电压大小与电容的变化量近似呈线性关系。

若 C_x 为变极距电容位移传感器,则 $C_x=\varepsilon A/d$。假设该传感器的初始极距为 d_0,初始电容量为 $C_0=\varepsilon A/d_0$,当位移 x 使极距 $d=d_0-x$ 时,将它们代入式(7-37)得

$$\dot{U}_o = \frac{C_x-C_0}{C_x+C_0}\dot{U} = \frac{x/d_0}{2-x/d_0}\dot{U} \tag{7-39}$$

当 $x/d_0 \ll 1$ 时,分母 $2-x/d_0 \approx 2$,式(7-39)可近似为

$$\dot{U}_o \approx \frac{\dot{U}}{2d_0}x \tag{7-40}$$

式(7-40)说明,此测量电路的输出电压 U_o 与电容极距的变化量 Δd 近似呈线性关系。由于这种测量电路的输出是交流电压,所以它只能测量位移的大小,而不能测量位移的方向。若要测量位移的方向,还需要添加相应的相敏检波电路。这种测量电路常用于钢板厚度、棉纱直径的自动监测控制系统中。

3. 差动脉冲宽度调制电路

脉冲宽度调制电路如图 7-28 所示。图中 C_{x1}、C_{x2} 为差动电容器的两个电容,A_1、A_2 为比较器。当双稳态触发器的 Q 端为高电平,$\overline{Q}$ 端为低电平时,则电容 C_{x2} 通过二极管 VD_2 迅速放电到零,使比较器 A_2 输出低电平。而 A 端通过 R_1 对 C_{x1} 慢慢充电,直到 F 点电位高于参考电位 U_r 时,比较器 A_1 输出高电平,使触发器翻转成 Q 端变为低电平,$\overline{Q}$ 端变为高电平。这时 C_{x1} 通过 VD_1 迅速放电到零,使比较器 A_1 输出低电平。而 B 端通过 R_2 对 C_{x2} 慢慢充电,直到 G 点电位高于参考电位 U_r 时,比较器 A_2 输出高电平,使触发器翻转成 Q 端为高电平,$\overline{Q}$ 端为低电平。重复上述过程。

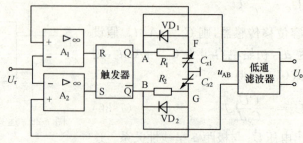

图 7-28 差动脉冲宽度调制电路

设 $R_1=R_2=R$,当 $C_{x1}=C_{x2}$ 时,各点电压波形如图 7-29(a)所示,输出电压 u_{AB} 的平均值为

零。但当差动电容 C_{x1} 和 C_{x2} 值不相等时(如 $C_{x1}>C_{x2}$),则充电时间常数 $\tau_1=RC_{x1}>\tau_2=RC_{x2}$,电路中各点电压波形如图 7-29(b)所示,输出电压 u_{AB} 的平均值不再为零。经低通滤波器后,即可得到一个直流输出电压 U_o 为

$$U_o=\frac{T_1}{T_1+T_2}U_1-\frac{T_2}{T_1+T_2}U_1=\frac{T_1-T_2}{T_1+T_2}U_1 \tag{7-41}$$

式中,T_1 为电容 C_{x1} 充电至 U_r 时所需时间;T_2 为电容 C_{x2} 充电至 U_r 时所需时间;U_1 为触发器的输出高电平。

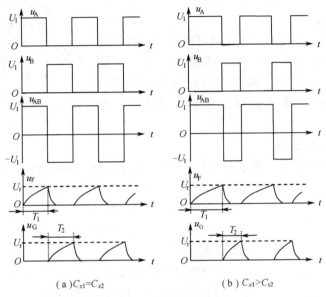

(a) $C_{x1}=C_{x2}$ (b) $C_{x1}>C_{x2}$

图 7-29 脉宽调制电路电压波形图

显然,输出直流电压 U_o 随 T_1 和 T_2 的变化而变化,亦即随 u_A 和 u_B 的脉冲宽度而变化。又因为电容 C_{x1}、C_{x2} 的充电时间分别为

$$T_1=RC_{x1}\ln\frac{U_1}{U_1-U_r} \tag{7-42}$$

$$T_2=RC_{x2}\ln\frac{U_1}{U_1-U_r} \tag{7-43}$$

将 T_1、T_2 代入式(7-41)得

$$U_o=\frac{T_1-T_2}{T_1+T_2}U_1=\frac{C_{x1}-C_{x2}}{C_{x1}+C_{x2}}U_1 \tag{7-44}$$

式(7-44)表明,直流输出电压 U_o 正比于电容 C_{x1} 与 C_{x2} 的差值,其极性可正可负。

若该差动电容位移传感器是变极距的,设它的初始极距为 d_0,当位移 x 使 C_{x1} 的极距变为 $d_1=d_0-x$,C_{x2} 的极距变为 $d_2=d_0+x$ 时,则有

$$U_o=\frac{d_2-d_1}{d_1+d_2}U_1=\frac{x}{d_0}U_1 \tag{7-45}$$

式(7-45)说明,该测量电路的输出电压 U_o 与变极距差动电容传感器的位移 x 呈线性关系。若该差动电容位移传感器是变面积的或是变介质的,同理可以证明,它的输出电压仍然与位移呈线性关系。

由此可知,差动脉宽调制电路不但适合于变极距差动电容传感器的测量,也适合于变面积或变介质差动电容传感器的测量,并且还具有线性特性、转换效率高和调宽频率变化对输出没有影响等特点。由于该测量电路的输出经低通滤波后为直流电压,所以该测量电路不但能测量位移

的大小,而且还能测量位移的方向,是电容式位移传感器中比较理想的测量电路。

7.3.4 常见电容式位移传感器及应用

1. 电容式电缆偏心传感器

图 7-30 给出了电容式电缆偏心传感器原理图,实际应用中采用的是两对互相垂直的极板(图中只画出一对)。图中传感器的两块极板分别与电缆芯构成差动电容器 C_{x1} 和 C_{x2}。当电缆芯不偏心时,有 $C_{x1}=C_{x2}=C_0$;当电缆芯偏心时,$C_{x1}\neq C_{x2}$;利用差动电容测量电路就可将差动电容的变化量测量出来,这个变化量与 x 方向的偏移量 x_0 有关。同理,用与它垂直的另一对极板和电缆芯组成的差动电容器,就可以测量出与 y 方向偏移量 y_0 有关的电容变化量。再经过计算就可以得出偏心值 (x_0, y_0)。

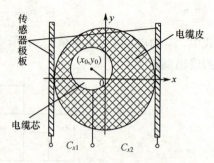

图 7-30 电容式电缆偏心传感器原理图

2. 差动电容测厚传感器

差动电容测厚传感器通常用来测量金属带材在轧制过程中的厚度,其检测元件就是差动电容传感器,它的结构及工作原理如图 7-31 所示。它是在被测带材的上下两边各放置一块面积相同,且与金属带材距离相等的极板,这样两块极板与带材就形成了差动电容 C_{x1} 和 C_{x2}(带材也作为一个极板)。

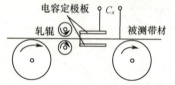

图 7-31 差动电容测厚传感器工作原理

若把电容的两块极板用导线连接起来作为一块极板,而带材作为电容器的另一块极板,则总电容 C_x 为

$$C_x = C_{x1} + C_{x2} \tag{7-46}$$

金属带材在轧制过程中不断向前推进,如果带材厚度发生变化,它将引起上、下两个极板间距变化,即引起两个电容 C_{x1} 和 C_{x2} 的变化,从而引起总电容 C_x 的变化。用测量电路把这个变化测量出来就可知道厚度变化情况。由于这种测厚传感器是采用了差动电容器,因此带材的振动不会影响厚度的测量结果。

7.4 霍尔式位移传感器

霍尔式传感器是一种基于霍尔效应的半导体磁电传感器。由于它具有结构简单、体积小、无触点、可靠性高、使用寿命长、频率响应宽、易于集成化和微型化等优点,被广泛应用于测量、控制和信息处理等领域。

7.4.1 霍尔效应

置于磁场中的静止载流导体或半导体薄片,当通过它的电流方向与磁场方向不一致时,那么在该薄片垂直于电流和磁场的方向上将产生电动势,这种现象就称作霍尔效应。该电动势就称作霍尔电势,该薄片就称作霍尔片。

霍尔电势的产生原因可用图 7-32 来说明。假设在垂直于外磁场 B 的方向上放置一长度为 a、宽度为 b、厚度为 d 的载流体薄片,并通一电流 I,方向如图 7-32 所示。那

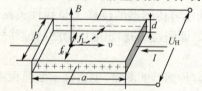

图 7-32 霍尔效应原理图

么,载流体中的载流子(电子)将沿着电流相反的方向运动。根据电磁学理论,电子在磁场 B 中以速度 v 运动时将受到洛仑兹力 f_L 的作用,其洛仑兹力的大小和方向可用下面向量式来确定

$$f_L = -ev \times B \quad (7\text{-}47)$$

式中,e 为电子的电量,$e=1.60217733\times 10^{-19}$ C。

由式(7-47)可知,该电子受到的洛仑兹力 f_L 由外向里,从而使电子在从左向右的运动过程中逐渐向里边一侧偏移(图中虚线方向)。假定该薄片的长度 a 为无限长,则偏转的电子最终必然落在里边一侧,使里边一侧的侧面上积累电子,而外边一侧的侧面上积累正电荷,于是在载流体内部产生电场。这个电场使运动的电子除了受洛仑兹力作用外,还受电场力的作用,这个力阻止了运动电子的继续偏移。当电场作用在运动电子的电场力 f_e 与洛仑兹力 f_L 相等时,运动电子不再偏移。这时负正电荷不再向内、外两侧面积累,内、外两侧面之间的电场也不再增大。这个电场就称作霍尔电场,记作 E_H;相应的电动势就是霍尔电势,记作 U_H。经理论推导可知,霍尔电势 U_H 的大小为

$$U_H = \frac{R_H IB}{d} \quad (7\text{-}48)$$

式中,R_H 为霍尔系数,且 $R_H = \mu\rho$;其中 μ 为电子迁移率,ρ 为霍尔片材料的电阻率。

由 $R_H = \mu\rho$ 可知,霍尔系数是一个由材料确定的常数,霍尔系数越大,霍尔效应越强。若要希望霍尔片有较大的霍尔系数,必须要求霍尔片材料有较大的电阻率和较大的电子迁移率。一般来说,金属材料有较高的电子迁移率,但电阻率很低;而绝缘材料的电阻率极高,但电子迁移率几乎为零;故只有半导体材料的电阻率和电子迁移率比较适中,适合于制造霍尔片。目前常用 N 型锗、硅、锑化铟和砷化铟等半导体材料作为霍尔元件材料。

令 $K_H = R_H/d$,则 K_H 称作霍尔片的灵敏系数。这时式(7-48)可写成

$$U_H = K_H IB \quad (7\text{-}49)$$

式(7-49)说明:霍尔电势 U_H 的大小正比于激励电流 I 和磁感应强度 B 的乘积。其灵敏系数 K_H 与霍尔系数 R_H 成正比,与霍尔片厚度 d 成反比。为了提高灵敏系数,霍尔元件通常做成薄片形状。由图 7-32 还可看出,当激励电流的方向或磁场的方向改变时,输出霍尔电势的方向也将改变。但当磁场与电流方向同时改变时,霍尔电势并不改变原来的方向。

基于霍尔效应工作的器件称作霍尔器件。霍尔器件主要有两大类:一类是霍尔元件;另一类是霍尔集成电路。

7.4.2 霍尔元件

1. 霍尔元件的结构

霍尔元件的结构很简单,它是由一块霍尔片(即一块矩形半导体单晶薄片)引出 4 根引线经外壳封装而成的。其结构和电路符号如图 7-33 所示。虽然霍尔电势表达式(7-48)是把薄片看作无限长推导出来的,但实验证明只要薄片的长宽比 $a:b \geqslant 2$ 就已经足够了。所以通常都把它设计成长宽比为 2 的矩形半导体单晶薄片。目前常用的国产霍尔元件尺寸是 8mm×4mm×0.2mm。

图 7-33(a)是霍尔元件的结构示意图,其中在霍尔片的长度方向上引出的一对电极 1-1′(一般为红色导线)是加激励电压或电流的,称作激励电极;而另外两侧引出的一对电极 2-2′(一般为绿导线)是霍尔电势输出端,称作霍尔电极。元件的外壳是用非导磁金属、陶瓷、塑料或环氧树脂封装而成。一般而言,由霍尔元件直接输出的电压较小,往往需要经过放大电路放大后才能成为有用的信号。图 7-33(b)是霍尔元件的外形示意图,图 7-33(c)是霍尔元件的电路图形符

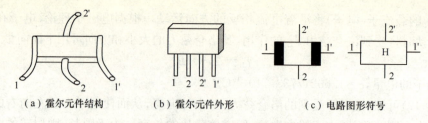

(a) 霍尔元件结构　　　(b) 霍尔元件外形　　　(c) 电路图形符号

图 7-33　霍尔元件结构及电路符号

号图。

2. 霍尔元件的电磁特性

霍尔元件的电磁特性主要有两个：一是指激励（控制）电流（直流或交流）与霍尔电势输出之间的关系特性，即 U_H-I 特性；另一个是指霍尔电势输出（恒定或交变）与磁场之间的关系特性，即 U_H-B 特性。

1) 霍尔元件的 U_H-I 特性

实验证明，在磁场 B 和环境温度一定时，霍尔元件的输出电势 U_H 与控制电流 I 之间呈线性关系，如图 7-34(a)所示。

2) 霍尔元件的 U_H-B 特性

当控制电流 I 一定时，虽然理论上推导霍尔电势 U_H 与磁感应强度 B 呈线性关系；但实验证明，霍尔元件输出的霍尔电势随磁场的增加并不完全呈线性关系（见图 7-34(b)），只有当霍尔元件工作在 0.5Wb/m² 以下时，线性度才比较好。

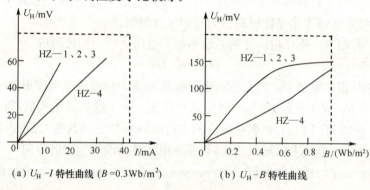

(a) U_H-I 特性曲线（B=0.3Wb/m²）　　　(b) U_H-B 特性曲线

图 7-34　HZ 型霍尔元件的电磁特性

3. 霍尔元件的主要参数

1) 额定激励电流和最大允许激励电流

当霍尔元件工作时，使其自身温升 10℃ 所流过的电流称作额定激励电流，以元件允许最大温升为限制所对应的激励电流称作最大激励电流。因霍尔电势随激励电流增加而线性增加，所以使用中希望选用尽可能大的激励电流，因而需要知道霍尔元件的最大允许激励电流。当然，改善霍尔元件的散热条件，可使激励电流增大。

2) 输入电阻和输出电阻

两激励电极之间的电阻称作输入电阻，两霍尔电极之间的电阻称作输出电阻。以上电阻是在磁感应强度为零，且环境温度在 20±5℃ 时确定的。

3) 不等位电势和不等位电阻

当霍尔元件的激励电流为 I 时，若元件所处位置的磁感应强度为零，则它的霍尔电势应该为零，但实际测量不为零，这时测得的霍尔电势称作不等位电势，记作 U_0。如图 7-35 所示。产生

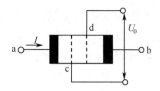

图 7-35 霍尔元件不等位电势示意图

这种现象的主要原因是两个霍尔电极 c、d 在制作过程中安装不对称或不在同一等位面上所致。

根据欧姆定律,不等位电势 U_0 也可用不等位电阻 R_0 来表示,即

$$R_0 = \frac{U_0}{I} \quad (7\text{-}50)$$

式中,R_0 为不等位电阻;U_0 为不等位电势;I 为激励电流。

由式(7-50)可知,不等位电势就是激励电流经不等位电阻时所产生的电压。

4) 寄生直流电势

当外加磁场为零时,给霍尔元件通一交流控制电流,则在霍尔电极输出端,除了交流不等位电势外,还有一直流电势,这个直流电势就称作寄生直流电势。它产生的原因一个是激励电极与霍尔电极接触不良,形成非欧姆接触,造成整流效应所致。另一个是两个霍尔电极焊点大小不对称,造成两个电极焊点的热容不同,散热不同而形成了极间温差电势所致。

寄生直流电势一般在 1mV 以下,它是导致霍尔片温漂的原因之一。寄生直流电势的存在对于霍尔元件在交流情况下使用有较大影响。为了减少寄生直流电势,在元件的制作和安装时,应尽量改善电极的欧姆接触性能和元件的散热条件。

5) 霍尔电势温度系数

在一定磁感应强度和激励电流下,温度每变化 1℃ 时,霍尔电势变化的百分率称作霍尔电势温度系数,它同时也是霍尔系数的温度系数。

4. 霍尔元件的补偿方法

1) 霍尔元件不等位电势的补偿方法

不等位电势与霍尔电势有相同的数量级,有时甚至超过霍尔电势。为了消除不等位电势对测量结果的影响,通常采取补偿的方法加以解决。分析不等位电势时,可以把霍尔元件等效为一个电桥,用电桥平衡的原理来补偿不等位电势。霍尔元件的等效电路如图 7-36 所示。其中 a、b 为激励电极,c、d 为霍尔电极。电极分布电阻分别用 R_1、R_2、R_3、R_4 来表示。

理想情况下,两个霍尔电极在同一等位面上,有 $R_1 = R_2 = R_3 = R_4$,则电桥平衡,即 $U_o = U_0 = 0$;实际上,由于霍尔电极 c、d 不在同一等位面上,故 4 个电阻值不相等,电桥不平衡,即 $U_o = U_0 \neq 0$,出现不等位电势。消除不等位电势的方法是根据 c、d 两点电位的高低,确定应在哪一个桥臂上并联一定的电阻,使电桥达到平衡,实现对不等位电势的补偿。图 7-37 给出了几种不等位电势的补偿方法。其中,图 7-37(a)、(b)、(c)是直流供电的补偿电路,图 7-37(d)是交流供电的补偿电路。

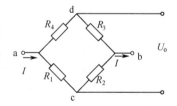

图 7-36 霍尔元件的等效电路

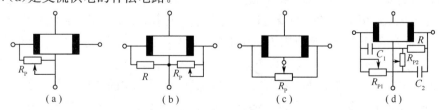

图 7-37 不等位电势的几种补偿方法

2) 霍尔元件的温度补偿方法

感。这是因为半导体材料的电阻率、迁移率和载流子浓度等都随温度变化而变化的缘故。因此，霍尔元件的性能参数，如内阻、灵敏系数等也随温度变化，从而使霍尔元件产生温度误差。为了减少霍尔元件的温度误差，除选用温度系数较小的元件（如砷化铟）或采用恒温措施外，可以采用电路补偿措施加以解决。

一般来说，霍尔元件的灵敏系数 K_H 和输入电阻 R_i 与温度的关系可写成

$$K_H = K_{H0}(1+\alpha\Delta t) \tag{7-51}$$

$$R_i = R_{i0}(1+\beta\Delta t) \tag{7-52}$$

式中，K_{H0} 表示温度为 t_0 时的 K_H 值；Δt 为温度变化量；α 为霍尔电势温度系数；R_{i0} 表示温度为 t_0 时的 R_i 值；β 为输入电阻 R_i 的温度系数。

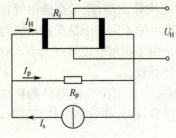

图 7-38 恒流温度补偿电路

由于大多数霍尔元件的温度系数 α 是正值，所以霍尔电势随温度的升高而增加。但若在温度升高的同时能让激励电流 I 相应的减少，并能保持 K_H 和 I 的乘积不变，就能消除温度变化对霍尔电势的影响。按照这种思路设计的温度补偿电路如图 7-38 所示。它是目前较好的温度补偿方法。图中 I_s 为恒流源，R_i 为霍尔元件的输入电阻，分流电阻 R_p 为温度补偿电阻，它与霍尔元件的激励电极相并联。

假设初始温度为 t_0 时，霍尔元件的输入电阻为 R_{i0}，灵敏系数为 K_{H0}，分流电阻为 R_{p0}，霍尔激励电流为 I_{H0}，则

$$I_{H0} = \frac{R_{p0} I_s}{R_{p0} + R_{i0}} \tag{7-53}$$

当温度变化 Δt 时，假设分流电阻 R_p 变为

$$R_p = R_{p0}(1+\gamma\Delta t) \tag{7-54}$$

式中，γ 为分流电阻 R_p 的温度系数。则霍尔激励电流 I_H 变为

$$I_H = \frac{R_p I_s}{R_p + R_i} = \frac{R_{p0}(1+\gamma\Delta t) I_s}{R_{p0}(1+\gamma\Delta t) + R_{i0}(1+\beta\Delta t)} \tag{7-55}$$

令 $U_H = U_{H0}$，得 $K_H I_H = K_{H0} I_{H0}$，即

$$\frac{K_{H0}(1+\alpha\Delta t) R_{p0}(1+\gamma\Delta t) I_s}{R_{p0}(1+\gamma\Delta t) + R_{i0}(1+\beta\Delta t)} = \frac{K_{H0} R_{p0} I_s}{R_{p0} + R_{i0}} \tag{7-56}$$

经整理后得

$$R_{p0} = \frac{\beta - \alpha - \gamma(1+\alpha\Delta t)}{\alpha(1+\gamma\Delta t)} R_{i0} \tag{7-57}$$

当霍尔元件选定后，它的输入电阻 R_i、温度系数 β 及霍尔电势温度系数 α 都是已知的，选定一个温度变化范围 Δt，根据式(7-57)就可以确定出分流电阻 R_{p0} 及所需的温度系数 γ。

由此可知，通过合理选择分流电阻 R_{p0} 的阻值和温度系数 γ 的值，可使霍尔元件在温度变化 Δt 的范围内，当输入电阻 R_i 及灵敏系数 K_H 随温度变化而增大时，由于旁路分流电阻 R_p 的分流作用，从而迫使霍尔元件的激励电流 I_H 减少，并保证 K_H 与 I_H 的乘积基本不变。这时只要磁感应强度 B 不变，就能保证输出的霍尔电势基本不变，达到了温度自动补偿的目的。

7.4.3 霍尔集成电路

霍尔集成电路是指将霍尔元件、测量电路、稳压电源和输出电路集成在一块芯片上的集成器

件,又称作霍尔传感器。它有三引脚单端输出和八引脚双列直插式双端输出两种结构,其三引脚单端输出的霍尔传感器结构外形如图7-39所示。图中1引脚为电源正极输入端,2引脚为地,3引脚为信号输出端。根据输出电压的情况,霍尔传感器可分为线性和开关两种。

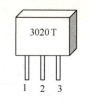

图7-39 霍尔集成电路

1. 霍尔线性传感器

霍尔线性传感器是把霍尔元件、线性放大器和射极输出器集成在一起的器件。它的输入信号是磁感应强度B,输出信号是电压模拟量,并且输出电压与加到它上面的磁感应强度B在一定范围内呈线性比例关系(见图7-40)。由图可见,它在$B_1\sim B_2$范围内有较好的线性度,磁感应强度超出此范围时则呈现饱和状态。它的特点是灵敏度高、输出动态范围宽、线性度好,适合于各种磁场检测,可用于非接触测距、转速测量、位移测量等,也可用于交直流电流和电压的测量。常见的霍尔线性传感器型号有UGN3501、SS95A和MLX90215等。

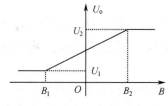

图7-40 霍尔线性传感器特性

2. 霍尔开关传感器

霍尔开关传感器是把霍尔元件、稳压器、差分放大器、施密特触发器和OC门输出电路集成在一起的器件。它的输入信号是磁感应强度B,输出信号是二值的数字量。即霍尔开关传感器是将霍尔元件的输出电压经内部电路处理后,以高、低电平的开关信号方式输出,并有一定的滞回特性(见图7-41)。霍尔开关传感器又有单极性、双极性、全极性和锁键型(或锁存型)之分。

单极性霍尔开关传感器的输入输出特性如图7-41(a)所示,常见的型号有UGN3019T、3020、A44E、US5881等。锁键型霍尔开关传感器的输入/输出特性如图7-41(b)所示,常见的型号有US1881、SS41等。由于霍尔开关传感器的输出电路是OC门电路,所以使用时需要外接上拉电阻。其典型应用电路如图7-41(c)所示。

它们适合于制作无触点接近开关、方向开关、压力开关、转速传感器和位置传感器等。

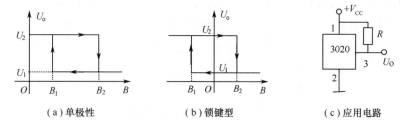

图7-41 霍尔开关传感器的特性及应用电路

7.4.4 常见霍尔式位移传感器及应用

1. 霍尔式位移传感器的结构

霍尔元件具有结构简单、体积小、动态特性好和寿命长等优点,它不仅能用于磁感应强度、有功功率及电能参数的测量,同时在位移测量中也得到了广泛应用。常见霍尔式位移传感器的结构和工作原理如图7-42所示。

2. 霍尔式位移传感器的工作原理

图7-42(a)是把磁场强度相同的两块永久磁铁同极性地相对放置,而霍尔元件放在两块磁铁的中间。因为两块磁铁的中点,磁感应强度$B=0$,所以霍尔元件的输出电势U_H也等于零。若将两块磁铁的中点定义为霍尔元件的初始位置,当霍尔元件向左或向右移动x时,则霍尔元件

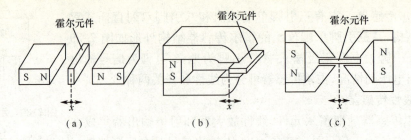

图 7-42 常见霍尔式位移传感器的结构和工作原理

感受到的磁感应强度不再为零,这时 U_H 也不再为零。其中 U_H 的大小就反映位移 x 的大小,U_H 的正负就反映位移 x 的方向。这种结构的传感器的位移变化范围可达 5mm,分辨率可达 0.001mm。

图 7-42(b)是一种结构简单的位移传感器,它是由一块永久磁铁和一块霍尔元件组成的霍尔式位移传感器。适当选择霍尔元件的初始位置,使霍尔电势 U_H 处于中间值。当霍尔元件向左或向右移动 x 时,则霍尔元件感受到的磁感应强度就发生变化,这时 U_H 也发生变化。通过测量 U_H 的变化,就可以知道位移 x 的大小和方向。

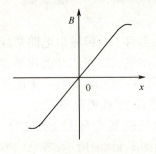

图 7-43 磁感应强度与位移的关系曲线

图 7-42(c)是由两个结构完全相同的磁路和一块霍尔元件组成的霍尔式位移传感器。它可在 x 轴方向形成一定梯度的磁场(见图 7-43)。为了获得较好的线性分布,在磁极端面装有极靴。显然,适当调整霍尔元件的初始位置,可使穿过霍尔元件的磁通为零,即霍尔电势 $U_H=0$。当霍尔元件向左或向右移动 x 时,霍尔元件的输出电势 U_H 不再为零。通过测量 U_H 的数值,就可以知道位移 x 的大小和方向。

由 $U_H=K_H IB$ 可知,当通过霍尔元件的电流 I 恒定不变时,霍尔电势 U_H 与磁感应强度 B 成正比,由于该磁场 B 在一定范围内沿 x 方向的变化梯度为常数(见图 7-43),设

$$\frac{dB}{dx}=k=\text{常数} \tag{7-58}$$

则

$$\frac{dU_H}{dx}=K_H Ik=S=\text{常数} \tag{7-59}$$

当霍尔元件沿 x 方向移动时,有

$$\Delta U_H=S\Delta x \tag{7-60}$$

式中,S 为位移传感器的输出灵敏度。

由式(7-60)可知,这时输出的霍尔电势 ΔU_H 与位移量 Δx 呈线性关系,并且磁场梯度越大,灵敏度越高;梯度越均匀,输出线性度越好。这种传感器灵敏度高,但它所能检测的位移量较小(一般为 1~2mm),适合于微小位移及振动的测量。

图 7-42 是用霍尔元件制作的霍尔式位移传感器。随着霍尔集成传感器的发展,利用霍尔集成传感器制作霍尔位移传感器比用霍尔元件更简单,使用更方便,只要将图 7-42 中的霍尔元件换成霍尔集成传感器就可实现。

7.5 位移传感器工程应用案例

位移传感器是工农业生产、国防科技和人们的日常生活中必不可少的器件,下面就介绍几个工程应用案例。

7.5.1 金属板厚度监测系统案例

在轧钢厂,为了使生产出的钢材厚度一致,经常需要对轧制过程中的钢材厚度进行监测控制。电容测厚仪就是用来测量轧制过程中金属带材厚度的传感器,它的主要检测元件是差动电容传感器,图 7-44(a)是电容测厚仪的结构原理图。

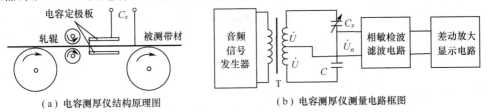

图 7-44 电容测厚仪系统组成框图

差动电容传感器的两块固定极板安装在被测带材的上下两边,且与金属带材距离相等。而被测金属带材作为差动电容传感器的动极板,这样固定极板与带材就形成了差动电容传感器的 C_{x1} 和 C_{x2}。设差动电容传感器的初始电容量都为 C_0,把两块固定极板用导线连接起来,作为一块极板,而带材作为另一块极板,其总电容量 C_x 为

$$C_x = C_{x1} + C_{x2} \tag{7-61}$$

由式(7-61)可知,如果金属带材在不断向前的轧制过程中,金属带材厚度不变,而带材上下振动时,则 C_{x1} 和 C_{x2} 一个变大,一个变小,且变化量大小基本相等,正好相抵,使总的电容量保持基本不变。

如果带材厚度发生变化,它将引起上、下两个极板间距变化,从而引起 C_{x1} 和 C_{x2} 电容量的变化。这两个变化量不能相抵消,其总电容量 C_x 也发生变化。把这个变化量 ΔC_x 测量出来就可知道带材厚度的变化,从而就知道了带材的厚度。

电容传感器的测量电路很多,本案例采用变压器式交流电桥进行测量,其测量电路框图如图 7-44(b)所示。它把音频信号发生器产生的音频信号接入变压器 T 的原边线圈,变压器副边的两个线圈作为测量电桥的两个桥臂;测量电桥的另外两个桥臂分别由总电容 C_x 和标准固定电容 C 承担,且 C 的取值与带材要求厚度时的 $C_{x0} = 2C_0$ 相等,即 $C = C_{x0} = 2C_0$。若厚度没有变化,电桥平衡,电桥输出为零;若厚度发生变化,则总电容 C_x 的变化量 ΔC_x 将引起交流电桥的不平衡输出,经过相敏检波、滤波、差动放大,最后即可在仪表上显示出带材的厚度。这种测厚仪的优点是带材的振动基本不影响测量精度。

若将测量出的带材厚度变化信号作为调整轧辊电动机的控制信号,当带材厚度变大时,去控制电动机将轧辊间的缝隙变小,当厚度变小时,去控制电动机使轧辊间的缝隙变大,就可实现钢板厚度的自动控制,保证轧制出的钢板厚度均匀一致。

7.5.2 生产线自动计数系统案例

根据霍尔传感器的工作原理,利用霍尔传感器不但可以实现位移测量,还可以制作出霍尔计

数装置,实现对黑色金属器件的自动监测和计数。图 7-45(a)是某钢球生产流水线对黑色钢球进行自动监测的装置结构示意图。它采用线性霍尔传感器 UGN3501,该传感器灵敏度高,能感受很小的磁场变化,从而可实现对黑色金属球的自动监测。图 7-45(b)是它的测量电路,当一个钢球从霍尔传感器上面滚过时,霍尔传感器可输出一个峰值为 20mV 的脉冲电压信号,经运算放大器(μA741)放大后,驱动半导体三极管 VT(2N5812)工作在开关状态,使三极管输出一个矩形脉冲信号,经计数器累加计算后,显示器就可显示出一段时间内生产出小铁球的数量,从而实现了小铁球生产的自动计数。

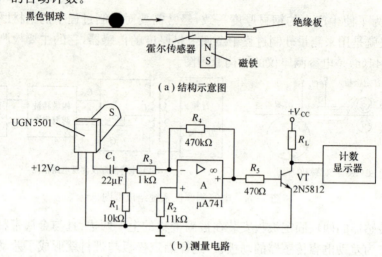

图 7-45 黑色钢球生产线自动计数装置结构示意图及测量电路

思考题及习题 7

7-1 何谓函数电位器?通常采用什么方法制作它?

7-2 自感式位移传感器有哪几种?

7-3 变气隙型电感传感器的输出特性与哪些因素有关?改善其非线性、提高其灵敏度的方法是什么?

7-4 说明变气隙型差动电感传感器的主要组成、工作原理和基本结构。

7-5 已知某一位移测量电路如图 7-46 所示,它由差动电感传感器 Z_{x1}、Z_{x2}、电阻 R_1、R_2($R_1=R_2$)、R_3、R_4、C_1、C_2 及 4 个二极管组成。在电路的 A、B 两端接上交流电源 u,试分析当差动电感传感器的衔铁离开中间位置时,该电路输出电压 U_o 的极性,并说明 R_3、R_4、C_1、C_2 的作用。

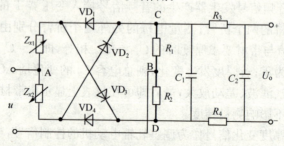

图 7-46 题 7-5 图

7-6 差动变压器式传感器有哪几种结构形式?各有什么特点?

7-7 图 7-47 是一个差动变压器式传感器位移测量电路,图中 T 是差动变压器式位移传感器,u_1 是外加激励电压,u_2 是差动变压器的输出电压,且 u_s 的幅值远大于 u_2 的幅值。试分析当差动变压器式传感器的衔铁离开中间位置时,该电路输出电压 u_o 的极性,并说明电路中 R 的作用。

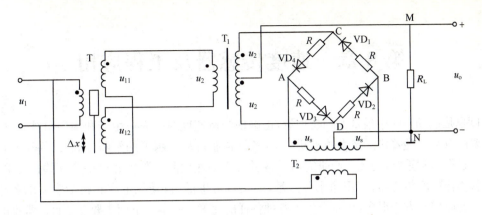

图 7-47 题 7-7 图

7-8 差动变压器式传感器零点残余电压产生的原因是什么？怎样减少或消除它？

7-9 何谓电涡流效应？

7-10 电涡流传感器有哪几种？

7-11 高频反射式电涡流传感器常用的测量电路有哪几种？各有什么特点？

7-12 根据工作原理可把电容式传感器分为哪几种类型？每种类型各有什么特点？各适用于什么场合？

7-13 变极距单电容传感器的电容量与极距具有非线性特性，如何改善变极距电容传感器的非线性？

7-14 差动电容传感器应采用什么样的测量电路？

7-15 电容式传感器的双T电桥测量电路如图7-48所示，已知$R_1=R_2=40\text{k}\Omega$，$R_L=20\text{k}\Omega$，$e=10\text{V}$，$f=1\text{MHz}$，$C_0=10\text{pF}$，$C_1=10\text{pF}$，$\Delta C_1=1\text{pF}$，求U_L的表达式及对应上述已知参数的U_L值。

7-16 什么是霍尔效应？霍尔电势与哪些因素有关？

7-17 影响霍尔元件输出零点的因素有哪些？怎么补偿？

7-18 温度变化对霍尔元件输出电势有什么影响？如何补偿？

7-19 图7-49是一个变气隙型差动自感位移传感器的结构图，请为它设计一个位移测量电路，实现位移大小和方向的测量。

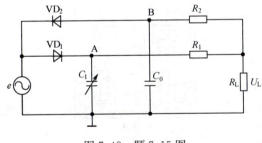

图 7-48 题 7-15 图

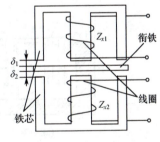

图 7-49 题 7-19 图

第 8 章　速度传感器及工程应用

速度也是运动空间中最基本的物理量,正确地测量速度对工农业生产和国防科技自动化有着极其重要的意义。随着科学技术的不断进步,各行各业自动化水平的不断提高,从军事到民用,速度测量都显得非常重要,为此人们研究出了各种各样的速度测量装置和设备。这些速度测量装置和设备就称作速度传感器,其用途十分广泛,遍及日常生活、自动化生产和科学实验的各个领域。由于测速的原理和方法很多,从而产生了各种各样的速度传感器。下面主要介绍目前常见的几种。

8.1　磁电式速度传感器

磁电式速度传感器是利用电磁感应原理将被测速度转换成电信号的一种传感器。因为它工作时不需要供电电源,电路简单,性能稳定,输出阻抗小,又具有一定的频率响应范围(一般为 10～1000Hz),所以得到了广泛应用。磁电式速度传感器主要有恒磁通、变磁通和测速发电机三种。

8.1.1　恒磁通式磁电速度传感器

1. 基本结构

恒磁通式磁电速度传感器的基本结构如图 8-1 所示。它由永久磁铁、线圈、弹簧、金属骨架和壳体等组成。因该系统产生恒定的直流磁场,磁路中工作气隙是固定不变的,所以气隙中磁通也是恒定不变的。其运动部分可以是磁铁,也可以是线圈。因此它又分为动圈式(见图 8-1(a))和动铁式(见图 8-1(b))两种结构类型,但它们的工作原理是完全相同的。

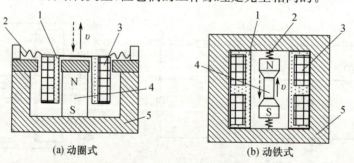

图 8-1　恒磁通式磁电速度传感器的基本结构
1—金属骨架；2—弹簧；3—线圈；4—永久磁铁；5—壳体

在动圈式中,永久磁铁 4 与传感器壳体 5 固定,线圈组件(包括线圈 3 和金属骨架 1)由柔软弹簧 2 支撑。在动铁式中,线圈组件与壳体 5 固定,永久磁铁 4 用柔软弹簧 2 支撑。两者的阻尼都是由金属骨架 1 和磁场发生相对运动而产生的电磁阻尼。

2. 测速原理

使用时,将恒磁通式磁电速度传感器与被测物体固定在一起。当被测物体振动时,它的外壳随之一起振动。由于弹簧 2 较软,运动部件质量相对较大。当振动频率足够高(远高于传感器的固有频率)时,运动部件的惯性很大,来不及跟随振动物体一起振动,近于静止不动,振动能量几乎全部被弹簧 2 吸收,这时永久磁铁 4 与线圈 3 之间的相对运动速度接近等于振动速度 v。根

据法拉第电磁感应定律,则线圈在磁场中做切割磁力线运动产生的感生电动势 e 为

$$e = -N\frac{d\Phi}{dt} = -NBlv \tag{8-1}$$

式中,N 为线圈处于工作气隙磁场中的匝数,称为工作匝数;Φ 为穿过线圈的磁通量;B 为工作气隙内的磁感应强度;l 为每匝线圈的平均长度。

由式(8-1)可知,当传感器的结构参数确定后,则 N、B、l 均为定值,这时感应电动势 e 与振动速度 v 成正比。只要能测量出感应电动势 e 的大小,就能计算出速度 v。显然,这种传感器是用来测量物体振动速度的。

8.1.2 变磁通式磁电转速传感器

1. 基本结构

变磁通式磁电转速传感器的基本结构如图 8-2 所示。它由永久磁铁、线圈、软铁、测量齿轮和壳体等组成,其中线圈 3、软铁 4 和永久磁铁 5 与壳体固定在一起。图 8-2(a)为开磁路转速传感器结构示意图,图 8-2(b)为闭磁路转速传感器结构示意图。

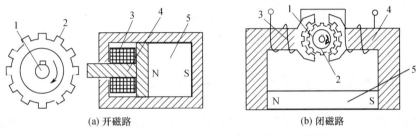

图 8-2 变磁通式磁电转速传感器的基本结构
1—被测转轴;2—测量齿轮;3—线圈;4—软铁;5—永久磁铁

2. 测速原理

测转速时把传感器固定在支架上,测量齿轮(由导磁材料制成)安装在被测转轴上,随转轴一起转动。显然,转轴每转过一个齿,传感器磁阻就变化一次,磁通也就变化一次。根据法拉第电磁感应定律,线圈中产生的感应电动势 e 大小也变化一次。由此可知,线圈 3 中感生电动势的变化频率就等于测量齿轮的齿数与转速的乘积。即

$$f = Zn/60 \tag{8-2}$$

式中,Z 为测量齿轮的齿数;n 为被测转轴的转速(r/min);f 为感生电动势的频率(Hz)。

由式(8-2)可知,该传感器的感应电动势变化频率与转速 n 成正比。只要能测量出感应电动势变化频率 f 的大小,就能计算出转速 n。显然,这种传感器是用来测量物体转速的。

虽然这两种传感器都能测量转速,但由于开磁路这种传感器结构简单,输出信号较小,且高速轴上装齿轮较危险,所以不宜测高转速。另外,当被测轴振动较大时,传感器输出波形失真较大,因此在振动较大或高转速的场合往往采用闭磁路转速传感器。

变磁通式传感器对环境条件要求不高,能在 -150~+90℃ 温度下工作,不影响测量精度,也能在油、水雾、灰尘等条件下工作。但它的工作频率下限较高,约为 50Hz,上限可达 100kHz。

8.1.3 测速发电机

测速发电机是一种能测量转速的微型发电机,它也是利用法拉第电磁感应定律制成的。其特点是输出的电压信号 U_o 的大小与被测转速 n 成正比,即 $U_o = Kn$。根据测速发电机发出的电压类型,测速发电机又分为直流和交流两大类。

1. 直流测速发电机

直流测速发电机实际上是一种微型直流发电机,按定子磁极的励磁方式可分为电磁式和永磁式两种。下面以永磁式直流发电机为例说明它的测速原理。

1) 测速原理

永磁式直流测速发电机的工作原理与一般直流发电机相同,其测速原理如图 8-3 所示。图中 N、S 是永久磁铁,固定在定子上不动;abcd 是转子上的其中一个线圈,线圈的两端分别接在两个相互绝缘的半圆形铜环上(称作换向器),而两个半圆形铜环分别与固定不动的电刷 J、K 滑动接触。

当直流测速发电机的转子以恒速 n 逆时针旋转时,因为线圈的 ab 边和 cd 边都切割磁力线,便在该线圈中产生感应电动势。由于换向片的作用,使感生电动势的方向始终是电刷 J 为正极,电刷 K 为负极。但它是脉动的直流电压。为了获得较大的平稳直流电压,实际的直流测速发电机转子上装有多个线圈,并按照一定的规律连接起来,构成电枢绕组,从而使测速发电机产生的电动势增大,脉动程度降低。

可以证明,在恒定的磁场 Φ 中,测速发电机转轴带动电枢以转速 n 旋转时,电枢绕组切割磁力线,从而在电刷间产生感应电动势 E 为

$$E = C_e \Phi n \tag{8-3}$$

式中,C_e 为电动势常数,它由测速发电机结构决定。

2) 输出特性

在空载时,直流测速发电机的输出电压 U_o 就是电枢感应电动势 E,即

$$U_o = E = C_e \Phi n \tag{8-4}$$

当有负载时,若电枢电阻为 R_a,负载电阻为 R_L,不计电刷与换向器间的接触电阻,则直流测速发电机的输出电压 U_o 为

$$U_o = E - IR_a = E - \frac{U_o}{R_L} R_a \tag{8-5}$$

整理后得

$$U_o = \frac{C_e \Phi n}{1 + R_a/R_L} \tag{8-6}$$

令

$$K = \frac{C_e \Phi}{1 + R_a/R_L} \tag{8-7}$$

则

$$U_o = Kn \tag{8-8}$$

式中,K 为直流测速发电机的灵敏系数。

当测速发电机结构确定后,则 C_e、Φ、R_a 都为常数。若 R_L 不变,则输出电压 U_o 与转速呈线性关系。但对于不同的负载电阻 R_L,测速发电机的灵敏系数 K 是不同的;负载电阻 R_L 越小,灵敏系数 K 也越小,即输出电压就越小。直流测速发电机的输出特性如图 8-4 所示。

另外,直流测速发电机的输出电压存在着波纹,其交流分量对速度反馈控制系统和高精确度的解算装置有一定影响,使用时需要注意。

2. 交流测速发电机

交流测速发电机有同步和异步之分。同步测速发电机的输出电压频率和电压幅值均随转速变化而变化,因此一般只用于指示式转速计,很少用于控制系统的转速测量。而异步测速发电机的输出电压频率和励磁电源的频率相同,而与转速无关,其输出电压的有效值与转速成正比。由于异步测速发电机应用广泛,下面简要介绍它的工作原理。

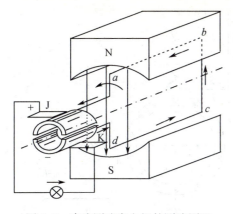

图 8-3 直流测速发电机的测速原理

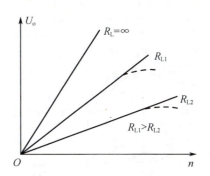

图 8-4 直流测速发电机的输出特性

1) 异步测速发电机的结构

交流异步测速发电机由定子和转子两部分组成。其中在定子上嵌放着两个绕组，一个为励磁绕组，另一个为输出绕组，它们在空间上互差 90°电角度。按其转子结构又有鼠笼形和空心杯形两种，鼠笼形的结构和鼠笼式三相异步电动机的转子相似，但空心杯形的结构比较特殊，它有两个定子——外定子和内定子。通常励磁绕组和输出绕组只嵌放在外定子铁心槽内，而内定子一般不放绕组，仅作磁路的一部分。空心杯转子位于内、外定子之间，通常用非磁性材料（如铜、铝或铝合金）制成。它的结构如图 8-5 所示。由于它具有漏抗小、线性误差小等诸多优点，在自动控制系统中被广泛采用。

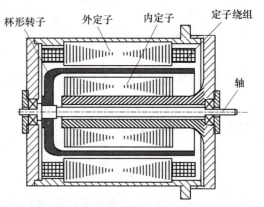

图 8-5 空心杯形异步测速发电机结构

2) 异步测速发电机的测速原理

交流异步测速发电机的测速原理如图 8-6 所示。由于励磁绕组 D 置于 d 轴上，输出绕组 Q 置于与 d 轴垂直的 q 轴上；当定子励磁绕组外接频率为 f 的恒压交流电源 $\dot{U}_1$ 时，励磁绕组中就有电流 $\dot{I}_1$ 流过，从而在励磁绕组 D 的 d 轴方向产生以频率为 f 的脉动磁通 $\dot{\Phi}_d$。

当转子不动时，由于空心杯转子关于 d 轴对称，且可以看成是无数根并联的导体，则脉动磁通 $\dot{\Phi}_d$ 在空心杯转子中将感应出电动势 $\dot{E}_2$ 和感生电流 $\dot{I}_2$（这与变压器中因磁通交变，在其副边绕组中产生感应电势的道理一样，故又把这种电势称作变压器电势）。根据电磁感应定律，该感生电流 $\dot{I}_2$ 又产生与励磁电源同频率的脉动磁通，其方向也沿 d 轴，它们都与输出绕组 Q 无磁通交链，故输出绕组电压为零。

在转子转动时，因转子切割 d 轴方向的磁通 $\dot{\Phi}_d$，故在杯形转子中感应出旋转电动势 $\dot{E}_r$，其大小正比于转子转速 n 和励磁磁通 $\dot{\Phi}_d$，其频率与 $\dot{\Phi}_d$ 相同。旋转电势有效值 E_r 可表示为

$$E_r = k_{E_r} \Phi_d n \tag{8-9}$$

式中，k_{E_r} 为比例系数。

又因空心杯转子相当于短路绕组，故旋转电动势 $\dot{E}_r$ 在杯形转子中将产生交流短路电流 $\dot{I}_r$，其大小正比于 $\dot{E}_r$，其频率与 $\dot{E}_r$ 相同。则短路电流有效值 I_r 可表示为

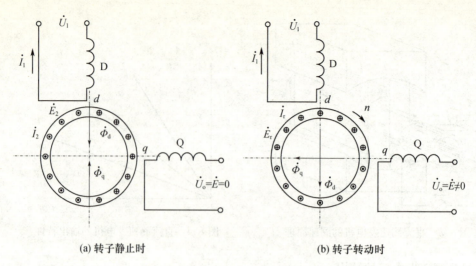

(a) 转子静止时　　　　　　　　　(b) 转子转动时

图 8-6　异步测速发电机的测速原理

$$I_r = k_{I_r} E_r = k_{I_r} k_{E_r} \Phi_d n \tag{8-10}$$

式中，k_{I_r} 为旋转电势 $\dot{E}_r$ 对其电流 $\dot{I}_r$ 的转换系数。

若忽略杯形转子的漏抗影响，那么电流 $\dot{I}_r$ 所产生的脉动磁通 $\dot{\Phi}_q$ 的大小正比于 $\dot{I}_r$，设比例系数为 k_q，则其有效值为

$$\Phi_q = k_q I_r = k_q k_{I_r} k_{E_r} \Phi_d n \tag{8-11}$$

因为 $\dot{\Phi}_q$ 在空间位置上与输出绕组 Q 的轴线 q 一致，因此转子因转动产生的脉动磁通 $\dot{\Phi}_q$ 与输出绕组 Q 相交链，从而在输出绕组 Q 上产生正比于 $\dot{\Phi}_q$ 的感应电势 $\dot{E}$，其有效值 E 为

$$E = k_w \Phi_q = k_w k_q k_{I_r} k_{E_r} \Phi_d n = K\Phi_d n \tag{8-12}$$

式中，k_w 为脉动磁通 $\dot{\Phi}_q$ 对其感应电动势 $\dot{E}$ 的转换系数；K 为比例系数，且 $K = k_w k_q k_{I_r} k_{E_r}$。

式(8-12)表明，在励磁磁通 Φ_d 恒定时，输出绕组的感应电动势有效值 E 正比于转速 n，其频率为励磁电源的频率 f，而输出绕组的感应电势有效值 E 实际就是异步测速发电机的空载输出电压有效值 U_o，即 $U_o = E = K\Phi_d n$。

注意：式(8-12)是在输出绕组空载时推出的，当输出绕组接上负载后，其输出特性的线性度要变差。为了提高它的线性度，异步测速发电机的负载阻抗一般不低于 100kΩ，励磁电源频率大多采用 400Hz。

8.1.4　常见磁电式速度传感器及应用

1. 磁电式振动速度传感器

现以 CD-1 型振动速度传感器为例介绍它的结构和工作原理，其主要技术指标是：工作频率 10~500Hz；固有频率 12Hz；灵敏度 604mV/(cm/s)；最大可测加速度 5g；可测振幅范围 0.1~1000μm；工作范围内阻 1.9kΩ；精度小于 10%；外形尺寸 φ45×160mm；重量 0.7kg。

它属于动圈式恒磁通型，其结构如图 8-7 所示。永久磁铁 3 通过铝架 4 和圆筒形导磁材料制成的壳体 7 固定在一起，形成磁路系统，壳体还起屏蔽作用，磁路中有两个环形气隙，右气隙中放有工作线圈 6，左气隙中放有铜或铝制成的圆环形阻尼器 2。工作线圈和圆环形阻尼器通过心轴 5 连接起来组成质量块，用圆形弹簧片 1 和 8 支撑在壳体上。使用时，将传感器固定在被测振动物体上，永久磁铁、铝架和壳体一起随被测物体振动。由于质量块有一定质量，产生惯性力，而

弹簧片又非常柔软,因此当振动频率远大于传感器固有频率时,线圈在磁路系统的环形气隙中相对永久磁铁运动,以振动物体的振动速度切割磁力线,产生感应电动势。显然,这个感应电动势与物体的振动速度成正比。通过引线 9 接到测量电路,就可以测量计算出物体的振动速度。同时,良导体阻尼器也在磁路系统气隙中运动,感应产生涡流,形成系统的阻尼力,起衰减固有振动和扩展频率响应范围的作用。

2. 磁电式转速传感器

图 8-8 是一种磁电式转速传感器的结构原理图。转子 2 与转轴 1 固紧,转子 2 和定子 5 都用工业纯铁制成,它们和永久磁铁 3 组成磁路系统。转子 2 和定子 5 的环形端面上均匀地铣了一些齿和槽,两者的齿和槽数对应相等。测量转速时,传感器的转轴 1 与被测物转轴相连接,因而带动转子 2 转动。转子 2 的齿与定子 5 的齿相对时,气隙最小,磁路系统的磁通最大。而齿与槽相对时,气隙最大,磁通最小。因此当定子 5 不动而转子 2 转动时,磁通就周期性地变化,从而在线圈中感应出近似正弦波的电压信号,其频率与转速成正比关系。通过测量电路把频率测量出来,就可计算出转速。

磁电式传感器除了上述一些应用外,还可构成电磁流量计,用来测量具有一定电导率的液体流量。其优点是反应快、易于自动化和智能化,但结构较复杂。

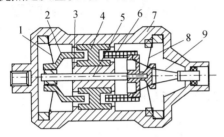

图 8-7 CD-1 型振动速度传感器

1,8—圆形弹簧片;2—圆环形阻尼器;3—永久磁铁;
4—铝架;5—心轴;6—工作线圈;7—壳体;9—引线

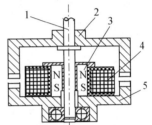

图 8-8 磁电式转速传感器

1—转轴;2—转子;3—永久磁铁;
4—线圈;5—定子

3. 交流测速发电机的应用

交流测速发电机的作用是将机械转速转换为电压信号,常用作转动物体的测速元件、校正元件。若与伺服电机配合,可应用于转速控制或位置控制系统中。在恒速控制系统中,测速发电机将转速转换为电压信号作为速度反馈信号,可达到较高的稳定性和准确度。在计算解答装置中,常作为微分、积分元件使用。

4. 磁电式速度传感器的其他应用

由磁电感应原理可知,磁电式速度传感器主要用于测量物体的运动速度或旋转物体的角速度。但如果在测量电路中接入积分电路或微分电路,那么也可以用它来测量(角)位移或(角)加速度。加入积分和微分的测量电路如图 8-9 所示。

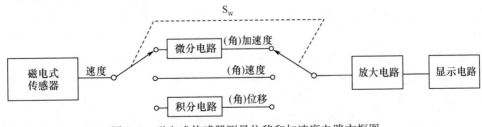

图 8-9 磁电式传感器测量位移和加速度电路方框图

8.2 霍尔式转速传感器

由第 7 章 7.4 节可知,利用霍尔元件或霍尔集成电路可以构成霍尔式位移传感器,实现对微小位移的测量。事实上,利用霍尔元件或霍尔集成电路也可以构成霍尔式转速传感器,实现对转速的测量。

8.2.1 常见结构

霍尔式转速传感器的结构形式很多,图 8-10 是几种常见的结构形式。它通常由转盘、小磁铁及霍尔元件或霍尔集成传感器构成。当在圆盘上嵌装多块小磁铁时,相邻两块磁铁的极性要相反,如图 8-10(d)所示。

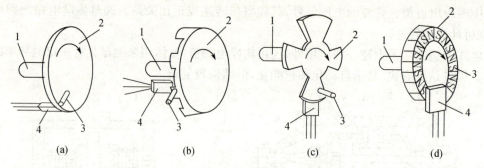

图 8-10　霍尔式转速传感器的常见结构形式
1—输入轴；2—转盘；3—小磁铁；4—霍尔传感器

8.2.2 测速原理

用霍尔转速传感器测量转速时,将传感器输入轴与被测转轴相连。当被测转轴转动时,转盘及安装在上面的小磁铁随之一块转动。当转盘上的小磁铁经过固定在转盘附近的霍尔集成传感器时,便可在霍尔传感器中产生一个电脉冲,经测量电路检测出单位时间内的脉冲数,根据转盘上放置小磁铁的数量多少,便可计算出被测转速。还可确定出该转速传感器的分辨率,配上适当的电路就可构成数字式转速表。

这种转速表的特点是非接触测速,对被测轴影响小,输出信号的幅值又与转速无关,因此测量精度高。它的测速范围大致在 $1 \sim 10^4$ r/s 内,广泛应用于汽车速度和行车里程的测量显示系统中。

8.2.3 霍尔式转速传感器的应用

因为霍尔转速传感器具有非接触、体积小、重量轻、耐振动、寿命长和测量精度高等优点,且工作温度范围宽、检测不受灰尘、油污、水汽等因素的影响,所以它在出租车计价器上作为车轮转数的检测部件被广泛采用。但为了测量准确可靠,不是把它直接安装在车轮上,而是把它安装在变速箱的输出轴上,通过测量变速箱输出轴的转数来间接计量汽车的行车里程,进而计算出乘车费用。因为汽车变速箱的输出轴到车轮轴的传动比是一定的,而汽车轮胎的周长也是一定的,测量出变速箱输出轴的转数就可以计算出汽车轮胎的转数,从而计算出汽车的行车里程。

图 8-11 是某出租车计价器的结构框图。使用时,把霍尔转速传感器安装在变速箱输出轴上。按下开始按钮,当汽车行走时,霍尔转速传感器把变速箱输出轴的转数信号送单片机,通过

计算机编程,可让单片机根据变速箱输出轴与车轮转轴的传动比和车轮胎的周长,自动计算出汽车的行车里程,根据出租车计价方式及规定进一步计算出乘车费用,并送给显示器进行显示。到达目的地后按下结束按钮,即可将乘车里程数和缴费数打印出来,实现乘车里程和缴费的自动结算。

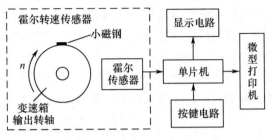

图 8-11　出租车计价器结构框图

8.3　涡流式转速传感器

由第 7 章 7.2.3 节可知,利用电涡流效应可以构成涡流式位移传感器,实现位移的测量。事实上,利用电涡流效应也可以构成涡流式转速传感器,从而实现转速的测量。

8.3.1　基本结构

涡流式转速传感器的结构如图 8-12 中虚线框所示。图中转盘是用软磁材料构成的,上面有一个或数个键槽,键槽深度为 Δd。涡流传感器安装在转轴的旁边,与转盘相距 d_0。

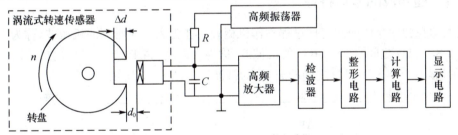

图 8-12　涡流式转速传感器测量系统方框图

8.3.2　测速原理

由图 8-12 可知,当转盘的键槽与涡流传感器不相对时,转盘与涡流传感器的距离为 d_0,当转盘上的键槽转到与涡流传感器相对时,转盘与涡流传感器的距离变为 $d_0+\Delta d$。由于电涡流效应,使涡流传感器的线圈阻抗随转盘的转动而变化。显然,涡流传感器线圈阻抗的变化频率与被测转速成正比。假设这个转盘上有 Z 个键槽,转盘的转速为 n,线圈阻抗变化的频率为 f,则

$$n=\frac{60f}{Z} \tag{8-13}$$

由此可知,如果能把线圈阻抗变化的频率测量出来,就可以知道转盘的转速 n(r/min)。

8.3.3　涡流式转速传感器的应用

图 8-12 是涡流式速度传感器测量转速时的结构框图。为了能把涡流线圈的阻抗变化频率

测量出来,给它添加了一个高频振荡器。设置高频振荡器的输出电流信号频率正好是涡流线圈与电容组成的并联谐振电路的谐振频率。测量时把转盘与被测转轴相连,并随转轴一起转动,在距转盘边沿 d_0 处安装涡流传感器。给系统加电后,由于电涡流的作用使电路失谐,且当转盘上的键槽远离涡流传感器(即转盘与涡流传感器的距离变为 d_0)时,失谐较大,涡流线圈两端的电压较低。当转盘上的键槽转到与涡流传感器相对(即转盘与涡流传感器的距离变为 $d_0+\Delta d$)时,并联电路失谐较小,涡流线圈两端的电压较大,这样就把涡流传感器线圈阻抗的变化转变成一个电压的变化。显然,转盘每转过一个键槽,就输出一个脉冲信号。通过高频放大器和检波电路把这个脉冲信号检波出来,再通过整形电路把它变成标准矩形脉冲信号,送入计数电路进行脉冲计数。假设这个转盘上有 Z 个键槽,在 T 秒内计数电路获得 M 个脉冲,则被测转速

$$n=\frac{60M}{ZT} \tag{8-14}$$

为了计算方便,一般取 $TZ=60\times10^i(i=0,1,2,3,\cdots)$。最后计算电路把式(8-14)计算出的结果送给显示电路,就可以把转速 n(r/min)显示出来。

这种传感器可实现非接触测量,抗污染能力强,可安装在转轴旁边,长期对被测转速进行监测,最高测量转速高达 600000r/min。

8.4 超声波流速传感器

超声波流速传感器是利用超声波的传播原理来进行测量的。为了弄清楚它的测流速原理,首先来介绍它的有关特性。

8.4.1 超声波的基本特性

质点振动在弹性介质内的传播过程称作机械波。能为人耳所听到的机械波,称为声波,其频率在 $16\sim2\times10^4$Hz 之间;低于 16Hz 的机械波,称为次声波;高于 2×10^4Hz 的机械波,称为超声波,频率在 $3\times10^8\sim3\times10^{11}$Hz 之间的波,称为微波。如图 8-13 所示。

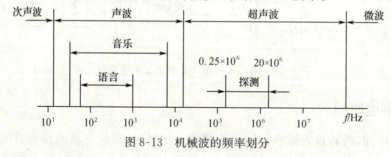

图 8-13 机械波的频率划分

1. 超声波的波形及速度

由于声源在介质中的施力方向与声波在介质中的传播方向不同,声波的波形也不同。声波的波形通常有下列三种。

1) 纵波

质点振动方向与波的传播方向一致的波称作纵波。这种波能在固体、液体及气体中传播。

2) 横波

质点振动方向垂直传播方向的波称作横波。它只能在固体介质中传播。

3) 表面波

质点的振动方向与波的传播方向介于横波和纵波之间,其振幅随着深度增加而迅速衰减的

波称作表面波。表面波质点振动的轨迹是椭圆,质点位移的长轴垂直于传播方向,质点位移的短轴平行于传播方向,它只能在固体表面传播。

由于超声波属于机械波,因此它与声波一样,传播不仅具有方向性,而且具有速度。但比声波能量更大,穿透力更强,能像射线一样定向传播。它的传播速度不但与介质密度和弹性有关,而且还与环境温度有关。由于气体和液体的剪切应力为零,所以气体和液体中只能传播纵波。在标准条件下,纵波在空气中的传播速度大约是344m/s,在水中的传播速度为1440m/s,在钢铁中的传播速度约为5000m/s。在固体中,纵波、横波和表面波三者的声速有一定的关系,通常认为横波声速为纵波声速的一半,表面波声速为横波声速的90%。

2. 超声波的反射和折射

超声波与光波一样,在传播的过程中遇到障碍物时存在反射与折射现象。也就是说,当超声波从一种介质传播到另一种介质时,在两个介质的分界面上一部分超声波被反射,另一部分将透射过界面继续传播。如图8-14所示。实验表明,波的反射与折射满足下面两条定律。

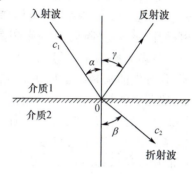

图8-14 超声波的反射与折射

1) 反射定律

当波在两种不同介质的分界面上产生反射时,入射角 α 的正弦与反射角 γ 的正弦之比等于波速之比。由于入射波和反射波都是在同一种介质中传播,故波速相等。由此可知:入射角 α 等于反射角 γ。

2) 折射定律

当波在两种不同介质的分界面上产生折射时,入射角 α 的正弦与折射角 β 的正弦之比等于入射波在介质1中的波速 c_1 与折射波在介质2中的波速 c_2 之比,即

$$\frac{\sin\alpha}{\sin\beta}=\frac{c_1}{c_2} \tag{8-15}$$

3. 超声波的衰减

超声波在介质中传播时,随着传播距离的增加,能量逐渐衰减,其衰减的程度与声波的扩散、散射及吸收等因素有关。其声压和声强的衰减规律为

$$P_x=P_0 e^{-ax} \tag{8-16}$$

$$I_x=I_0 e^{-2ax} \tag{8-17}$$

式中,x 为声波与声源间的距离;a 为衰减系数,单位为奈培/厘米(Np/cm);P_x、I_x 分别为距声源 x 处的声压和声强。

实验证明,超声波衰减的程度与介质及超声波的频率有关。气体对超声波吸收最强而衰减最大,液体次之,固体衰减最小。因此,对于一定强度的超声波,在气体中传播的距离会明显比在液体和固体中传播的距离要短。其次是超声波的频率越高,衰减越大,从而传播距离越近,但传播的方向性越强。

8.4.2 超声波传感器

超声波传感器是利用超声波在不同介质中传播速度不同、衰减不同,并且遇到两种介质的分界面就发生反射的特性而制成的检测器件。超声波传感器又称作超声波换能器,习惯上人们把它称作超声波探头,其主要功能是发射和接收超声波。

超声波探头按其工作原理可分为压电式、磁致伸缩式、电磁式等多种形式,其中以压电式最

为常用。压电式超声波探头常用的材料是压电晶体和压电陶瓷,它既可以发射超声波,也可以接收超声波。其发射和接收是利用压电材料的逆压电效应和正压电效应来实现的。所谓逆压电效应,是指在压电材料的极化方向上施加某一频率的交变电压时,这些压电材料就会产生同频率的机械振动现象。逆压电效应也称作电致伸缩效应。利用压电材料的逆压电效应可将电压振荡转换成机械振动,从而实现超声波的发射。所谓正压电效应,是指当沿着压电材料的某一方向对它施加交变力而使其变形时,在压电材料的某两个表面将产生同频率的交变电压现象。利用它的这个特性可以把超声波变成电信号,实现超声波的接收。

1. 压电式超声波探头

压电式超声波探头的结构如图 8-15 所示,主要由压电晶片、吸收块(阻尼块)、保护膜、引线、外壳等组成。压电晶片多为圆板形,厚度为 δ。压电晶片的两面镀有银层,作导电的极板。阻尼块的作用是降低晶片的机械品质,吸收声能量。如果没有阻尼块,当激励的电脉冲信号停止时,晶片将会继续振荡。加长超声波的脉冲宽度,使分辨率变差。由于超声波探头的核心是压电晶片,而构成晶片的材料有许多种。其晶片的直径和厚度也各不相同,因此每个探头的性能也是不同的,使用前必须预先了解它的性能。

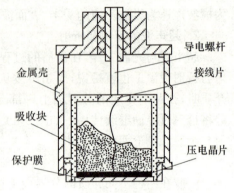

图 8-15 压电式超声波探头结构

2. 压电式超声波探头的主要指标

1) 工作频率 f_0

工作频率就是压电晶片的固有振荡频率,其值与压电晶片的厚度 δ 成反比,即

$$f_0 = \frac{1}{2\delta} \sqrt{\frac{E_{11}}{\rho}} \tag{8-18}$$

式中,E_{11} 为晶片沿 x 轴方向的弹性模量;ρ 为晶片的密度。

当加到它两端的交流电压频率和工作频率 f_0 相等时,压电晶片就发生共振。此时输出的能量最大,灵敏度也最高。常见压电式超声波探头的工作频率有 40kHz、100kHz 和 200kHz 等多种。

2) 工作温度

由于压电材料的居里点温度一般比较高,而诊断用超声波探头的使用功率比较小,工作温度比较低,可以长时间工作。但通常医疗用超声波探头的功率比较大,工作温度比较高,需要单独的制冷设备,才能长时间工作。

3) 灵敏度

主要取决于晶片的制作本身,机电耦合系数越大,灵敏度就越高。

3. 压电式超声波探头的优点

① 无任何机械传动部件,可实现非接触式测量。不怕电磁干扰,不怕酸、碱等强腐蚀性液体等。

② 既可以测流速、流量,也可以测料位、液位、物距及无损探伤等,并且对黏稠、腐蚀性、浑浊等各种液体的液位测量,效果最佳。

③ 性能稳定、可靠性高、寿命长、响应时间短,可以方便地实现无滞后实时测量。

4. 压电式超声波探头的型号

压电式超声波探头有多种不同的结构形式,按其用途可分为直探头(纵波)、斜探头(横波)、表面波探头(表面波)、兰姆波探头(兰姆波)、一体式探头(发射和接收公用一个探头,即单探头)和分体式探头(一个探头发射,一个探头接收,即双探头)等多种。按其安装方式可分为法兰固定、螺纹固定及支架固定等多种。常见的型号及技术指标见表8-1。

表8-1 常用超声波探头的型号及技术指标

型号	结构形式	有效量程/m	安装方式	测量对象
BJSH26-AS40	一体式	0.50~12.00	法兰	液体/固体
BJSH26-AS100		0.20~4.00		液体
CDSL5510	一体式	0.25~4.00	螺纹	液体/固体
CDSL5520		0.25~8.00		
MA40S2R/S	分体式	0.20~4.00	支架	固体
MA40B8R/S		0.20~6.00		
TQ-CSUL1AF/L	一体式	0.24~5.00	法兰/螺纹	液体/固体
TQ-CSUL1BF/L		0.24~10.00		
TQ-CSUL1CF/L		0.24~16.00		
TQ-CSUL2AF/L	分体式	0.24~5.00		
TQ-CSUL2BF/L		0.24~10.00		
TQ-CSUL2CF/L		0.24~16.00		

5. 超声波传感器检测原理

通常超声波传感器的检测方式有反射式和直射式两种。反射式是将发射探头和接收探头放置在被测物体的同一侧;直射式是将发射探头和接收探头放置在被测物体的两侧。它们的基本原理都是通过超声波的发射和接收来实现检测的。图8-16是超声波发射/接收系统结构框图。

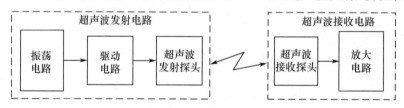

图8-16 超声波发射/接收系统结构框图

从图8-16可以看出,超声波发射/接收系统分为超声波发射电路和超声波接收电路两大部分。超声波发射电路由振荡电路、驱动电路和超声波发射探头组成,超声波接收电路由超声波接收探头和放大电路组成。振荡电路的作用是产生超声波频率的电压信号;驱动电路的作用是对振动电路产生的电压信号进行功率放大,以便能够推动超声波探头发射较大功率的超声波。放大电路的作用是对超声波接收探头输出的微弱电压信号进行放大,以便测量和显示。超声波发射和接收电路种类繁多,下面介绍几个常用电路。

1) 超声波产生发射电路

图8-17是一个由CD4069门电路组成的超声波产生发射电路,图中H_1、H_2与R_P、C_1组成RC振荡电路,适当选择R_P的数值,可使它产生频率为40kHz的脉冲方波电压信号。$H_3 \sim H_6$组成超声波探头驱动电路,再经过C_2给超声波探头UCM40T提供电压信号,使超声波探头发射频率为40kHz的超声波。C_2为隔直电容,防止超声波探头长期加直流后性能变差。

图8-18是由脉冲变压器构成的超声波产生发射电路。图中OSC为频率可调的振荡器,晶体管VT和脉冲变压器T构成驱动电路。适当调整R_P,可使OSC产生40kHz的输出电压信

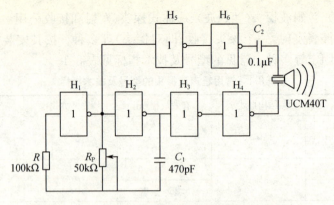

图 8-17 由门电路组成的超声波产生发射电路

号,经脉冲变压器 T 进一步升压后加给超声波探头 MA40S2S,使它发射频率为 40kHz 的超声波信号。

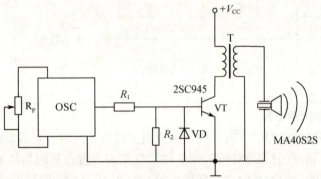

图 8-18 由脉冲变压器组成的超声波产生发射电路

2) 超声波接收放大电路

由于超声波探头转变出来的电压信号一般比较微弱,为便于测量和显示,通常都需要进行放大。放大电路的形式很多,图 8-19 是一个由晶体管 VT 构成的超声波接收放大电路。图中 MA40S2R 是超声波接收探头,用于接收反射超声波;晶体管 VT 负责把超声波探头输出的微弱模拟电压信号放大成较大的电压信号,供测量和显示使用。若放大倍数不够,可采用多级放大电路。

若要使输出信号为脉冲信号,可采用图 8-20 所示的接收电路。图中 LM393 是集成比较器,它把超声波探头输出的微弱电压信号转变成同频率的脉冲电压信号,属于数字输出,可直接作为计算机的输入信号使用,方便与计算机连接。

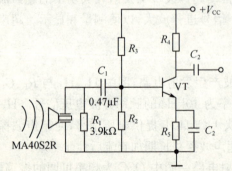

图 8-19 由晶体管构成的超声波接收放大电路

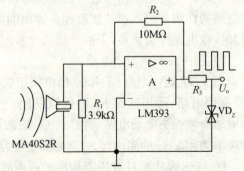

图 8-20 由比较器组成的超声波接收电路

8.4.3 超声波流速传感器

利用超声波传感器可以构成超声波流速传感器,实现流速的测量。

1. 超声波测量流速原理

众所周知,超声波在顺流和逆流体中的传播速度是不同的。如果在流体中安置两个一体式超声波探头 B_1 和 B_2,它们既可以发射超声波又可以接收超声波,一个装在上游,另一个装在下游,其距离为 l,如图 8-21 所示。假设流体静止时,超声波在流体中的传播速度为 c,流体流动速度为 v,顺流方向的传播时间为 t_1,逆流方向的传播时间为 t_2,则

$$t_1=\frac{l}{c+v} \tag{8-19}$$

$$t_2=\frac{l}{c-v} \tag{8-20}$$

超声波在流体中往返传播一次的时间差为

$$\Delta t=t_2-t_1=\frac{2lv}{c^2-v^2} \tag{8-21}$$

即

$$v=\frac{c^2-v^2}{2l}\Delta t \tag{8-22}$$

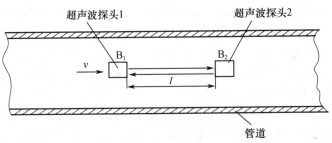

图 8-21 超声波传感器测流速原理图

一般来说,流体的流速远小于超声波在流体中的传播速度,即 $c \gg v$,则 $c^2-v^2 \approx c^2$。这时式(8-22)可写成

$$v \approx \frac{c^2}{2l}\Delta t \tag{8-23}$$

式(8-23)说明,只要知道 c、l 和 Δt 就可计算出流体的流速。这就是超声波测量流速原理。若再知道管道的横截面积,还可计算出流体的流量。

2. 超声波流速传感器的结构

由图 8-21 可知,在流体中的超声波探头会对流速产生影响,从而导致测量误差。为了使超声波探头不影响管道内流体的流速,通常把超声波探头安装在管道的外部。实际设计的超声波流速传感器结构如图 8-22 中虚线框所示。

此时超声波的往返传输时间分别为

$$t_1=\frac{\dfrac{D}{\cos\theta}}{c+v\sin\theta} \qquad t_2=\frac{\dfrac{D}{\cos\theta}}{c-v\sin\theta} \tag{8-24}$$

式中,D 为管道的直径;θ 为探头 B_1 和 B_2 连线与管道直径 D 的夹角。

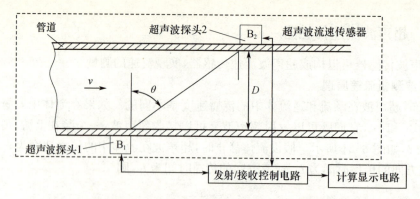

图 8-22 超声波流速传感器测量系统结构框图

令 $\Delta t = t_2 - t_1$,则流体的流速可由下式算出

$$v \approx \frac{c^2}{2D\tan\theta}\Delta t \tag{8-25}$$

式中,Δt 为超声波在流体中从 B_1 到 B_2 往返一次的时间差。

8.4.4 超声波流速传感器的应用

利用超声波流速传感器测量流量的结构框图如图 8-22 所示。它主要由超声波探头、超声波产生发射电路、超声波接收放大电路和控制计算电路等组成。利用超声波流速传感器测量流量的工作过程如下:

① 首先由控制电路控制超声波发射电路通过 B_1 发射一段超声波信号(一般为 10~20 个周期比较合适),并记住发射时刻;然后控制超声波接收电路通过 B_2 接收,并记住接收时刻;计算出从 B_1 发射到 B_2 接收所用的时间间隔 t_1。

② 控制电路再控制超声波发射电路通过 B_2 发射一段超声波信号,并记住发射时刻;然后控制超声波接收电路通过 B_1 接收,并记住接收时刻;计算出从 B_2 发射到 B_1 接收所用的时间间隔 t_2。

③ 由计算电路计算出超声波在流体中从 B_1 到 B_2 往返一次的时间差 $\Delta t = t_2 - t_1$。当管道的横截面积 A、直径 D、探头 B_1 和 B_2 连线与管道直径 D 的夹角 θ 及超声波在流体中的传播速度 c 已知时,将它们代入下式

$$q_V = Av \approx \frac{Ac^2}{2D\tan\theta}\Delta t \tag{8-26}$$

即可计算出流体的体积流量。

超声波流速传感器具有不阻碍流体流动的特点。它可测的流体种类很多,不论是非导电流体、高黏度流体,还是浆状流体,只要能传输超声波的流体都可以进行测量。它不但可用来对自来水、工业用水、农业用水等进行流速、流量的测量,还适用于下水道、江河等流速、流量的测量。

8.5 光电式转速传感器

由第 6 章 6.3 节可知,利用光电元件配上相应的光源及组件可以构成各式各样的光电式传感器,当然也可以构成光电式转速传感器。

8.5.1 基本结构

图 8-23 是两种常见的光电式转速传感器结构,它由调制盘和光电开关组成。其中,图 8-23(a)

是直射型光电式转速传感器，它把发光元件和光电元件相对地安装在调制盘的两侧，并使发光元件和光电元件的光轴重合，即保证发光元件发出的光能被光电元件正确地接收到。图 8-23(b)是反射型光电式转速传感器。它的调制盘就是粘贴在转轴上的黑白相间条纹。当发光元件发射的光照射到白色条纹时，光就会被反射回来，照射到光电元件上；而照射到黑色条纹时，光不会被反射，光电元件就接收不到光。

(a) 直射型光电式转速传感器结构　　(b) 反射型光电式转速传感器结构

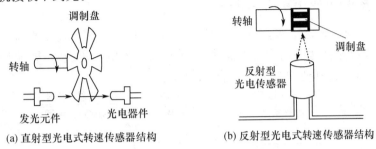

图 8-23　常见的光电式转速传感器结构

8.5.2　测速原理

测量时，将调制盘安装在被测转轴上，随被测转轴一起转动。当被测转轴旋转时，发光元件发出的光被调制盘调制成随时间变化的断续光照射到光电元件上，而光电元件又把这些断续光转换成一系列的电脉冲信号。显然，这时光电元件输出的电脉冲信号频率与被测转速成正比。

假设调制盘上有 Z 个缺口(或 Z 条黑白相间的条纹)，光电元件输出的电脉冲信号频率为 f，则被测转速 n 为

$$n=\frac{60f}{Z} \tag{8-27}$$

由此可知，只要测量出光电元件的输出电脉冲信号频率 f，就可计算出被测转速 n(r/min)。

8.5.3　光电式转速传感器的应用

通常光电元件输出的电信号都比较小，为了便于测量计数，通常都需要对该信号进行放大整形，使它变成标准矩形脉冲，然后再对该脉冲进行计数和显示。图 8-24 是一个实际的光电式转速传感器测速系统结构框图。

假设调制盘上有 Z 个缺口(或 Z 条黑白相间的条纹)，数字频率计的输出为 M，则被测转速 n 为

$$n=\frac{60M}{Z} \tag{8-28}$$

由此可知，只要知道了数字频率计的读数 M，就可计算出被测转速 n(r/min)。

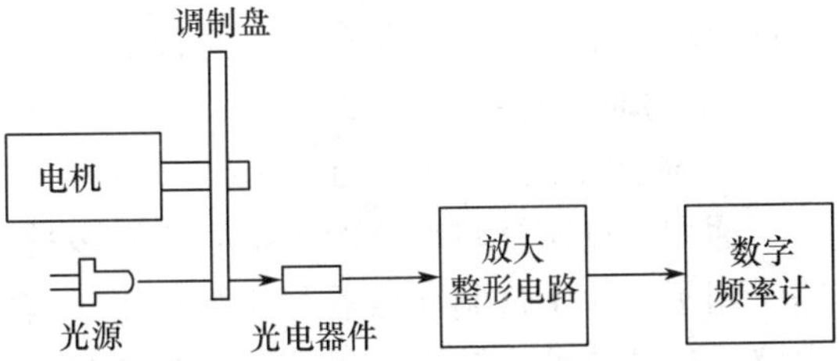

图 8-24　光电式转速传感器测速系统

由于不同的光电元件具有不同的光谱特性，若自己设计这样的光电式转速传感器，在选择发光元件和光电元件时，必须保证两个器件的光谱特性相吻合，否则将得不到想要的结果。为了保证发光器件和光电元件的光谱特性一致，最好选择合适的光电开关作为检测器件。

8.6 转速传感器工程应用案例

用转速传感器进行转速测量和控制的工程应用案例很多,下面列举几例。

8.6.1 转速测量显示系统案例

用于转速测量的传感器很多,下面介绍用霍尔转速传感器测量显示直流电机转速的案例,图 8-25 是该电机转速测量显示系统的结构框图。它由直流电动机、霍尔转速传感器、定时选通电路、通用十进制计数器和通用数字显示器等部件组成。

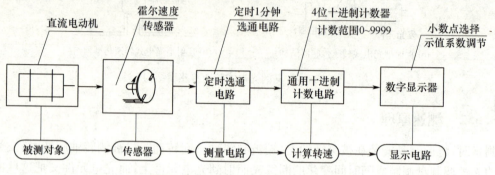

图 8-25 电机转速测量显示系统结构框图

1. 霍尔转速传感器

霍尔转速传感器是该转速测量显示系统的关键部件,它由转盘、小磁铁和霍尔开关(比如 UGN3020)组成。其中,转盘被安装在电动机的转轴上,同电动机转轴一起转动。转盘上安装着小磁铁,霍尔开关传感器固定在转盘附近,且靠近小磁铁转过的地方。当电动机转动时,每转一圈就通过小磁铁给霍尔开关传感器一个磁场的作用,从而在霍尔开关元件的输出端得到一个脉冲电压信号,并且这个脉冲信号的频率与电动机的转速成正比。

2. 定时选通电路

因为电动机转速的单位通常是转/分(r/min),要实现转速的测量,光把转速转换成脉冲信号是不够的,还需要测量出一定时间内有多少个脉冲信号才能计算出转速。为此,需要一个定时选通电路。该电路的作用是产生一定时长,并在该时长段内让霍尔传感器产生的脉冲信号通过,而在该时段外不让霍尔开关产生的脉冲通过。该时段最简单的取法是 1 分钟,但测量的时间比较长;若取得时间过短,则误差较大;通常应根据被测转速的大小合理选择。

3. 通用十进制计数电路

通用十进制计数电路的实现方法有多种,由于电机转速通常在 10000r/min 以内,本计数电路采用了 4 片十进制计数器芯片级联而成,它的计数范围是 0~9999r/min。它可以对定时选通电路输出的脉冲个数进行累加计数。若在霍尔转速传感器的转盘上放置一块小磁铁,则该转盘每转过一周,集成霍尔传感器就输出一个电脉冲。若定时时间取 1 分钟,则通用十进制计数电路的计数值 M 就是被测电机的转速 n。为了提高测量精度,可在霍尔传感器的转盘上放置 Z 块小磁铁,则转盘每转一周就使霍尔传感器输出 Z 个脉冲信号。假设在 1 秒内霍尔转速传感器共输出 M 个脉冲,则被测转速 n 为

$$n = \frac{60M}{Z} \quad (8-29)$$

4. 数字显示电路

数字显示电路的实现方法也很多,本案例采用数字显示译码器来实现,其作用是将通用十进制计数电路的数值用 4 位七段数码显示器把测量的转速数值显示出来。

8.6.2 转速监测控制系统案例

在工农业生产和科学研究中,不仅仅要对电机转速进行测量,更重要的是对电机转速进行控制,使电动机转速无论负载大小都能基本维持在一个稳定的转速上。下面就介绍一个直流电动机转速监测控制系统案例,其工作原理如图 8-26 所示。

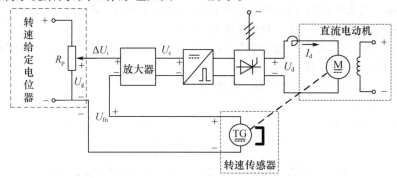

图 8-26 直流电动机转速检测控制系统

该系统由直流电动机、测速传感器、转速给定电位器、放大器、转换器和晶闸管整流电路等部件组成。

1. 测速传感器

测速传感器种类很多,本案例选择的是直流测速发电机。它是基于电磁感应原理。把转速转换成直流电压的设备,并且该直流电压与被测转速成正比,即

$$U_{fn}=Kn \tag{8-30}$$

式中,n 为直流测速发电机的转速;U_{fn} 为直流测速发电机的输出电压;K 为比例系数。

2. 转速给定电位器

转速给定电位器的作用是设定电动机的转速,它是通过调整电位器 R_P 滑动端的位置来实现转速设定的。

3. 放大器、转换器和晶闸管整流电路

放大器的作用是将给定转速和实际转速之差进行放大,转换器的作用是将直流电压 U_c 转换成脉冲信号,且脉冲的延迟角 α 大小与 U_c 大小有关。晶闸管整流电路的作用是将交流电压转换成一个输出电压可调的直流电源,供电动机工作时用,并且该直流电压的大小与脉冲延迟角 α 大小有关。

4. 直流电机的调速原理

直流电机的调速原理很简单,即它的输出转速 n 与输入直流电压 U_d 成正比。只要改变电动机输入电压 U_d 的大小,就可以改变它的转速 n。

5. 调速原理

首先由电位器 R_P 给定一个电压 U_g,然后把它与直流测速发电机发出的电压 U_{fn} 相减,得到偏差 $\Delta U_i = U_g - U_{fn}$,经放大器放大后作为转换器的控制电压 U_c,使转换器输出的脉冲产生延迟角为 α 触发脉冲,该脉冲触发晶闸管,使晶闸管整流电路输出直流电压 U_d(注:U_d 的大小与延迟角 α 大小有关),加到直流电动机电枢上,使直流电动机旋转,当直流电动机的电磁转矩与负载

转矩相等时,电动机便以给定的转速 n 旋转。若调节给定电压 U_g 的大小,可改变直流电动机的转速 n。这就是直流电动机转速监测控制系统的调速原理。

思考题及习题 8

8-1 简述变磁通式和恒磁通式传感器的工作原理。

8-2 磁电式传感器能否测量扭矩?

8-3 磁电式传感器主要是测量振动速度和旋转速度的,请问能否用它来测量位移和加速度?并说明理由。

8-4 要提高霍尔转速传感器的测量精度,应采取什么措施?若在霍尔转速传感器的转盘上安装了 Z 个小磁铁,假设它的输出信号频率为 f,则被测物体的转速 n 为多少?

8-5 在图 8-12 所示的涡流转速传感器测量系统方框图中,测量电路是属于调频式还是调幅式?

8-6 如何提高涡流转速传感器的测量精度?

8-7 何为超声波?超声波在介质中传播具有哪些特性?

8-8 在图 8-15 中,超声波探头里的吸收块作用是什么?

8-9 利用超声波探头测量流速的结构示意图如图 8-27 所示,试推导出流体流速的计算公式。

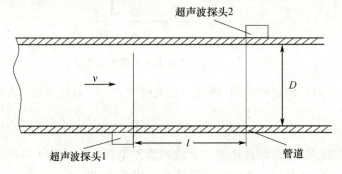

图 8-27 题 8-9 图

8-10 试设计一个出租汽车计价器,实现乘车里程的自动计费。

第 9 章 加速度传感器及工程应用

加速度也是运动空间中最基本的物理量。正确地测量加速度，尤其是振动物体的加速度对工农业生产和国防科技自动化有着极其重要的意义。随着科学技术的不断发展，各行各业自动化水平的不断提高，从军事到民用加速度的测量都显得非常重要，为此人们研究出了各种各样的加速度传感器。其用途广泛，遍及日常生活、自动化工业生产和科学实验等各个领域。加速度的测量原理和方法很多，从而产生了各式各样的加速度传感器。下面主要介绍目前常见的几种。

9.1 应变式加速度传感器

由第 4 章 4.2 节可知，电阻应变片借助于测量电路可以进行力的测量，从而可以构建各式各样的测力传感器。根据牛顿第二定律 $F=ma$ 可知

$$a=\frac{F}{m} \tag{9-1}$$

式中，a 为运动物体的加速度；m 为运动物体的质量；F 为运动物体所受的合力。

式(9-1)表明，物体运动的加速度 a 是物体质量 m 和它受到的合力 F 的函数。当物体质量 m 确定后，物体运动的加速度 a 就与作用在它上面的合力 F 成正比。由此可知，利用电阻应变片也可以构建加速度传感器。

9.1.1 基本结构

由电阻应变片构成的加速度传感器结构如图 9-1 所示。它主要由金属电阻应变片、质量块、等强度梁及壳体等组成。其中，等强度梁的一端固定在壳体上，另一端为自由端，安装着质量块，4 个电阻应变片分别粘贴在等强度梁的上、下两个面上，并组成全桥差动测量电路。为了调节振动系统的阻尼系数，在壳体内充满了硅油。

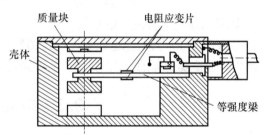

图 9-1 应变式加速度传感器结构

9.1.2 测量原理

测量时，将传感器壳体与被测对象刚性连接，当被测物体以加速度 a 运动时，质量块就受到一个与加速度方向相反的惯性力 $F=-ma$ 作用，使等强度悬臂梁发生应变。该应变与力 F 成正比，即 $\varepsilon=K_1 F$，从而使粘贴在悬臂梁上的电阻应变片阻值发生变化。这个阻值的变化经过全桥差动测量电路转变成与应变 ε 成正比的电桥不平衡电压 U_o 输出，即 $U_o=K_2\varepsilon$，从而可知输出电压 $U_o=-K_2 K_1 ma$。显然，只要能测量出这个不平衡电压，就可以计算出物体运动的加速度 a。这就是应变式加速度传感器测量加速度的原理。

需要指出的是，这种传感器适合于测量频率在 10～60Hz 范围内的振动加速度，不适合测量频率较高的振动和冲击场合的加速度。

9.2 压电式加速度传感器

由第 4 章 4.4 节可知,利用压电材料的压电效应可以进行动态力的测量。根据牛顿第二定律 $F=ma$ 可知,利用压电材料的压电效应也可以构建加速度传感器,实现物体运动加速度的测量。

9.2.1 基本结构

由压电元件构成的加速度传感器结构如图 9-2 所示。它主要由压电元件、质量块、预压弹簧、基座及外壳等组成。其中,预压弹簧的作用是对质量块产生预压力,以保证在作用力变化时,压电元件始终受到压力作用。为了提高灵敏度,一般压电元件都采用两片(或两片以上)同型号的压电片组合在一起使用,并把整个部件封装在外壳内,用螺栓固定。

9.2.2 测量原理

测量时,把压电加速度传感器与被测物体刚性连接,当加速度传感器和被测物体一起受到冲击振动时,由于弹簧的刚度很大,而质量块的质量相对较小,可以认为质量块的惯性很小。因此,质量块感受与传感器基座相同的振动。这样,质量块 m 就有一惯性力 F 作用到压电元件上。由于压电效应,便在压电元件上产生电荷 q,其电荷量大小为

$$q=dF=dma \qquad (9-2)$$

式中,d 为压电元件的压电系数。

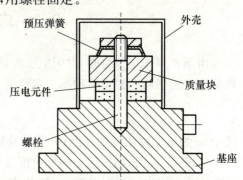

图 9-2 压电式加速度传感器结构

由式(9-2)可知,压电式加速度传感器的输出电荷 q 与被测振动物体加速度 a 成正比,只要测出加速度传感器的输出电荷量,便可知道被测物体振动的加速度。

9.3 电容式加速度传感器

由第 7 章 7.3 节可知,电容传感器可以测量位移,而位移的二阶导数就是加速度。由此可知,利用电容也可以构建加速度传感器,实现运动物体加速度的测量。

9.3.1 基本结构

由第 4 章 4.5 节可知,变极距差动电容器具有灵敏度高、非线性误差小等诸多优点,在检测中得到了广泛应用。利用变极距差动电容组成的加速度传感器结构如图 9-3 所示。它主要由壳体、固定极板和中间有一用弹簧片支撑的质量块组成。其中,质量块的两个端面磨平抛光,作为差动电容器的动极板,并引出一根电极。这样,该质量块的两个端面与两块固定极板就组成差动电容器 C_1 和 C_2。设两个电容器的初始极距相等,都为 d_0,初始电容量相等,都为 C_0,则

$$C_0=\frac{\varepsilon_0\varepsilon_r A}{d_0} \qquad (9-3)$$

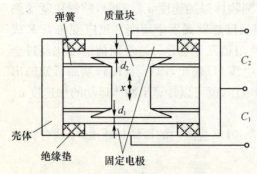

图 9-3 电容式加速度传感器结构示意图

式中，ε_0 为真空介电常数；ε_r 为差动电容器动极板与定极板间介质的相对介电常数；A 为差动电容器动极板与定极板间的有效面积；d_0 为差动电容器动极板与定极板间的初始极距。

9.3.2 测量原理

测量时，把电容式加速度传感器与被测物体刚性连接。当传感器壳体随被测物体沿垂直方向做直线加速度运动时，质量块在惯性空间中相对静止，两个固定电极将相对于质量块在垂直方向上产生位移 x，假设该位移 x 使差动电容 C_1 的极距 $d_1=d_0-x$，差动电容 C_2 的极距 $d_2=d_0+x$，那么差动电容 C_1 和 C_2 的表达式分别为

$$C_1=\frac{\varepsilon_0\varepsilon_r A}{d_1}=\frac{\varepsilon_0\varepsilon_r A}{d_0-x}=\frac{C_0}{1-x/d_0} \tag{9-4}$$

$$C_2=\frac{\varepsilon_0\varepsilon_r A}{d_2}=\frac{\varepsilon_0\varepsilon_r A}{d_0+x}=\frac{C_0}{1+x/d_0} \tag{9-5}$$

式中，x 为差动电容器动极板的位移。

利用差动电容测量电路把这个位移 x 测量出来，根据 $a=\mathrm{d}^2x/\mathrm{d}t^2$ 就可以把被测加速度 a 测量出来。这就是电容式加速度传感器测量加速度的原理。

这种加速度传感器的特点是频率响应快，精度高，量程大，并且多数采用空气或其他气体作为阻尼物质。

9.4 差动变压器式加速度传感器

由第 7 章 7.2.2 节可知，差动变压器传感器可直接用于位移测量，当然也可以利用差动变压器构建加速度传感器，实现运动物体加速度的测量。除此之外，利用差动变压器还可以测量与位移有关的其他机械量，如振动速度、应变、比重、张力等。

9.4.1 基本结构

图 9-4(a)是利用差动变压器构成的加速度传感器结构示意图，它主要由悬臂梁、螺线管式差动变压器和底座构成。

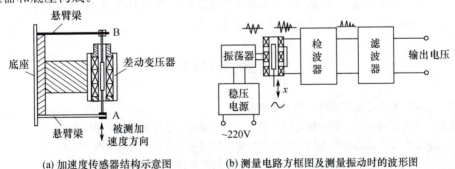

(a) 加速度传感器结构示意图　　(b) 测量电路方框图及测量振动时的波形图

图 9-4　差动变压器式加速度传感器结构及测量电路方框图

9.4.2 测量原理

测量时，将加速度传感器的底座固定，而将衔铁的 A 端与被测振动体相连。当被测物体以位移 x 振动时，衔铁也随被测体一起振动，导致差动变压器的输出电压也按相同的规律变化。由于被测振动位移 x 与振动加速度 a 的关系是 $a=\mathrm{d}^2x/\mathrm{d}t^2$，因此差动变压器的输出电压也与振

动加速度有关系。因为差动变压器的输出电压是交流，若用交流电压表测量，只能反映振动加速度的大小，不能反映加速度的方向。为了使它既能反映加速度的大小，又能反映加速度的方向，还需要检波和滤波测量电路，其测量电路方框图如图 9-4(b)所示，这样就可以得到与振动加速度大小和方向一致的直流输出电压。这就是差动变压器式加速度传感器的测量原理。

9.5 光纤加速度传感器

由第 6 章 6.4 节可知，利用光纤的传光原理和光在光纤内传播时可被外界某一参数调制的原理，可以制成各式各样的光纤传感器。当然，也可以构成光纤加速度传感器。

9.5.1 基本结构

利用光纤构成的光纤加速度传感器结构方框图如图 9-5 所示。它由激光器、分光器、凸透镜、单模光纤、质量快、固定架、干涉探测器和处理电路等组成。

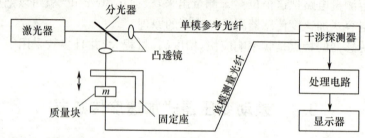

图 9-5 光纤加速度传感器结构方框图

9.5.2 测量原理

由图 9-5 可以看出，它采用简谐振子结构形式。激光束通过分光器分为两束光，透射光作为参考光束，反射光作为测量光束。当光纤感受到加速度时，由于质量块 m 对光纤的作用力，从而使光纤被拉伸引起光程差的改变。相位改变的激光束由单模光纤射出后与参考光束汇合产生干涉效应。激光干涉探测器把干涉条纹的移动经光电接收器件转换为电信号，经过信号处理电路处理后便可在显示器上正确地显示出加速度的测量值。

思考题及习题 9

9-1 简述电阻应变式加速度传感器的工作原理。
9-2 电阻应变式加速度传感器的输出信号是什么？使用时需要什么样的测量电路？
9-3 压电式加速度传感器的输出信号是什么？使用时需要什么样的测量电路？
9-4 电容式加速度传感器的输出信号是什么？使用时需要什么样的测量电路？
9-5 差动变压器式加速度传感器的输出信号是什么？使用时需要什么测量电路？
9-6 使用差动变压器加速度传感器设计一个振动加速度测量电路，画出测量电路原理图。
9-7 用石英晶体加速度计测量机器的振动情况，已知加速度计的灵敏度为 $2.5 pC/g$（其中 g 为重力加速度，$g=9.8 m/s^2$），电荷放大器灵敏度为 $80 mV/pC$，当机器达到最大加速度时，相应的输出幅值电压为 $4V$，试计算机器的振动加速度。

第10章 测振传感器及工程应用

机械振动是自然界中普遍存在的物理现象,任何东西都在不停地振动着,而运行着的机器设备的振动现象更加明显。通常情况下,剧烈的振动是有害的,它不仅影响机器设备的正常工作,而且还会降低设备的使用寿命,甚至导致机器设备的很快损坏。强烈的振动噪声还会对人的生理健康产生影响,甚至会危及人的生命。但在一些情况下,振动也可以作为有用的物理现象用在某些领域中,如钟表、振动筛、夯实机、超声波治疗仪等。因此,除了有目的地利用振动原理工作的机器设备外,对其他种类的机器设备均应将它们的振动量控制在允许的范围之内,以保证生产设备安全可靠地工作。要做到这一点,就需要利用测振传感器对设备振动情况进行监测控制。

10.1 振动测量概述

振动测量主要有以下目的:
① 监测机械设备运转时的振动特性,检验产品质量的优劣,为设计机械设备提供依据;
② 考查机械设备承受振动和冲击的能力,并对其动态响应特性(如刚度、机械阻尼等)进行测试;
③ 分析查找产生机械振动的根源,为采取减振和隔振措施提供依据;
④ 对工作机械振动情况进行实时监控,保证设备安全,避免重大事故的发生。

10.1.1 振动的基本参数

要对振动进行测量,就需要了解振动的基本参数。由大学物理可知,简谐振动是最基本的振动,其振动规律可用下列数学表达式来表示

$$y = A\sin(\omega t + \varphi) \tag{10-1}$$

式中,y 为振动位移;A 为位移的最大值,称为振幅;φ 为初始相位;ω 为振动角频率。

由式(10-1)可知,只要知道了简谐振动的振幅、角频率和初相位,也就知道了整个振动情况。由此可知,振幅、角频率和初相位是振动的三个基本参数,通常又把这三个基本参数称为简谐振动的三要素。

对式(10-1)进行一次微分、二次微分后,得到振动速度 v、加速度 a 的关系式为

$$v = \frac{dy}{dt} = \omega A\cos(\omega t + \varphi) = \omega A\sin(\omega t + \varphi + \pi/2) \tag{10-2}$$

$$a = \frac{d^2 y}{dt^2} = -\omega^2 A\sin(\omega t + \varphi) = \omega^2 A\sin(\omega t + \varphi + \pi) \tag{10-3}$$

比较式(10-1)、式(10-2)和式(10-3)可知,简谐振动的位移、速度、加速度的振动角频率都是一样的,而不同的只是三者的相位和振幅,并且三者之间的相位和振幅都存在一定的关系。由此可知,任何一个简谐振动都可以用位移、速度或加速度中的任意一个量与时间关系来表征。只要知道简谐振动位移、速度或加速度之中的任一个量与时间的关系,就可以清楚地知道该简谐振动的全部情况。即振动的位移、速度或加速度中的任一个量都包含了振动的全部信息,这就为我们今后测量振动提供了理论依据。

10.1.2 振动测量的内容及测量方法

振动测量的内容分为两类：一类是测量机械设备在运行过程中自身的振动情况，如测量振动的位移、速度、加速度、频率和相位等参数，了解被测对象的振动状态、评定振动等级和寻找振源等；另一类则是对机械设备施加某种激励，使其产生受迫振动，然后对它的工作状况进行测量，以便求得被测对象的振动力学参量或动态性能，如固有振荡角频率、阻尼、刚度、响应和模态等。

按振动信号转换方式的不同，振动测量方法可分为机械法、电测法和光学法三种，其测量原理和优缺点如表10-1所示。

表 10-1 振动测量方法的比较

名称	测量原理	主要优缺点及用途
机械法	利用杠杆传动或惯性原理	使用简单，抗干扰能力强，频率范围和动态线性范围窄，测试时会给工件加上一定的负荷，影响测试结果。主要用于低频大振幅振动的测量
电测法	将被测试件的振动量转换成电量，然后用电量测试仪器	灵敏度较高，频率范围及线性范围宽，便于分析和遥测，但易受电磁声干扰。目前这种方法应用比较广泛
光学法	利用光杠杆原理、读数显微镜、光波干涉原理、激光多普勒效应	不受电磁声干扰，测量精确度高。适于对质量小及不易安装传感器的试件进行非接触测量，在精密测量和测振仪表中用得较多

机械法由于响应慢、测量范围窄等缺点很少使用，目前振动测量主要采用电测法。它是用测振传感器检测出振动的位移、速度或加速度等参数信号，并转换成电量后，用计算机或振动分析仪进行数据分析、处理，提取振动信号中的强度和频谱等有用信息的方法。图10-1是电测法振动测量系统结构方框图。

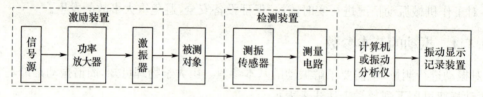

图 10-1 振动测量系统结构方框图

该振动测量系统是由激励装置、被测对象、检测装置、振动分析仪、振动显示记录装置所组成。其中各部分的结构及作用如下：

① 激励装置——由信号源、功率放大器和激振器组成。用于对振动台施加某种形式的激励，以获取被测机械设备对激励的响应。若要监测运行中的机器振动情况，这一环节是不需要的。

② 被测对象——亦称试验模型，它是承受振动的机械设备或机器。

③ 检测装置——由测振传感器及其相关的测量电路组成，用于将被测振动信号转换为电信号。

④ 计算机或振动分析仪——它的作用是对振动信号做进一步的分析与处理，以获取所需的振动信息。

⑤ 显示记录装置——用于将最终的振动测试结果以数据或图表的形式进行记录或显示。这方面的仪器包括幅值相位检测仪器、电子示波器、x-y 函数记录仪、数字绘图仪、打印机及计算机磁盘驱动器等。

本章着重介绍振动测量系统中的测振传感器和激振器。

10.2 测振传感器

10.2.1 测振传感器的分类

由于振动的测量方法很多,所以测振传感器的种类也很多,限于篇幅,这里主要介绍电测法测振传感器。目前电测法测振传感器的分类方法主要有下面 4 种。

① 按测振参数分类,可分为位移传感器、速度传感器、加速度传感器三种。

② 按传感器与被测物位置关系分类,可分为接触式传感器、非接触式传感器两种。

③ 按参数变换原理分类,可分为电阻应变式、电感式、压电式、磁电式、电容式、电涡流式和光学式等多种。

④ 按测试参考坐标分类,可分为相对式测振传感器和绝对式(惯性式)测振传感器两种。

相对式测振传感器测振时,传感器设置在被测物体外的静止基准上,测量振动物体相对于基准点的相对振动。绝对式测振是指把振动传感器固定在被测物体上,以大地为参考基准,测量物体相对于大地的绝对振动,因此又称为惯性式测振传感器,如惯性式位移传感器、压电式加速度传感器等。这类传感器在振动测量中普遍使用。

10.2.2 测振传感器介绍

测振传感器是测振系统的核心部分,但其种类繁多,不可能一一介绍。像前面介绍的压电式加速度传感器、磁电式振动速度传感器、电容式位移传感器、电容式加速度传感器、电感式位移传感器、电感式加速度传感器等,都可以作为测振传感器使用,在此不再重述。下面着重介绍几种新型及常用的电测法测振传感器。

1. 压磁式测振传感器

当一个铁磁材料被磁化时,元磁体(分子磁体)极化方向的改变将会引起其外部尺寸的改变,这一现象称作磁致伸缩效应(Magnetostrictive effect)。这种长度的相对变化 dl/l 在饱和磁化时,其值约为 $10^{-6} \sim 10^{-5}$。如果施加的是一种交变磁场,那么这种现象便会导致一种周期性的形状改变,即机械振动。在变压器中这一效应会产生交流噪声,利用这一效应可以制作超声波发生器。

磁致伸缩效应的逆效应称作压磁效应,也称作磁弹性效应。即铁磁材料在受拉或受压应力作用时会改变其磁化强度,利用此效应可制造压磁式振动测量传感器。图 10-2 是一种压磁式声压测量传感器。其中,探测器的芯子是由一块铁氧体或由一叠铁磁性铁片组成,芯子中间绕制有一线圈,当芯子上作用一交变压力时,它的磁通密度改变,从而在其周围的线圈中感应出交变电压来。只要能把线圈中感应出来的交变电压测量出来,就可以知道芯子上受到的作用力情况。

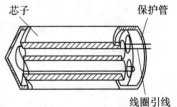

图 10-2 压磁式声压传感器

利用这种传感器可以测量液体中的声压或超声波声压。传感器的灵敏度取决于声音的频率,振动频率为 1kHz 时约为 1μV/Pa。这种传感器经适当设计,可在 1000℃ 的高温介质中可靠工作。

2. 激光测振传感器

激光干涉法也可用于振动测量。图 10-3 为麦克尔逊干涉仪原理图。由图可见,激光束经一分光镜 A 后被分成透射和反射两束光,光能各为 50%,分别射到反射镜 B 和 C 上。两束光被反射后又返回到分光镜 A 上,每束光的一部分穿过光阑到达光电探测器。由于光程差的关系,两束光在探测器中发生干涉,从而产生明暗交替的干涉条纹。当图中的可移动反光镜 C 向右移动 x 时,光束的光程则增加 $2x$,那么在光电探测器中所产生的暗条纹数则等于在该路程改变中的波长数 N,于是有

$$2x = N\lambda \tag{10-4}$$

式中,λ 为激光的波长。

根据式(10-4)即可计算出移动的距离 x。这种方法的分辨率可达一个条纹的 1/100,因此干涉法一般用于测量微小(约为 10^{-5} mm)的位移。如果将该移动反射镜连接到一个振动表面,则反射回来的光束与起始分光束结合,在光电检测器中便可看到明暗相间的干涉条纹,每单位时间里的条纹数便代表了振动表面的振动速度。这种装置的工作距离一般为 1m。由于这是一种非接触式的速度传感器,因此它不影响被测体的结构。这种传感器可用于内燃机进气管道热表面的速度监测和振动膜片的速度监测,也可用于旋转机械转轴的轨道分析等。

3. 绝对式测振传感器

绝对式测振传感器的结构可简化为如图 10-4 所示的力学模型。它是一个由质量块 m、弹簧 k、阻尼器 c 组成的二阶惯性系统。传感器壳体固定在被测物体上,当被测物体振动时,引起传感器惯性系统产生受迫振动。通过测量惯性质量块 m 的运动参数,便可求出被测振动量的大小。

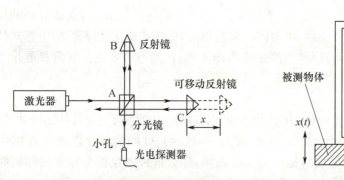

图 10-3 麦克尔逊干涉仪原理图　　图 10-4 绝对式测振传感器的结构

在图 10-4 中,$x(t)$ 为被测物体振动位移;$y(t)$ 为惯性质量块的振动位移;$z(t) = y(t) - x(t)$ 为壳体相对于惯性质量块的振动位移;m 为质量块质量;k 为弹簧的弹性系数;c 为阻尼系数。则惯性质量块的运动方程式为

$$m\frac{d^2 y}{dt^2} + c\frac{dz}{dt} + kz = 0 \tag{10-5}$$

将 $z(t) = y(t) - x(t)$ 代入方程式(10-5)得

$$m\frac{d^2 z}{dt^2} + c\frac{dz}{dt} + kz = -m\frac{d^2 x}{dt^2} \tag{10-6}$$

令 $\omega_n = \sqrt{k/m}$,$2\zeta\omega_n = c/m$,则式(10-6)可简化为

$$\frac{d^2 z}{dt^2} + 2\zeta\omega_n \frac{dz}{dt} + \omega_n^2 z = -\frac{d^2 x}{dt^2} \tag{10-7}$$

设 $x(t) = X_m \sin\omega t$,则 $v = \frac{dx}{dt} = \omega X_m \cos\omega t$,$a = \frac{d^2 x}{dt^2} = -\omega^2 X_m \sin\omega t$,将它们代入式(10-7),化简得

$$\frac{d^2z}{dt^2}+2\zeta\omega_n\frac{dz}{dt}+\omega_n^2 z=\omega^2 X_m\sin\omega t \tag{10-8}$$

求解以上方程,得质量块 m 的相对运动规律为

$$z=z(t)=\frac{(\omega/\omega_n)^2 X_m}{\sqrt{[1-(\omega/\omega_n)^2]^2+(2\zeta\omega/\omega_n)^2}}\sin(\omega t+\varphi) \tag{10-9}$$

其中,振幅为

$$Z_m=\frac{(\omega/\omega_n)^2 X_m}{\sqrt{[1-(\omega/\omega_n)^2]^2+(2\zeta\omega/\omega_n)^2}} \tag{10-10}$$

相位差为

$$\varphi=-\arctan\frac{2\zeta(\omega/\omega_n)}{1-(\omega/\omega_n)^2} \tag{10-11}$$

式中,X_m 为被测物体的最大振幅;ω 为被测振动的角频率;ζ 为惯性系统阻尼比;ω_n 为惯性系统的固有振荡角频率。

1) 用绝对式测振传感器测振幅

由式(10-10)和式(10-11)可知,测振传感器的输出量 z 与被测体位移 x 的频率特性为

$$A(\omega)_x=\frac{Z_m}{X_m}=\frac{(\omega/\omega_n)^2}{\sqrt{[1-(\omega/\omega_n)^2]^2+(2\zeta\omega/\omega_n)^2}} \tag{10-12}$$

$$\varphi(\omega)_x=-\arctan\frac{2\zeta(\omega/\omega_n)}{1-(\omega/\omega_n)^2} \tag{10-13}$$

以频率比 ω/ω_n 为横坐标,以振幅比 $A(\omega)_x$ 和 $\varphi(\omega)_x$ 为纵坐标,画出不同阻尼比的幅频特性曲线 $A(\omega)_x$ 和相频特性曲线 $\varphi(\omega)_x$ 如图 10-5 所示。

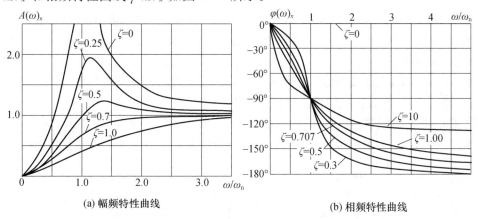

图 10-5 测振幅时的频率特性曲线

由图 10-5 可知,当 $\omega/\omega_n\gg1$,且 $0.6<\zeta<0.8$ 时,幅频特性曲线 $A(\omega)$ 接近于 1,且相位差接近 180°,相频特性也接近直线。此时 $Z_m\approx X_m$,这表明传感器的输出正比于被测物体的振动位移。由此可知,绝对式测振传感器作为位移传感器使用的工作角频率范围为 $\omega/\omega_n\gg1$,一般取 $\omega/\omega_n=3\sim5$,且 ζ 取 $0.6\sim0.8$。

2) 用绝对式测振传感器测振动速度

由式(10-10)可知,传感器的输出 z 与被测振动速度 $v=\omega X_m\cos\omega t$ 的幅频特性 $A(\omega)_v$ 为

$$A(\omega)_v=\frac{Z_m}{V_m}=\frac{Z_m}{\omega X_m}=\frac{1}{\omega}\frac{Z_m}{X_m}=\frac{1}{\omega}\frac{(\omega/\omega_n)^2}{\sqrt{[1-(\omega/\omega_n)^2]^2+(2\zeta\omega/\omega_n)^2}}$$

$$=\frac{\omega}{\omega_n^2}\frac{1}{\sqrt{\left(\frac{\omega_n^2-\omega^2}{\omega_n^2}\right)^2+4\zeta^2\frac{\omega^2}{\omega_n^2}}}=\frac{1}{\omega_n\sqrt{\left(\frac{\omega_n}{\omega}-\frac{\omega}{\omega_n}\right)^2+4\zeta^2}} \tag{10-14}$$

画出测速度时的幅频特性曲线如图 10-6 所示。从图中曲线看出：
① 当 $\omega/\omega_n \to 0$ 和 $\omega/\omega_n \to \infty$ 时，有 $A(\omega)_v \to 0$。
② 当 $\omega = \omega_n$ 时，$A(\omega)_v$ 具有最大值。

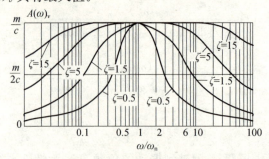

图 10-6　测速度时的幅频特性曲线

由此可知，速度传感器的工作区域是 $\omega/\omega_n = 1$，在此区域内幅频特性没有 $A(\omega)_v = 1$ 的平坦段。相频特性曲线也不接近直线，当被测频率有微小变化时，将造成较大的幅值误差，所以很少用这种方法来测量振动速度。

3) 用绝对式测振传感器测振动加速度

由式(10-10)得，测振传感器的输出 z 与被测振动加速度 $a = -\omega^2 X_m \sin\omega t = A_m \sin(\omega t + \pi)$ 的幅频特性 $A(\omega)_a$ 为

$$A(\omega)_a = \frac{Z_m}{A_m} = \frac{Z_m}{\omega^2 X_m} = \frac{1}{\omega^2} \frac{(\omega/\omega_n)^2}{\sqrt{[1-(\omega/\omega_n)^2]^2 + (2\zeta\omega/\omega_n)^2}} \tag{10-15}$$

画出测加速度时的幅频特性曲线如图 10-7 所示。从幅频特性曲线上可以看出：

① 当 $\omega/\omega_n \ll 1$ 时，$A(\omega)_a \approx 1/\omega_n^2$ 为常数，随着 ω_n 的增大，测量上限频率得到提高，但灵敏度会降低，因此 ω_n 不宜选得太高。

② 在 $\omega = \omega_n$ 时，出现共振峰值，选择恰当的阻尼比可抑制它。一般取 $\zeta = 0.6 \sim 0.8$，则保证幅值误差不超过 5%，此时相频特性曲线接近直线。

由此可知，要使传感器输出量 z 能正确反映被测振动的加速度，必须满足下列条件：$\omega/\omega_n \ll 1$，且 $\zeta = 0.6 \sim 0.8$。一般取 $\omega/\omega_n = 1/3 \sim 1/5$，即固有振荡角频率应高于被测角频率的 3~5 倍。

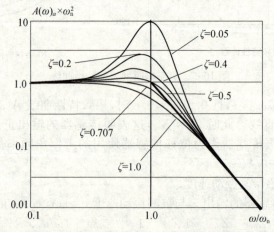

图 10-7　测加速度时的对数幅频特性曲线

通过以上分析可以看出，随着被测频率的变化和阻尼比的改变，绝对式测振传感器可以成为位移传感器、速度传感器或加速度传感器中的某一个。位移传感器的工作区域是 $\omega/\omega_n = 3 \sim 5$，

且 ζ 取 0.6～0.8；速度传感器工作区域是 $\omega/\omega_n=1$；加速度传感器工作区域为 $\omega/\omega_n=1/3$～$1/5$，且 ζ 取 0.6～0.8。

最后应当指出：由于绝对式测振传感器工作时固定在被测体上，因而它的质量将影响被测体振动的大小和固有振荡角频率。只有当测振传感器的质量 $m \ll m_1$（被测体质量）时，其影响才可以忽略不计。

4. 相对式测振传感器

相对式测振传感器分接触式和非接触式两大类。常用的接触式测振传感器有电感式位移传感器和磁电式速度传感器等；非接触式有电涡流式、电容式等。这里主要介绍磁电式速度传感器。

磁电式速度传感器的结构如图 10-8 所示，它可以直接检测振动速度。测量时，把磁电式速度传感器安装在静止基座上，活动顶杆压在被测物体上。当被测物体振动时，使弹簧产生一定的变形，从而使顶杆产生位移 ΔL 和压力 F，在被测振动力和弹簧力的作用下，顶杆与被测物体接触，跟随被测物体一起运动。固定在顶杆上的线圈在磁场里运动，产生感应电势，其感应电势正比于物体振动速度。

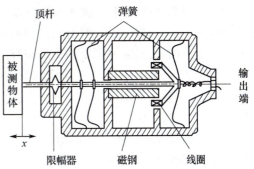

图 10-8　磁电式速度传感器的结构

由磁电式速度传感器测振原理可知，正确反映被测物体振动的关键是活动顶杆要跟上被测振动。下面分析测量中振动的传递和跟随问题。

设传感器活动部分的质量为 m，弹簧刚度为 k，弹簧变形后的恢复力为 F，根据牛顿第二定律可知，恢复力能产生的最大加速度 a_{1m} 为

$$a_{1m} = \frac{F_m}{m} \qquad (10\text{-}16)$$

式中，F_m 为最大恢复力。

设被测振动是简谐振动，其表达式为

$$x = X_m \sin\omega t \qquad (10\text{-}17)$$

式中，ω 为简谐振动角频率；X_m 为简谐振动的振幅。则被测物体的加速度为

$$a_0 = \frac{d^2 x}{dt^2} = -\omega^2 X_m \sin(\omega t) = a_{0m} \sin(\omega t + \pi) \qquad (10\text{-}18)$$

式中，a_{0m} 为被测振动的最大加速度，且 $a_{0m} = \omega^2 X_m$。

为了保证被测振动良好传递及顶杆与被测物体始终接触，恢复力产生的最大加速度 a_{1m} 必须大于被测振动的最大加速度 a_{0m}，即

$$a_{1m} > a_{0m} \qquad (10\text{-}19)$$

也就是

$$\frac{F_m}{m} = \frac{k \cdot \Delta L_m}{m} > \omega^2 X_m \qquad (10\text{-}20)$$

或

$$\Delta L_m > \frac{m}{k}\omega^2 X_m \qquad (10\text{-}21)$$

式中，ΔL_m 为弹簧的最大预压量。

由此可知，只有满足式(10-21)的条件，顶杆才能正确地传递振动。若把活动部分的质量和

弹簧看成一个振动系统,其固有振荡角频率 $\omega_n^2 = k/m$,则式(10-21)可写为

$$\Delta L_m > \frac{\omega^2}{\omega_n^2} X_m \tag{10-22}$$

由式(10-22)可以看出,传递和跟随条件与被测振动角频率、振幅和传感器活动部分的固有振荡角频率有关。如果弹簧的最大预压量 ΔL_m 不够,或被测振动的角频率较高时,则顶杆不能满足跟随条件,这将使传感器与被测物体之间发生撞击。因此,传感器使用范围与被测最大位移及被测角频率有关。

10.2.3 测振传感器的选择原则

选择测振传感器时,主要考虑的因素是频率特性、量程范围和灵敏度。由于不同类型的测振传感器因受其结构的限制,都有自己的测振范围(即测振频率、量程和灵敏度)。只有在恰当的频率测量范围内,传感器才能正确地反映被测物体的振动规律。根据前面的分析可得下列原则:

① 在低频振动场合,当加速度幅值不大时,通常选择位移传感器来测量振动;而在高频振动场合,当固有频率高出被测频率5倍以上,且加速度幅值较大时,通常选择加速度传感器来测量振动。

② 对于惯性式测振器,灵敏度的选择与惯性质量块的质量有关。一般质量大的测振器,上限频率低、灵敏度高;质量轻的测振器,上限频率高、灵敏度低。以压电式加速度计为例,作超低频振动测量时,都选择质量块质量超过100g的高灵敏度加速度计;作高频振动(如冲击)测量时,都是选用小到几克或零点几克的加速度计。

③ 对相位有严格要求的振动测试项目(如作虚实频谱、幅相图、振形等测量),除了应注意测振传感器的相频特性外,还要注意测试系统中其他环节和仪器的相频特性,如放大器(特别是带微积分网络放大器)的相频特性。这是因为测得的激励和响应之间的相位差包括了测试系统中所有仪器的相移,必须引起重视和考虑。

10.3 激 振 器

由图10-1可知,要想使被测对象获得某种振动,必须制作一个激励装置。它的作用是通过激振手段使被测对象处于一种受迫振动或自由振动状态,从而达到试验要求。

10.3.1 激振方式

目前,激振方式可以分为稳态正弦激振、瞬态激振和随机激振三种。下面分别介绍这三种激振方式的特征及优缺点。

1. 稳态正弦激振

稳态正弦激振是对被测对象施加一个稳定的单一频率的正弦激振力。它的优点是激振功率大,信噪比高,能保证响应测试的精度。但要求在稳态下测定响应。

2. 瞬态激振

瞬态激振是指对被测对象施加一个瞬态变化的激振力。脉冲信号和阶跃信号都属于瞬态信号,所以对被测对象施加一个脉冲激振力和阶跃激振力都属于瞬态激振。

1) 脉冲激振

脉冲激振是用一个装有传感器的锤子(又称脉冲锤)敲击被测对象,对被测对象施加一个脉冲力。其有效频率范围取决于脉冲的持续时间 τ。τ 则取决于锤端的材料,材料越硬,τ 越小,而

频率范围越大。

2) 阶跃激振

在激振点处用一根刚度大、质量轻的弦,通过力传感器将弦的张力施加于被测对象上,使之产生初始变形,然后突然切断张力弦,这相当于对被测对象突然卸载,施加一个负的阶跃激振力。在建筑结构的振动测试中,常采用这种激振方法。

3. 随机激振

随机激振一般是用白噪声或伪随机信号作为信号源,它是一种宽带激振。在实际测试中,白噪声可由白噪声发生器产生,并通过功放控制激振器施加在被测对象上。为了使随机激振试验能够重复进行,常采用伪随机信号作为测试信号。伪随机信号是将白噪声在时间 T(单位为秒)内截断,然后按周期 T 重复。它可以通过伪随机信号发生器产生或通过计算机产生伪随机码来得到。

随机激振测试系统具有迅速、实时测试的优点,但它所用的设备要复杂,价格比较昂贵。许多机械结构在工作时受到的干扰力或动载荷往往都具有随机的性质,如果用传感器测出这种干扰力及其系统的响应,就可以利用分析仪对正在运行中的被测对象作"在线"分析。

10.3.2 常用激振器介绍

在激励装置中,激振器是关键,它应该能在所要求的频率范围内提供稳定的激振力。另外,为了减少激振器质量对被测对象的影响,激振器的体积要小,重量要轻。激振器的种类很多,按工作原理可分为机械式、电磁式、压电式以及液压式等。限于篇幅,本节仅介绍几种常用的激振器。

1. 脉冲锤

脉冲锤又称冲击锤或力锤,用于在振动测试中给被测对象施加一局部的冲击激励。图 10-9 是一种常用的脉冲锤结构示意图。它由锤头、锤头垫、力传感器、锤体、配重块和锤柄等部分组成,锤头和锤头垫用来冲击被测试件。

脉冲锤实际上是一种手持式冲击激励装置。锤头垫可采用不同的材料,以获得具有不同冲击时间的冲击脉冲信号。这种冲击力并非是理想的脉冲 $\delta(t)$ 函数,而是如图 10-10 所示的近似半正弦波函数,其有效频率范围取决于脉冲持续时间 τ。持续时间 τ 的大小与锤头垫材料有关,锤头垫越硬,τ 越小,频率范围越宽。选用适当的锤头垫材料,可以得到所要求的频带宽度。改变锤头配重块的质量和敲击加速度,可调节激振力的大小。在使用脉冲锤时,应根据不同的结构和频带来选择不同的锤头垫材料。常用脉冲锤质量小至数克,大至数十千克,因此可用于不同的激励对象。由于便于携带,故适合于现场测振。

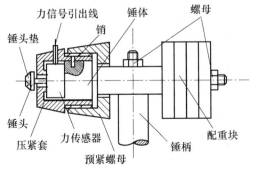

图 10-9 脉冲锤结构示意图

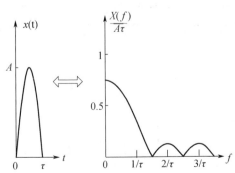

图 10-10 半正弦波及其频谱

2. 电动力式激振器

电动力式激振器又称磁电式激振器，其工作原理与电动力式扬声器相同，主要是利用带电导体在磁场中受磁力作用这一物理现象工作的。电动力式激振器按其磁场形成的方式分为永磁式和励磁式两种，前者一般用于小型的激励装置中，后者多用于较大型的激励装置（激振台）中。电动力式激振器结构如图 10-11 所示。它一般由永磁铁、激励线圈（动圈）、顶杆与芯杆组合体以及簧片组组合而成。动圈产生的激振力经芯杆和顶杆组件传给被测对象。弹簧片组做成拱形，用来支撑传感器中的运动部分。弹簧片组具有很低的弹簧刚度，并能在被测对象与顶杆之间保持一定的预压力，防止它们在振动时发生脱离。激振力的幅值与频率由输入电流的强度和频率所控制。

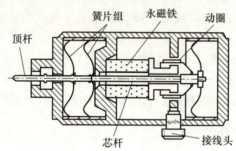

图 10-11　电动力式激振器结构

顶杆与被测对象既可用螺钉、螺母来直接连接，也可采用预压力使顶杆与被测对象顶紧。直接连接要求在被测对象上打孔和制作螺钉孔，从而破坏被测对象。而预压力法不损伤被测对象，安装较为方便，但安装前需要先估计预压力对试件振动的影响。在保证顶杆与被测对象在振动中不发生脱离的前提下，预压力应该越小越好。最小的预压力可由下式来估计

$$F_{min}=ma \tag{10-23}$$

式中，m 为激振器可动部分质量，单位 kg；a 为激振器加速度峰值，单位 m/s²。

激振器安装的原则是尽可能使激振器的能量全部施加到被测对象上。图 10-12 给出了激振器的几种常用安装方式。图 10-12(a)中的激振器是刚性地安装在地面上或刚性很好的架子上，这种情况下，要求安装体的固有振荡角频率要高于激振频率 3 倍以上。图 10-12(b)中，采用激振器弹性悬挂的方式，这种方式有时需要加上必要的配重，以降低悬挂系统的固有振荡角频率，从而获得较高的激振频率。图 10-12(c)是悬挂式水平激振的情形，这种情况下，为了能对被测对象产生一定的预压力，悬挂时常要倾斜一定的角度。激振器对被测对象的激振点处会产生附加的质量、刚度和阻尼，这些将对试件的振动特性产生影响，尤其对质量小、刚度低的试件振动尤为显著。另外，在作振形试验时，若将激振点选在节点附近固然可以减少上述影响，但同时也减少了能量的输入，反而不容易激起所需要的振形。因此，只能在两者之间选择折中的方案，必要时甚至可以采用非接触激振器。

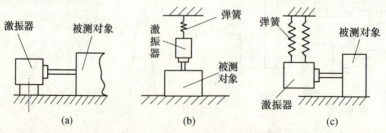

图 10-12　激振器的常用安装方式

电动力式激振器的优点是频谱范围宽(最高可达 10000Hz),其可动部分质量较小,故对被测对象的附加质量和刚度影响较小,但通常仅用于激振力要求不很大的场合。

3. 液压式激振台

机械式和电动力式激振器的一个共同缺点是承载能力和频率较小。与此相反,液压式激振台的振动力可达数千牛顿以上,承载质量可达数吨。液压式激振台的工作介质主要是油,通常用于建筑物的抗震试验、飞行器的动力学试验及汽车的动态模拟试验等。

图 10-13 是液压式激振台的工作原理示意图,它用一个电动伺服阀来操纵一个主控制阀,从而来调节流至主驱动器油缸中的油流量。这种激振台最大承载能力可达 250 吨,频率可达 400Hz,而振动幅度可达 45cm。另外,振动台台面的振动波形会直接受油压及油质性能的影响,压力的脉动、油液温度的变化均会影响台面振动的情况。因此,较之电动力式激振台,液压式激振台的波形失真度相对较大,这是它的主要缺点之一。

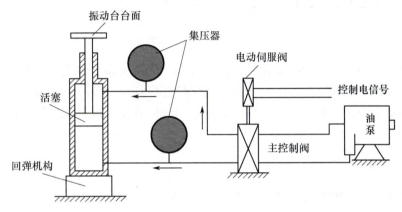

图 10-13 液压式激振台的工作原理示意图

10.4 振动参数的测量与估计

振动参数主要是指系统的固有振荡角频率、阻尼比等模态参数。实际的一个振动系统大多是一个多自由度的振动系统,它具有多个固有振荡角频率和阻尼比,在其频率响应曲线上会出现多个峰值。根据线性系统理论,对于多自由度线性振动系统,它在任何一点的振动响应都可以看作是多个单自由度振动系统响应的叠加。因此,本节将着重讨论单自由度振动系统的振动参数测量,也就是对单自由度振动系统的固有振荡角频率和阻尼比进行测量。单自由度振动系统的固有振荡角频率和阻尼比常用自由振动法和共振法来测定。

10.4.1 自由振动法

典型的单自由度机械振动系统是一个二阶振动系统,其等效结构如图 10-14 所示。若给系统以脉冲激振,设冲击的初始位移为 $y(0)$,初始速度为 $y'(0)=\mathrm{d}y(t)/\mathrm{d}t|_{t=0}$,则系统将在阻尼作用下作衰减的自由振动,由传感器拾取振动信号,记录仪把这种自由振动信号记录下来,得到的记录曲线如图 10-15 所示,其数学表达式为

$$\frac{\mathrm{d}^2 y(t)}{\mathrm{d}t^2}+2\zeta\omega_\mathrm{n}\frac{\mathrm{d}y(t)}{\mathrm{d}t}+\omega_\mathrm{n}^2 y(t)=0 \tag{10-24}$$

解得

$$y(t) = y(0)e^{-\zeta\omega_n t}\cos\omega_d t + y'(0)\frac{e^{-\zeta\omega_n t}}{\omega_d}\sin\omega_d t \tag{10-25}$$

式中，ω_n 为振动系统的固有振荡角频率；ζ 为振动系统的阻尼比；ω_d 为衰减振动的角频率，$\omega_d = \omega_n\sqrt{1-\zeta^2}$。

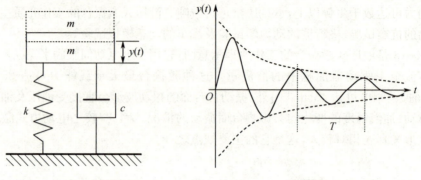

图 10-14　单自由度振动系统　　　　图 10-15　衰减振动记录曲线

根据记录曲线，可测得衰减振动曲线上两相邻峰之间的衰减比和时间长度 T，其中 T 就是衰减振动的周期，由此可得 $\omega_d = 2\pi/T$。然后再根据上面测定的衰减比和周期 T，即可计算出单自由度振动系统的固有振荡角频率 ω_n 和阻尼比 ζ。显然，在系统阻尼比 ζ 较小的时候，ω_d 和 ω_n 近似相等。

10.4.2　共振法

对于图 10-14 所示的单自由度振动系统，其幅频特性表达式为

$$A(\omega) = \frac{1}{\sqrt{[1-(\omega/\omega_n)^2]^2 + (2\zeta\omega/\omega_n)^2}} \tag{10-26}$$

相频特性表达式为

$$\varphi(\omega) = -\arctan\frac{2\zeta\omega/\omega_n}{1-(\omega/\omega_n)^2} \tag{10-27}$$

其对数幅频特性和相频特性曲线如图 10-16 所示。

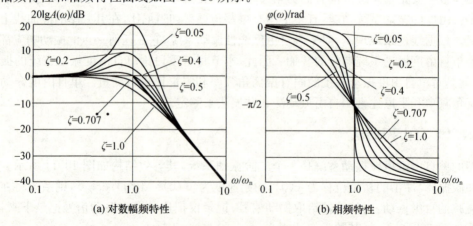

(a) 对数幅频特性　　　　(b) 相频特性

图 10-16　单自由度振动系统的对数频率特性曲线

由图 10-16 可知，若系统的阻尼比 ζ 比较小，它在受正弦激励的过程中，当激振角频率接近于系统的固有振荡角频率 ω_n 时，其振动幅值会急剧增大。根据单自由度振动系统的这个特点，可对阻尼比 ζ 比较小的系统进行稳态正弦激振，通过改变正弦激励频率得到它的对数幅频特性

和相频特性曲线,从中获得单自由度振动系统的 ω_n 和 ζ。其具体方法如下:

1. 利用对数幅频进行参数估计

图 10-17 是系统阻尼比较小时的对数幅频特性曲线图,图中 ω_r 为共振峰值对应的频率,由于阻尼比 ζ 较小,ω_r 和 ω_n 比较接近,可以直接用 ω_r 来近似地估计固有振荡角频率 ω_n,即 $\omega_n = \omega_r$。

此系统的对数幅频特性表达式为

$$20\lg A(\omega) = -20\lg \sqrt{[1-(\omega/\omega_n)^2]^2 + (2\zeta\omega/\omega_n)^2} \quad (10\text{-}28)$$

由于在 $\omega=\omega_n$ 时,$20\lg A(\omega_n) = -20\lg(2\zeta)$ 接近共振峰值。若令 $\omega_1=(1-\zeta)\omega_n$,$\omega_2=(1+\zeta)\omega_n$,并分别代入式(10-28),得

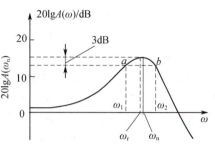

$$20\lg A(\omega_1) \approx 20\lg A(\omega_2) \approx -20\lg(2\sqrt{2}\zeta)$$
$$= -20\lg(2\zeta) - 3 \quad (10\text{-}29)$$

图 10-17 阻尼比的估计

由此可知,在对数幅频特性曲线峰值下降 3dB 处作一条水平线,交对数幅频特性曲线于 a、b 两点,它们对应的角频率即为 ω_1、ω_2,其阻尼比可按下式估计

$$\zeta = \frac{\omega_2 - \omega_1}{2\omega_n} \approx \frac{\omega_2 - \omega_1}{2\omega_r} \quad (10\text{-}30)$$

这里需要强调的是,这种估计方法仅适用于小阻尼系统。对于阻尼比较大的系统,可用下列方法进行估计。

2. 利用相频特性进行参数估计

根据图 10-16(b)相频特性曲线得知,当 $\omega=\omega_n$ 时,$\varphi(\omega)=-\pi/2$,而且

$$\varphi(\omega) = -\arctan \frac{2\zeta\omega/\omega_n}{1-(\omega/\omega_n)^2} \quad (10\text{-}31)$$

若令 $k=\omega/\omega_n$,则

$$\frac{d\varphi}{dk} = -\frac{2\zeta(1-k^2)+4\zeta k^2}{(1-k^2)+4\zeta^2 k^2} \quad (10\text{-}32)$$

$$\left.\frac{d\varphi}{dk}\right|_{k=1} = -\frac{1}{\zeta} \quad (10\text{-}33)$$

因为 $\omega=\omega_n$ 时 $k=1$,由此可知,在所测的相频特性曲线上,找到 $-\pi/2$ 所对应的角频率即为振动系统的固有振荡角频率 ω_n,再求出 $\omega=\omega_n$ 处的斜率,就可根据式(10-33)直接计算出阻尼比 ζ 的值。

10.5 测振传感器工程应用案例

振动测量显示系统也是工农业生产和国防科技中常见的应用系统。某滚筒洗衣机生产厂家使用的振动质量检测设备就是一个典型的振动测量显示系统案例。它不但可以检测生产出的滚筒洗衣机是否合格,而且还可以为优化滚筒洗衣机设计方案提供实验数据,以便生产出更好的洗衣机,提高产品的市场竞争力。

检测运动设备振动情况的传感器种类很多,有位移传感器、速度传感器及加速度传感器等。本案例选用的是压电式加速度传感器。由第 9 章 9.2 节可知,压电式加速度传感器由压电晶片、质量快、预压弹簧、基座及外壳等组成。测量时,把传感器与被测滚筒洗衣机刚性连接。这样,传

感器就受到与滚筒洗衣机相同频率的振动,质量块便有正比于加速度的交变力作用在晶片上,根据压电效应可知,则在压电晶片上便产生正比于运动加速度的表面电荷 q。即

$$q = dF = dma \tag{10-34}$$

$$a = \frac{q}{dm} \tag{10-35}$$

式中,d 为压电元件的压电系数;m 为加速度传感器中质量块的质量。

由式(10-35)可知,只要能把压电晶片产生的表面电荷 q 测量出来,就可以计算出滚筒洗衣机振动的加速度 a,然后再利用显示仪表及示波器把振动加速度 a 的变化情况显示出来。图 10-18 是电荷测量及加速度 a 波形显示电路原理图。按该图将所需元器件及示波器连接好,合上电源,对振动加速度测量系统进行标定。标定完成后,让滚筒洗衣机开始工作,则示波器显示的就是洗衣机的振动加速度情况。从中即可分析出滚筒洗衣机的最大振幅、固有振荡角频率和阻尼比等,从而确定生产出的滚筒洗衣机振动指标是否合格。

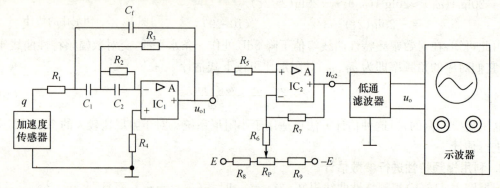

图 10-18 振动加速度测量显示电路原理图

思考题及习题 10

10-1 简述振动测量系统的构成,并说明各部分作用。

10-2 测振传感器都有哪几种?

10-3 什么是磁致伸缩效应?它的逆效应是什么?

10-4 什么是激振器?激振器的作用是什么?

10-5 试设计一个洗衣机工作时的振幅监测系统。要求选择传感器,画出该系统的框图,设计所需的硬件电路。

第 11 章 界位传感器及工程应用

11.1 界位测量概述

界位是指两种不同物质分界面的位置,实现界位测量的传感器称作界位传感器。为了叙述方便,通常人们把液体和气体的分界面位置称作液位;把细小颗粒状或粉末状固体与气体的分界面位置称作料位;把大块固体与气体的分界面位置称作物位。工业上通过对液位和料位的测量能正确获取某种容器和设备中所存物质的体积和质量,能迅速反映某一特定物质总量的变化情况,并对该物质总量进行控制或对该物质总量多少进行报警等。

测量界位的传感器种类较多,按其工作原理可分为下列几种:
① 直读式——根据流体的连通性原理来测量液位;
② 浮力式——根据浮子高度或浮力大小随液位高度变化而变化的原理来测量液位;
③ 差压式——根据液位高度变化对某点产生的静(差)压力变化原理来测量液位;
④ 电学式——根据物位变化与某种电量变化一一对应关系原理来测量物位;
⑤ 辐射式——根据核辐射透过物料时,其强度随厚度变化而变化的原理来测量物位;
⑥ 声学式——根据物位变化引起声阻抗和反射距离变化原理来测量物位;
⑦ 其他形式——如微波式、激光式、射流式、光纤维式传感器等。

本章重点介绍常用的几种界位传感器。

11.2 液位传感器及工程应用

液位测量的方法很多,不同的液体对液位传感器的要求也不一样,因此液位传感器的种类各式各样,不可能一一列举,下面介绍几种工程中常用的液位测量方法和相应的液位传感器。

11.2.1 浮力式液位传感器

浮力式液位传感器是利用液体浮力来测量液位的。它的结构简单、使用方便,是目前应用较为广泛的一种液位传感器。根据测量原理,它又分为恒浮力式和变浮力式两大类。

1. 恒浮力式液位传感器

最原始简单的恒浮力式液位传感器就是一个浮子。把它置于液体中,它受到浮力的作用就会漂浮在液面上,当液面变化时,浮子随之同步移动,其浮子的位置就反映了液面的高低。水塔里的水位常用这种方法测量和指示。常见的浮子式液位检测原理如图 11-1 所示。液面上的浮子由绳索经滑轮与塔外的重锤相连,重锤上的指针位置便可反映水位的高低。但与直观印象相反,标尺下端代表高水位,上端代表低水位。若使指针动作方向与水位变化方向一致,应增加滑轮数目,但引起摩擦阻力增加,误差也会增大。

当液位高于(或低于)极限位置时,滑动电触点使报警电路的上限(或下限)静触点接通,报警电路发出液位超限报警信号。若用浮子的报警电路输出信号来控制水箱进水口的电磁阀门执行机构,使水位达到最高位时,关闭电磁阀,停止进水;当水位达到最低位时,开启电磁阀,给水箱注水,就可实现液位的自动控制。

若把浮子换成浮球,测量机构从容器内移到容器外,可直接显示罐内液位的变化。常见的一种外浮球式液位检测原理如图 11-2 所示。这种液位传感器适合测量温度较高、黏度较大的液体介质,但量程范围较窄。如果在该液位传感器的基础上增加机电信号变换装置,当液位变化时,浮球的上下移动变换成电触点的上下位移。当液位高于(或低于)极限位置时,报警电路接通,使报警电路发出液位超限报警信号。若将浮球控制器的电信号输出与容器进料或出料的电磁阀门执行机构配合,可实现阀门的自动启停,从而进行液位的自动控制。

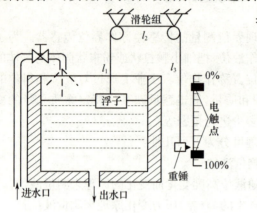

图 11-1　浮子式液位检测原理

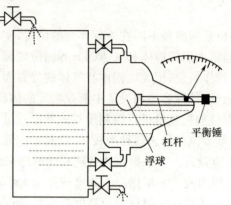

图 11-2　外浮球式液位检测原理

2. 变浮力式液位传感器

变浮力式液位传感器最常见的就是浮筒式传感器,它是利用变浮力的原理来测量液位的。即利用浮筒在被测液体中浸没高度不同以致所受的浮力不同来检测液位变化的。图 11-3 是浮筒式传感器液位检测原理图,它由浮筒、弹簧和差动变压器组成。若悬挂在弹簧上的浮筒横截面积为 A,浮筒连杆及铁芯的总质量为 m,弹簧下端被固定。当浮筒重力与浮力达到平衡时,则有

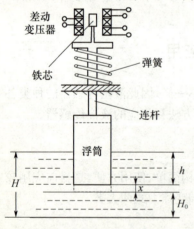

图 11-3　浮筒液位检测原理

$$Ah_0\rho g = mg \tag{11-1}$$

$$h_0 = \frac{m}{A\rho} \tag{11-2}$$

式中,h_0 为浮筒浸没在液体的深度;ρ 为浸没浮筒的液体密度。

如果浮筒重力与浮力平衡时,浮筒底面所处的液面高度为 H_0,以 $h_0 + H_0$ 作为初始液位(即使弹簧处于原始长度)。假设当液位高度为 H,且浮筒受到的浮力和重力与弹簧力平衡时,浮筒上移了 x,浸没在液体中的深度为 h。因浮筒上移的距离 x 即为弹簧的位移,则有

$$Ah\rho g - mg = kx \tag{11-3}$$

即

$$h = \frac{k}{A\rho g}x + \frac{m}{A\rho} = \frac{k}{A\rho g}x + h_0 \tag{11-4}$$

式中,k 为弹簧的弹性系数。

由图 11-3 可知,被测液位 H 可表示为

$$H = h + x + H_0 = \left(1 + \frac{k}{A\rho g}\right)x + h_0 + H_0 \tag{11-5}$$

由式(11-5)可知,被测液位 H 与浮筒产生的位移 x 呈线性关系。

以上分析表明,变浮力式液位传感器实际上是将液位转化成浮筒的位移。当浮筒移动时,安装在浮筒连杆上的铁芯则随浮筒一起上下移动,通过差动变压器把位移转变成电压输出。显然,只要再利用差动变压器测量电路把这个电压测量出来,就可知道被测液位。

浮筒式液位传感器适应性能好,对黏度较高的液位、温度较高的液位及敞口或密闭容器内的液位等都能测量,并且液位电信号可远距离传输和显示。若与单元组合仪表配套,可实现液位的报警和自动控制。

11.2.2 静压式液位传感器

静压式液位传感器是基于液位高度变化时,由液柱产生的静压也随之变化的原理来检测液位的。它首先利用压力或压差传感器测量静压的大小,然后再利用静压力与液位的关系求得被测液位的高低。利用静压力大小测量液位的方法很多,下面介绍几种常用的方法。

1. 压力传感器测量液位原理

对于上端与大气相通的敞口容器,其底部压力与液位的关系为

$$H = \frac{p}{\rho g} \tag{11-6}$$

式中,H 为液位高度(m);ρ 为液体的密度(kg/m^3);g 为重力加速度(m/s^2);p 为容器底部的压力(Pa)。

由式(11-6)可知,只要能把敞口容器底部的压力测量出来,就可以计算出液位高度 H。测量压力的传感器很多,利用压力传感器测量液位原理如图 11-4 所示。当压力传感器与容器底部处在同一水平线上时,仪表显示的数值就是液位 H 的高度。

如果压力传感器与容器底部不在同一水平线上时,将会产生零点迁移,导致测量误差。为了测量准确,使用中应注意消除。

2. 压差传感器测量液位原理

对于上端与大气隔绝的封闭容器,容器上部空间与大气压力一般不相等,不能用上述方法来测量。工业生产中普遍采用压差传感器来测量液位,利用压差传感器测量液位原理如图 11-5 所示。

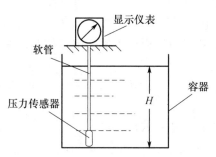

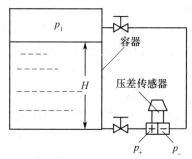

图 11-4 压力传感器测量液位原理　　图 11-5 压差传感器测量液位原理

设容器上部空间的压力为 p_1,液体的压力为 p_2,则差压传感器正、负压室所受到的压力分别为 p_+ 和 p_-,则

$$p_+ = p_2 + p_1 = \rho g H + p_1 \tag{11-7}$$

$$p_- = p_1 \tag{11-8}$$

正、负压室的压差为

$$\Delta p = p_+ - p_- = \rho g H \tag{11-9}$$

由式(11-9)可知,压差 Δp 与被测液位 H 成正比。只要利用压差传感器把压差测量出来,就可以利用式(11-9)计算出被测液位 H。但这种情况只限于上部空间为干燥气体,而且压差传感器与容器底部在同一高度。假如上部为蒸汽或其他可冷凝成液态的气体,则 p_- 的导压管里必然会形成液柱,这部分的液柱压力就会导致零点迁移,致使测量产生误差,使用时应注意消除。

3. 常用静压式液位变送器

为了方便用户使用,便于液位信号的远传和使用,许多厂家已经把用压力或压差传感器测量液位的方法制作成了一个仪器,这个仪器把液位变成了标准电流信号(4~20mA)输出,这种仪器习惯上称作液位变送器,实际上它是压力(压差)变送器的衍生产品。液位变送器的特点是输出电流信号和被测液位呈线性关系,不需要进行压力和液位的换算,使应用更加方便。根据安装方法不同有多种结构形式,其中常见的静压式液位变送器有投入式和法兰式两种(见图11-6)。

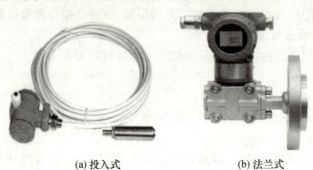

(a) 投入式　　　　(b) 法兰式

图 11-6　常见液位变送器

11.2.3　应变式液位传感器

1. 应变式液位传感器结构

应变式液位传感器是利用电阻应变片把液位压力转变成应变的原理来测量液位的,其结构示意图如图 11-7(a)所示。该传感器有一根传压杆,下端安装感压膜,感压膜感受上面液体的压力。当容器中液位变化时,感压膜感受的压力也发生变化。上端安装微压传感器,微压传感器把感压膜感受到的压力转变成一个电压输出。为了提高灵敏度,共安装了两只性能完全相同的微压传感器,并把它们连接成正向串接的双电桥测量电路,其测量电路结构如图 11-7(b)所示。图中 R_L 的阻值比较大,其作用是把电压源 U 输出的电流恒定,以减少测量电路的非线性误差。

2. 应变式传感器测量液位原理

由图 11-7(b)可知,若微压传感器在未受压力时,电桥平衡,$U_1=U_2=0$;当微压传感器受到压力 p 作用时,两微压传感器串联后的输出电压 U_o 为

$$U_o = U_1 + U_2 = K_1 p + K_2 p = (K_1 + K_2)\rho g H \tag{11-10}$$

即

$$H = \frac{U_o}{(K_1+K_2)\rho g} \tag{11-11}$$

式中,K_1,K_2 分别为两个微压传感器对压力 p 的传输系数;H 为被测液位高度;ρ 为被测液体的密度;g 为重力加速度。

式(11-11)表明,容器内液位高度 H 与电桥输出电压 U_o 呈线性关系,只要把输出电压 U_o 测量出来,就可以计算出容器内液位高度 H。

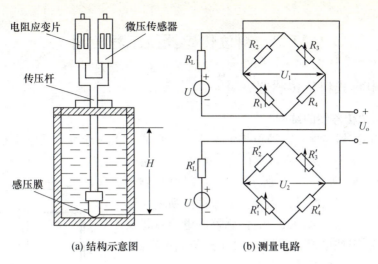

(a) 结构示意图　　　　(b) 测量电路

图 11-7　应变式液位传感器结构示意图及测量电路

11.2.4　电容式液位传感器

1. 电容式液位传感器的结构

电容式液位传感器实际是一个变介质电容器，它的极板是两根同心圆柱。将它插入装有液体的容器内，如图 11-8 所示。若容器中液体是非导电的（若液体是导电的，则电极需要做绝缘处理），这时在同心圆柱之间就形成了两个并联电容器。根据同心圆柱电容器电容量的计算公式可知，这两个电容器并联后总的电容 C 为

$$C=\frac{2\pi\varepsilon_1 H}{\ln(D_1/D_2)}+\frac{2\pi\varepsilon_2(H_0-H)}{\ln(D_1/D_2)}=\frac{2\pi\varepsilon_2 H_0}{\ln(D_1/D_2)}+\frac{2\pi(\varepsilon_1-\varepsilon_2)H}{\ln(D_1/D_2)} \tag{11-12}$$

式中，H_0 为同心圆柱的长度；D_1 为外圆柱内直径；D_2 为内圆柱外直径；H 为被测液位的高度；ε_1 为被测液体的介电常数；ε_2 为空气的介电常数。

2. 电容式液位传感器测量原理

由式 (11-12) 可知，当容器内液位 H 变化时，两极板间的电容量 C 就会发生变化。令

$$A=\frac{2\pi(\varepsilon_1-\varepsilon_2)}{\ln(D_1/D_2)} \tag{11-13}$$

$$C_0=\frac{2\pi\varepsilon_2 H_0}{\ln(D_1/D_2)} \tag{11-14}$$

则 A 是一个与被测介质有关的常数；C_0 是罐内没有液体时的电容值，它由电容器的基本尺寸决定。将式 (11-14) 和式 (11-13) 代入式 (11-12)，可得

$$C=AH+C_0 \tag{11-15}$$

即

$$\Delta C=C-C_0=AH \tag{11-16}$$

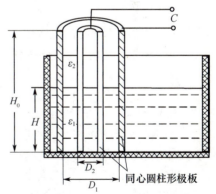

图 11-8　变介质电容器测量液位原理

由此可见，电容式液位传感器的电容变化量 ΔC 与液位高度 H 成正比。因此，只要通过电容测量电路把变化的电容量测量出来，就可以实现液位的测量。

11.3 料位传感器及工程应用

11.3.1 电容式料位传感器

1. 电容式料位传感器的结构

电容式料位传感器与电容式液位传感器结构相类同,也是一个变介质电容器。所不同的是,它只有一根圆柱形极板(金属棒),称作测定电极。使用时将它安装在罐的中央,如图 11-9 所示,这样在罐壁和测定电极之间就形成了一个电容器。当罐内放入被测粉末状物料时,由于被测物料介电常数的影响,传感器的电容量将发生变化。根据同心圆柱电容器电容量的计算公式可知,测定电极与罐壁组成的电容 C 为

$$C = \frac{2\pi\varepsilon_2 H_0}{\ln(D_1/D_2)} + \frac{2\pi(\varepsilon_1 - \varepsilon_2)H}{\ln(D_1/D_2)} \quad (11\text{-}17)$$

式中,ε_1 为被测物料的介电常数;ε_2 为空气的介电常数;D_1 为储罐的内直径;D_2 为测定电极的外直径;H 为被测物料的高度;H_0 为储罐深度。

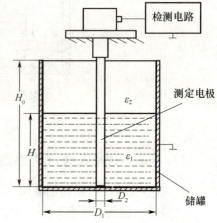

图 11-9 变介质电容器测量料位原理

2. 电容式料位传感器测量原理

由式(11-17)可知,该电容量的大小与被测物料在罐内高度 H 有关。令

$$C_0 = \frac{2\pi\varepsilon_2 H_0}{\ln(D_1/D_2)} \quad (11\text{-}18)$$

则

$$C = C_0 + \frac{2\pi(\varepsilon_1 - \varepsilon_2)H}{\ln(D_1/D_2)} \quad (11\text{-}19)$$

式中,C_0 为罐内无料时的电容值。

当储罐放入物料后引起电容的变化量为

$$\Delta C = C - C_0 = \frac{2\pi(\varepsilon_1 - \varepsilon_2)}{\ln(D_1/D_2)} H \quad (11\text{-}20)$$

由式(11-20)可见,电容式料位传感器的电容变化量 ΔC 与液面高度 H 成正比。因此,只要把变化的电容量测量出来,就可以实现料位的测量。并且介电常数 ε_1 和 ε_2 差别越大,直径 D_1 与 D_2 相差愈小,传感器灵敏度就愈高。

事实上,在实际应用时,储罐并不一定要求是圆柱形的,而电容式料位传感器也并非一定要安装在罐的中央,而是应该安装在罐内料位平稳、能正确反映料位高低的任意位置。此时,物料高度变化引起的电容变化量应修正为

$$\Delta C = C - C_0 = K(\varepsilon_1 - \varepsilon_2)H \quad (11\text{-}21)$$

式中,K 为比例系数,它与罐的形状、电容式料位传感器的安装位置有关;ε_1 为被测物料的介电常数;ε_2 为空气的介电常数;H 为被测物料的高度。

需要注意的是,这种测量方法要求罐壁必须是金属材料的,而物料必须是不导电的;否则,此传感器不能使用。

11.3.2 超声波料位传感器

由第 8 章 8.4 节可知,利用超声波的传播和反射原理构成的超声波传感器,可以实现液体流速和流量的检测。事实上,利用超声波传感器也可以实现料位的测量。

1. 超声波料位测量原理

大家知道,超声波在不同介质中的传播速度是不同的,并且在传播的过程中遇到两种介质的分界面就发生反射。如果从发射超声波开始,到接收到反射波为止这段时间间隔可知,又知道超声波在介质中的传播速度,就可以求出分界面的位置。利用这种方法,就可以实现料位的测量。

2. 超声波料位传感器结构

因为超声波传感器有单探头和双探头之分,所以常见的超声波料位传感器结构如图 11-10 所示。其中,图(a)和(b)是把超声波探头安装在料面的上方。这种方法安装、维修方便,但由于超声波在空气中传播,衰减比较严重。为了减少衰减,超声波探头也可以安装在料面的下方,让超声波在物料介质中传播。其结构如图 11-10(c)和(d)所示,这种结构可以大大降低超声波传感器的功率,减少成本。

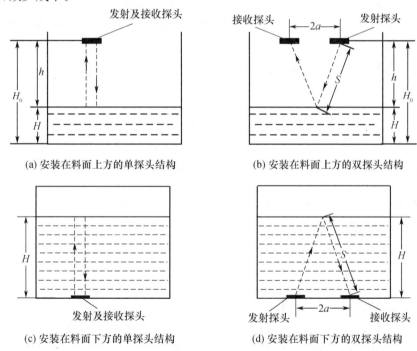

图 11-10 超声波料位传感器结构示意图

对于图 11-10(a)来说,假设超声波的发射时刻为 t_0,探头接收到超声波的时刻为 t_1,超声波从发射到接收经过的路程为 $2h$,则

$$h=\frac{v(t_1-t_0)}{2} \tag{11-22}$$

被测料位的高度 H 为

$$H=H_0-h=H_0-\frac{v(t_1-t_0)}{2} \tag{11-23}$$

式中,H_0 为探头到容器底面的距离;h 为探头到料面的距离;v 为超声波在空气中的传播速度;H 为料位的高度。

对于图 11-10(b)来说,设超声波从发射到接收经过的路程为 $2S$,则

$$S=\frac{v(t_1-t_0)}{2} \tag{11-24}$$

料位高度 H 为

$$H=H_0-h=H_0-\sqrt{S^2-a^2}=H_0-\sqrt{\left[\frac{v(t_1-t_0)}{2}\right]^2-a^2} \tag{11-25}$$

式中,a 为两个探头之间距离的一半。

从式(11-23)和式(11-25)可以看出,只要测出超声波从发射到接收的时间间隔(t_1-t_0),便可求出待测料位的高度 H。

11.4 物位传感器及其应用

11.4.1 超声波物位传感器

1. 超声波测量物位原理

超声波测量物位原理与测量料位原理相同,首先利用超声波发射/接收控制电路通过超声波探头朝着被测物体发出超声波。根据超声波的传播原理,超声波遇到被测物体后就要返回。当超声波探头接收到返回的超声波后,由控制电路计算出超声波从发射到接收所需的时间,然后再根据超声波在介质中的传播速度,就可以计算出传感器到被测物之间的距离。其被测距离计算公式为

$$S=\frac{v\Delta t}{2} \tag{11-26}$$

式中,S 为被测距离;v 为超声波在介质中的传播速度;Δt 为超声波的传播时间。

利用单片机的捕获、计算功能可以很方便地测出超声波的传播时间 Δt,并根据式(11-26)计算出被测距离 S。基于超声波的测量物位原理,可以把它应用到汽车的防撞、车速的检测、大门的自动开关、倒车雷达、交通车辆的检测及防盗报警等相关领域。

2. 超声波物位传感器的结构

由于超声波探头有单探头和双探头两种形式,所以超声波物位传感器也有两种结构(见图 11-11)。其中图(a)是单探头结构,图(b)是双探头结构。

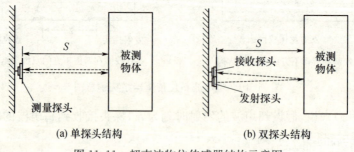

图 11-11 超声波物位传感器结构示意图

11.4.2 超声波探头的使用注意事项

1. 超声波探头的补偿

由于超声波的传播速度通常不是一个常数,而是随着传播介质的温度、压力及成分等变化而变化。例如在空气中,0℃时的传播速度为 331.36m/s,而在 20℃时则为 343.38m/s。为了测量

准确,考虑到环境对超声波传播速度的影响,可采用补偿措施予以校正,以提高测量精度。超声波传播速度的校正方法主要由温度补偿和校正装置补偿两种。

如果超声波在介质中的传播速度主要随温度变化,而且超声波速度随温度的变化规律已知,则可以在超声波探头附近安装一个温度传感器,根据超声波速度与温度之间的关系,在测量时进行声速的自动校正。这就是所谓的温度补偿。

若声速与温度的关系未知,或者传播介质成分复杂,就需要校正装置补偿法。所谓校正装置补偿,是指在同一测量环境里安装两组超声波探头,一组用作测量探头,另一组用作校正探头。其结构如图 11-12 所示。

由于校正探头到反射板的距离 S_0 是已知的,只要测出超声波从校正探头到反射板的往返时间 Δt_0,就可知道超声波在空气中的传播速度 v。即

$$v = \frac{2S_0}{\Delta t_0} \tag{11-27}$$

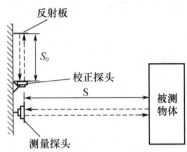

图 11-12 具有校正装置的超声波物位测量系统

因为校正探头和测量探头在相同的环境里,则两者的传播速度一样。显然,从测量探头到被测物体之间的距离 S 为

$$S = \frac{v \Delta t}{2} = \frac{S_0 \Delta t}{\Delta t_0} \tag{11-28}$$

式中,S_0 为校正探头到反射板的距离;Δt_0 为超声波从校正探头到反射板的往返时间;Δt 为超声波从测量探头到被测物的往返时间。

由式(11-28)可知,只要测出时间 Δt_0 和 Δt,就可获得被测物距 S,而且还消除了因环境变化引起的误差。

2. 超声波探头的使用环境

① 由于超声波探头不能承受高温、高压,故超声波传感器通常适合于温度在 −40~100℃ 之间、压力在 0.3MPa 以下的场所进行液位、料位和物位的测量。

② 对于密闭容器内料面上方粉尘较多的料位测量,或密闭容器内挥发性液体的液位测量。由于超声波在粉尘或挥发性气体中的传播速度与空气中的速度不同,应采用图 11-10(c)和(d)所示的结构进行测量,否则应采用补偿措施对声速进行修正。

③ 对于灰尘严重或密闭容器内有挥发性液体的场合,由于超声波探头上会有灰尘聚集或挥发气体的凝结,影响超声波的发射和接收,在这些场合最好要求该传感器具有可变功率控制功能。

3. 超声波探头的安装位置

为保证测量的准确,防止干扰,超声波探头安装位置要尽可能选择液面平稳、料面平整的位置,同时远离扶梯、进料口、出料口,尽可能与容器壁保持较远的距离,远离搅拌器等。

11.5 界位传感器工程应用案例

11.5.1 液位测量显示系统案例

液位测量显示系统是工农业生产中常见的工程应用系统之一,比如某化工厂有一个大型敞口容器,内装有液体。在实际的生产过程中,需要保持该容器内液体的总量在一定的范围内变化,液体过多或过少都会引起生产不正常,甚至导致危险发生。为了保证安全生产,该容器上安装的总量检测显示装置就是一个典型的液位测量显示系统工程应用案例,它不但能对液位进行

实时测量和显示,并且还能对容器内液位超限进行报警。实现液位测量的方法很多,可以用压力传感器测量,也可以用压力变送器测量,还可以用液位变送器或超声波传感器测量。本案例是选用一个液位变送器和显示仪表及报警电路来实现的,其系统结构如图11-13所示。当液位变送器与容器底部处在同一水平线时,液位变送器的输出电流就与液位的高度成正比。

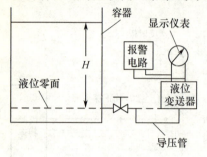

图 11-13　液位测量显示系统

设液位变送器的输出电流为 4～20mA,则该容器内的液位高度与液位变送器输出电流的关系为

$$I = kH + 4 \tag{11-29}$$

式中,k 为液位变送器的比例系数(mA/m);H 为液位高度(m);I 为液位变送器的输出电流(mA)。

由式(11-29)可知,只要能把液位变送器的输出电流 I 测量出来,就可以计算出液位的高度 H。然后利用显示仪表就可以把液位的高度显示出来。

假设液位上限对应的电流为 I_1,下限对应的电流为 I_2,当液位变送器输出电流高于上限电流 I_1 或低于下限电流 I_2 时,报警电路开始工作,从而实现了被测液位的超限报警功能。

11.5.2　物位测量显示系统案例

物位测量显示系统也是工农业生产和国防科技中常见的应用系统,目前汽车上普遍安装的超声波倒车雷达系统就是物位测量显示系统的典型应用案例。它可以在倒车时自动监测车后是否有障碍物及障碍物的远近,并及时提醒驾驶员注意。为了保证倒车安全可靠,倒车雷达系统通常在汽车的后保险杠上布置 3～4 只超声波探头。该系统电路种类较多,图 11-14 是某小型轿车超声波倒车雷达系统结构方框图。它由 4 只一体式超声波探头、4 路超声波发射与接收电路、双四选一开关、单片机控制电路、LCD 显示电路、温度补偿电路和声音报警电路等组成。下面简单介绍各部分电路的结构和功能。

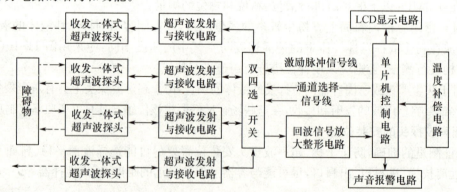

图 11-14　超声波倒车雷达系统结构方框图

1. 超声波探头

超声波探头是该系统的主要部件,它有一体式和分体式之分,型号也多种多样。一般来说,最大测距在 1.5～2.5m 之间的都能满足要求。为了安装使用方便,通常选择一体式超声波探头。本案例选择的是 4 只 EFR40RS 一体式超声波探头。

2. 超声波电压产生电路

由超声波探头的工作原理可知,要想让超声波探头发射超声波信号,必须给超声波探头施加一个与超声波频率相同的交变电压信号。产生超声波交变电压信号的电路很多,可以用振荡电路来产生,也可以用单片机通过编程来实现。因本案例中有单片机,为使硬件电路结构简单,本案例采用单片机编程来产生超声波探头所需的激励脉冲电压信号。一般来说,单片机产生的激励脉冲信号功率比较小,必须经过功率放大后才能推动超声波探头发射出超声波,因此还必须设计超声波发射驱动电路。

3. 超声波发射驱动与接收电路

超声波发射驱动电路的作用是对单片机发出的激励脉冲信号进行功率放大,并使超声波发射探头有效地进行电/声转换,增大超声波的发射距离;超声波接收电路的作用是把超声波接收探头转化出来的回波电压信号传送给单片机,供测距计算时使用。超声波发射驱动与接收电路有多种,本案例采用的超声波发射驱动与接收电路如图 11-15 所示。图中,激励脉冲输入端接收来自单片机发出的超声波电压脉冲信号,回波信号输出端将超声波接收探头收到的回波信号传送给单片机。

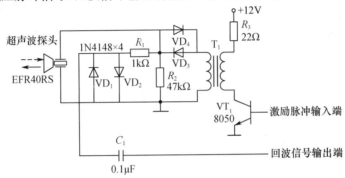

图 11-15　超声波发射驱动与接收电路

4. 收发分时控制电路

由于本案例中设计的发射驱动和接收电路各有 4 路,为了保证它们有序工作,选用了双四选一模拟开关 CD4052 来实现 4 路信号的分时收发控制。CD4052 与超声波发射驱动/接收电路的连接方式如图 11-16 所示。其中,AB 为地址选通端,它有 4 种组合,一种组合对应一路探头。4 个探头轮流工作,每个探头检测完一次即为一个检测周期,一个检测周期完成后,再根据障碍物离车远近进行最短距离显示和报警。

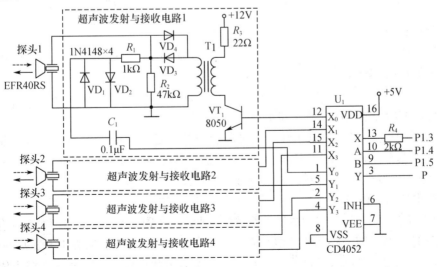

图 11-16　CD4052 与超声波发射驱动/接收电路的连接方式

5. 回波电压信号放大整形电路

由于超声波接收探头转换出来的回波电压信号比较微弱,且为模拟信号,一般需要对该微弱电压信号进行放大,并整形成能被单片机识别的电压脉冲信号,向单片机发出中断申请。该案例采用的放大整形电路如图 11-17 所示,它由集成电路 CX20106A、电阻及电容构成。CX20106A 是日本索尼公司生产的红外遥控信号接收集成电路。通过适当选择外部所接电阻和电容,将其内部带通滤波电路的中心频率 f_0 设置为 40kHz,就可以把接收到的超声波回波电压信号放大,并整形成负脉冲电压输出。图中 1 脚是回波模拟信号输入端,7 脚是转换成的脉冲信号输出端,并把该端输出的脉冲信号作为单片机外部中断信号。

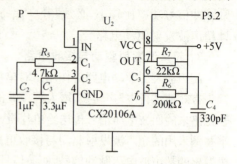

图 11-17 回波电压信号放大整形电路

6. 显示报警电路

显示电路采用 LCD1602 液晶显示器,具体接口电路如图 11-18 所示,它需要两个 5V 电源供电,一个是给模块供电,另一个是给背光板供电。R_P 是调节对比度电位器,调节它可以改变黑白对比度。图 11-19 是报警电路,其功能是当倒车雷达检测到障碍物离车的距离小于 1.5m 时开始报警。

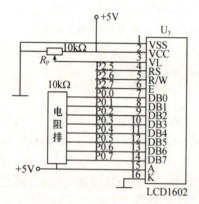

图 11-18 LCD 显示接口电路

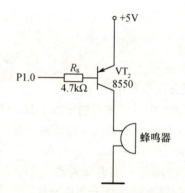

图 11-19 报警电路

7. 温度补偿电路

实验研究表明,超声波的传播速度与传播介质的温度有关。它在空气中的传播速度与环境温度的关系可用下式表示

$$v = 331.4 + 0.61t \tag{11-30}$$

式中,v 为超声波的传播速度;t 为环境温度。

由式(11-30)可知,只要测量出环境温度就可以知道超声波的传播速度。测量温度的传感器很多,为便于与单片机连接,本案例选择了数字温度传感器 DS18B20,它是美国 DALLAS 公司生产的单线数字温度传感器,与单片机的连接方式如图 11-20 所示。

8. 倒车雷达的工作过程

平时倒车雷达不工作,当驾驶员挂上倒挡后,倒车雷达系统才开始工作。本系统有 4 路测距通道,采用分时工作。即一路测距完成后再进行下一路测距,并按照探头 1→探头 2→探头 3→探头 4 的顺序不断循环进行,且每循环一遍进行一次显示和报警工作。若 4 个探头依次测距一遍完毕后,每个超声波探头都接收不到回波信号,或接收到的回波信号经单片机处理计算后,发

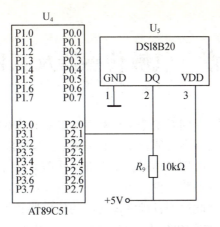

图 11-20 DS18B20 与单片机的连接电路

现车后障碍物与车的距离超过 1.5m,则报警电路不工作。若有一个超声波探头发现车后障碍物与车的距离小于 1.5m,则报警电路就开始报警,同时显示障碍物与车的最短距离,并且距离越近报警声音就越急促,当发现车后障碍物离车不到 0.3m 时,就发出连续的报警声,以警示驾驶员应立即停止倒车;否则,将有碰撞危险。

需要特别指出的是,由超声波传感器构成的倒车雷达系统存在盲区。因为超声波探头都安装在车后保险杠上,倒车雷达主要接收的是障碍物的反射超声波信号。当车后障碍物过低或过高或不反射超声波时都不能可靠地检测到,因此在使用它时应特别注意,否则也会出现碰撞危险。

思考题及习题 11

11-1 测量界位传感器都有哪几种类型?简述其工作原理。

11-2 用压差传感器测量物位时,什么原因会导致零点迁移?如何消除?试举例说明。

11-3 说明恒浮力法液位测量与变浮力法液位测量的原理有何不同。

11-4 试说明电容式液位传感器的工作原理,并设计测量电路。

11-5 超声波物位测量有几种方式?各有什么特点?

11-6 某化工厂有一个柱形储水罐,底面半径为 10m,为了实时测量罐内水的重量,在底部安装了分体式超声波探头,它们相距 80cm。已知超声波在水中的传播速度为 1440m/s,若测得超声波发射与接收的时间间隔为 5ms,试求储罐内水的重量是多少?

11-7 电容式料位传感器在使用时应注意什么?

11-8 设计一个液位测量显示报警系统,画出系统框图,选择液位传感器及显示仪表。

第12章 气敏传感器及工程应用

随着社会文明的不断进步，人们对安全生产和身体健康越来越重视。对一些高危单位，能否及时准确地对易燃、易爆、有毒、有害气体含量进行监测、预报和自动控制，已成为人们关注的焦点。人类为了今后的发展和生存，也必须对各个企业向大气环境中排放的碳排放量进行严格监测和控制，由此可见对气体成分检测的重要性。要检测气体成分，就要用到气敏传感器。由于各种气体的物理化学性质不同，因此检测各种气体所需的传感器和传感技术也不同。

气体成分检测包括确定气体的化学组成和各种成分的相对含量两部分内容。气体成分检测的方法很多，常用的主要有电化学式、热学式、光学式及半导体气敏式等。其中，电化学式又有恒电位电解式、伽伐尼电池式、氧化锆浓差电池式等几种；热学式又有热传导式、接触燃烧式等几种；光学式又有红外吸收式等。下面介绍几种常用的气敏传感器。

12.1 热传导式气敏传感器

12.1.1 热传导检测原理

热传导是同一物体各部分之间或互相接触的两物体之间传热的一种方式，不同物质其导热能力是不一样的，通常用导热系数来表示物质的导热能力。一般来说，固体和液体的导热系数比较大，而气体的导热系数比较小。表12-1为一些常见气体的导热系数。

表12-1 常见气体的导热系数

气体名称	0℃时的导热系数 $\lambda_0/(W/(m \cdot K))$	0℃时的相对导热系数 λ_0/λ_{a0}	气体名称	0℃时的导热系数 $\lambda_0/(W/(m \cdot K))$	0℃时的相对导热系数 λ_0/λ_{a0}
氢气	0.1741	7.130	一氧化碳	0.0235	0.964
甲烷	0.0322	1.318	氮气	0.0219	0.897
氧气	0.0247	1.013	氩气	0.0161	0.658
空气	0.0244	1.000	二氧化碳	0.0150	0.614
氮气	0.0244	0.998	二氧化硫	0.0084	0.344

对于多种气体组成的混合气体，随着成分含量的不同，其导热能力将会发生变化。如混合气体中各种气体成分彼此之间无相互作用，实验证明混合气体的导热系数 λ 可近似用下式表示

$$\lambda = \lambda_1 C_1 + \lambda_2 C_2 + \cdots + \lambda_n C_n = \sum_{i=1}^{n} \lambda_i C_i \tag{12-1}$$

式中，λ_i 为混合气体中第 i 种气体成分的导热系数；C_i 为混合气体中第 i 种气体成分的体积分数。

若混合气体中只含有两种气体，则第一种气体的体积分数与混合气体的导热系数之间的关系可写为

$$C_1 = \frac{\lambda - \lambda_2}{\lambda_1 - \lambda_2} \tag{12-2}$$

上式表明两种气体组分的导热系数差异越大，测量的灵敏度越高。但对于多种气体($i>2$)的混合气体，由于各组分的含量都是未知的，因此应用式(12-2)时，还应满足两个条件：一是除

待测组分外,其余组分的导热系数相等或接近;二是待测组分的导热系数与其余组分的导热系数应有显著的差异。

在实际测量中,对于不能满足以上条件的多种混合气体,可以采取预处理方法。如分析烟气中的 CO_2 含量,已知烟气的组分有 CO_2、N_2、CO、SO_2、H_2、O_2 及水蒸气等。其中 SO_2、H_2 的导热系数与其他组分的导热系数相差太大,其存在会严重影响测量结果,应在预处理时去除。剩余的气体导热系数相近,并与被测气体 CO_2 的导热系数有显著差别,这样就可以用式(12-2)来分析烟气中的 CO_2 含量。

应当指出,即使是同一种气体,导热系数也不是固定不变的,气体的导热系数将随着温度的升高而增大。

12.1.2 热传导检测器

热传导检测器是把混合气体导热系数的变化转换成电阻值变化的部件,它是热传导传感器的核心部件,又称为热导池。图12-1是热导池的一种结构示意图。它是一个由金属制成的圆柱形气室,气室的侧壁上有分析气体的进出口,气室中央装有一根细的铂或钨热电阻丝。电阻丝通上电流后产生热量,并向四周散热。当热导池内通入待分析气体时,电阻丝上产生的热量主要通过气体进行传导,热平衡(即电阻丝所产生的热量与通过气体热传导散失的热量相等)时,其电阻值也维持在某一数值上。电阻值的大小与所分析混合气体的导热系数 λ 存在对应关系。气体的导热系数愈大,说明导热散热条件愈好。热平衡时电阻丝的温度愈低,电阻值也愈小。这就实现了把气体的导热系数变化转换成电阻丝的电阻值变化。

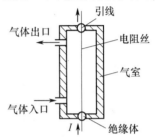

图 12-1 热导池结构示意图

根据气体流过检测器的方式,热传导检测器的结构可分为直通式、扩散式和对流扩散式三种。图 12-2(a)为扩散式结构示意图,它的特点是反应缓慢,滞后较大,但受气体流量波动的影响较小;图 12-2(b)为目前常用的对流扩散式结构示意图,气体由主气路扩散到气室中,然后由支气路排出,这种结构可以使气流具有一定速度,并且气体不会产生倒流现象。

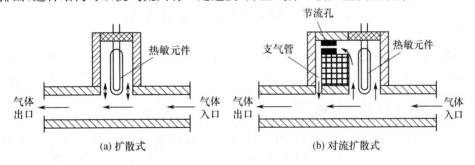

图 12-2 热传导检测器的结构示意图

12.1.3 测量电路

热传导式气体传感器通常采用电桥作为测量电路,又有单电桥和双电桥之分。图12-3为热传导气体传感器中常用的单电桥测量电路。电桥由4个热导池组成,每个热导池的电阻丝作为电桥的一个桥臂电阻。R_1、R_3 的热导池称为测量热导池,通入被测气体;R_2、R_4 的热导池称为参比热导池,气室内充入测量的下限气体。当通过测量热导池的被测组分含量为下限时,由于4个热导池的散热条件相同,4个桥臂电阻相等,电桥平衡,电桥输出为零。当通过测量热导池的被测组分含量发生变化时,R_1、R_3 电阻值将发生变化,电桥失去平衡,其输出电压 U_o 的大小就反映了被测组分含量的多少。

单电桥测量电路结构简单,但输出信号受电源电压的波动及环境温度的变化影响比较大。若采用双电桥测量电路,可以较好地解决这些问题。图 12-4 是热传导式气体传感器中使用的双电桥测量电路原理图。Ⅰ 为测量电桥,它与单电桥电路相同,其输出电压 u_{cd} 的大小反映了被测组分的含量。Ⅱ 为参比电桥,R_5、R_7 的热导池中密封着测量上限的气体,R_6、R_8 的热导池中密封着测量下限的气体,其输出的电压 u_{gh} 是一固定值。电桥采用交流电源供电,变压器的两个副边提供的两个电压是相等的。u_{cd} 与滑线电阻 A、C 间的电压 u_{AC} 之差 Δu 加在放大器输入端,信号经放大后驱动可逆电机转动,从而带动滑线电阻器的滑动触点 C 向平衡点方向移动。当 $u_{cd} = u_{AC}$,即 $\Delta u = 0$ 时,电机停止转动,系统达到平衡,平衡点 C 的位置反映了混合气体中被测组分的含量。

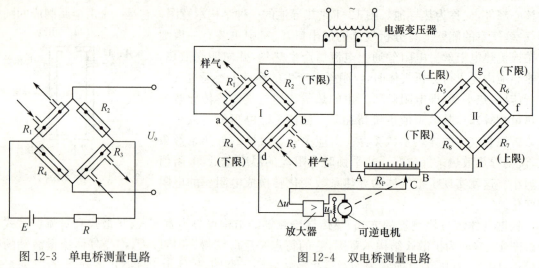

图 12-3 单电桥测量电路　　　　　图 12-4 双电桥测量电路

12.2　接触燃烧式气敏传感器

接触燃烧式气敏传感器又称作催化燃烧式气敏传感器,它是煤矿中瓦斯检测的主要传感器。这种传感器的应用对减少和避免矿井瓦斯爆炸事故,保障矿井安全生产发挥了重要作用。

12.2.1　接触燃烧传感器结构

接触燃烧式气敏传感器一般由加热器、催化剂和热量感受器三部分组成。它有两种结构形式:一种是用裸铂丝作气体成分传感器件,催化剂涂在铂丝表面,铂丝线圈本身既是加热器,又是催化剂,同时还是热量感受器;另一种是用载体作为气体成分传感器,催化剂涂于载体上,铂丝线圈不起催化作用,而仅起加热和热量感受器的作用。目前广泛使用的接触燃烧式气敏传感器是第二种结构形式,气敏元件主要由铂丝、载体和催化剂组成,其结构如图 12-5 所示。铂丝线圈是用纯度 99.999% 的铂丝绕制而成,铂丝线径为 $0.007 \sim 0.25 \text{mm}$,20℃ 时的阻值约为 $5 \sim 8 \Omega$。铂丝线圈的作用是给传感器加热到气体燃烧点温度,便于气体在传感器内点火燃烧。载体是用氧化铝烧结而成的多孔晶状体,它本身没有活性,对检测输出信号也没有影响,其作用是保护铂丝线圈,消除铂丝的升华,保证铂丝的热稳定性和机械稳定性,承载催化剂,使催化剂形成高度分散的表面,提高催化剂的效用。催化剂多采用铂、钯或其他过渡金属氧化物,其作用是促使接触元件表面的瓦斯气体发生氧化反应。

实际的接触燃烧式气敏传感器结构如图12-6所示。它将气敏元件和物理结构完全相同的补偿元件放入防爆罩内,防爆罩由铜粉烧结而成,其作用是隔爆,限制扩散气流,以削弱气体对流的热效应。

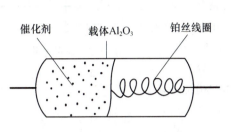

图 12-5 接触燃烧式气敏元件结构

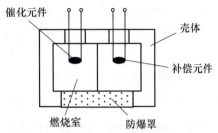

图 12-6 接触燃烧式气敏传感器结构

12.2.2 接触燃烧检测原理

当给传感器的铂丝线圈通上工作电流后,它即可将传感器的温度加热到瓦斯氧化的起始点温度(450℃左右)。由于低于爆炸浓度下限的易燃气体接触到这种被催化物覆盖的传感器表面时会发生氧化反应而燃烧,导致铂丝温度升高;并且易燃气体的浓度越大,燃烧就越剧烈,铂丝的温度也就越高。这对于温度敏感的铂丝来说,温度越高,其阻值就越大。因此根据铂丝电阻的大小,就可以来检测瓦斯气体的浓度。

由化学知识可知,瓦斯中的主要成分是沼气,在催化剂的作用下,它与氧气在较低的温度下发生强烈的氧化反应(无焰燃烧),其反应化学方程式为

$$CH_4 + 2O_2 = CO_2 + 2H_2O + Q \tag{12-3}$$

传感器工作时,燃烧室内气体与外界大气中的 CH_4、CO_2、O_2、H_2O(水蒸气)等4种气体存在浓度差,因而产生扩散运动。外界大气中的沼气分子(CH_4)和氧气分子(O_2)一起经防爆罩扩散进入燃烧室,氧化反应生成的高温气体 CO_2 和水蒸汽通过防爆罩传递出较多的热量,使得扩散到大气中的气体温度低于引燃瓦斯的最低温度,确保传感器的安全检测。

如果气体温度低,而且是完全燃烧时,引起铂丝电阻值的变化量可表示为

$$\Delta R = \alpha \Delta T = \frac{\alpha \Delta H}{C} = \frac{\alpha \beta m Q}{C} \tag{12-4}$$

式中,ΔR 为气敏传感器的阻值变化量;α 为气敏传感器的电阻温度系数;ΔT 为气体燃烧引起的温度上升值;ΔH 为气体燃烧所产生的热量;C 为气敏传感器的热容量;m 为气体浓度;Q 为气体的分子燃烧热;β 为常数。

当气敏传感器的材料、形状和结构决定后,若被测气体的种类也固定,则传感器的电阻变化量 ΔR 与被测气体浓度 m 成正比,即 $\Delta R = \alpha \cdot k \cdot m$。

12.2.3 测量电路

接触燃烧式气敏传感器的测量电路也是电桥电路。气体敏感元件被置于可通入被测气体的气室中,温度补偿元件的参数与气体敏感元件相同,并与气体敏感元件保持在同一环境温度上,但不接触被测气体,放置在与气体敏感元件相邻的桥臂上,以消除周围环境温度变化带来的影响。其测量电路结构如图12-7所示。

接触燃烧式传感器可产生正比于易燃气体浓度的线性输出,测量范围高达 100%LEL(Lower Explosive Limit,爆炸下限)。在测量时,周围的氧气浓度要大于 10%,以支持易燃气体的敏感反应。这种传感器可以检测空气中的许多种气体或汽化物,包括甲烷、乙炔及氢气等,但是它只能测量含有一种易燃气体的浓度或混合气体的浓度,而不能分辨其中单独的化学成分。实际应用接触燃烧式气敏传感器时,人们感兴趣的是易燃危险气体是否存在,检测是否可靠,而不管其气体内部成分如何。因此该种传感器以满足人们对易燃易爆气体的检测要求。

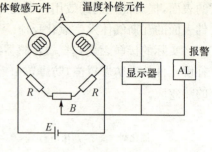

图 12-7　测量电路

12.2.4　接触燃烧传感器的特点

接触燃烧式气敏传感器的工作温度较高,表面温度一般在 300～400℃之间,而在内部可达到 700～800℃,因此它检测时不受周围温度和湿度变化的影响,而且具有响应速度快、重复性好、精度高等优点。但它不能用于高浓度(>LEL)易燃气体的检测,因为这类传感器在高浓度下会造成过热现象,使氧化作用效果变差。另外,传感器元件容易被硅化物、硫化物、卤化物及砷、氯、铅、硒等化合物所腐蚀,在氧化铝表面造成永久性的损坏。

12.3　氧化锆氧气传感器

12.3.1　氧化锆检测原理

氧化锆(ZrO_2)是一种具有氧离子导电性的固体电解质。纯净的氧化锆一般是不导电的,但当它掺入一定量(通常为 15%)的氧化钙 CaO(或氧化钇 Y_2O_3)作为氧化剂,并经高温焙烧后,就变为稳定的氧化锆材料,这时被二价的钙或三价的钇置换,同时产生氧离子空穴,空穴的多少与掺杂浓度有关,并在较高的温度下,就变成了良好的氧离子导体。

氧化锆检测氧含量原理如图 12-8 所示。若在一块掺杂 ZrO_2 电解质的两侧分别涂敷一层多孔性铂电极,当两侧气体的氧分压不同时,由于氧离子进入固态电解质,氧离子从氧分压高的一侧向氧分压低的一侧迁移,结果使得氧分压高的一侧铂电极带正电,而氧分压低的一侧铂电极带负电,因而在两个铂电极之间构成了一个氧浓差电池,此浓差电池的氧浓差电势在温度一定时只与两侧气体中的氧含量有关。

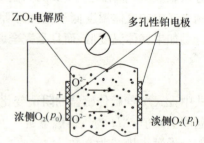

图 12-8　氧化锆检测氧含量原理

在电极上发生的电化学反应如下

电池正极:　　　　　　$O_2(p_0)+4e \rightarrow 2O^{2-}$　　　　　　(12-5)

电池负极:　　　　　　$2O^{2-} \rightarrow O_2(p_1)+4e$　　　　　　(12-6)

浓差电动势的大小可由能斯特方程表示,即

$$E = \frac{\beta T}{nF} \ln \frac{p_0}{p_1} \tag{12-7}$$

式中,E 为浓差电池的电动势;β 为理想气体常数;T 为氧化锆固态电解质温度;n 为参加反应的电子数($n=4$);F 为法拉第常数;p_0 为参比气体的氧分压;p_1 为待测气体的氧分压。

根据道尔顿分压定律,有

$$\frac{p_0}{p_1}=\frac{C_0}{C_1} \tag{12-8}$$

式中,C_0 为参比气体中的氧含量;C_1 为待测气体中的氧含量。

因此,式(12-7)可写成

$$E=\frac{\beta T}{nF}\ln\frac{C_0}{C_1} \tag{12-9}$$

由式(12-9)可知,若温度 T 保持某一定值,并选定一种已知氧浓度的气体作参比气体(通常选空气,因为空气中的氧含量为常数),则被测气体的氧含量就可以用氧浓差电势来表示,测出氧浓差电势,便可知道被测气体中的氧含量。若温度改变,即使气体中氧含量不变,输出的氧浓差电势也要改变。为了保证测量的准确度,一般氧化锆氧气传感器都有恒温装置。

12.3.2 氧化锆氧气传感器结构

氧化锆氧气传感器结构如图 12-9 所示。它的主要部件是氧化锆管,它是用氧化锆固体电解质材料做成一端封闭的管子,内、外电极采用多孔铂,电极引线采用铂丝。被测气体(如烟气)经陶瓷过滤器流经氧化锆管的外部,参比气体(空气)从传感器的另一端进入氧化锆管的内部。氧化锆管的工作温度是在 650~850℃ 之间,并且测量时温度需恒定。为此,在氧化锆管的外围装了加热电阻丝,管内部装了热电偶,用来检测管内温度,并通过温度调节器调整加热丝电流的大小,使氧化锆管的温度恒定。

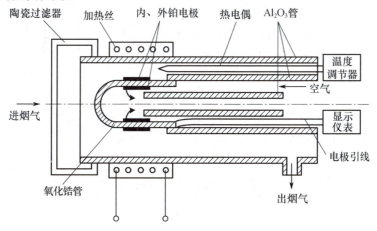

图 12-9 氧化锆氧气传感器结构示意图

氧化锆氧气传感器输出的氧浓差电势与被测气体氧浓度之间为对数关系,而且氧化锆电解质浓差电池的内阻很大,所以对后续的测量电路有特别的要求,不仅要进行放大,而且还要求放大器的输入阻抗要高,还要具有非线性补偿的功能。

12.4 恒电位电解式气敏传感器

恒电位电解式气敏传感器是一种湿式气体传感器,它通过测定气体在某个确定电位电解时所产生的电流来测量气体浓度。

12.4.1 恒电位电解检测原理

当电极与电解质溶液的界面保持一定电位进行电解时,由于电解质内的工作电极与气体进行选择性的氧化或还原反应,则在对比电极上发生还原或氧化反应,从而使工作电极和对比电极之间产生电解电流。对特定气体来说,设定电位由其固有的氧化还原电位决定,同时还随电解时作用电极的材质、电解质的种类不同而变化。而电解时产生的电解电流和气体浓度之间的关系可用下式表示

$$I = \frac{nFADC}{\delta} \tag{12-10}$$

式中,I 为电解电流;n 为每 1mol 气体产生的电子数;F 为法拉第常数;A 为气体扩散面积;D 为扩散系数;C 为电解质溶液中电解的气体浓度;δ 为扩散层的厚度。

因为对一个确定的电解设备来说,它的 n、F、A、D 及 δ 都是固定的数值,所以电解电流与气体浓度成正比。由此可知,只要把电流 I 测量出来就可知道被测气体的浓度。

12.4.2 恒电位电解传感器结构

恒电位电解式气敏传感器的基本结构如图 12-10 所示。它是一个密闭容器,由气室和电解液室两部分组成。在电解液室内的相对两壁上安置工作电极和对比电极,其内充满电解质溶液。在气室内安装着多孔聚四氟乙烯隔膜,下面是进气口,上面是出气口,并在工作电极和对比电极之间加以恒定电位差而构成恒压电路。当有气体进入气室时,透过隔膜的气体在工作电极上就会发生氧化或还原反应,而在对比电极上发生还原或氧化反应,使工作电极和对比电极之间产生电解电流 I,并通过电阻 R 把它输出,就可实现气体浓度的检测。

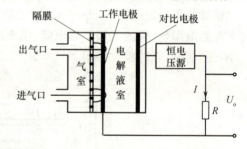

图 12-10 恒电位电解式气敏传感器结构

下面以 CO 气体检测为例来说明这种传感器的工作过程。当 CO 气体透过隔膜和工作电极接触时,它在工作电极上被氧化,而在对比电极上 O_2 被还原,于是 CO 被氧化而形成 CO_2。它的氧化-还原反应方程式如下

氧化反应: $\quad CO + H_2O \rightarrow CO_2 + 2H^+ + 2e \tag{12-11}$

还原反应: $\quad \frac{1}{2}O_2 + 2H^+ + 2e \rightarrow H_2O \tag{12-12}$

总反应方程: $\quad CO + \frac{1}{2}O_2 \rightarrow CO_2 \tag{12-13}$

在这种情况下,CO 分子被电解,通过测量作用电极与对比电极之间的电流 I,也就是测量流过电阻 R 两端的电压 U_o,即可得到 CO 的浓度。

利用这种原理制造的传感器体积小、重量轻,且具有极高的灵敏度,在低浓度下线性度较好。恒电位电解式气敏传感器可用于检测各种可燃性气体和有毒气体,如 H_2S、NO、NO_2、SO_2、HCl、Cl_2、PH_3 等。

12.5 伽伐尼电池式气敏传感器

12.5.1 伽伐尼电池检测原理

伽伐尼电池检测原理与上述恒电位电解检测原理一样,也是通过测量电解电流来检测气体

浓度的,但由于它本身就是电池,因此不需要由外界施加电压。这种设备主要用于 O_2 的检测,检测缺氧的仪器几乎都使用它,并且它还可以测定可燃性气体和毒性气体。伽伐尼电池的电解电流与气体浓度的关系与恒电位电解产生的电解电流计算式(12-10)相同。

12.5.2 伽伐尼电池传感器结构

伽伐尼电池式气敏传感器结构如图 12-11 所示。它在塑料容器内安置厚为 $10\sim30\mu m$,透氧性好的 PTFE(聚四氟乙烯)隔膜,靠近该膜的内面设置工作电极(电极用铂、金、银等贵重金属),在容器中其他内壁或容器内设置对比电极(电极用铅、镉等离子化倾向大的贱金属),用 KOH、$KHCO_3$ 作为电解质溶液。检测较高浓度(1%~100%)气体时,隔膜使用普通的 PTFE(聚四氟乙烯)膜;而检测低浓度(几 ppm ~几百 ppm)气体时,则用多孔质聚四氟乙烯膜。为了便于测量电解电流,在输出端接上负载电阻 R,把电解电流转变成电压输出。

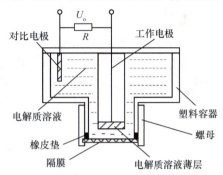

图 12-11 伽伐尼电池式气敏传感器结构

下面以 O_2 检测为例来说明这种传感器的工作过程。当氧气通过隔膜溶解于隔膜与工作电极之间的电解质溶液薄层中时,则在工作电极上发生氧气的还原反应,而在对比电极上发生氧化反应,其反应方程式如下所示

还原反应: $\quad O_2 + H_2O + 4e \rightarrow 4OH^-$ (12-14)

氧化反应: $\quad 2Pb \rightarrow 2Pb^{2+} + 4e$ (12-15)

$\quad 2Pb^{+2} + 4OH^- \rightarrow 2Pb(OH)_2$ (12-16)

总反应方程式: $\quad O_2 + 2Pb + 2H_2O \rightarrow 2Pb(OH)_2$ (12-17)

对比电极的铅被氧化成氢氧化铅(一部分进而被氧化成氧化铅)而消耗,因此,负载电路中有电流流动,并且该电解电流与氧气浓度成比例关系。显然,负载电阻 R 两端的电压 U_o 也与氧气浓度呈线性关系。只要把 U_o 测量出来,就可以计算出被测氧气的浓度。

12.6 半导体气敏传感器

所谓半导体气敏传感器,是指利用半导体气敏器件同气体接触,造成半导体性质变化,借此来检测特定气体的成分或浓度的传感器总称。半导体气敏器件的种类很多,按照半导体变化的物理特性,可分为电阻型和非电阻型两大类。电阻型半导体气敏器件是利用半导体气敏器件接触气体时,其阻值发生变化来检测气体的成分或浓度的;而非电阻型半导体气敏器件是利用其他参数,如二极管伏安特性或场效应管的阈值电压变化来检测被测气体的。常见的半导体气敏器件如表 12-2 所示。

表 12-2 常见半导体气敏器件

分类	主要物理特性	类型	检测气体	气敏器件
电阻型	电阻	表面控制型	可燃性气体	SnO_2、ZnO 等的烧结体、薄膜、厚膜
		体控制型	酒精 可燃性气体 氧气	氧化镁,SnO_2 氧化钛(烧结体) $T-Fe_2O_3$

分类	主要物理特性	类型	检测气体	气敏器件
非电阻型	二极管特性	表面控制型	氢气 一氧化碳 酒精	铂-硫化镉 铂-氧化钛 （金属-半导体结型二极管）
	三极管特性		氢气、硫化氢	铂栅、钯栅 MOS 场效应管

12.6.1 电阻型半导体气敏传感器

1. 电阻型半导体检测原理

电阻型半导体气敏器件是利用气体在半导体表面的氧化和还原反应导致其阻值变化原理而制成的器件。当电阻型半导体气敏器件被加热到稳定状态时，气体接触到半导体表面而被吸附，被吸附的分子首先在表面自由扩散，失去运动能量，一部分分子被蒸发掉，另一部分残留分子产生热分解而固定在吸附处。如果半导体的功函数小于吸附分子的亲和力时，吸附分子将从器件夺得电子而变成负离子吸附，半导体表面呈现电荷层。具有负离子吸附倾向的气体有氧气等，这些被称为氧化型气体或电子接收型气体。如果半导体的功函数大于吸附分子的离解能，吸附分子将向器件释放出电子，而形成正离子吸附。具有正离子吸附倾向的气体有 H_2、CO、碳氢化合物和醇类，它们被称为还原型气体或电子供给型气体。

目前用于气体检测的半导体材料，N 型有 SnO_2、ZnO、TiO 等，P 型有 MoO_2、CrO_3 等。当氧化型气体吸附到 N 型半导体上，还原型气体吸附到 P 型半导体上时，则使半导体载流子减少，电阻值增大。当还原型气体吸附到 N 型半导体上，氧化型气体吸附到 P 型半导体上时，则使载流子增多，半导体电阻值减少。根据这一特性，可以从阻值的变化得知吸附气体的种类和浓度。这就是电阻型半导体气敏器件测量气体的原理。

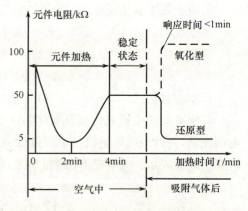

图 12-12 N 型半导体吸附气体时阻值变化图

图 12-12 给出了气体接触到 N 型半导体时所产生的阻值变化情况。由图可知，器件在空气中加热 4min 后，阻值基本不变。这是因为空气中的含氧量大体上是恒定的，因此氧的吸附量也是恒定的。若气体浓度突然发生变化，其阻值也将变化。实验证明，半导体吸附气体的时间一般不超过 1min。

2. 电阻型半导体气敏器件的结构

电阻型半导体气敏器件应用比较广泛，它一般由敏感元件、加热器和外壳三部分组成。按其制作方法可分为烧结型、薄膜型和厚膜型三种。

1) 烧结型

烧结型气敏器件的结构外形如图 12-13(a) 所示。它是将一定的敏感材料（SnO_2、ZnO）及掺杂剂（Pt、Pb）等用水或黏合剂调和均匀，经研磨后以膏状物滴入模具内，埋入加热丝和铂电极，用 700~900℃ 的传统制陶方法进行烧结而成的。因此，它又被称为半导体陶瓷。半导体陶瓷内的晶粒直径为 1μm 左右，晶粒的大小对电阻有一定影响，但对气体检测灵敏度则无很大的影响。烧结型器件制作方法简单，器件寿命长。但由于烧结不充分，器件机械强度不高，电极材料较贵重，电性能一致性较差，因此应用受到一定限制。

2) 薄膜型

薄膜型气敏器件的结构外形如图 12-13(b)所示。它的制作方法是首先处理衬底片(玻璃石英式陶瓷),焊接电极,然后采用蒸发或溅射方法在石英基片上形成一薄层氧化物半导体薄膜(其厚度约在 100nm 以下)而成的。这种器件制作方法简单,产量高成本低。但这种半导体薄膜为物理性附着,因此器件间性能差异较大。实验证明,SnO_2 和 ZnO 薄膜的气敏特性较好。这种器件有良好的选择性,工作温度在 400～500℃ 的较高温度时,具有较好的机械强度和互换性。

3) 厚膜型

厚膜型气敏器件的结构外形如图 12-13(c)所示。它是将气敏材料(如 SnO_2、ZnO)与一定比例的硅凝胶混合制成能印刷的厚膜胶,再把厚膜胶用丝网印刷到事先装有铂电极的氧化铝(Al_2O_3)基片上,在 400～800℃ 的温度下烧结 1～2 小时制成。用厚膜工艺制成的器件的特点是一致性较好,机械强度高,适用于批量生产。

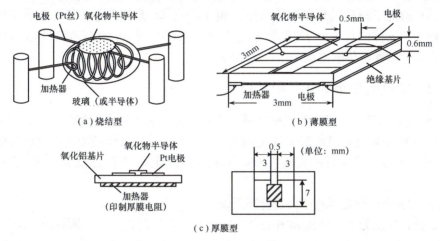

图 12-13 电阻型半导体气敏器件结构

这些器件全部附有加热器,它的作用是将附着在敏感器件表面上的尘埃、油雾等烧掉,加速气体的吸附,从而提高器件的灵敏度和响应速度。加热器的温度一般控制在 200～400℃ 左右。气敏器件中的加热器通常有两种,一种是直热式,另一种是旁热式。

图 12-14 是直热式气敏器件的结构示意图及电路符号。它的器件管芯体积一般都很小,加热丝直接埋在金属氧化物半导体材料中烧结而成,并且加热丝兼作一个测量电极。该结构制造工艺简单,成本低、功耗小,可以在高电压回路下使用。其缺点是热容量小,易受环境气流的影响;测量电路和加热电路之间相互影响;加热丝在加热时产生胀缩,容易造成与材料接触不良的现象。国产 QN 型和日本费加罗 TGS#109 型气敏传感器都采用这种结构。

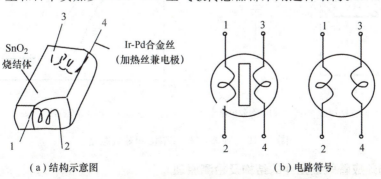

图 12-14 直热式气敏器件的结构示意图及电路符号

图 12-15 是旁热式气敏器件的结构示意图及电路符号。它是将加热丝放置在一个陶瓷管内，管外涂有梳状金电极作为测量电极，在金电极外涂上 SnO_2 等材料。

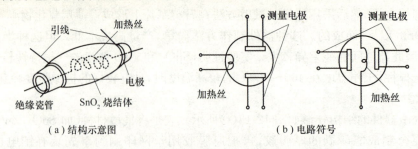

图 12-15　旁热式气敏器件的结构示意图及电路符号

旁热式结构的气敏器件克服了直热式的缺点，使测量电极和加热电极分开，而且加热丝与气敏材料不接触，避免了测量回路和加热回路的相互影响，降低了环境温度对器件加热温度的影响，所以这种结构器件的稳定性、可靠性都比直热式器件要好。国产 QM-N5 型和日本费加罗 TGS#812、813 型等气敏传感器均采用这种结构。

12.6.2　非电阻型半导体气敏传感器

非电阻型气敏元件也是半导体气敏传感器之一。它是利用特定材料的 MOS 二极管电容-电压特性以及 MOS 场效应管(MOSFET)的阈值电压特性随某些气体的浓度变化而变化的原理制成的气敏元件。由于这类元件的制造工艺成熟，便于集成化，而且性能稳定、价格便宜，因而被广泛采用。

1. MOS 二极管气敏元件的结构及检测原理

MOS 二极管气敏元件的结构如图 12-16(a) 所示。它是在 P 型半导体硅片上，利用热氧化工艺技术生成一层厚度约为 50～100nm 的二氧化硅(SiO_2)层，然后在其上面蒸发一层钯(Pd)金属薄膜，作为电极 M，P 型硅作为另一个电极而构成的元件。由于 SiO_2 层电容 C_a 固定不变，而 Si 和 SiO_2 界面电容 C_s 是外加电压的函数，其等效电路如图 12-16(b) 所示。由等效电路可知，总电容 C 也是两极电压的函数。其函数关系称为该类 MOS 二极管的 C-U 特性，如图 12-16(c) 中曲线 a 所示。由于钯金属对氢气(H_2)特别敏感，当钯吸附了 H_2 以后，会使钯的功函数降低，导致 MOS 二极管的 C-U 特性向低电压方向平移，如图 12-16(c) 中虚线 b 所示。根据这一特性就可用于测定 H_2 的浓度。

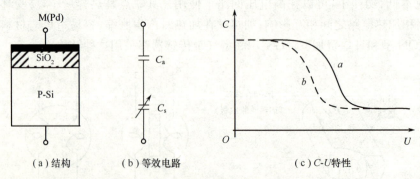

图 12-16　MOS 二极管结构和等效电路

2. MOS 场效应管气敏元件的结构及检测原理

钯-MOS 场效应管(Pd-MOSFET)的结构如图 12-17 所示。由于 Pd 对 H_2 有很强的吸附性,当 H_2 吸附在 G(Pd)栅极上时,会引起 Pd 的功函数降低。由 MOSFET 工作原理可知,当栅极(G)、源极(S)之间加正向偏压 U_{GS},且 $U_{GS}>U_T$(阈值电压)时,则在栅极氧化层下面聚集了大量的电子形成导电沟道,这个沟道称作 N 型沟道,它将源极和漏极连接了起来。此时,若在源(S)、漏(D)极之间加电压 U_{DS},则源极和漏极之间就有电流(I_{DS})通过。I_{DS} 随 U_{DS} 和 U_{GS} 的大小而变化,其

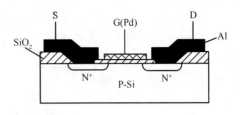

图 12-17 钯-MOS 场效应管结构

变化规律即为 MOSFET 的输出伏安特性。当 $U_{GS}<U_T$ 时,MOSFET 的 N 型沟道未形成,故漏极与源极之间无电流,即 $I_{DS}=0$。阈值电压 U_T 的大小除了与衬底材料的性质有关外,还与钯金属和半导体之间的功函数有关。Pd-MOSFET 气敏元件就是利用 H_2 在钯栅极上吸附后引起阈值电压 U_T 下降这一特性来检测 H_2 浓度的。

12.6.3 半导体气敏传感器的应用范围

半导体气敏传感器由于具有灵敏度高、响应时间和恢复时间快、使用寿命长以及成本低等优点,从而在天然气、煤气,石油化工等部门的易燃、易爆、有毒、有害气体的监测预报和自动控制等方面得到了广泛的应用。表 12-3 给出了半导体气敏传感器所能检测的气体及应用场所。

表 12-3 半导体气敏传感器所能检测的气体及应用场所

分类	检测气体	适用场所
爆炸性气体	液化石油气、城市用煤气 甲烷 可燃性煤气	使用液化石油气及煤气的场所 煤矿开采 办事处
有毒气体	一氧化碳(不完全燃烧的煤气) 硫化氢、含硫的有机化合物 卤素、卤化物、氨气等	使用煤气灶生产、取暖的场所 (特殊场所) (特殊场所)
环境气体	氧气(防止缺氧) 二氧化碳(防止缺氧) 大气污染(SO_x、NO_x 等)	家庭、办公室 家庭、办公室通风不畅的地方 用于厂矿企业的废气排放检测
工业气体	氧气(控制燃烧、调节空气燃料比) 一氧化碳(防止不完全燃烧)	适用于锅炉、燃气炉等 锅炉、燃气炉等
其他	呼出气体中的酒精、烟等	适用于醉驾检测、烟雾排放等

12.7 气敏传感器工程应用案例

12.7.1 酒精含量检测显示系统案例

随着我国汽车制造业的迅速发展,家用汽车数量猛增,醉驾肇事现象时有发生,给国家、家庭都造成了极大的损失。为此国家也出台了相关政策,严厉查处、法办醉驾。目前交通管理部门使用的醉驾检测显示仪就是一个典型的气敏传感器检测显示系统案例。图 12-18 是一个简易酒精测试仪电路原理图。该测试仪可以检测司机驾车时,是否喝了酒。只要司机向简易酒精测试仪吹一口气,便可显示出司机醉酒的程度,确定司机是否属于醉驾车辆。该测试仪选用 TGS-812 型气敏元件。IC 为显示驱动集成电路,它共有 10 个输出端,每个输出端可以驱动一个发光二极管。

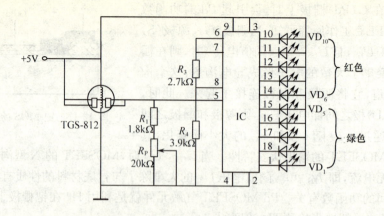

图 12-18 简易酒精测试仪电路原理图

该简易酒精测试仪的工作原理如下:当气敏传感器探测不到酒精时,加在 IC 第 5 引脚的电平为低电平,发光二极管不亮。当气敏传感器探测到酒精时,其内阻变低,从而使 IC 的第 5 引脚电平变高。显示驱动集成电路根据第 5 引脚电压高低来确定依次点亮发光二极管的个数,酒精含量越高,则点亮二极管的个数越多。上面 5 个发光二极管为红色,表示超过安全水平;下面 5 个发光二极管为绿色,代表安全水平以下(酒精含量不超过 0.05%)。检测员可根据红色发光二极管点亮的个数来确定司机醉驾的程度。若利用单片机技术,可将酒精含量的百分数以数字形式显示出来。

12.7.2 有害气体监测控制系统案例

实验室有害气体报警控制系统就是一个典型的气敏传感器监测控制系统案例。图 12-19 是某实验室有害气体监测报警控制电路原理图,其作用是鉴别实验中是否产生有害气体。当实验中产生的有害气体超标时,报警电路开始工作,并自动开启排风扇进行排气,使室内始终保持空气清新。图 12-19 中 MQS2B 是旁热式烟雾、有害气体检测传感器。它的特点是当无有害气体时阻值较高(10kΩ 左右),当有害气体或烟雾进入时阻值急剧下降,使 A、B 两端的电压下降,从而使得 B 点电位升高,经电阻 R_1 和 R_P 分压,R_2 限流加到开关集成电路 TWH8778 的选通端 5,

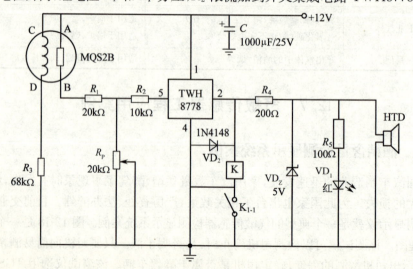

图 12-19 有害气体检测报警控制电路原理图

当5引脚电压达到设定值(调节可调电阻 R_P 可改变5引脚的电压设定值)时,1、2两引脚导通。+12V电压加到继电器K线圈上使其通电,继电器的常开触点 K_{1-1} 吸合,排风扇得电运行,开始排风。同时2引脚输出+12V电压经 R_4 限流和稳压二极管 DW_1 稳压后供给微音器HTD电压,HTD发出嘀嘀声,发光二极管发出红光,实现声光报警功能。

思考题及习题 12

12-1 简述热导式气敏传感器的工作原理,说明能否用热导式气敏传感器分析烟气中 CO_2 的含量。

12-2 简述氧化锆氧量计将氧含量信号转换成电信号的工作原理。

12-3 若用氧化锆氧量计分析炉烟中的氧含量,设氧化锆管的工作温度为800℃,试确定在锅炉烟气氧含量不变的情况下,工作温度变化100℃引起的相对测量误差。

12-4 简述气敏元件的工作原理。

12-5 为什么多数气敏元件都附有加热器?

12-6 按照半导体变化的物理特性,半导体气敏元件可分为哪几类?并简述它们的工作原理。

12-7 试设计一个家庭用煤气、液化石油气浓度监测控制电路,实现对家庭厨房内是否有煤气、液化石油气泄漏进行监测和控制。

第 13 章　湿敏传感器及工程应用

13.1　湿度检测概述

湿度与工农业生产、国防、科研以及人类的日常生活息息相关,随着人类的进步和发展,湿度的重要性也越发凸显。为了保证生产环节和设备处在良好的环境中,对空气湿度进行测量及控制,使环境适应工农业生产、国防、科研以及人类日常生活的需要是今后发展的必然。

13.1.1　湿度的描述方法

湿度一般是指大气中水蒸气的含量,通常用绝对湿度和相对湿度来表示。有时也用比湿和露点来表示。

1. 绝对湿度

绝对湿度是指在一定的温度条件下,单位体积气体中所含水蒸气的质量,单位是 g/m^3。一般用符号 AH 表示。由于在相同的大气中,温度不同,则它的绝对湿度数值也不一样,所以绝对湿度只有与温度一起才有意义。

2. 相对湿度

相对湿度是指被测气体的绝对湿度和同一温度条件下达到饱和状态的绝对湿度之百分比,一般用符号 RH 表示。它是一个无量纲的量,而且与温度高低无关,故在实际应用中多使用相对湿度这一概念。在不引起混淆的情况下,通常把相对湿度简称为湿度。

由于水的饱和蒸气压是随温度的降低而降低的。因此,降低温度可以使未饱和水蒸气变成饱和水蒸气。当温度下降到某一温度时,其水蒸气压与同温度下的饱和蒸气压相等。水蒸气将向液态转化而凝结为露珠,此时相对湿度为 100%,这个特定的温度就称之为露点。空气中水蒸气压力越小,露点越低,因而也可以用露点来表示空气湿度的大小。

13.1.2　湿度的测量方法

众所周知,水分子具有较大的偶极矩,易于附着并渗透固体表面的特性。而有些固体材料被水分子附着后,其性能要发生明显的变化,并且这些性能的变化与湿度大小有关。利用材料的这些特性制作成湿敏元件,就可对空气湿度进行测量。

13.1.3　湿敏传感器及分类

用来检测空气中湿度大小的传感器叫做湿敏传感器。湿敏传感器的品种繁多,按其结构分类,可分为电阻式、电容式和其他式三类。

1. 电阻式湿敏传感器

电阻式湿敏传感器实际是一个利用水分子附着并渗透后,其电阻率和电阻值都发生变化的特性制作而成的器件。为了便于水分子附着,它上面有一层用感湿材料制成的膜。当空气中的水蒸气吸附在感湿膜上时,该器件的电阻率和电阻值都发生变化,所以人们又把它称作湿敏电阻。电阻式湿敏传感就是利用它的这一特性来测量空气湿度的。

2. 电容式湿敏传感器

电容式湿敏传感器实际是利用水分子附着并渗透后,它的电容量就发生变化的原理制作而成的器件。为了便于水分子附着,它上面也有一层用感湿材料制成的膜。当环境湿度发生改变时,它的介电常数就发生变化,从而使其电容量发生变化。所以人们又把它称作湿敏电容。电容式湿敏传感器就是利用它的这一特性来测量空气湿度的。

3. 其他式湿敏传感器

其他式湿敏传感器是除了电阻式和电容式以外的所有湿敏传感器,比如光纤湿敏传感器、超声波湿敏传感器、微波湿敏传感器及集成湿敏传感器等。

由于湿度的检测比其他物理量的检测要困难得多,下面仅介绍几种目前发展比较成熟的湿敏传感器。

13.2 电阻式湿敏传感器

电阻式湿敏传感器的种类很多,如金属氧化物湿敏电阻、硅湿敏电阻、陶瓷湿敏电阻等。湿敏电阻的优点是灵敏度高,主要缺点是线性度和产品的互换性差。

13.2.1 氯化锂湿敏电阻

1. 测湿原理及结构

氯化锂湿敏电阻是利用吸湿性盐类潮解,离子电导率就发生变化的原理而制成的测湿元件。它由引线、基片、感湿层、金电极4部分组成,图13-1(a)是其结构示意图。

通常用氯化锂和聚乙烯醇组成混合体,这个混合体的特点是:

① 在氯化锂(LiCl)溶液中,Li 和 Cl 均以正负离子的形式存在,而 Li^+ 对水分子的吸引力强,离子水合程度高,其溶液的导电能力与溶液中离子数量成正比。

② 当氯化锂溶液置于一定温湿场中,如果环境的相对湿度高,则溶液将吸收水分,使溶液中离子数目增多,导电能力增强,故溶液的电阻率降低。如果环境的相对湿度低,则溶液中离子数目少,其电阻率增加。

2. 湿敏特性

湿敏电阻的湿敏特性是指它的电阻值与相对湿度之间的关系特性。氯化锂湿敏电阻的湿敏特性曲线如图 13-1(b)所示。由图可知,在相对湿度为(50%~80%)RH 的范围内,氯化锂的电阻与相对湿度呈线性关系,线性范围不够大。为了扩大线性范围,通常采用将多个氯化锂含量不同的器件组合使用。如将线性测量范围分别为(10%~20%)RH、(20%~40%)RH、(40%~70%)RH、(70%~90%)RH 和(90%~99%)RH 5 种元件组合使用,就可在整个湿度范围内实现氯化锂电阻与相对湿度呈线性关系。

氯化锂湿敏电阻的优点是滞后小、不受环境风速的影响、检测精度可高达±5%等,缺点是耐热性差、不能用于露点以下测量、器件性能重复性差、使用寿命短。

13.2.2 陶瓷湿敏电阻

陶瓷湿敏电阻的主要元件是多孔陶瓷,它是用两种以上的金属氧化物混合烧结而成的。这些多孔陶瓷的电阻率有的随湿度增加而减小,有的随湿度增加而增大。通常把电阻率随湿度增加而减小的称作负特性,把电阻率随湿度增加而增大的称作正特性。目前,用多孔陶瓷制成的典型陶瓷湿敏电阻主要有下面几种。

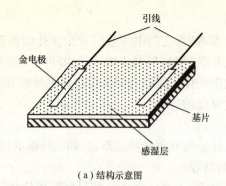 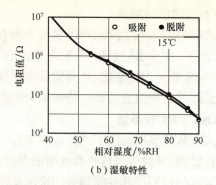

(a) 结构示意图 (b) 湿敏特性

图 13-1　氯化锂湿敏电阻结构示意图及湿敏特性

1. $MgCr_2O_4$-TiO_2 陶瓷湿敏电阻

$MgCr_2O_4$-TiO_2 陶瓷湿敏电阻的主要元件是由 $MgCr_2O_4$-TiO_2 烧结而成的多孔半导体陶瓷片。它的气孔大部分为粒间气孔，气孔直径随 TiO_2 添加量的增加而增大，平均气孔直径在 100~300nm 内。这种结构容易吸附水分，属于负特性湿敏半导体陶瓷。它的电阻率低，温度特性好。利用这种湿敏陶瓷片构成的湿敏电阻结构如图 13-2(a)所示。图中，在 $MgCr_2O_4$-TiO_2 陶瓷片的两面涂覆有多孔金电极。金电极与引线烧结在一起，为了减少测量误差，在陶瓷片外设置由镍铬丝制成的加热清洗线圈，以便排除恶劣气氛对器件的污染。整个器件安装在陶瓷基片上，电极的引线一般为 Pt-Ir 丝。引线与陶瓷基片之间带有护圈的绝缘子，这样能消除传感器接头之间因电解质黏附而引起的泄漏电流的影响。

$MgCr_2O_4$-TiO_2 陶瓷湿敏电阻的湿敏特性曲线如图 13-2(b)所示。由图可知，它的电阻值既随环境相对湿度的增加而减小，又随周围环境温度的变化而有所变化。

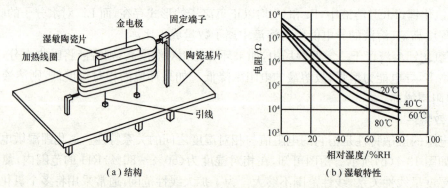

(a) 结构　(b) 湿敏特性

图 13-2　$MgCr_2O_4$-TiO_2 陶瓷湿敏电阻结构及湿敏特性

2. ZnO-Cr_2O_3 陶瓷湿敏电阻

ZnO-Cr_2O_3 陶瓷湿敏电阻的主要元件是由 ZnO-Cr_2O_3 烧结而成的半导体多孔陶瓷圆片。为了便于使用，在多孔陶瓷圆片的两表面上烧结上多孔金电极，并焊上铂引线。把该结构的 ZnO-Cr_2O_3 半导体陶瓷湿敏元件装入有网眼过滤的方形塑料盒中，并用树脂固定就构成了 ZnO-Cr_2O_3 陶瓷湿敏电阻，该电阻的结构如图 13-3 所示。

ZnO-Cr_2O_3 陶瓷湿敏电阻的优点：一是体积小，成本低；二是可连续稳定地测量湿度，而无需加热除污装置；三是功耗低，一般小于 0.5W。因此它是一种常用的测湿传感器。

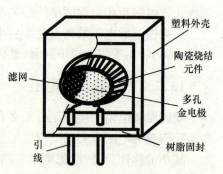

图 13-3　ZnO-Cr_2O_3 陶瓷湿敏电阻

3. Fe_3O_4 陶瓷湿敏电阻

Fe_3O_4 陶瓷湿敏电阻是由基片、金电极和感湿膜组成,其结构如图 13-4(a)所示。基片采用滑石瓷,该材料的吸水率低、机械强度高、化学性能稳定。基片上制作一对梭状金电极,然后将 Fe_3O_4 胶粒与水混合,调制成适当黏度浆料涂覆在梭状金电极的表面,进行热处理和老化后,引出电极即可。Fe_3O_4 胶粒之间的接触呈凹状,粒子间的空隙使薄膜具有多孔性,当空气相对湿度增大时,Fe_3O_4 胶膜吸湿,由于水分子的附着,强化颗粒之间的接触,降低粒间的电阻和增加更多的导流通路,所以元件阻值减小。当处于干燥环境中,胶膜脱湿,粒间接触面减小,元件阻值增大。当环境温度不同时,涂覆膜上所吸附的水分也随之变化,使梭状金电极之间的电阻产生变化。图 13-4(b)和(c)分别为国产 MCS 型 Fe_3O_4 湿敏电阻的湿敏特性曲线和湿敏温度特性曲线。

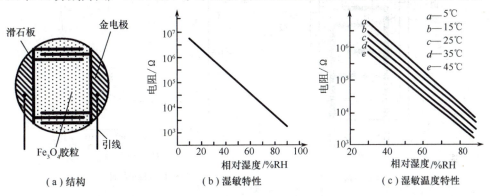

(a)结构　　(b)湿敏特性　　(c)湿敏温度特性

图 13-4　MCS 型 Fe_3O_4 陶瓷湿敏电阻的结构及特性

Fe_3O_4 陶瓷湿敏电阻的优点是在常温、常湿下性能比较稳定,有较强的抗结露能力,测湿范围广,有较好的线性湿度-电阻特性和较好的温度特性。缺点是器件有较明显的湿滞现象,响应时间长,吸湿过程(60%RH→98%RH)需要 2min,脱湿过程(98%RH→12%RH)需要 5~7min。

陶瓷湿敏电阻具有测量湿度范围宽,基本上可以实现全湿范围内的湿度测量;工作温度范围宽,常温湿敏电阻的工作温度在 150℃ 以下,而高温湿敏电阻的工作温度可达 800℃;响应时间短,精度高,工艺简单,成本低等优点,故在测量湿度时被广泛采用。

13.2.3　结露传感器

结露传感器属于高分子类电阻式湿敏传感器,主要用于结露的状态检测,特别是在电器设备的安全和视频电子产品的保护方面应用比较广泛。由于它性能比较特殊,故单独介绍。

1. 结构及工作原理

结露传感器的结构如图 13-5(a)所示,它是在氧化铝基板上覆盖上一层感湿高分子材料为主体的感湿膜,并在其上引出两电极而构成。

结露传感器的感湿膜是由亲水性树脂掺入导电性微粒,并进行聚合反应生成具有胀缩物黏合剂的聚合物。通过改变它们的比率,就能满足灵敏度、耐湿性、稳定性的要求及阻值的调整。在低湿时感湿膜吸收的水分小,亲水树脂处于收缩状态,导电微粒间距较小,阻值较低。湿度增加时感湿膜吸收水分增多,导电微粒间距增大,阻值相应增大,当湿度接近结露状态时,亲水性树脂吸湿量大增,感湿膜急剧膨胀,使电阻值也急剧增大,即在结露点附近阻值形成开关状态。

2. 湿敏特性

HDP 结露传感器的湿敏特性曲线如图 13-5(b)所示。由图可知,结露传感器的湿敏特性曲线较为特殊,在相对湿度为(60%~90%)RH 时阻值变化不大,约为几到几十千欧;当湿度接近结露状态时,阻值迅速增大到几百千欧乃至几兆欧,即阻值可剧增 2~3 个数量级。类似于开关特性。利用它这种良好的开关特性,可进行结露状态的监测和控制。而且由于感湿膜很薄,所以响应时间很快,常湿下仅为 1~2s。该结露传感器的使用温度范围为 -10~60℃,湿度检测范围为(93%~100%)RH,并且使用十分方便。它采用直流电压供电,最高使用电压为 5.5V,性能十分稳定,而且耐高湿,这是其他湿敏传感器无法比拟的。由于它具有以上优点,常被广泛应用在各种电子产品(如摄像机、复印机)的结露监测以及高级轿车挡风玻璃、车窗结露监测和自动除霜等。

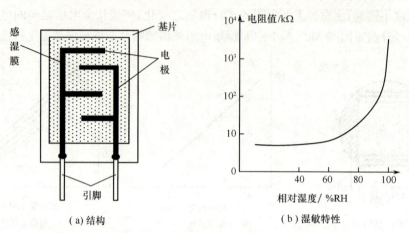

图 13-5 结露传感器的结构及湿敏特性

常见的结露传感器型号有 HDP-07,HGP-07 及 SY-DS-1 等,工作电压为 0.8V。在 75%RH 时,阻值为 15~20kΩ;在 93%RH 时,阻值为 100kΩ;在 100%RH 时,阻值为 200kΩ。

13.3 电容式湿敏传感器

电容式湿敏传感器的主要优点是灵敏度高、产品互换性好、响应速度快、湿度的滞后量小、便于制造、容易实现小型化和集成化,但其精度一般比湿敏电阻要低一些。常见的电容式湿敏传感器主要有陶瓷湿敏电容和高分子湿敏电容两种。

13.3.1 陶瓷湿敏电容

1. 结构及工作原理

图 13-6(a)是 Al_2O_3 感湿膜陶瓷湿敏电容的结构示意图。它是一个由多孔氧化铝(Al_2O_3)感湿膜、铝棒和金电极等部分组成的单元气孔平行板电容器。当环境湿度发生变化时,该电容器的感湿膜吸附环境中的水分子后介电常数发生变化,从而使它的电容量发生变化。并且电容量的大小与湿度有一定的关系。

2. 湿敏特性

湿敏电容的湿敏特性是指它的电容量与相对湿度的关系特性。由 Al_2O_3 感湿膜组成的陶瓷湿敏电容,当环境湿度变化时,它的感湿膜对环境中水分子的吸附就发生变化,从而导致它的膜电阻和膜电容也发生变化。其膜电容与相对湿度的关系特性曲线如图 13-6(b)所示。在低湿度时首先进行化学吸附,随着湿度的增加开始形成第一物理吸附层,这时曲线的线性度较好。到高湿度时会形成多层物理吸附层,电容量也会迅速增大,线性度变差。若湿度进一步提高,特性曲线变得平缓。在实际应用中,线性度不佳和在高湿环境中长期工作容易老化是多孔 Al_2O_3 湿敏电容的缺点,使用时应当引起重视。

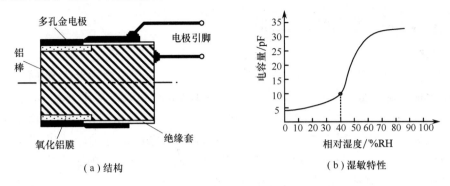

(a) 结构　　　　　　　　　　(b) 湿敏特性

图 13-6　Al_2O_3 感湿膜陶瓷湿敏电容的结构及湿敏特性

13.3.2　高分子湿敏电容

1. 结构及工作原理

高分子湿敏电容一般由基片、高分子材料感湿膜和引出电极三部分组成,其结构如图 13-7 所示。当高分子材料感湿膜吸附环境中的水分子后,它的电容量就会发生明显变化,高分子湿敏电容就是根据这一原理而制成的。它的电容量大小取决于环境中水蒸气的相对压力、电极的有效面积和感湿膜的厚度。

2. 湿敏特性

高分子湿敏电容具有电容量与相对湿度基本呈线性关系的特性,且具有输出湿滞小,温度系数小,性能稳定,输出不受其他气体的影响等特点。常见 MSR-1 型湿敏电容传感器的湿敏特性曲线如图 13-8 所示。它的使用温度在 $-10\sim 60$℃之间,测量湿度范围为 $(0\sim 100\%)$RH,频率范围为 $10\sim 200$Hz,灵敏度为 0.1pF/%RH(20℃),电容量为 45 ± 5pF(12%RH、20℃),响应时间小于 5s。

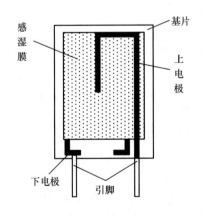
图 13-7　高分子湿敏电容的结构

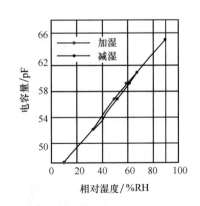
图 13-8　高分子湿敏电容的湿敏特性

13.4　集成湿敏传感器

随着集成电路技术的迅速发展,利用集成电路工艺制作的集成湿敏传感器也已问世。由于它具有精度高、线性度好、互换性强及使用方便等诸多优点,从而得到了广泛应用。下面以IH3605为例对集成湿敏传感器作以介绍。

13.4.1 IH3605集成湿敏传感器

1. IH3605的结构

IH3605是一款常见的集成电容式湿敏传感器。它采用集成电路技术将多孔铂层、热固聚合体及铂电极组成的湿度敏感电容器和测量转换电路集成在一块陶瓷基片上,并引出三个引脚,其外形如图13-9(a)所示。其中1引脚为电源负极,2引脚为信号输出端,3引脚为电源正极。它的工作电压范围为4~9V,典型工作电压是5V。当采用5V电压供电时,工作电流为200μA;9V供电时,工作电流为2mA。在缓慢流动的空气中,25℃时的响应时间为15s;在-40~+85℃的工作温度范围内,能精确地测量出空气的相对湿度。

2. IH3605的工作原理

当把IH3605集成电容式湿敏传感器放到被测空气中时,空气中的湿度就会引起该集成湿敏传感器内部湿敏电容器容量的变化,该电容量的变化经内部集成测量电路转换成电压的变化输出。这个输出电压的大小就代表了相对湿度的高低,并且输出电压与相对湿度呈线性关系。

3. IH3605的工作特性

实验证明,IH3605的输出电压不仅与相对湿度有关系,而且还与供电电压和环境温度有关。当供电电压升高时,它的输出电压也将成比例地升高。IH3605集成湿敏传感器在采用5V电源供电的条件下,在0℃、25℃和85℃时的输出电压特性曲线如图13-9(b)所示。

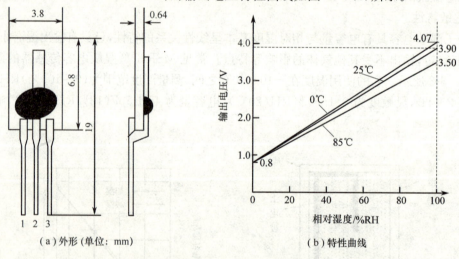

图13-9 IH3605集成电容式湿敏传感器外形及工作特性

13.4.2 IH3605使用注意事项

由于集成湿敏传感器的输出电压大小与环境温度和供电电压有关。在使用IH3605测量湿度时,当供电电压不是5V或环境温度不是0℃、25℃和85℃时,就不能直接利用图13-9(b)给出的特性曲线进行计算。为了测量准确,在使用中需要根据实际情况进行必要的修正。

1. 特性曲线的修正方法

由于集成湿敏传感器的工作特性曲线是在一定条件下测试出来的,当外界使用条件与测试条件不符时,就需要对特性曲线进行修正。比如,图13-9(b)是IH3605在供电电源5V条件下测出的,根据供电电压升高时、输出电压也将成比例升高的特点可知,当供电电源不是5V而是U_{DC}时,它在25℃环境下的输出特性曲线应修正为

$$U_{out}=U_{DC}(0.0062H_0+0.16) \tag{13-1}$$

式中,H_0 为 IH3605 在 25℃ 时的相对湿度(%RH);U_{out} 为 IH3605 的输出电压(V);U_{DC} 为 IH3605 的工作电压(V)。

2. 相对湿度的修正方法

由于集成湿敏传感器的工作特性只给出了几个典型温度下的特性曲线,为了准确计算出被测环境温度 t 下的相对湿度,通常还要根据集成湿度传感器的工作特性曲线进行修正。对于 IH3605 来说,计算相对湿度的修正方法步骤如下:

第一步,根据修正公式(13-1)计算出 25℃ 条件下的相对湿度值 H_0,即

$$H_0=\frac{U_{out}-0.16U_{DC}}{0.0062U_{DC}} \tag{13-2}$$

第二步,根据下面修正公式计算相对湿度 H

$$H=\frac{H_0}{1.0546-0.00216t} \tag{13-3}$$

式中,t 为被测环境温度(℃),利用式(13-3)计算出的 H 就是被测环境温度为 t℃时的相对湿度(%RH)。

13.5 湿敏传感器工程应用案例

13.5.1 湿度检测显示系统案例

人们日常生活中常见的湿度计就是利用湿敏传感器进行湿度检测和显示的典型应用案例,图 13-10 是一个直读式湿度计电路原理图。

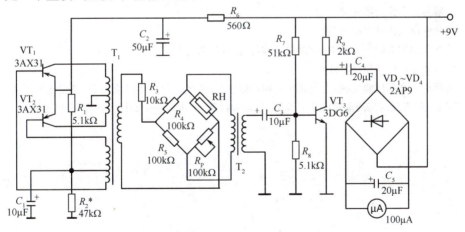

图 13-10 直读式湿度计电路原理图

图 13-10 中 RH 为氯化锂湿敏传感器。由 VT_1、VT_2、T_1 等组成测湿电桥的交流电源,其频率为 250~1000Hz。电桥输出经变压器 T_2、C_3 耦合到 VT_3,经 VT_3 放大,VD_1~VD_4 桥式整流,C_5 滤波后,输入给微安表,由微安表指示出由于相对湿度的变化引起电流的改变,经标定并把湿度刻划在微安表盘上,就成为一个简单而实用的直读式湿度计。

13.5.2 湿度监测控制系统案例

目前,用在汽车驾驶室挡风玻璃上的自动除霜电路就是利用湿敏传感器进行湿度监测控制的案例。图 13-11 是某汽车挡风玻璃自动除霜电路原理图,其目的是防止驾驶室内挡风玻璃结露或积霜。在低湿度时,结露传感器 HDP-07 的电阻较小,调整 R_1、R_2 使 VT_1 饱和导通,VT_2 截止,继电器线圈 K 中无电流,则它的常开触点 S 断开,加热器 R_L 不工作。当环境湿度到达 85%RH 以上时,结露传感器电阻突然变大,使 VT_1 截止,VT_2 饱和导通,继电器线圈 K 通电,使它的常开触点 S 闭合,加热器 R_L 通电加热驱散湿气,避免挡风玻璃结露,影响行车安全。当湿度减小到一定程度时,结露传感器 HDP-07 的电阻突然变小,使 VT_1、VT_2 又恢复到初始状态,加热停止,从而达到了自动除湿的目的。本电路同样适用于其他需要自动除湿的场合。

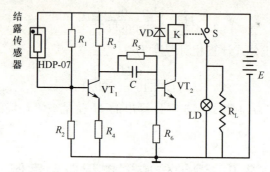

图 13-11 汽车挡风玻璃自动除霜电路

思考题及习题 13

13-1 什么是绝对湿度和相对湿度?

13-2 湿敏传感器分为哪几种类型?

13-3 氯化锂湿敏传感器有何特点?

13-4 什么是湿敏电阻?湿敏电阻有哪些类型?各有什么特点?

13-5 电容式湿敏传感器分哪几种?

13-6 经理论研究和试验发现:人类居住的相对湿度在(40%~70%)RH 之间时,感觉比较舒适。试设计一个房间湿度控制器,实现对房间湿度的实时监测、显示和控制,使房间湿度始终保持在(40%~70%)RH 之间。

第14章 数字式传感器及工程应用

14.1 数字式传感器概述

按传感器的输出信号分类,传感器可分为模拟式传感器和数字式传感器两大类。若传感器的输出信号为模拟信号则称作模拟式传感器,若传感器的输出信号为数字信号则称作数字式传感器。随着微型计算机的迅速发展及应用的广泛普及,微型计算机也进入了检测、控制领域。由于前面介绍的传感器都是模拟式传感器,要与计算机等数字系统配接,必须经过A/D转换器将模拟信号转换成数字信号才行。这样既增加了系统的复杂性,又使控制精度受到A/D转换精度和参考电压精度的限制。而数字式传感器能够直接将被测参数转变成数字量,供计算机使用。它与模拟式传感器相比,具有如下特点:

① 具有高的测量精度和分辨率,测量范围大;
② 抗干扰能力强,稳定性好;
③ 数字信号便于远传、处理和存储;
④ 便于和计算机等数字系统连接,构建庞大的测量、控制系统;
⑤ 硬件电路便于集成化;
⑥ 安装方便,维护简单,工作可靠性高。

数字式传感器的发展历史不长,因此数字式传感器的种类不多。到目前为止在测量和控制系统中,广泛应用的数字式传感器主要分为两种类型:一是直接以数字代码形式输出的数字式传感器,如码盘式编码器、数字式温度传感器等;二是以脉冲形式输出的数字式传感器,如脉冲盘式编码器、感应同步器、光栅和磁栅等。数字式传感器有的可用于精确测量线位移和角位移,有的可用来精确测量转速和计数。由于数字式传感器在自动监测和控制系统中应用愈来愈广泛,因而成为传感器今后发展的方向之一,备受人们关注。本章主要介绍几种常用的数字式传感器。

14.2 编 码 器

将机械转动的模拟量(角位移)转换成数字代码式电信号的传感器称作编码器,编码器以其精度高、可靠性好被广泛应用于各种角位移的测量和自动控制系统中。编码器的种类很多,主要分为脉冲盘式编码器(又叫增量编码器)和码盘式编码器(又叫绝对编码器)两大类。而码盘式编码器按其结构又可分为接触式和非接触式两种,其中非接触式又有光电式、电磁式等多种。

它们的分类关系如下所示:

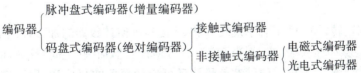

限于篇幅,不能一一介绍。下面仅介绍几种性价比高,应用又比较广泛的编码器。

14.2.1 增量编码器

增量编码器种类很多,最常见的是光电式增量编码器。下面就介绍它的工作原理。

1. 光电式增量编码器工作原理

光电式增量编码器的工作原理如图 14-1 所示。它是在一个不透光的圆盘边缘上,做上一圈圆心角相等的缝隙。在开有缝隙的圆盘两边分别安装光源及光电接收元件。

把开有缝隙的圆盘安装在转轴上,当圆盘随工作轴一起转动时,圆盘每转过一个缝隙就发生一次光线的明暗变化,经过光敏元件就产生一个电脉冲信号,再经过放大整形,就可以得到具有一定幅度的矩形脉冲信号输出,并且矩形脉冲个数等于圆盘转过的缝隙数,将矩形脉冲信号送到计数器中去进行计数,则计数码的大小就能反映圆盘转过的转角。这就是光电式增量编码器将角位移转换成电脉冲信号的工作原理。显然,圆盘上缝隙数的多少,代表了脉冲盘式编码器的精度和分辨率。通常把圆盘上的一圈缝隙称作一个码道。具有码道的圆盘称作码盘。

2. 旋转方向判别电路

由图 14-1 可知,该码盘可以把角位移转变成电量,但不能确定转动的方向和零位。而角位移是向量,它不但有大小,而且还有方向和零位。为了辨别角位移的方向,提高测量精度,并实现数字显示的目的,必须把它进行改进。改进后的码盘具有等角距的内外两个码道,并且内外码道的相邻两缝距离错开半条缝宽,另外在内外码道(通常在外码道)之外,开一狭缝,表示码盘的零位。并在该码盘的某一径向位置两侧安装光源、窄缝和光电转换元件组,其结构如图 14-2 所示。它将角位移转换成 A、B 两路矩形脉冲信号,供辨向计数使用。同时还输出一路零位矩形脉冲信号,作为零位标记。

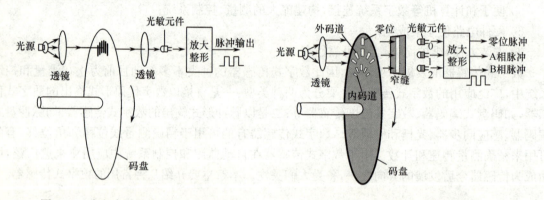

图 14-1　光电式增量编码器工作原理　　图 14-2　光电式增量编码器的结构

辨向计数电路结构如图 14-3(a)所示。设内码道比外码道超前半条缝宽,且透光缝隙和不透光缝隙宽度相等。当正转时,光敏元件 2 比光敏元件 1 先感光,经放大整形后输出 B 脉冲比 A 脉冲超前 90°,如图 14-3(b)所示。由于将它们分别接到 D 触发器的 CP 端和 D 端,则 D 触发器在 B 脉冲的上升沿触发,使 D 触发器的 Q 端始终是零(即 Q=0)。而 Y 输出端则是码盘每转过一条缝隙就输出一个脉冲。当反转时,光敏元件 1 比光敏元件 2 先感光,A 脉冲比 B 脉冲超前 90°,使 D 触发器的 Q 端始终是 1(即 Q=1)。而 Y 输出端则仍然是码盘每转过一条缝隙就输出一个脉冲。

用 Q=0 表示正转,而 Q=1 表示反转。将 Q 接到可逆计数器的加减控制端 M,Y 经延时后接到可逆计数器的脉冲输入端 CP,则当 Q=0 时可逆计数器加法(正向)计数,而当 Q=1 时可逆计数器减法(反向)计数。若将零位脉冲信号接到可逆计数器的复位端,即可实现码盘每转动一圈计数器就复位一次的目的。这样无论正转还是反转,计数器每次反映的都是相对于上次角度的增量,故又把它称作增量式编码器。

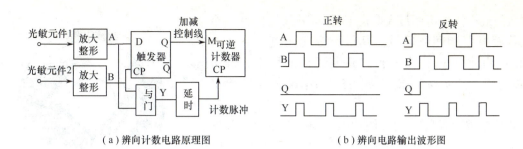

(a) 辨向计数电路原理图　　　　　　(b) 辨向电路输出波形图

图 14-3　光电式增量编码器辨向计数电路及输出波形

注意：除了上述介绍的光电式增量编码器外，目前还相继开发了光纤式增量编码器和霍尔式增量编码器等，它们都得到了广泛的应用。

14.2.2　码盘式编码器

码盘式编码器是按角度直接进行编码的传感器。这种传感器是把码盘安装在被测的转轴上，其特点是可以把转轴的任意位置给出一个与位置相对应的固定数字编码输出，能方便与数字系统（如微机）连接。码盘式编码器按其结构可分为接触式和非接触式两种。

接触式编码器的数字信号通过码盘上的电刷输出，长时间使用容易造成电刷磨损。非接触式编码器无电刷，而且体积小、寿命长、分辨率高，在自动测量和控制系统中得到了广泛应用。下面仅介绍码盘式编码器中性价比最高的光电式编码器。

光电式编码器属于非接触式编码器，其基本结构如图 14-4(a) 所示。它主要由码盘、窄缝及安装在码盘两边的光源和光电元件等组成。码盘是由光学玻璃制成的，上面刻有许多同心码道，每一条码道上都刻有透光和不透光两种区域，如图 14-4(b) 所示。

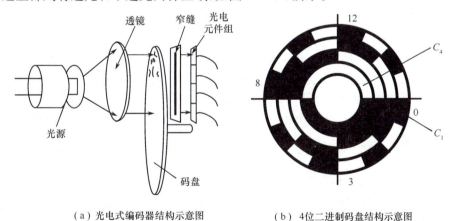

(a) 光电式编码器结构示意图　　　　(b) 4位二进制码盘结构示意图

图 14-4　光电式编码器

其中黑色区域为不透光区，而白色区域为透光区。当光投射到码盘上时，码盘的透光区允许光线通过，并照射到与码道一一对应的光电元件上，光电元件就把光信号变成电信号输出，而不透光区不允许光线通过，这时无光线照射到光电元件上，光电元件上就无电信号输出。前者看作逻辑"1"，而后者看作逻辑"0"。根据码盘的结构，当码盘转至不同的位置时，光电元件上输出的信号组合，就代表了码盘旋转的角度，也就是被测物体旋转的角度。

码盘的编码规则按其所用码制可分为二进制码、十进制码、循环码等多种。图 14-4(b) 所示是一个 4 位二进制码盘，最内圈是二进制数的最高位，只有 0 和 1，故码道一半黑、一半白；4 位二进制数的最小值是0,而最大值是15,故最外圈是$2^4=16$个大小相等而黑白相间的区域。其最小分辨角度$\alpha=360°/2^4=22.5°$。由此可知,一个n位二进制码盘的最小分辨角度$\alpha=360°/2^n$。且n越大,能分辨的角度越小,测量精度也就越高。

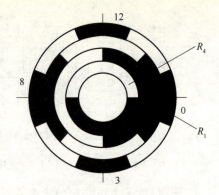

此种二进制码盘虽然结构简单,但对码盘的制作和安装要求十分严格,否则就会出错。例如,当码盘由(0111)向(1000)过渡时,如果由于刻线误差或安装误差等原因,使某一位提前或延后改变,就会出现粗大误差。

为了避免粗大误差,通常采用循环码代替二进制码。一个4位循环码盘的结构如图14-5所示。表14-1给出了4位二进制码和4位循环码的对照表。从表中看出,由于循环码相邻的两个数码间只有一位变化,因此,即使制作和安装不准,产生的误差最多等于最低位的一个比特,从而大大提高了准确度。

图14-5 4位循环码码盘结构示意图

表14-1 4位二进制码与4位循环码对照表

十进制数	二进制码(B)	循环码(C)	十进制数	二进制码(B)	循环码(C)
0	0000	0000	8	1000	1100
1	0001	0001	9	1001	1101
2	0010	0011	10	1010	1111
3	0011	0010	11	1011	1110
4	0100	0110	12	1100	1010
5	0101	0111	13	1101	1011
6	0110	0101	14	1110	1001
7	0111	0100	15	1111	1000

由于循环码的各位没有固定的权,通常需要把它转换成二进制码,然后再译码输出。用$C(C_4C_3C_2C_1)$表示循环码,用$B(B_4B_3B_2B_1)$表示二进制码,从表14-1中可以找出循环码转换成二进制码的法则是

$$\begin{cases} B_4=C_4 \\ B_i=C_i \oplus B_{i+1} \end{cases} (i=3,2,1) \qquad (14\text{-}1)$$

上式表示,由循环码C转换成二进制码B时,最高位不变,以后从高位开始依次求出其余各位,即本位循环码C_i与已经求得的相邻高位二进制码B_{i+1}作异或运算,结果就是本位二进制码B_i。将它推广到n位,则其n位循环码转换成n位二进制码的法则是

$$\begin{cases} B_n=C_n \\ B_i=C_i \oplus B_{i+1} \end{cases} (i=n-1,\cdots,2,1) \qquad (14\text{-}2)$$

根据式(14-1)设计一个4位循环码转换成二进制码的电路,即可用循环码盘实现转角的精确测量。设计这种转换电路的方法很多,用异或门设计的转换器如图14-6所示。这种并行转换器的转换速度较快,缺点是所用元件较多。n位循环码

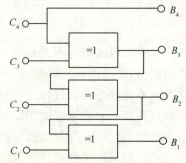

图14-6 循环码-二进制码转换器

需用 $n-1$ 个异或门。若用存储芯片设计这种转换器较为简单。

大多数编码器都是单盘的,结构简单,但当要求较高的分辨率时,码盘直径必须增大。但码盘直径不能无限制地增大。在码盘直径一定的情况下,要想制作高分辨率的码盘非常困难,而且精度也很难达到。通常采用双盘编码器来实现,所谓双盘编码器实际上是用两个分辨率较低的码盘组合而成的,在不增大码盘直径的情况下,可大大提高编码器的分辨率。

14.3 数字式温度传感器

数字式温度传感器是近几年发展起来的一种新型温度传感器,其特点是直接将温度信号转化为数字信号输出,使用方便,测得的温度更加准确,便于和微机连接等。典型的数字式温度传感器是 DS18B20,它是美国 DALLAS 半导体公司生产的,工作电压是 DC 3.0～5.5V,测量温度范围为 -55～$+125$℃,测温分辨率为 9～12 位,用户可编程,最高精度可达 ± 0.5℃。由于它采用"单总线"接口方式,大大提高了系统的抗干扰性。可用于恶劣环境的现场温度测量,还可使用户轻松地组建多点测温网络,备受大家青睐。

14.3.1 DS18B20 的内部结构

图 14-7 是 DS18B20 的三种封装形式,中间这种是非正常封装,它的引脚间距较宽(150mil),主要方便适用于不同的硬件系统。在这三种封装里,有用的引脚只有三个。其中 DQ 为数字信号输入/输出端;GND 为地端;V_{DD} 为外接电源输入端,当采用寄生电源供电时,此端接地;NC 为空引脚端。

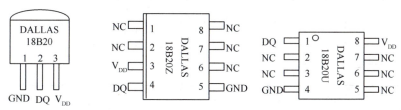

图 14-7　DS18B20 的封装形式

图 14-8 是 DS18B20 的内部结构。它主要由 64 位光刻 ROM、高速暂存 RAM、温度传感器、EEPROM(存放高温报警值 TH、低温报警值 TL 及配置寄存器值)4 部分组成。各部分的结构及功能如下。

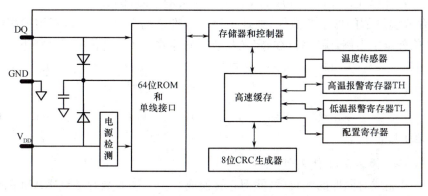

图 14-8　DS18B20 的内部结构框图

1. 光刻 ROM

光刻 ROM 中的 64 位数码是出厂前被光刻好的，称作 DS18B20 的序列号，用户不能更改，并且每一个 DS18B20 都各不相同，这个序列号可以看作是该 DS18B20 的地址码，以便实现一根总线上挂接多个 DS18B20。64 位光刻 ROM 的前 8 位是单线系列编码，后面 48 位是芯片唯一的序列号，最后 8 位是以上 56 位的 CRC 码（冗余校验）。

2. EEPROM

EEPROM 是一个非易失性的可电擦除存储器，共 3 个字节，分别存放高温报警值 TH、低温报警值 TL 和配置寄存器值，掉电后数据不丢失，并在 RAM 中都存在镜像。在 EEPROM 中，TH、TL 寄存器的数据格式如下所示。其中 S 是符号位，0 代表正，1 代表负。

	Bit7	Bit6	Bit5	Bit4	Bit3	Bit2	Bit1	Bit0
TH、TL 寄存器：	S	2^6	2^5	2^4	2^3	2^2	2^1	2^0

配置寄存器的数据格式如下所示，它的作用是设置 DS18B20 的模式和分辨率。

	Bit7	Bit6	Bit5	Bit4	Bit3	Bit2	Bit1	Bit0
配置寄存器：	TM	R1	R0	1	1	1	1	1

其中，TM 是模式设置位，TM＝0 代表工作模式，TM＝1 代表测试模式。在 DS18B20 出厂时，该位被设置为 0，用户不要去改动它。R1 和 R0 是用来设置分辨率的，其数值与分辨率的关系列于表 14-2 中。

表 14-2　DS18B20 数字温度传感器分辨率设置表

R1	R0	传感器分辨率/bit	最大转换时间/ms
0	0	9	93.75
0	1	10	187.5
1	0	11	375
1	1	12	750

注：DS18B20 出厂时分辨率被设置为 12 位，即 R1＝R0＝1。

3. 高速暂存 RAM

高速暂存 RAM 包含 9 个字节，每个字节都有一个地址。其中，地址 0 和 1 存放温度转换后的数值信息；地址 2 和 3 是 TH、TL 的拷贝；地址 4 则是配置寄存器的拷贝。地址 2、3、4 这三个字节的内容在每一次上电复位时被刷新。地址为 5、6、7 的字节是计数寄存器，同样也是内部温度转换、计算的暂存单元。地址 8 存放的是前八个字节的 CRC 码。

地址 0 存放温度值的低字节数值，地址 1 存放温度值的高字节数值，不用的高位都作符号位。现以 12 位分辨率为例，说明各位的定义及数据的存放形式。各位的定义如下：

	Bit7	Bit6	Bit5	Bit4	Bit3	Bit2	Bit1	Bit0
地址 0：	2^3	2^2	2^1	2^0	2^{-1}	2^{-2}	2^{-3}	2^{-4}

	Bit15	Bit14	Bit13	Bit12	Bit11	Bit10	Bit9	Bit8
地址 1：	S	S	S	S	S	2^6	2^5	2^4

其中，S 为符号位，0 代表正，1 代表负。

当 DS18B20 完成对温度的测量后，就把它转换成一个二进制数存放到 RAM 的地址 0 和 1 字节中。并且这个二进制数是用 16 位符号扩展的二进制补码形式提供，以 0.0625℃/LSB 形式表达。即 16 位二进制数中的前面 5 位是符号位，后面 11 位是测量温度转换成的二进制数。如果从 DS18B20 读出的前 5 位为 0,说明测得的温度大于 0,只要将读出的数值乘于 0.0625 即可得到实际温度;如果前 5 位为 1,说明温度小于 0,读出的数值需要取反加 1 再乘于 0.0625 即可得到实际温度。例如,+125℃ 的数字输出为 07D0H,+25.0625℃ 的数字输出为 0191H,−25.0625℃ 的数字输出为 FF6FH,−55℃ 的数字输出为 FC90H。它的几个典型温度值与二进制数的对应关系列于表 14-3 中。

表 14-3　DS18B20 典型温度值与二进制数的对应关系

温度(℃)	输出二进制数	输出十六进制数
+125	0000 0111 1101 0000	07D0H
+85*	0000 0101 0101 0000	0550H
+25.0625	0000 0001 1001 0001	0191H
+10.125	0000 0000 1010 0010	00A2H
+0.5	0000 0000 0000 1000	0008H
0	0000 0000 0000 0000	0000H
−0.5	1111 1111 1111 1000	FFF8H
−10.125	1111 1111 0101 1110	FF5EH
−22.0625	1111 1110 0110 1111	FE6FH
−55	1111 1100 1001 0000	FC90H

* 上电复位时温度寄存器默认值为 +85℃。

14.3.2　DS18B20 芯片指令介绍

DS18B20 芯片指令比较少,总共 11 条,其中 ROM 指令 5 条,RAM 指令 6 条,现分别介绍如下。

1. ROM 操作指令(共 5 条)

1) Read ROM(读 ROM)[33H]

单片机发该指令是读取 DS18B20 的 64 位 ROM 值。只有当总线上只存在一个 DS18B20 时才可以使用此指令,如果挂接不只一个,当通信时将会发生数据冲突。

2) Match ROM(指定匹配芯片)[55H]

该指令后面紧跟着由单片机发出的 64 位序列号,当总线上有多只 DS18B20 时,只有与单片机发出的序列号相同的芯片才作出反应,其他芯片将等待下一次复位。这条指令使用于单芯片和多芯片挂接的情况。

3) Skip ROM(跳过 ROM 指令)[CCH]

该指令使芯片不对 ROM 编码作出反应,在单芯片的情况之下,为了节省时间则可以选用此指令。如果在多芯片挂接时使用此指令,将会出现数据冲突,导致错误出现。

4) Search ROM(搜索芯片)[F0H]

在芯片初始化后,当总线上挂接多芯片时,可用搜索指令识别所有器件的 64 位 ROM 值。

5) Alarm Search(报警芯片搜索)[ECH]

在多芯片挂接的情况下,报警芯片搜索指令只对符合温度高于 TH 或小于 TL 报警条件的芯片作出反应。只要芯片不掉电,报警状态将被保持,直到再一次测得温度达不到报警条件时为止。

DS18B20 的 ROM 命令汇总见表 14-4。

表 14-4 DS18B20 的 ROM 命令汇总表

指令	协议	功能
读 ROM	33H	读 DS18B20 的 64 位 ROM 序列号
符合 ROM	55H	访问总线上与该编码相对应的 DS18B20，使之作出响应，为下一步对该 DS18B20 的读/写做准备
搜索 ROM	0F0H	用于确定挂接在同一总线上 DS18B20 的个数和识别 64 位 ROM 地址，为操作各器件做好准备
跳过 ROM	0CCH	忽略 64 位 ROM 地址，直接向 DS18B20V 发送温度转换命令，适用于单个 DS18B20 工作
报警搜索命令	0ECH	执行后，只有温度超过报警值上限或下限的芯片才作出响应

2. RAM 存储器操作指令(共 6 条)

1) Write Scratchpad(向 RAM 中写数据)[4EH]

这条是向 RAM 中写入数据的指令，首先把 TH 值写入 RAM 的地址 2 字节，接下来把 TL 值写入 RAM 的地址 3 字节，最后把配置寄存器值写入 RAM 的地址 4 字节。数据从最低有效位开始传送，写入过程中可以用复位信号中止。上述三个字节的写入必须发生在总线控制器发出复位命令前，否则会中止写入。

2) Read Scratchpad(从 RAM 中读数据)[BEH]

此指令将从 RAM 中读数据，从地址 0 开始，一直可以读到地址 8，完成整个 RAM 数据的读出。芯片允许在读过程中用复位信号中止读取，即可以不读后面不需要的字节，以减少读取时间。

3) Copy Scratchpad(将 RAM 数据复制到 EEPROM 中)[48H]

此指令将 RAM 中的数据存入 EEPROM 中，以使数据掉电不丢失。此后由于芯片忙于 EEPROM 存储处理，总线上输出"0"，当存储工作完成时，总线将输出"1"。在寄生工作方式时，必须在发出此指令后立刻启动强上拉，并至少保持 10ms 来维持芯片工作。

4) Convert T(温度转换)[44H]

收到此指令后芯片将进行一次温度转换，将转换的温度值放入 RAM 的地址 0 和 1 字节里。此后由于芯片忙于温度转换处理，总线上输出"0"，当转换存储工作完成时，总线将输出"1"。在寄生工作方式时，必须在发出此指令后立刻启动强上拉，并保持一定时间(比如 11 位分辨率时应至少保持 375ms)来维持芯片工作。

5) Recall EEPROM(将 EEPROM 中的报警值复制到 RAM)[B8H]

此指令将 EEPROM 中的报警寄存器值(TH 和 TL)及配置寄存器值复制到 RAM 中的地址 2、3、4 字节里。此后由于芯片忙于复制处理，总线上输出"0"，当复制工作完成时，总线将输出"1"。另外，此指令将在芯片上电复位时被自动执行。这样 RAM 中的两个报警字节和配置寄存器字节里将始终为 EEPROM 中数据的镜像。

6) Read Power Supply(工作方式切换)[B4H]

此指令发出后，芯片会返回它的电源状态字，"0"为寄生电源状态，"1"为外部电源状态。DS18B20 的 RAM 指令汇总见表 14-5。

表 14-5 DS18B20 的 RAM 指令表

指令	协议	功能
温度转换	44H	启动 DS18B20 进行温度转换命令，转换时间最长为 750ms，结果存入 RAM 地址为 0 和 1 的字节中

续表

指令	协议	功能
读暂存器	BEH	读 RAM 中 9 个字节的内容命令,从地址 0 到地址 8
写暂存器	4EH	向 RAM 地址为 2 和 3 的字节里写 TH、TL 及配置寄存器值命令,紧接温度命令之后,发送三字节的数据
复制暂存器	48H	将 RAM 中地址 2、3、4 字节的内容复制到 EEPROM 中
重调 EEPROM	0B8H	将 EEPROM 中的内容恢复到 RAM 地址为 2、3、4 的字节中
读供电方式	0B4H	读 DS18B20 的供电模式,寄生电源供电时 DS18B20 发送"0",外部供电时 DS18B20 发送"1"

14.3.3 DS18B20 与微控制器的连接电路

图 14-9 是 DS18B20 与微控制器(单片机)的硬件连接电路。其中图 14-9(a)是 DS18B20 采用外部电源供电方式的连接电路;图 14-9(b)是 DS18B20 采用寄生电源供电方式的连接电路。

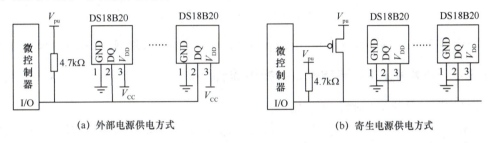

(a) 外部电源供电方式　　　　　　　　　(b) 寄生电源供电方式

图 14-9　DS18B20 与微控制器的连接电路

14.3.4 DS18B20 的读/写时间隙

DS18B20 的数据读/写是通过时间隙处理位和命令字来确认信息交换的。

1. 写时间隙

写时间隙分为写"0"和写"1",时序如图 14-10 所示。

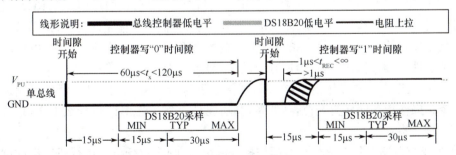

图 14-10　写时间隙时序

总线控制器要产生一个写时序,必须把数据线拉到低电平然后释放。若在写时序开始后的 $15\mu s$ 内释放总线,总线被 $5k\Omega$ 的上拉电阻拉至高电平,则表示控制器写"1"。而后则是芯片对总线数据的采样时间,采样时间为 $15\sim 60\mu s$。若在写时序开始后的 $15\mu s$ 内不释放总线,并持续保持至少 $60\mu s$,则表示控制器写"0"。每一位的发送都应该有一个至少 $15\mu s$ 的低电平起始位,随后的数据"0"或"1"应该在 $45\mu s$ 内完成。整个位的发送时间应该保持在 $60\sim 120\mu s$,否则不能保证通信的正常。

2. 读时间隙

读时间隙也分为读"0"和读"1"两种情况,时序如图 14-11 所示。读时间隙时控制时的采样时间应该更加的精确才行,读时间隙时序也是必须先由主机产生至少 $1\mu s$ 的低电平,表示读时间的起始。随后在总线被释放后的 $15\mu s$ 中 DS18B20 会发送内部数据位,这时控制器如果发现总线为高电平则表示读出数据是"1",如果总线为低电平则表示读出数据是"0"。每一位的读取之前都由控制器加一个起始信号。

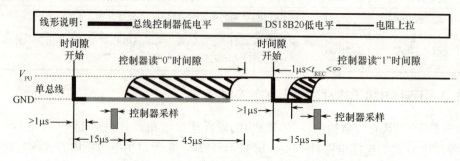

图 14-11 读时间隙时序

注意:由图 14-11 可知,必须在读时间隙开始的 $15\mu s$ 内读取数据位,才可以保证通信正确。

14.3.5 单片机控制 DS18B20 的操作流程

单片机控制 DS18B20 的操作流程如下:

① **复位**:首先必须对 DS18B20 芯片进行复位,复位就是由单片机给 DS18B20 单总线至少 $480\mu s$ 的低电平信号。当 DS18B20 接到此复位信号后,则会在 $15 \sim 60\mu s$ 内返回一个芯片的存在脉冲。

② **存在脉冲**:在复位电平结束之后,单片机应该将数据单总线拉高,以便于在 $15 \sim 60\mu s$ 后接收存在脉冲,存在脉冲为一个 $60 \sim 240\mu s$ 的低电平信号。至此,通信双方已经达成协议,接下来将会是控制器与 DS18B20 间的数据通信。如果复位低电平的时间不足或是单总线的电路断路都不会接到存在脉冲,在设计时要注意意外情况的处理。

③ **单片机发送 ROM 指令**:双方打完了招呼之后就可以进行数据通信了,ROM 指令共有 5 条,每条指令长度为 8 位,每一个工作周期只能发一条,它们的功能是对片内 64 位光刻 ROM 进行操作。其主要目的是为了分辨一条总线上挂接的多个器件并作处理。当然,单总线上可以同时挂接多个器件,并通过每个器件上所独有的 ID 号来区别。

④ **单片机发送存储器操作指令**:在 ROM 指令发送给 DS18B20 之后,紧接着就是发送存储器操作指令。操作指令同样为 8 位,共 6 条,其功能是命令 DS18B20 做什么工作,是芯片控制的关键。

⑤ **执行或数据读/写**:一个存储器操作指令结束后,则将进行指令执行或数据的读/写,这个操作要视存储器操作指令而定。若执行温度转换指令,则单片机必须等待 DS18B20 转换完成后才能读取数据,转换时间长度与分辨率位数有关,分辨率位数越多转换时间就越长,若为 12 位分辨率,则转换时间为 750ms。若执行数据读/写指令,则需要严格遵循 DS18B20 的读/写时序来操作。

若要读出当前的温度数据,需要执行两个工作周期,第一个周期为复位、跳过 ROM 指令、执行温度转换存储器操作指令、等待 500ms 温度转换时间。紧接着执行第二个周期为复位、跳过 ROM 指令、执行读 RAM 的存储器操作指令、读数据(最多为 9 个字节,中途可停止,只读简单温度值则读前 2 个字节即可)。其他的操作流程也大同小异,在此不再赘述。

14.3.6 DS18B20 使用注意事项

DS18B20 虽然具有电路简单、测温精度高、连接方便、占用口线少等优点,但在实际应用中也应注意以下几方面的问题。

① 较小的硬件开销需要相对复杂的软件进行补偿。由于 DS18B20 与微处理器间采用串行数据传送,因此,在对 DS18B20 进行读/写编程时,必须严格的保证读/写时序,否则将无法读取测温结果。在使用 PL/M、C 等高级语言进行系统程序设计时,对 DS18B20 操作部分最好采用汇编语言实现。

② 在 DS18B20 的有关资料中均未提及单总线上所挂 DS18B20 的数量问题,容易使人误认为可以挂任意多个,在实际应用中并非如此。当单总线上所挂 DS18B20 超过 8 个时,就需要解决微处理器的总线驱动问题,这一点在进行多点测温系统设计时要加以注意。

③ 连接 DS18B20 的总线电缆是有长度限制的。试验中,当采用普通信号电缆传输长度超过 50m 时,读取的测温数据将发生错误。当将总线电缆改为双绞线带屏蔽电缆时,正常通信距离可达 150m,当采用每米绞合次数更多的双绞线带屏蔽电缆时,正常通信距离进一步加长。这种情况主要是由总线分布电容使信号波形产生畸变造成的。因此,在用 DS18B20 进行长距离测温时,要充分考虑总线分布电容和阻抗匹配问题。

④ 在 DS18B20 测温程序设计中,向 DS18B20 发出温度转换命令后,程序总要等待 DS18B20 的返回信号,一旦某个 DS18B20 接触不好或断线,当程序读该 DS18B20 时,将没有返回信号,程序进入死循环。这一点在进行 DS18B20 硬件连接和软件设计时也要给予一定的重视。

14.4 光栅传感器

光栅按其工作原理和用途分类,有物理光栅和计量光栅之分。物理光栅是利用光栅的衍射现象工作的,主要用于光谱分析和光波长的检测;计量光栅则是利用光栅的莫尔条纹现象来进行测量的。它广泛地用于长度和角度的精密测量以及数控系统的位置检测等,在坐标测量仪和数控机床的伺服系统中有着广泛的应用,也可用来测量可转换成长度或角度的其他物理量,如位移、尺寸、转速、力、重量、扭矩、振动、速度和加速度等。本节主要介绍应用比较广泛的计量光栅传感器。

14.4.1 光栅的结构及测量原理

1. 光栅的结构

在镀膜玻璃上均匀刻制许多明暗相间、等间距分布的细小条纹(即刻线),就称作光栅。按测量用途分类,光栅又分为测量线位移的长光栅和测量角位移的圆光栅两类。每一类又分为透射式和反射式两种。

图 14-12 为透射式长光栅结构示意图。它好像一把尺子,故通常又把它称作光栅尺。a 为不透光的缝宽,b 为透光的缝宽;$w=a+b$,称为栅距(也称作光栅常数),对于光栅尺来说 w 是一个重要的参数。通常 $a=b=w/2$,有的是 $a:b=1.1:0.9$。目前常见的光栅距为 0.1、0.04、0.02、0.01mm,用于精密测量的光栅距为 0.004 和 0.002mm。

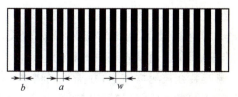

图 14-12 透射式长光栅结构示意图

2. 莫尔条纹

将两块栅距相等的黑白型长光栅尺面对面地叠合在一起,并使两者的栅线之间形成一个很小的夹角 θ,如图 14-13(a) 所示,这样就可以看到在近于垂直的栅线方向形成明暗相间的条纹,这些条纹被称作莫尔条纹。其中,亮条纹是由两块光栅透光区域重合形成的,而暗条纹则是由两块光栅不透光区域重合形成的。两条相邻的亮条纹(或暗条纹)之间的距离称作莫尔条纹的间距,记作 B_H。

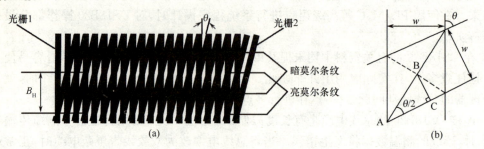

图 14-13 莫尔条纹的形成

3. 测量原理

实验发现,当一块光栅固定不动,另一块光栅沿着水平方向每移动一个微小的栅距 w 时,莫尔条纹就在垂直方向也相应地移动一个较大的条纹间距 B_H。当光栅反向移动时,条纹移动方向也反向。由此可知,如果能把莫尔条纹移动的间距个数及方向测量出来,就可以知道可动光栅移动过的微小栅距个数及方向,也就知道了可动光栅移动过的微小位移量,这就是光栅测量微小位移或精密测量长度的基本原理。

从图 14-13(b) 可以看出,线段 $\overline{AB}=B_H$,线段 $\overline{BC}=w/2$,在两块光栅的栅线夹角 θ 较小时,莫尔条纹的间距 B_H 与光栅的栅距 w 和栅线夹角 θ 之间有下列关系

$$B_H = \overline{AB} = \frac{\overline{BC}}{\sin(\theta/2)} = \frac{w}{2\sin(\theta/2)} \approx \frac{w}{\theta} \tag{14-3}$$

式(14-3)说明,莫尔条纹的间距 B_H 是把栅距 w 放大了 $1/\theta$ 倍而得到的,且 θ 越小,放大倍数就越大。比如 $w=0.02$mm,$\theta=0.0017453$rad(即 $0.1°$),则 $B_H=11.459$mm。由于莫尔条纹是由光栅的大量刻线共同产生的,所以对光栅刻线误差有一定的平均抵消作用,能在很大程度上消除短周期误差的影响。其次是莫尔条纹间距较大,便于测量和细分,从而大大提高了光栅的灵敏度。

14.4.2 光栅传感器的结构

光栅传感器包括光栅读数头和光栅数显表两大部分。

1. 光栅读数头

光栅读数头主要由标尺光栅(又称主光栅)、指示光栅(又称副光栅)、光路系统和光电元件等组成。其长光栅读数头的结构如图 14-14 所示。

由图 14-14 可以看出,主光栅较长,它的有效长度即为测量范围;副光栅较短,但两者具有相同的栅距。通常光路系统和光电元件与副光栅固定为一体,使用时一般副光栅固定不动,而主光栅安装在被测物体上,并随被测物体一起移动。光栅读数头的主、副光栅通过光路系统就把被测物体的微小位移量转变成了莫尔条纹的明暗变化,并且当被测物体每移动一个微小栅距 w 时,莫尔条纹的明暗变化正好一个周期。光电元件的作用就是把莫尔条纹的这种明暗变化转变成电信号。显然,当 $a=b=w/2$ 时,光电元件的输出就是正弦变化的电信号。

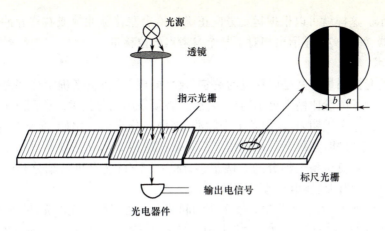

图 14-14　长光栅读数头结构

2. 光栅数显表

光栅读数头把位移量转变成了一个正弦电量输出,要实现位移的测量和显示还需要一个光栅数显表。光栅数显表主要由放大整形电路、辨向电路、细分电路及计数显示电路等组成。放大整形电路的作用是把光栅读数头输出的正弦信号变成一方波脉冲,工作原理比较简单。下面着重介绍辨向电路和细分电路的结构及工作原理。

1) 辨向电路及辨向原理

辨向电路的作用是判别位移的方向。由图 14-14 可知,无论主光栅向左还是向右移动,莫尔条纹都作明暗交替变化,光电元件总是输出同一变化规律的正弦电信号,无法辨别移动方向。为了判断位移的方向,在相隔 1/4 条纹间距(即 $B_H/4$)的位置上各放置一个光电元件,如图 14-15(a)所示。假设主光栅向右移动时,莫尔条纹向下移动,这样,两个光电元件输出的正弦电信号 u_1 和 u_2 将出现 $\pi/2$ 的相位差。经过放大整形后得到两个方波信号 u_1' 和 u_2',如图 14-15(b)所示。经微分电路变成脉冲信号,如图 14-15(c)所示。

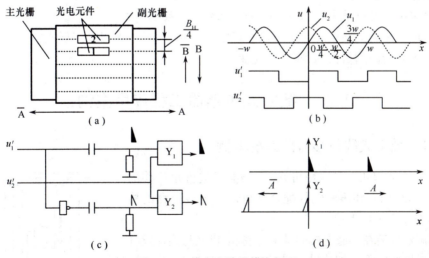

图 14-15　辨向电路及辨向原理

从图 14-15 中波形的对应关系可以看出,当主光栅按 A 方向运动时,u_1' 经微分电路后产生的脉冲,正好发生在 u_2' 为"1"电平时,从而经 Y_1 输出一个计数脉冲;而 u_1' 经反相微分后产生的脉冲,则与 u_2' 的"0"电平相遇,与门 Y_2 被阻塞,故 Y_2 无脉冲输出。同理可知,当光栅按 A 反方向运动时,与门 Y_1 无脉冲输出,与门 Y_2 输出一个计数脉冲。两种情况下 Y_1 和 Y_2 的输出波形如

图 14-15(d)所示。这样就可以根据运动方向正确的给出左移脉冲数或右移脉冲数,再将其整形输入可逆计数器,就可实时显示出相对于某个参考点的位移量。

2) 细分技术

前面介绍的光栅测量电路是以移过的莫尔条纹(即栅距)数量来确定位移量的,其分辨率就是光栅的栅距。为了测量比栅距更小的位移量,就必须采用细分技术。所谓细分技术,就是在莫尔条纹信号变化的一个周期内,发出若干个脉冲,来提高分辨率。比如,在莫尔条纹变化的一个周期内,若发出 n 个脉冲,则每个脉冲就相当于原来栅距的 $1/n$,从而使测量精度提高了 n 倍,因此也称作 n 倍频。对莫尔条纹细分的方法很多,细分方法目前有机械细分和电子细分两大类。限于篇幅,这里仅介绍四倍频电子细分方法。

在上述辨向原理中,由于在莫尔条纹 1/4 的间距上安置了两只光电元件,那么在这两只光电元件上输出的电压交流分量 u_1 和 u_2 将出现 $\pi/2$ 的相位差。设 $u_1 = U_m \sin(2\pi x/w)$,则 $u_2 = U_m \cos(2\pi x/w)$。若将这两个信号反向,在一个栅距内就可以获得 4 个依次相差 $\pi/2$ 的交流电信号,当光栅作相对运动时,再经微分电路,就可以根据运动方向,在一个栅距内得到 4 个正向计数脉冲,或 4 个反向计数脉冲,从而实现四倍频细分。也可以在相差 $B_H/4$ 的位置上安装 4 个光电元件来得到。但这种方法不可能得到更多的细分,因为在一个莫尔条纹的间距内不可能安装更多的光电元件。要想得到更多的细分可采取其他方法。

14.4.3 光栅传感器的精度

1. 光栅传感器的精度

① 长光栅传感器的误差可控制在 $0.2 \sim 0.4 \mu m/m$,分辨率为 $0.1 \mu m$,电路允许的计数速度为 200mm/s。

② 圆光栅传感器的精度为 $0.1'' \sim 0.2''$,分辨率为 $0.1''$,电路允许的计数角速度可达 $13.8°/s$(即 0.241rad/s)。

2. 光栅传感器的应用范围

① 主要应用于要求精度高、量程大、分辨率高的位移测量中。
② 在数控机床的伺服系统中应用可实现精确控制,而且还大幅度降低成本。
③ 也可用来精确测量振动、应力和应变等。

14.5 数字式传感器工程应用案例

14.5.1 数字式线位移监测系统案例

由编码器的结构和工作原理可知,编码器可进行角位移的检测。事实上,利用它和滚珠丝杠配合就可以实现线位移的检测。其结构如图 14-16 所示。

它把编码器安装在伺服电机的轴上,伺服电机又与滚珠丝杠相连。滚珠丝杠的作用是把旋转运动转换成直线运动。当伺服电机带动滚珠丝杠转动时,滚珠丝杠就带动工作台作直线运动,这时编码器的转角就和直线移动的位移量建立了一一对应关系。这样,就可根据伺服电机的转角和滚珠丝杠的传动比来计算出直线位移量的大小。这就是利用编码器测量线位移的原理。

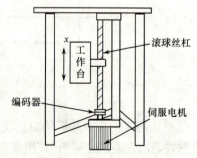

图 14-16 编码器测线位移原理

14.5.2 数字式转速测量系统案例

利用增量式编码器构建数字式转速测量系统有两种方法,一种是脉冲频率测量法,另一种是脉冲周期测量法。

1. 脉冲频率测量法

利用增量编码器输出脉冲频率测量转速的工作原理如图 14-17 所示,该方法是利用在给定的时间内对增量式编码器的输出脉冲进行计数来计算转速的。

它的工作原理是首先利用时钟电路产生一个 T_1 宽度的正脉冲,这个正脉冲一方面使计数器清零;另一方面使与门电路在 T_1 时间内选通,编码器输出脉冲通过与门进入计数器进行计数得到 M_1。显然,它在 T_1 时间内的平均转速可用下式计算

$$n = \frac{60 M_1}{M T_1} \tag{14-4}$$

式中,n 为被测转速(r/min);T_1 为测速采样周期(s);M_1 为 T_1 时间内编码器输出脉冲的个数;M 为编码器每转一圈输出的脉冲个数。

最后,通过计算、显示装置就可把转速显示出来。

2. 脉冲周期测量法

图 14-18 为脉冲周期测量法测量转速的工作原理图,这种方法是利用编码器输出的一个脉冲周期内,通过测量标准时钟脉冲个数来计算其转速的。设编码器的输出脉冲周期为 T_2,通过控制电路将编码器输出脉冲的周期转换成一个宽度为 T_2 的正脉冲,它一方面使计数器复位,另一方面使与门电路在 T_2 时间内选通,这时标准时钟脉冲通过与门进入计数器进行计数得到 M_2。显然,被测转速计算式为

$$n = \frac{60}{M T_2} = \frac{60}{M M_2 T_0} \tag{14-5}$$

式中,n 为被测转速(r/min);M 为编码器每转一圈输出的脉冲个数;T_0 为标准时钟脉冲的周期(s);M_2 为编码器一个脉冲周期内标准时钟脉冲输出个数。

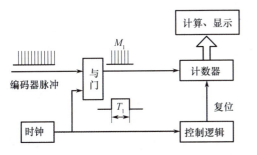

图 14-17 利用脉冲频率测量法测转速原理

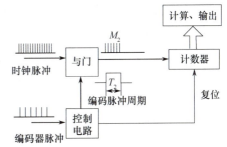

图 14-18 利用脉冲周期测量法测转速原理

在实际应用中,为了提高测量精度,可根据被测转速的快慢合理地选择测量方法。一般来说,当被测转速较高时可采用频率测量法;当被测转速较低时可采用周期测量法。

思考题及习题 14

14-1 数字式传感器有什么特点?可分为哪几种类型?

14-2 什么称作编码器?它分为哪几种?

14-3 一个具有每圈 600 个脉冲输出的增量式编码器,它的最小分辨角是多少?

14-4 光电式编码器的基本组成部分有哪些？工作原理是什么？

14-5 光电式编码器的码盘一般采用什么码？一个 6 位循环码盘的最小分辨角是多少？

14-6 一个 21 码道的循环码码盘，其最小分辨率 θ 为多少？若每一个 θ 所对应的圆弧长度至少为 0.01mm，问码盘直径该多大？

14-7 DS18B20 是什么器件？它的测量范围是多少？突出的特点是什么？

14-8 光栅传感器的组成及工作原理是什么？

14-9 什么是光栅的莫尔条纹？莫尔条纹是怎样产生的？它具有什么特点？

14-10 试述光栅传感器中莫尔条纹的辨向和细分原理。

14-11 试推导莫尔条纹间距 B_H 与栅距 w 及夹角 θ 的关系表达式。

14-12 试设计一个电机转速测量系统。选择传感器，并画出测量电路框图。

第15章 传感器新技术及工程应用

随着传感器技术、计算机技术及通信技术的不断融合和发展,传感器领域也发生了巨大变化,从而产生了智能传感器、模糊传感器及网络传感器等新技术,使传统测控系统的信息采集、数据处理等方式产生了质的飞跃。各种现场数据可以直接在网络上传输、发布与共享已成为现实,在网络上任何节点对现场传感器进行在线编程和组态已成为可能,从而使物联网概念悄然崛起,并在逐步发展壮大,形成了一个物联网产业。下面就智能传感器、模糊传感器及网络传感器等新技术作一简单介绍。

15.1 智能传感器

智能传感器是现代传感器的发展方向,它涉及机械工程、控制工程、仿生学、微电子学、计算机科学、生物电子学等多学科领域。它是一门现代综合技术,也是当今世界正在迅速发展的高新技术,至今还没有形成规范化的定义。简单来说,智能传感器(Intelligent Sensor)就是将一个或几个敏感元件和微处理器组合在一起,使它成为一个具有信息处理功能的传感器。它自身带有微处理器,具有信息采集、处理、鉴别和判断、推理的能力,是传感器与微处理器相结合的产物。

15.1.1 智能传感器的典型结构

智能传感器主要由敏感元件、微处理器及其相关电路组成,其典型结构如图 15-1 所示。智能传感器的敏感元件将被测的物理量转换成相应的电信号,送到信号调理电路中进行滤波、放大,然后经过模数转换后,送到微处理器中。微处理器是智能传感器的核心,它不但可以对敏感元件测量的数据进行计算、存储、数据处理,还可以通过通信接口对敏感元件的测量结果进行输出。由于微处理器可充分发挥各种软件的功能,可以完成硬件难以完成的任务,从而大大降低了传感器制造的难度,提高了传感器的性能,降低了成本。

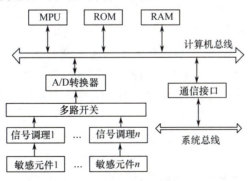

图 15-1 智能传感器的结构

如果从结构上划分,智能传感器可以分为集成式、混合式和模块式三种。集成式智能传感器是将一个或多个敏感元件与信号调理电路和微处理器集成在同一块芯片上,集成度高,体积小,使用方便,是智能传感器的一个重要发展方向;但由于技术水平所限,目前这类智能传感器的种类还比较少。混合式智能传感器是将传感器和信号调理电路及微处理器做在不同芯片上,目前这类结构较多。模块式智能传感器是将许多相互独立的模块（如微计算机模块、信号调理电路模块、数据转换电路模块及显示电路模块等）和普通传感器装配在同一壳体内完成某一传感器功能，它是智能传感器的雏形。

15.1.2 智能传感器的主要功能

智能传感器是一个以微处理器为内核，并扩展了外围部件的计算机监测系统。它与一般传感器相比，具有如下功能：

① 能够自动采集数据，并对数据进行判断、推理、联想和决策处理功能；
② 具有自校零、自诊断、自校正和自适应功能；
③ 能够自动进行检验、自选量程、自寻故障和自动补偿功能；
④ 具有数据存储、记忆、双向通信、标准化数字输出功能。

15.1.3 智能传感器的主要特点

智能传感器与一般传感器相比，具有如下显著特点：

① 利用智能传感器的信息处理功能，通过软件编程可修正各种确定性系统误差，减少随机误差、降低噪声，提高传感器的精度和稳定性；
② 智能传感器可使系统小型化，消除传统结构的某些不可靠因素，改善系统的抗干扰能力；
③ 利用智能传感器的自诊断、自校准、自适应功能，可使测量结果更准确、更可靠；
④ 在相同精度的需求下，智能传感器与普通传感器相比，性价比明显提高，尤其是在采用较便宜的单片机后更为明显；
⑤ 利用智能传感器可以实现多传感器、多参数综合测量；
⑥ 具有数字通信接口，可直接与计算机相连，也可适配各种应用系统。

15.2 模糊传感器

15.2.1 模糊传感器概念及特点

模糊传感器是模糊逻辑技术应用中发展比较晚的一个分支，起源于20世纪80年代末期，是一种新型智能传感器，也是模糊逻辑在传感器技术中的具体应用。传统的传感器是数值测量装置，它将被测量映射到实数集合中，以数值形式来描述被测量状态。这种方法既精确又严谨，但随着测量领域的不断扩大与深化，由于被测对象的多维性、被分析问题的复杂性等原因，只进行单纯的数值测量是远远不够的。比如在测量血压时，测得 18kPa 还是 17.6kPa 并不重要，重要的是对这一结果来说，是否应对老年人给出"正常"、对青年人给出"偏高"的结论。这样的定性描述普通传感器是不能做到的，只有具有丰富医学知识和经验的专家才能分析、判断、推理出来。这种对客观事物的语言化表示与数值化表示相比，存在精度低、不严密、具有主观随意性等缺点。但它很实用，信息存储量少，无须建立精确的数学模型，允许数值测量有较大的非线性和较低的精度，可进行推理、学习，并可将人类经验、专家知识、判断方法事先集成在一起，不需要专家在场就能给出正确的结论。鉴于以上情况，就需要一种新型传感器——模糊传感器。它的显著特点是输出的不是数值，而是语言化符号。

由于模糊传感器概念提出的较晚，目前尚无严格统一的定义，但一般认为模糊传感器是以数值测量为基础，并能产生和处理与其相关的语言化信息的装置。因此可以说，模糊传感器是在普通传感器数值测量的基础上经过模糊推理与知识集成,最后以语言符号的描述形式输出的传感器。可见,信息的符号表示与符号信息系统是研究模糊传感器的基石。

由模糊传感器的定义可以看出,模糊传感器主要由智能传感器和模糊推理器组成,它将被测量转换为适于人类感知和理解的信号。由于知识库中存储了丰富的专家知识和经验,它可以通过简单、廉价的普通传感器测量相当复杂的现象。

15.2.2 模糊传感器的基本功能

由于模糊传感器属于智能传感器,所以要求它要有比较强大的智能功能,即要求具有学习、推理、联想、感知和通信功能。

1. 学习功能

模糊传感器一个特别重要的功能就是学习功能。人类知识集成的实现,测量结果高级逻辑表达都是通过学习功能完成的;能够根据测量任务的要求,学习有关知识是模糊传感器与普通传感器的重要差别。模糊传感器的学习功能是通过有导师学习法和无导师学习法实现的。

2. 推理联想功能

模糊传感器有一维和多维之分。一维传感器当受到外界刺激时,可以通过训练时记忆、联想得到符号化测量结果。多维传感器当接收多个外界刺激时,可通过人类知识的集成、时空信息整合与多传感器信息融合等来进行推理,得出符号化的测量结果。显然,推理联想功能需要通过推理机构和知识库来实现。

3. 感知功能

模糊传感器与普通传感器一样,可以感知由传感元件确定的被测量,但根本区别在于前者不仅可以输出数值,而且可以输出语言化符号;而后者只能输出数值。因此,模糊传感器必须具有数值/符号转换器。

4. 通信功能

由于模糊传感器一般都作为大系统中的子系统进行工作,因此模糊传感器具有与上级系统进行信息交换是必然的,故通信功能也是模糊传感器的基本功能。

15.2.3 模糊传感器的结构

1. 一维模糊传感器的结构

由模糊传感器的概念可知,模糊传感器主要由智能传感器和模糊推理器组成。其硬件结构和逻辑框图如图 15-2 所示。

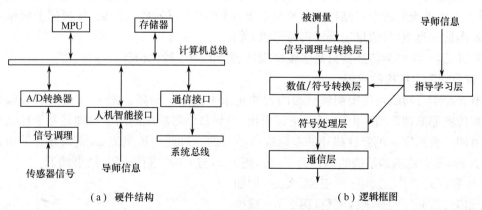

图 15-2 一维模糊传感器的结构

从图 15-2(a)可以看出,模糊传感器的硬件结构是以微处理器为核心,以传统传感器测量为基础,采用软件实现符号的生成和处理,在硬件支持下可实现有导师学习功能,通过通信接口实现与外部的通信。

图 15-2(b)是模糊传感器的逻辑框图。所谓模糊传感器的逻辑框图就是在逻辑上要完成的功能。一般来讲,模糊传感器逻辑上可分为转换部分和符号处理与通信部分。从功能上看,有信号调理与转换层、数值/符号转换层、符号处理层、指导学习层和通信层。这些功能有机地集成在一起,完成数值/符号转换功能。

2. 多维模糊传感器的结构

多维模糊传感器的硬件结构框图如图 15-3 所示。

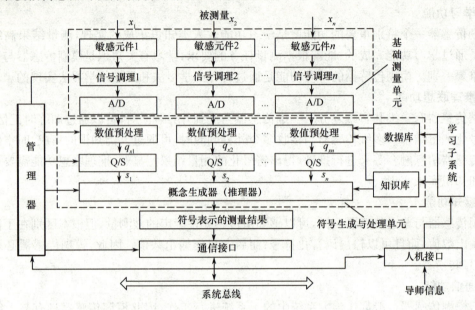

图 15-3 多维模糊传感器硬件结构框图

由图 15-3 可知,由敏感元件、信号调理电路和 A/D 转换器组成的基础测量单元完成传感测量任务。由数值预处理、数值/符号转换器、概念生成器、数据库、知识库构成的符号生成与处理单元完成核心工作——数值/符号转换。由通信接口实现模糊传感器与上级系统之间的信息交换,把测量结果(数值量与符号量)输出到系统总线上,并从系统总线上接收上级系统的命令。而人机接口是模糊传感器与操作者进行信息交流的通道。管理器的作用是对测量系统实现自身的管理,接收上级系统的命令,开启/关闭测量系统,调节放大器的放大倍数,并根据上级系统的要求决定输出量的类型(数值量还是语言符号量)等。

由此可见,一维模糊传感器只是多维模糊传感器的一个特殊情况。

3. 有导师学习结构的实现

具有导师学习功能可使模糊传感器的智能化水平进一步提高。图 15-4 是具有导师学习功能的模糊传感器原理框图。由图 15-4 可以看出,有导师学习功能的基本原理是基于比较导师和传感器对同一被测值 x 的定性描述的差别进行学习的。对同一被测值 x,如果导师的语言描述符号为 $l(x)$,模糊传感器结构的描述为 $l'(x)$,则 $l(x)$ 与 $l'(x)$ 进行比较,结果如下:

① 如果 $l(x) \geqslant l'(x)$,则 $e=$ 正,那么 $\mu=$ 增加;
② 如果 $l(x) \leqslant l'(x)$,则 $e=$ 负,那么 $\mu=$ 减少;
③ 如果 $l(x) = l'(x)$,则 $e=0$,那么 $\mu=$ 保持。

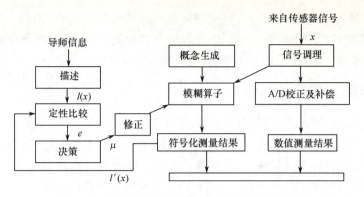

图 15-4　有导师学习功能的模糊传感器原理框图

其中，e 是误差，μ 为控制量，被控量为概念的隶属函数，控制行为是"增加"、"减少"和"保持"。"增加"是指隶属曲线向数值小的方向平移或扩展，"减少"指向数值量大的方向平移或扩展，"保持"指隶属函数保持不变。

基于上述有导师学习功能的基本原理，可以看出，实现模糊传感器有导师学习功能的结构，关键在于导师信息的获取。模糊传感器的概念生成能否产生适合测量目的的准确的语言符号量，关系到测量的准确程度。它相当于模糊控制中的模糊化，但很多方面又有所不同，因此对其转换基础和方法的研究有着重要的理论价值和实际意义。

15.3　网络传感器

15.3.1　网络传感器的概念

随着计算机技术、网络技术与通信技术的迅速发展，测控系统的网络化也成为一种新的潮流。网络化的测控系统要求传感器也具有网络化的功能，因此出现了网络传感器。网络传感器是指自身内置网络协议的传感器，它可使现场测控数据就近登录网络，在网络所能及的范围内实时发布和共享。

网络传感器使传感器由单一功能和单一检测向多功能和多点检测发展，从被动检测向主动进行信息处理方向发展，从就地测量向远距离实时在线测控发展。网络传感器可以就近接入网络，与网络测控设备实现互连，从而大大简化了连接线路，易于系统维护，节省投资，同时也使系统更易于扩充。

网络传感器一般由信号采集单元、数据处理单元和网络接口单元组成。这三个单元可以是采用不同芯片构成的合成式，也可以是单片式结构。其基本结构如图 15-5 所示。

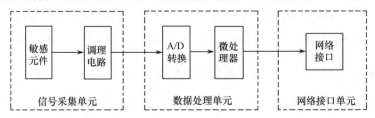

图 15-5　网络传感器的基本结构

网络传感器的核心是使传感器本身具有网络通信协议。随着电子技术和信息技术的迅速发展，网络传感器可以通过软件或硬件两种方式来实现。软件方式是指将网络协议嵌入到传感器系统的 ROM 中;硬件方式是指采用具有网络协议的芯片直接用作网络接口。这里需要指出的是:由于网络传感器通常用于现场,它的软、硬件资源及功能较少,要使网络传感器像 PC 那样成为一个全功能的网络节点,显然是不可能的,也是没有必要的。

15.3.2 网络传感器的类型

由网络传感器的结构可知,网络传感器研究的关键技术是网络接口技术。网络传感器必须符合某种网络协议,才能使现场测控数据直接进入网络。由于工业现场存在多种网络标准,因此也就随之发展起来了多种网络传感器,它们各自具有不同的网络接口单元。目前,主要有基于现场总线的网络传感器和基于以太网(Ethernet)协议的网络传感器两大类。

1. 基于现场总线的网络传感器

现场总线是在现场仪表智能化和全数字控制系统的需求下产生的。其关键标志是支持全数字通信,其主要特点是高可靠性。它可以把所有的现场设备(如仪表、传感器或执行器)与控制器通过一根线缆连接,形成一个数字化通信网络,完成现场状态监测、控制、远传等功能。传感器及仪表智能化的目标是信息处理的现场化,这也正是现场总线技术的目标,也是现场总线不同于其他计算机通信技术的标志。

由于现场总线技术的优越性,在国际上成为一个研究开发的热点。各大公司都开发出了自己的现场总线产品,形成了自己的标准。目前,常见的标准有 LONWORKS、CAN、PROFIBUS 和 FF 等数十种,它们各具特色,在各自不同的领域都得到了很好的应用。但是,基于现场总线技术的网络传感器也面临着诸多问题。问题的主要原因是多种现场总线标准并存又互不兼容。不同厂家的智能传感器又都采用各自的总线标准,从而导致不同厂家的智能传感器不能互换的问题,这严重影响了现场总线式网络传感器的应用。为了解决这一问题,美国国家技术标准局(The National Institute of Standard Technology,NIST)和 IEEE 联合组织了一系列专题讨论会来商讨网络传感器通用通信接口问题,并制订了相关标准,向全世界公布发行。这就是 IEEE 1451 智能变送器接口标准。这个标准使变送器能够独立于网络与现有微处理器系统,使基于各种现场总线的网络传感器与各种现场总线网络实现了互连,从而促进了现场总线式网络传感器的发展与应用。

2. 基于以太网的网络传感器

随着计算机以太网络技术的快速发展和普及,将以太网直接引入测控现场成为一种新的趋势,以太网技术由于其开放性好、通信速度高和价格低廉等优势已得到了广泛应用。人们开始研究基于以太网络——基于 TCP/IP 协议的网络传感器。基于 TCP/IP 协议的网络传感器是在传感器中嵌入 TCP/IP 协议,使传感器具有 Internet/Intranet 功能。该传感器可以通过网络接口直接接入 Internet 或 Intranet,相当于 Internet 或 Intranet 上的一个节点,还可以做到"即插即用"。

基于以太网的网络传感器的特点是任何一个以太网络传感器都可以就近接入网络,而信息可以在整个网络覆盖的范围内传输。由于采用统一的网络协议,不同厂家的产品可以互换与兼容。

15.3.3 基于 IEEE 1451 标准的网络传感器

1994 年美国国家技术标准局(NIST)和 IEEE 联合制定了 IEEE 1451 智能变送器接口标准(standard for a smart transducer interface for sensors and actuators)。其目的是定义一整套通用的通信接口,使变送器能够独立于网络与现有基于微处理器的仪器仪表和现场总线网络相连,最终实现变送器到网络的互换性与互操作性。既然如此,后来人们就直接生产基于 IEEE 1451 标准的网络传感器。下面简要介绍 IEEE 1451 标准和基于 IEEE 1451 标准的各种网络传感器。

1. IEEE 1451 标准简介

IEEE 1451 标准是一簇通用通信接口标准,它有许多成员,表 15-1 列举了 IEEE 1451 智能变送器接口标准族各成员的代号、名称、描述与当前的状态。

表 15-1　IEEE 1451 智能变送器接口标准

代号	名称与描述	状态
IEEE 1451.0	智能变送器接口标准	建议标准
IEEE 1451.1	网络应用处理器信息模型	颁布标准
IEEE 1451.2	变送器与微处理器通信协议和 TEDS 格式	颁布标准
IEEE 1451.3	分布式多点系统数字通信与 TEDS 格式	颁布标准
IEEE 1451.4	混合模式通信协议与 TEDS 格式	颁布标准
IEEE 1451.5	无限通信协议与 TEDS 格式	颁布标准
IEEE 1451.6	CANopen 协议变送器网络接口	颁布标准

IEEE 1451 标准可以分为面向软件接口和硬件接口两大部分。面向软件接口部分主要由 IEEE 1451.0 和 IEEE 1451.1 组成。该部分借助面向对象模型来描述网络智能变送器行为,定义了一套使智能变送器顺利接入不同测控网络的软件接口规范;同时通过定义通用的功能、通信协议及电子数据表格式,以达到加强 IEEE 1451 家族系列标准之间的互操作性。面向硬件接口部分是由 IEEE 1451.2~IEEE 1451.6 组成,主要是针对智能传感器的具体应用而提出来的。

IEEE 1451 标准参考模型结构如图 15-6 所示。

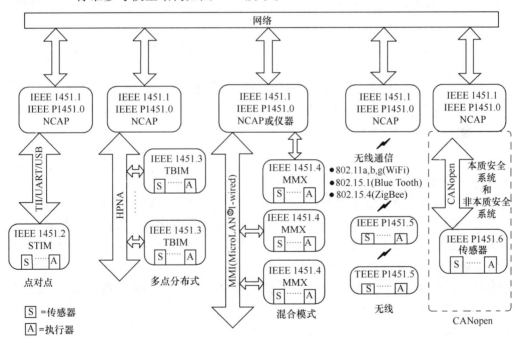

图 15-6　IEEE 1451 标准参考模型

IEEE 1451 标准中各成员的功能如下:

① IEEE 1451.0 建议标准,通过定义一个包含基本命令设置和通信协议、独立于网络适配器(NCAP)到变送器模块接口的物理层,为不同的物理接口提供通用、简单的标准。

② IEEE 1451.1 标准,通过定义两个软件接口实现智能传感器或执行器与多种网络的连接,并可以实现具有互换性的应用。

③ IEEE 1451.2 标准,定义了电子数据表格式(TEDS)、一个 10 线变送器独立接口(TII)和

变送器与微处理器间通信协议,使变送器具有了即插即用能力。

④ IEEE 1451.3 标准,利用展布频谱技术,在局部总线上实现通信,对连接在局部总线上的变送器进行数据同步采集和供电。

⑤ IEEE 1451.4 标准,定义了一种机制,用于将自识别技术运用到传统的模拟传感器和执行器中。它既有模拟信号传输模式,又有数字通信模式。

⑥ IEEE 1451.5 标准,定义的无线传感器通信协议和相应的 TEDS,目的是在现有的 IEEE 1451 框架下,构筑一个开放的标准无线传感器接口。无线通信方式上将采用三种标准,即 IEEE 802.11 标准、蓝牙(Bluetooth)标准和 ZigBee(IEEE 802.15.4)标准。

⑦ IEEE 1451.6 标准,致力建立 CANopen 协议网络上的多通道变送器模型,使 IEEE 1451 标准的 TEDS 和 CANopen 对象字典、通信消息、数据处理、参数配置和诊断信息一一对应,在 CAN 总线上使用 IEEE 1451 标准变送器。

2. 基于 IEEE 1451 标准的网络传感器

目前,基于 IEEE 1451 标准的网络传感器分为有线和无线两类。

1) 基于 IEEE 1451.2 标准的有线网络传感器

IEEE 1451.2 标准中仅定义了接口逻辑和 TEDS 的格式,其他部分由传感器制造商自主定义和实现,以保持各自在性能、质量、特性与价格等方面的竞争力。同时,该标准提供了一个连接智能变送器接口模型(STIM)和 NCAP 的 10 线标准接口——TII,它主要定义二者之间点对点连线、同步时钟短距离接口,使传感器制造商可以把一个传感器应用到多种网络中。符合 IEEE 1451 标准的有线网络传感器典型结构如图 15-7 所示。

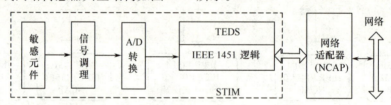

图 15-7 基于 IEEE 1451 标准的有线网络传感器结构

其中,符合标准的传感器自身带有制造商、数据代码、序列号、使用的极限、未定量及校准系数等内部信息。当给 STIM 加上电源时,这些数据可以提供给 NCAP 及系统的其他部分。当 NCAP 读入一个 STIM 中的 TEDS 数据时,NCAP 就可以知道这个 STIM 的通信速度、通道数及每个通道上变送器的数据格式(是 12 位还是 16 位),并且还知道所测量对象的物理单位,知道怎样将所得到的原始数据转换为国际标准单位。

传感器 TEDS 分为可以寻址的 8 个单元部分,其中两个是必须具备的,其他的是可供选择的,主要为将来扩展所用。这 8 个单元的功能如下:

① 综合 TEDS(必备)——主要描述 TEDS 的数据结构、STIM 极限时间参数和通道组信息。

② 通道 TEDS(必备)——包括对象范围的上下限、不确定性、数据模型、校准模型和触发参数。

③ 校准 TEDS(每个 STIM 通道有一个)——包括最后校准日期、校准周期和所有的校准参数,支持多节点的模型。

④ 总体辨识 TEDS——提供 STIM 的识别信息,内容包括制造商、类型号、序列号、日期和一个产品描述。

⑤ 特殊应用 TEDS(每个 STIM 有一个)——主要应用于特殊的对象。

⑥ 扩展 TEDS(每个 STIM 有一个)——主要用于 IEEE 1451.2 标准的未来工业应用中的功能扩展。

⑦ 另外两个是通道辨识 TEDS 和校准辨识 TEDS。

STIM 中每个通道的校准数学模型一般是用多项式函数来定义的,为了避免多项式的阶次过高,可以将曲线分成若干段,每段分别包括变量多少、漂移值和系数数量等内容。NCAP 可以通过规定的校准方法来识别相应的校准策略。

现在设计基于 IEEE 1451.2 标准的网络传感器已经非常容易,特别是 STIM 和 NCAP 接口模块。硬件有专用的集成芯片(如 EDI1520、PLCC244),软件有采用 IEEE 1451.2 标准的软件模块(如 STIM 模块、STIM 传感器接口模块、TII 模块和 TEDS 模块)。

2) 基于 IEEE 1451.2 标准的无线网络传感器

在大多数的测控环境下都是使用有线网络传感器,但在一些特殊的测控环境下使用有线电缆传输传感器信息极不方便。为此提出将 IEEE 1451.2 标准和无线通信技术结合起来设计无线网络传感器问题,以解决有线网络传感器的局限性。无线网络传感器和有线网络结合起来,才使人们真正地迈向信息时代。

如前所述,无线通信方式有 3 种标准,即 IEEE 802.11 标准、蓝牙标准和 ZigBee 标准。蓝牙标准是一种低功率短距离的无线连接标准的代称。它是实现语音和数据无线传输的开放性规范,其实质是建立通用的无线空中接口及其控制软件的公开标准,使不同厂家生产的设备在没有电线或电缆相互连接的情况下,能在近距离(10cm～100m)范围内具有互用、互操作的性能。而且蓝牙技术还具有工作频段全球通用、使用方便、安全加密、抗干扰能力强、兼容性好、尺寸小、功耗低及多路多方向链接等优点。

基于 IEEE 1451.2 和蓝牙标准的无线网络传感器由 STIM、蓝牙模块和 NCAP 三部分组成,其系统结构如图 15-8 所示。

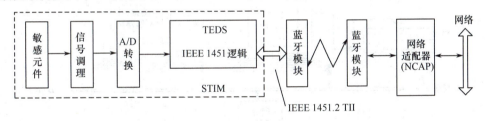

图 15-8 基于 IEEE 1451 和蓝牙标准的无线网络传感器结构

在 STIM 和蓝牙模块之间是 IEEE 1451.2 标准定义的 10 线 TII 接口。蓝牙模块通过 TII 接口与 STIM 连接,通过 NCAP 与 Internet 连接,它承担了传感器信息和远程控制命令的无线发送和接收任务。NCAP 通过分配的 IP 地址与网络相连。它与基于 IEEE 1451.2 标准的有线网络传感器相比,无线网络传感器增加了两个蓝牙模块。标准的蓝牙电路使用 RS-232 或 USB 接口,而 TII 是一个控制连接到它的 STIM 的串行接口。因此,必须设计一个类似于 TII 接口的蓝牙电路,构造一个专门的处理器来完成控制 STIM 和转换数据到用户控制接口(HCI)的功能。

ZigBee(IEEE 802.15.4)标准是 2000 年 12 月由 IEEE 提出的致力于定义一种廉价的固定、便携或移动设备使用的无线连接标准,具有高通信效率、低复杂度、低功耗、低成本、高安全性及全数字化等诸多优点。目前,基于 ZigBee 技术的无线网络传感器的研究和开发已得到越来越多人的关注。

IEEE 802.15.4 满足 ISO 开放系统互连(OSI)参考模式。为了有效地实现无线智能传感器,考虑结合 IEEE 1451 标准和 ZigBee 标准进行设计,需要对现有的 IEEE 1451 智能传感器模型作出改进。通常有如图 15-9 所示的两种方式。

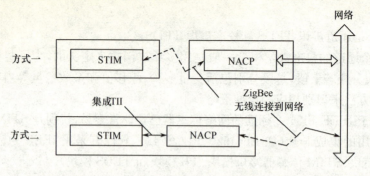

图 15-9　基于 IEEE 1451 和 ZigBee 标准的无线网络传感器结构

方式一：采用无线的 STIM——即 STIM 与 NCAP 之间不再是 TII 接口，而是通过 ZigBee 无线（收发模块）传输信息。传感器或执行器的信息由 STIM 通过无线网络传递到 NCAP 终端，进而与有线网络相连。另外，还可以在 NCAP 与网络间的接口替换为无线接口。

方式二：采用无线的 NCAP 终端——即 STIM 与 NCAP 之间通过 TII 接口相连，无线网络的收发模块置于 NCAP 上。另一无线收发模块与无线网络相连，实现与有线网络通信。在此方式中，NCAP 作为一个传感器网络终端。因为功耗的原因，无线通信模块不直接包含在 STIM 中，而是将 NCAP 和 STIM 集成在一个芯片或模块中。在这种情况下，NCAP 和 STIM 之间的 TII 接口可以大大简化。

15.3.4　网络传感器所在网络的体系结构

利用网络传感器进行网络化测控的基本系统结构如图 15-10 所示。

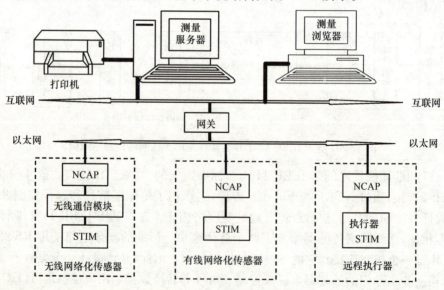

图 15-10　网络化测控系统结构

图 15-10 中，测量服务器主要负责对各基本测量单元的任务分配和对基本测量单元采集来的数据进行计算、处理与综合及数据存储、打印等。测量浏览器为 Web 浏览器或其他浏览器，主要浏览现场各个节点的测量、分析、处理信息及测量服务器收集、产生的信息。

该系统中，传感器不仅可以与测量服务器进行信息交换，而且符合 IEEE 1451 标准的传感器、执行器之间也能相互进行信息交换,以减少网络中传输的信息量,这有利于系统实时性的提高。IEEE 1451 的颁布为有效简化开发符合各种标准的网络传感器带来了一定的契机,而且随着无线通信技术在网络传感器中的应用,无线网络传感器将使人们的生活变得更精彩、更富有生命力和活力。

15.4 多传感器数据融合

15.4.1 多传感器数据融合的概念

所谓多传感器数据融合,是指把来自许多传感器和信息源的数据进行整合、关联和估计处理,以达到精确的数值与身份估计。该定义有三个要点:
① 数据融合是多信源、多层次的处理过程,每个层次代表信息的不同抽象程度;
② 数据融合过程包括数据的检测、关联、估计与合并;
③ 数据融合的输出包括低层次上的状态身份估计和高层次上的总体战术态势的评估。

由此定义可以看出:多传感器数据融合的基本目的是通过融合得到比单独的各个输入数据获得更多的信息。这一点是协同作用的结果,即由于多传感器的共同作用,使系统的有效性得以增强。它的实质是通过对来自不同传感器的数据进行分析和综合,可以获得被测对象及其性质的最佳一致估计,并形成对外部环境某一特征的一种确切的表达方式。

15.4.2 多传感器数据融合技术

1. 数据融合的基本原理

多传感器数据融合的基本原理是充分利用多个传感器资源,通过对这些传感器及其观测信息的合理支配和使用,把多个传感器在空间或时间上的冗余或互补信息依据某种准则来进行组合,以获得比它的各个子集所构成的系统更优越的性能。

2. 数据融合技术

多传感器数据融合技术可以对不同类型的数据和信息在不同层次上进行综合,它处理的不仅仅是数据,还可以是证据和属性等。它并不是简单的信号处理。信号处理只是多传感器数据融合的第一阶段,即信号预处理阶段。多传感器数据融合是分层次的,其数据融合层次的划分主要有两种:一种是将数据融合划分为低层(数据级或像素级)、中层(特征级)和高层(决策级);第二种是将传感器集成和数据融合划分为信号级、证据级和动态级。

3. 数据融合方法

1) 数据级(或像素级)融合

所谓数据级(或像素级)融合,是指对传感器的原始数据及预处理各阶段上产生的信息分别进行融合处理,尽可能多地保持原始信息,并能够提供其他两个层次融合所不具有的细微信息。但它有局限性,其一是由于所要处理的传感器信息量大,故处理代价高;其次是融合是在信息最低层进行的,由于传感器原始数据的不确定性、不完全性和不稳定性,要求在融合时有较高的纠错能力;其三是由于要求各传感器信息之间具有精确到一个像素的精准度,故要求传感器信息来自同质量的传感器;其四是通信量大。

2) 特征级融合

所谓特征级融合,是指利用从各个传感器原始数据中提取的特征信息,进行综合分析和处理的中间层次过程。通常所提取的特征信息应是数据信息的充分表示量或统计量,据此对多传感器信息进行分类、汇集和综合。特征级融合可分为两类：一类是目标状态信息融合；另一类是目标特性融合。所谓目标状态信息融合，是指融合系统首先对传感器数据进行预处理以完成数据配准，然后实现参数相关和状态向量估计。所谓目标特性融合，是指在融合前必须先对特征进行相关处理，然后再对特征向量进行分类组合。

3) 决策级融合

所谓决策级融合，是指在信息表示的最高层次上进行的融合处理。不同类型的传感器观测同一个目标，每个传感器在本地完成预处理、特征抽取、识别或判断，以建立对所观察目标的初步结论，然后通过相关处理、决策级融合判决，最终获得联合推断结果，从而直接为决策提供依据。因此，决策级融合是直接针对具体决策目标，充分利用特征级融合所得出的目标及各类特征信息，并给出简明而直观的结果。

决策级融合的优点：一是实时性最好；二是在一个或几个传感器失效时仍能给出最终决策，因此具有良好的容错性。

4) 数据融合过程

首先将被测对象转换为电信号，然后经过 A/D 变换将它们转换为数字量。把数字化后的电信号经过预处理，以滤除数据采集过程中的干扰和噪声。然后，对处理后的有用信号作特征提取，再进行数据融合；或者直接对信号进行数据融合。最后，输出融合的结果。

15.4.3 多传感器数据融合技术的应用

多传感器数据融合技术最早是围绕军用系统开展研究的，后来把它用于非军事领域，比如：智能机器人、计算机视觉、水下物体探测、收割机械的自动化、工业装配线上自动插件安装、航天器中重力梯度的在线测量、信息高速公路系统、多媒体技术和虚拟现实技术、辅助医疗检测和诊断等许多领域。

多传感器数据融合技术主要作用可归纳为以下几点。

① 提高信息的准确性和全面性。因为它与一个传感器相比，多传感器数据融合可以获得有关周围环境更准确、全面的信息。

② 降低信息的不确定性。因为一组相似的传感器采集的信息存在明显的互补性，这种互补性经过适当处理后，可以对单一传感器的不确定性和测量范围的局限性进行补偿。

③ 提高系统的可靠性。因为某个或某几个传感器失效时，其他传感器仍能使系统正常运行。

15.5 虚 拟 仪 器

15.5.1 虚拟仪器概述

虚拟仪器（Virtual Instrument，VI）的概念是由美国 NI（National Instruments）公司在 1986 年首先提出的。NI 公司提出虚拟仪器概念后，引发了传统仪器领域的一场重大变革，使得计算机和网络技术在仪器领域大显身手，从而开创了"软件即是仪器"的先河。它是电子测量技术与计算机技术深层次结合的产物，具有良好的发展前景。它通过应用程序将通用计算机与通用仪器合二为一，虽然不具有通用仪器的外形，却具有通用仪器的功能，故称作虚拟仪器。在实际应用中，用户在装有虚拟仪器软件的计算机上，通过操作图形界面（通常称作虚拟面板）就可以进行各种测量，就像在操作真实的电子仪器一样。

VI 的突出特点是以透明的方式把计算机资源(如微处理器、内存、显示器等)和仪器硬件资源(如 A/D、D/A、数字 I/O、定时器、信号调理等)有机地结合在一起,通过软件实现对数据采样、分析、处理及显示。其次是通过可选硬件(如 GPIB、VXI、RS-232、DAQ 板)和可选库函数等实现仪器模块间的通信、定时与触发。而库函数为用户构造自己的 VI 系统提供了基本的软件模块。由于 VI 具有模块化、开放性和灵活性的特点,当用户的测试要求变化时,可以方便地由用户自己来增减硬、软件模块,或重新配置现有系统以满足新的测试要求。这样,当用户从一个项目转向另一个项目时,就能简单地构造出新的 VI 系统而不丢弃已有的硬件和软件资源。

15.5.2 虚拟仪器的组成

虚拟仪器的组成可分别为硬件和软件两部分。它的最大特点是基本硬件是通用的,而各种各样的仪器功能可由用户根据自己的专业知识通过编程来实现。由此可知虚拟仪器的核心是软件,这些软件通常是在虚拟仪器编程软件平台(如 LabVIEW)上来完成的。在虚拟仪器编程软件平台的支持下,用户可根据自己的需要定义各种仪器界面,设置检测方案和步骤,完成相应的检测任务。

1. 虚拟仪器的硬件

虚拟仪器的硬件通常由通用计算机和模块化测试仪器、设备两部分组成,其基本结构如图 15-11 所示。其中,通用计算机可以是笔记本电脑、台式机或工作站等。虚线框内为模块化测试仪器设备,可根据被测对象和被测参数进行合理地选择使用。在众多的模块化测试仪器设备中,最常用的是数据采集卡(DAQ 卡),一块 DAQ 卡可以完成 A/D 转换、D/A 转换、数字输入/输出、计数器/定时器等多种功能,再配上相应的信号调理电路组件,即可构成各种虚拟仪器的硬件平台。

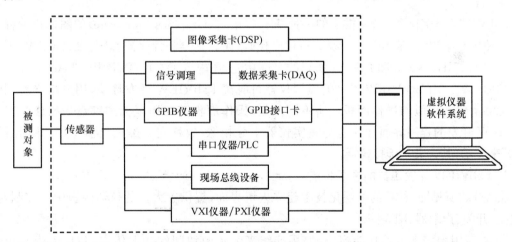

图 15-11 虚拟仪器的硬件平台结构

2. 虚拟仪器的软件

当基本硬件确定以后,就可以通过编写不同的软件来进行数据采集、数据处理和数据表达,进而来实现过程监控和自动化等功能。由此可知,软件是虚拟仪器的关键。但计算机软件编程却不是一件容易的事情。为了使一般人比较容易地开发使用虚拟仪器,实现虚拟仪器功能由用户定义的初衷,许多大公司都推出了自己的虚拟仪器软件开发工具。如美国 NI 公司推出的 LabVIEW 和 LabWindows/CVI;HP 公司推出的 VEE;Tektronix 公司推出的 TekTMS 等。目前比较流行的虚拟仪器软件开发工具是 LabVIEW。

15.5.3 虚拟仪器的特点

电子测量仪器发展至今,经历了由模拟仪器、智能仪器到虚拟仪器的发展历程。虚拟仪器与传统仪器相比较,其主要特点如下:

① 虚拟仪器软件开发及维护费用比传统仪器的开发与维护费用要低;
② 虚拟仪器技术更新周期短(一般为1~2年),而传统仪器更新周期长(需5~10年);
③ 虚拟仪器的关键技术在于软件,传统仪器的关键技术在于硬件;
④ 虚拟仪器价格低,可复用、可重配置性强,而传统仪器的价格高,可重配置性差;
⑤ 虚拟仪器由用户定义仪器功能,而传统仪器只能由厂商定义仪器功能;
⑥ 虚拟仪器开放、灵活,可与计算机技术保持同步发展,而传统仪器技术封闭、固定;
⑦ 虚拟仪器是与网络及其周边设备方便互连的仪器系统,而传统仪器是功能单一、互连有限的独立设备。

以上特点中最主要的一条是虚拟仪器的功能由用户自己定义,而传统仪器的功能是由厂商定义的。换句话说,就是一台计算机完全可以取代实验室里的所有仪器实现测量,从而节约大笔资金。由于虚拟仪器中软件是关键,所以更新软件使之功能更新所需时间也会大大减少。

这里需要指出的是,虽然虚拟仪器具有传统独立仪器无法比拟的优势,但它并不否定传统仪器的作用,它们相互交叉又相互补充,相得益彰。在高速、带宽的专业测试领域,独立仪器具有不可替代的优势。在中低档测试领域,虚拟仪器可取代一部分独立仪器的工作,完成复杂环境下的自动化测试是虚拟仪器的拿手好戏,也是虚拟仪器目前发展的方向。

15.5.4 软件开发工具 LabVIEW 简介

LabVIEW 是美国 NI 公司推出的一种基于 G 语言(Graphics Language)的图形化编程开发工具。使用它编程时,基本上不需要编写程序代码,而只是绘制程序流程图。LabVIEW 不仅提供了 GPIB、VXI、RS-232 和 RS-485 协议的全部功能,还内置了支持 TCP/IP 和 ActiveX 等软件标准的库函数。用 LabVIEW 设计的虚拟仪器可脱离 LabVIEW 开发环境,用户最终看到的是和实际测量仪器相似的操作面板。所不同的是,操作面板需要用鼠标和键盘来操作。因为用 LabVIEW 开发的程序界面和功能与真实仪器十分相像,故称它为虚拟仪器程序,并用后缀名 ".VI"来表示,其含义是虚拟仪器。

1. LabVIEW 开发工具的主要特点

① 它以"所见即所得"的可视化技术建立人机界面,提供了大量的仪器面板中的控制对象,如按钮、开关、指示器、图表等。

② 它使用图表来表示功能模块,使用连线来表示模块间的数据传递,并且用线型和颜色区别数据类型。使用流程图式的语言书写程序代码,这样使得编程过程与人的思维过程非常相近。

③ 它提供了大量的标准函数库,供用户直接调用。从基本的数学函数、字符串函数、数组运算函数,到高级的数字信号处理函数和数值分析函数,应有尽有。它还提供了世界各大仪器厂商生产的仪器驱动程序,方便虚拟仪器和其他仪器的通信,以便用户迅速组建自己的应用系统。

④ 提供了大量与外部代码或软件连接的机制,如 DLL(动态链接库)、DDE(共享库)、ActiveX 等。

⑤ 强大的 Internet 功能,支持常用网络协议,方便网络、远程测试仪器的开发。

2. LabVIEW 的基本要素

① 前面板：用 LabVIEW 制作的虚拟仪器前面板与真实仪器面板相似，包括旋钮、刻度盘、开关、图标和其他界面工具等，并允许用户通过键盘或鼠标获取并显示数据。图 15-12 就是一个用 LabVIEW 制作的正弦信号发生器前面板。

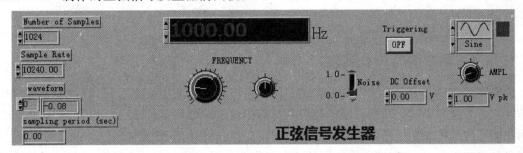

图 15-12 正弦信号发生器前面板

② 框图程序：虚拟仪器框图程序是一种解决编程问题的图形化方法，实际上是 VI 的程序代码。VI 从数据框图接收指令。

③ 图标和连接端口：图标和连接端口体现了 VI 的模块化特性。一个 VI 既可作为上层独立的程序，也可作为其他程序的子程序，被称为 SUB.VI。VI 图标和连接端口的功能就像一个图形化的参数列表，可在 VI 和 SUB.VI 之间传递数据。

正是基于 VI 图标和连接端口的功能，LabVIEW 较好地实现了模块化编程思想。用户可以将一个复杂的任务分解为一系列简单的子任务，为每个子任务创建一个 SUB.VI，然后把这些 SUB.VI 组合在一起就完成了最终的复杂任务。因为每个 SUB.VI 可以单独执行、调试，因此用户可以开发一些特定的 SUB.VI 子程序组成库，以备以后调用。虚拟仪器概念是 LabVIEW 的精髓，也是 G 语言区别于其他高级语言的最显著特征。

3. 虚拟仪器的编程

虚拟仪器的硬件确定以后，根据所需仪器的功能可用 LabVIEW 进行编程。虚拟仪器软件一般由虚拟仪器面板控制软件、数据分析处理软件、仪器驱动软件和通用 I/O 接口软件 4 个部分组成。

1) 虚拟仪器面板控制软件的作用

虚拟仪器面板控制软件属于测试管理层，是用户与仪器之间交流信息的纽带。用户可以根据自己的需要和爱好从控制模块上选择所需要的对象，组成自己的虚拟仪器控制面板。

2) 数据分析处理软件的作用

数据分析处理软件是虚拟仪器的核心，负责对数据误差的分析与处理，保证测量数据的正确性。

3) 仪器驱动软件的作用

仪器驱动程序是解决与特定仪器进行通信的一种软件。仪器驱动程序与通信接口及使用开发环境相联系，它提供一种高级的、抽象的仪器映像，还能提供特定的使用开发环境信息，是用户完成对仪器硬件控制的纽带和桥梁。

4) 通用 I/O 接口软件的作用

在虚拟仪器系统中，I/O 接口软件是虚拟仪器系统结构中承上启下的一层，其模块化与标准化越来越重要。VXI 总线即插即用联盟为其制定了标准，提出了自底向上的通用 I/O 标准接口软件模型，即 VISA。

所谓虚拟仪器的编程,实际上就是利用 LabVIEW 编写这 4 部分软件,然后把它们有机地组合在一起来完成所需的仪器测量功能。由于 LabVIEW 功能强大,内容丰富,限于篇幅,有关 LabVIEW 的具体使用在此不作论述,有兴趣的读者请参看 LabVIEW 使用手册。

15.6 物 联 网

15.6.1 物联网的基本概念

物联网(The Internet of Things)是新一代信息技术的重要组成部分,是物物相连互联网的简称。它有两层含义:第一,物联网的核心和基础仍然是互联网,是互联网的延伸和扩展;第二,其用户端延伸和扩展到了任何物品,可以在物与物之间进行信息交换和通信。由此可知,凡是涉及信息技术应用的,都可以纳入物联网的范畴。由于物联网是一个以互联网、传统电信网为信息载体,让所有能够被独立寻址的普通物理对象实现互连互通的网络,所以它具有智能、先进、互连的三个重要特征。物联网被称为继计算机、互联网之后世界信息产业发展的第三次浪潮。

根据国际电信联盟(ITU)的定义,物联网主要解决的是物与物(Thing to Thing,T2T)、人与物(Human to Thing,H2T)和人与人(Human to Human,H2H)之间的互连。但是它与传统互联网不同,这里 H2T 是指人利用通用装置与物品之间的连接,而 H2H 是指人与人之间不依赖于 PC 而进行的互连。因为互联网最初只是考虑 PC 与 PC 之间的连接,故现在用物联网来描述这个问题。由此可知,物联网是指通过各种信息传感设备和互联网组合形成的一个巨大网络。通过这个网络可以实时采集连接到该网络上任何物体的各种需要信息,方便用户对网上物体的识别、管理和控制。

15.6.2 物联网的关键技术

在物联网应用中有三项关键技术,即传感器技术、RFID 技术和嵌入式系统技术,它们是物联网应用的三大技术支柱。

1. 传感器技术

大家知道,传感器技术是把物理量转变成电信号的技术,要想通过互联网实现物物相连,传感器技术,特别是网络传感器技术是关键。它与计算机应用技术息息相关。因为只有通过网络传感器把物体的特征信号变成有用的电信号,才能用计算机进行识别和处理,才能在网络上进行传输和控制。

2. RFID 技术

RFID 技术实际也是一种传感器技术,它是融合了无线射频技术和嵌入式技术为一体的辨识技术。RFID 技术在自动辨识、物流管理等方面有着广阔的应用前景,是传感器技术的发展和延伸。

3. 嵌入式系统技术

嵌入式系统技术是综合了计算机软硬件技术、传感器技术、集成电路技术、电子应用技术为一体的综合应用技术。经过几十年的发展,以嵌入式系统为特征的智能终端产品随处可见,小到人们身边的智能手机,大到航空航天的卫星系统。嵌入式系统正在改变着人们的生活,推动着工农业生产和国防科技的迅速发展。

如果把物联网比作一个人的话,传感器就相当于人的眼睛、鼻子、耳朵及皮肤等感觉器官;互联网就相当于人的神经系统,用来传递感知信息;嵌入式系统就相当于人的大脑,它在接收到信息后要进行分类处理,并根据处理结果指挥各相关部件作出应对反应。这个例子非常形象地描述了传感器、嵌入式系统及互联网在物联网中的地位和作用。

15.6.3 物联网的应用模式

物联网可大可小,大到全球,小到家庭,应用非常广泛。根据实际用途可归纳为对象智能辨识、对象智能监测和对象智能控制三种基本应用模式。

1. 对象智能辨识

通过 NFC、二维码、RFID 等技术可辨识特定的对象,用于区分对象个体,例如在生活中我们使用的各种智能卡、条码标签等,就是用来获得对象的识别信息;此外,通过智能标签还可以获得对象所包含的扩展信息,例如智能卡上的金额,二维码中所包含的厂址、名称及网址等信息。

2. 对象智能监测

利用多种类型的传感器和分布广泛的传感器网络,可以实现对某个对象状态进行实时获取和特定对象行为的监测,如使用分布在市区的各个噪声探头可监测噪声污染、通过二氧化碳传感器可监控大气中二氧化碳的浓度、通过 GPS 可跟踪车辆位置、通过交通路口的摄像头可监控交通情况等。

3. 对象智能控制

由于物联网是基于云计算和互联网平台的智能网络,可以依据网络传感器获取的数据进行决策,改变对象的行为并进行控制和反馈。例如,根据光线的强弱调整路灯的亮度、根据车辆的流量自动调整红绿灯间隔等。

物联网是近几年发展起来的新兴网络,由于它具有规模性、广泛性、管理性、技术性和物品属性等特征,因此它的发展和完善需要各行各业的参与,需要国家政府的主导及相关法规政策上的扶持。我国已对物联网的发展和完善进行了较大的投入,现在已初见成效。

15.6.4 物联网的应用案例

随着物联网技术的不断成熟,物联网的应用案例也层出不穷。比如,上海浦东国际机场的防入侵系统就是物联网的一个典型案例。该系统铺设了 3 万多个传感节点,覆盖了地面、栅栏和低空探测等多个领域,可以防止人员的翻越、偷渡、恐怖袭击等多种不法行为,从而保护机场安全。

再如手机物联网,它将移动终端与电子商务结合起来,让消费者可以与商家进行便捷的互动交流,随时随地体验产品品质,传播分享产品信息,实现互联网向物联网的从容过渡,缔造出一种全新的零接触、高透明、无风险的市场经营模式。这种智能手机和电子商务的结合,是"手机物联网"的一项重要功能。手机物联网的应用正伴随着电子商务大规模兴起。

物联网在交通指挥中心也已得到很好的应用,指挥中心工作人员可以通过物联网的智能控制系统控制指挥中心的大屏幕、窗帘、灯光、摄像头、DVD、电视机、电视机顶盒、电视电话会议;也可以调度马路上的摄像头图像到指挥中心,同时也可以控制摄像头的转动;还可以多个指挥中心分级控制,也可以联网远程控制需要控制的各种设备等。

总之,物联网的发展和应用必将对我国的政治、经济、工农业生产、国防科技和人们的日常生活产生巨大的推动作用。

思考题及习题 15

15-1 何谓智能传感器?它与普通传感器的主要区别是什么?

15-2 简述智能传感器的主要特点。
15-3 何谓模糊传感器？其组成是什么？
15-4 模糊传感器的主要特点是什么？
15-5 何谓网络传感器？其组成是什么？
15-6 网络传感器分为哪几类？
15-7 何谓多传感器数据融合？它有什么作用？
15-8 何谓虚拟仪器？有什么作用？
15-9 LabVIEW 是什么？

参 考 文 献

[1] 常建生主编.检测与转换技术.3 版.北京:机械工业出版社,2000.
[2] 徐科军主编.传感器与检测技术.3 版.北京:电子工业出版社,2011.
[3] 王俊杰主编.检测技术与仪表.武汉:武汉理工大学出版社,2002.
[4] 赵凯岐,吴红星,倪风雷编著.传感器技术及工程应用.北京:中国电力出版社,2012.
[5] 郁有文,常健,程继红编著.传感器原理及工程应用.3 版.西安:西安电子科技大学出版社,2008.
[6] 樊尚春编著.传感器技术及应用.2 版.北京:北京航空航天大学出版社,2010.
[7] 孙运旺主编.传感器技术与应用.杭州:浙江大学出版社,2006.
[8] 叶湘滨,熊飞丽等编著.传感器与测试技术.北京:国防工业出版社,2007.
[9] 张洪润,张亚凡主编.传感器技术与应用教程.北京:清华大学出版社,2005.
[10] 孟立凡,蓝金辉主编.传感器原理与应用.北京:电子工业出版社,2007.
[11] 唐文彦主编.传感器.5 版.北京:机械工业出版社,2014.
[12] 张志勇,王雪文,翟春雪等编著.现代传感器原理及应用.北京:电子工业出版社,2014.

反侵权盗版声明

电子工业出版社依法对本作品享有专有出版权。任何未经权利人书面许可,复制、销售或通过信息网络传播本作品的行为;歪曲、篡改、剽窃本作品的行为,均违反《中华人民共和国著作权法》,其行为人应承担相应的民事责任和行政责任,构成犯罪的,将被依法追究刑事责任。

为了维护市场秩序,保护权利人的合法权益,我社将依法查处和打击侵权盗版的单位和个人。欢迎社会各界人士积极举报侵权盗版行为,本社将奖励举报有功人员,并保证举报人的信息不被泄露。

举报电话:(010)88254396;(010)88258888

传　　真:(010)88254397

E-mail:dbqq@phei.com.cn

通信地址:北京市万寿路173信箱
　　　　　电子工业出版社总编办公室

邮　　编:100036